“十四五”国家重点出版物
出版规划项目

中国肥料研究与应用全书
Books of Fertilizer Research and Application in China

肥料创新

张福锁　黄成东　李春俭　主编

Fertilizer Innovation

化学工业出版社
·北京·

内容简介

本书系统梳理了植物营养学和肥料发展的历史脉络，探讨了肥料在推动我国农业绿色发展进程中发挥的关键作用，着重分析了氮、磷、钾、钙、镁、硫、微量元素等必需营养元素，以及硅、硒等有益元素在植物生长、抗逆性、产量提升和品质改善中的重要作用，详细阐述了植物营养特性、营养元素在土壤中的转化过程，以及肥料产品的创新与应用，以期为肥料创新提供新的认识与思路。此外，本书回顾了我国施肥技术的发展历程，提出了适应未来农业绿色发展需求和肥料工业化生产的绿色智能肥料创新理念，旨在为植物营养学和肥料领域的技术创新和肥料产业的绿色可持续发展提供指导。

本书适合植物营养学、肥料学、土壤学、作物管理等领域的科研人员、教师和学生阅读，同时也为肥料应用、农业科技推广部门，肥料生产技术人员提供了宝贵的参考资料。

图书在版编目（CIP）数据

肥料创新 / 张福锁，黄成东，李春俭主编. -- 北京 ：化学工业出版社，2025. 7. --（中国肥料研究与应用全书）. -- ISBN 978-7-122-47922-8

Ⅰ. Q945.1；S14

中国国家版本馆CIP数据核字第2025PT8542号

责任编辑：刘　军　陈思逸　冉海滢　孙高洁
责任校对：李雨晴
装帧设计：王晓宇

出版发行：化学工业出版社
（北京市东城区青年湖南街 13 号　邮政编码 100011）
印　　装：北京建宏印刷有限公司
787mm×1092mm　1/16　印张 20½　字数 471 千字
2025 年 11 月北京第 1 版第 1 次印刷

购书咨询：010-64518888　　售后服务：010-64518899
网　　址：http://www.cip.com.cn
凡购买本书，如有缺损质量问题，本社销售中心负责调换。

定　　价：188.00元　

《中国肥料研究与应用全书》编辑委员会

本书编写人员名单

主　　编：张福锁　黄成东　李春俭

编写人员：（按姓名汉语拼音排序）

蔡红梅　陈永亮　程凌云　丛日环　冯小杰　侯翠红
黄成东　江荣风　李春俭　李海港　李小坤　李永华
梁永超　刘　蕊　刘新伟　鲁剑巍　鲁振亚　陆志峰
吕　阳　马　航　马文奇　宁　鹏　屈凌波　任　涛
申建波　石　磊　宋阿琳　谭启玲　汪社亮　王辛龙
危常州　吴楚红　武松伟　修学峰　闫国超　杨　猛
营　浩　袁力行　张福锁　张敬波　张　林　张卫峰
赵方杰　赵小虎　左元梅

序言

肥料是粮食的“粮食”，是保障国家粮食安全、人类营养健康和生态环境安全的重要的战略物资。肥料产业是关乎“粮食－资源－能源－环境”乃至经济社会绿色可持续发展的巨大产业。

进入新时代，绿色低碳发展成为高质量发展的主旋律。国家在“十二五”至“十四五”期间不断出台政策来优化肥料产业结构，其中 2015 年工业和信息化部下发了《推进化肥行业转型发展的指导意见》，农业部出台《到 2020 年化肥使用量零增长行动方案》，从肥料生产端和消费端同时推动肥料产业升级以及产品结构调整，加之不断优化的肥料施用技术以及不断改进的农化服务技术体系实现了我国化肥消费总量在 2015 年达到峰值后连续 10 年持续下降。

当前，我国提出了 2030 年实现“碳达峰”、2060 年实现“碳中和”的战略目标，在环境保护的高压态势下，新的肥料产品标准不断出台，肥料行业准入条件和环保标准不断提升，肥料产品质量逐渐提高，推动着肥料产业结构向着绿色低碳转型。因此，系统梳理中国肥料工业进步、分析肥料产业结构演变、了解行业技术现状等情况，对推动行业转型升级、提升国际竞争力、保障国家粮食安全、促进农业绿色发展以及提供国家政策制定依据都具有重要意义。基于此，受化学工业出版社的委托，我们组织了国内肥料领域的一线专家学者，编写了这套《中国肥料研究与应用全书》(以下简称《全书》)。

《全书》由十一个分卷组成，在强调历史性、阶段性、创新性的前提下，全面系统介绍了近年来我国肥料研究与应用领域，包括肥料创制、肥料产业、各大类肥料生产与加工、有机肥料制造、肥料生态环境效应、肥料精准科学施用技术等领域所取得的成果，充分反映了当前国内外肥料创新、生产与精准科学施用技术的最新进展。《全书》还通过成功案例分享和经验总结，结合国际前沿研究，细致分析了国家“十四五”

“十五五”肥料领域的研究现状、趋势和对策，针对农业可持续发展和行业绿色低碳转型的需要，对中国肥料发展方向和产品创新做了深入思考，提出了建议。

《全书》以独特的论述体系、编排方法和新颖丰富的内容，进一步开阔相关专业师生和肥料产业领域研发、管理人员的视野，提高科研工作者的系统思维和创新能力，创新绿色、清洁、可持续发展的肥料生产工艺，有助于高效率地发挥现有肥料品种的特长，提高现有肥料的应用效率，对我国新肥料的创制与科学施用具有重要的参考价值。

《全书》已顺利入选“十四五”国家重点出版物出版规划项目，这是对本书系的最大肯定与鼓励。

《全书》的编写得到了全国农业技术推广服务中心、中国氮肥工业协会、中国磷复肥工业协会、中国无机盐工业协会、中国化肥信息中心、中国农业科学院农业资源与农业区划研究所、中国科学院南京土壤研究所、北京市农林科学院、中国农业大学、南京农业大学、四川大学、西南大学、华东理工大学等单位的鼎力支持，这里表示衷心的感谢。

张福锁

2025 年 1 月

前言

农业作为国民经济的基础，其绿色、高效、可持续的发展路径成为了时代赋予我们的重大课题。肥料，在农业发展的历史长河中，始终扮演着举足轻重的角色，从古代的有机肥料到近现代的化学肥料，每一次肥料技术的革新都深刻地影响农业生产的方式与效率，推动了人类文明的进步。在新时代背景下，肥料承载着保障粮食安全、资源高效利用、食物营养健康与环境可持续发展的重任，是推动农业绿色发展、实现乡村全面振兴的关键一环。然而，随着全球人口的增长、资源的日益紧张以及环境问题的加剧，传统肥料的创新与应用模式已难以满足新时代农业高质量发展的要求，迫切需要我们在肥料理论与技术上进行革命性的创新，探索出一条绿色、低碳、智能、循环的农业绿色发展新道路。

正是在这样的时代背景下，《中国肥料研究与应用全书》系列之《肥料创新》应运而生。本书通过系统梳理肥料技术的发展历程，分析当前肥料使用中存在的问题与挑战，进而深入探讨肥料创新的必要性与紧迫性；汇集国内外最新的科研成果与实践经验，展现肥料领域的前沿探索与未来趋势，寻找开启绿色农业未来的“金钥匙”。本书不仅回顾了肥料技术的发展历程，分析了当前面临的挑战与机遇，更聚焦于肥料领域的最新科研成果与实践经验。

本书围绕氮、磷、钾、钙、镁、硫、微量元素等必需营养元素以及硅、硒等有益元素展开，从植物营养特性、营养元素在土壤中的转化过程、肥料产品创新与施用技术等多个维度，详细解读了营养元素对植物生长与抗逆性、产量与品质形成、养分资源高效利用等方面的重要支撑作用。同时，本书还回顾了我国施肥技术的发展概况，提出了面向未来农业需求和工业生产的绿色智能肥料创新理念，强调了在保障粮食安全与生态安全的前提下，通过科技创新推动肥料产业绿色发展、实现养分资源高效利用的重要性，力求为读者呈现一个全面、深入、前沿的知识体系。

本书共10章，具体编写分工如下：第1章由张福锁、黄成东编写；第2章由黄成东、吴楚红编写；第3章由袁力行、陈永亮、刘蕊和张敬波编写；第4章由申建波、程凌云、李海港、吕阳、黄成东编写；第5章由鲁剑巍、任涛、陆志峰、李小坤和丛日环编写；第6章由李春俭、赵方杰编写；第7章由石磊、左元梅、杨猛、蔡红梅、汪社亮、谭启玲和武松伟编写；第8章由梁永超、闫国超、宋阿琳、赵小虎和刘新伟编写；第9章由宁鹏、冯小杰和李永华编写；第10章由张福锁、申建波、危常州、马文奇、张卫峰、黄成东、吕阳、张林、鲁振亚、营浩、程凌云、江荣风、屈凌波、侯翠红、王辛龙、修学峰和马航编写。全书最后由张福锁进行统稿和审核。

本书的编写得到了来自农业部门、科研院校、肥料企业等专家、师生、领导的大力支持，是集体智慧的结晶，在此表示诚挚的谢意！感谢养分资源高效利用全国重点实验室、植物-土壤相互作用教育部重点实验室、农业农村部科学施肥专家指导组、现代农业产业技术体系土壤与养分管理平台、农业农村部农业绿色低碳学科群、中国工程院战略咨询项目、国家重点基础研究发展计划项目（973计划）、国家重点研发计划项目、肥料企业横向项目等的大力支持。

站在新的历史起点上，面对全球气候变化、资源环境约束加剧以及人类对优质农产品和美好生态环境需求的日益增长，农业绿色发展已成为时代赋予我们的重大使命。希望通过本书的出版，能够激发更多科研人员、从业者以及政策制定者的思考与行动，推动形成政府引导、企业主体、科研支撑、社会参与的协同创新机制，共同推动肥料行业的转型升级，为实现农业绿色发展、促进生态文明建设贡献力量。

由于编者水平有限，书中难免有疏漏和不足之处，恳请广大读者不吝指正。

编者

2024年9月

目录

中国肥料研究与应用全书

Books of Fertilizer Research and Application in China

FERTILIZER

第 1 章 绪论

当今世界飞速发展，国家与国家、地区与地区在经济、军事、科技等领域竞争与博弈无处不在，但不可忽视的粮食是这些竞争与博弈的基础。历史发展的经验与教训证明，粮食是一切长期可持续发展的根本保障，没有粮食无从谈起发展，更无从谈起国家安全、社会稳定与人民富裕了。而保障粮食生产的基础物质是肥料，没有肥料就无从谈起粮食生产；要把饭碗牢牢端在自己手里，尤其是要自己的饭碗装自己的粮食，就需要创新好肥料，施用好肥料。2022 年，我国一个人的饭碗平均可装 486kg 粮食、567kg 蔬菜、222kg 水果、66kg 肉类、28kg 牛奶和 24kg 禽蛋，这与肥料的施用是密不可分的 [1]。根据联合国粮农组织预测，未来 30 年全球人口将达到 90 亿以上，人口的增长必须依赖于粮食的有效供给，其中离不开肥料的关键支撑 [2-3]。

肥料是作物生产的物质基础，施用好肥料是保障作物稳产、高产和优质的关键。农谚道“有收无收在于水，收多收少在于肥”，充分说明了肥料在农业生产中的重要性。在当前我国农业绿色发展新时期，要求协同实现粮食安全、营养健康、资源高效、环境保护等多重目标，这为我国肥料产业与产品创新发展提供了重大机遇和挑战 [4-5]。

1.1 植物必需营养元素

植物生长同人类一样，也需要“吃饭”，植物的“饭”主要来源于植物必需营养元素。有关植物营养元素的研究早在 15 世纪就开始了，但是并未能够提供相应的实验数据，直到 1804 年，瑞士化学和植物生理学家 Nicolas-Théodore de Saussure 证明了碳、氢、氧和氮是植物必需营养元素，自此拉开了植物必需营养元素发现的序幕。经过了 180 多年的发展，到 1987 年证明了镍是植物必需营养元素，至此形成了现在公认的 17 种植物必需营养元素（表 1-1）[6]。

表1-1　植物必需营养元素发现史

营养元素	元素发现人	元素发现年份	必需元素发现人	必需元素发现年份
C	*	*	Nicolas-Théodore de Saussure	1804
H	Cavendish	1766	Nicolas-Théodore de Saussure	1804
O	Priestley	1774	Nicolas-Théodore de Saussure	1804
N	Rutherford	1772	Nicolas-Théodore de Saussure	1804
P	Brand	1772	Ville	1860
K	Davy	1807	Julius von Sachs, Knop	1860
Ca	Davy	1807	Julius von Sachs, Knop	1860
Mg	Black	1755	Julius von Sachs, Knop	1860
S	*	*	Julius von Sachs, Knop	1865

续表

营养元素	元素发现人	元素发现年份	必需元素发现人	必需元素发现年份
Fe	*	*	Julius von Sachs, Knop	1860
Mn	Scheele	1774	McHargue	1922
Cu	*	*	Sommer Lipman & MacKinnon	1931
Zn	*	*	Sommer & Lipman	1926
Mo	Hzelm	1782	Arnon & Stout	1939
B	Gay Lussac & Thenard	1808	Sommer & Lipman	1926
Cl	Scheele	1774	Broyer	1954
Ni	Cronstdt	1751	Brown et al.	1987

注：* 表示无从知晓确切的信息。

通俗而言，植物必需营养元素就是植物生长所必需的营养元素，是植物正常生长发育必不可少的营养物质。1939 年，美国科学家 Daniel I Arnon 和 Perry R Stout 提出了判断某一营养元素是否为必需营养元素的 3 个标准：不可缺少性、不可替代性和直接功能性，即缺乏该营养元素后，植物无法完成其生命周期；缺乏该元素后，植物会表现出特有症状，补充施用其他元素并不能替代其作用，只有施用该元素后缺素症状才会消失或减缓；该元素直接参与植物新陈代谢，对植物生长起直接营养作用，并非改善环境的间接营养作用[7]。根据其含量大小，17 种必需营养元素一般划分为大量营养元素和微量营养元素。大量营养元素包括碳（C）、氢（H）、氧（O）、氮（N）、磷（P）、钾（K）、钙（Ca）、镁（Mg）和硫（S）9 种，其中碳、氢和氧一般定义为非矿质营养元素，是组成一切有机物和生物最基本的元素，主要来自大气和水，占到了植物干重的 90% 以上；其余 6 种大量元素含量一般在 3% ～ 4%；微量元素包括铁（Fe）、锰（Mn）、铜（Cu）、锌（Zn）、硼（B）、钼（Mo）、氯（Cl）和镍（Ni），其含量一般在 100mg/kg 干重以下。除碳、氢、氧之外，虽然每种必需营养元素在植物体内含量较低，有的甚至不到 0.1mg/kg，但都具有重要的、不可替代的生理功能，缺少其中任何一种营养元素，作物都无法正常生长发育，进而影响产量和品质形成。

1.2　植物营养学发展

植物营养学是研究植物对营养物质的吸收、运输、转化和利用的规律及植物与外界环境之间营养物质和能量交换的科学。或者说，植物营养学的主要任务是阐明植物体与外界环境之间营养物质交换和能量交换的具体过程，以及植物体内营养（养分）物质运输、分配和转化的规律，并在此基础上通过施肥和遗传改良的手段调节植物的代谢和生长发育，提高养分效率，从而达到高产高效、优质和保护环境的目的。由此可见，植物营养学科是支撑农业绿色发展中粮食安全、营养健康、资源高效、增产增效、绿色低碳、生态环境保护等领域的重要学科。在植物营养的早期探索阶段，德国科学家 Albrecht von Thaer 建立了腐殖质学说，认为植物吸收的碳来自土壤而不是大气，土壤肥力高低取决于腐殖质的含量，腐殖质是土壤中唯一的植物养分来源，而矿物质只是起间接作用，以加速腐殖质的转化和溶解，使其变成易被植物吸收的物质。直到 1840 年，德国化学家和植物营养学家 Justus von Liebig 在英国伦敦有机化学年会上发表了题为《化学在农业和生理学上的应用》（*Die organische Chemie in ihrer Anwendung auf Agricultur und Physiologie*）的著名论文，提出了植物矿质营养学说，否定了当时流行的腐殖质营养学说，认为腐殖质是在地球上有了植物以后才出现的，并不是在植物出现以前，因此植物生长所需要的养分只能是矿物质，这就是矿质营养学说的主要论点（图 1-1）。该学说只强调了矿质营养的作用，而忽视了腐殖质的作用，时至今日，我们已经认识到了腐殖质对土壤和作物的重要性。Justus von Liebig 提出的矿质营养学说是植物营养学新旧时代的分界线和转折点，使植物营养学以崭新的面貌出现在农业科学领域之中，开创了植物营养科学的新时代，他也成为了国际公认的植物营养科学的奠基人。

图 1-1　Justus von Liebig 及其论文

在矿质营养学说的基础上，Justus von Liebig 又提出了养分归还学说，即植物从土壤中吸收矿质养分，使土壤养分逐渐减少，土壤变得贫瘠，为了保持土壤肥力，就必须把植物带走的矿质养分和氮素以施肥的方式归还给土壤，这对恢复和维持土壤肥力具有重要意义。在

1843 年，Justus von Liebig 在《化学在农业和生理学上的应用》第三版中提出了“最小养分律”，即作物产量主要受土壤中相对含量最少的养分所控制，作物产量的高低主要取决于最小养分补充的程度，最小养分是限制作物产量的关键因子。由于德国科学家 Carl Sprengel 在同时代也提到过同样的理论，最小养分律也被称为 Sprengel-Liebig 理论。“最小养分律”指出了作物产量与养分供应上的矛盾，只有补足相对最小养分短板，才能实现高产。简单而言，最小养分律也称木桶理论，即最短的“木板”限制了作物系统的产量。Justus von Liebig 提出的以矿质营养学说为核心的一系列学说，证明了矿质营养氮、磷、钾等对植物生长的重要性，开启了植物营养这一门科学。在 19 世纪 40 年代，他与他的学生们开展了一系列化肥研制与田间应用效果试验，促进了化肥工业发展及其在农业上的应用，推动了传统农业向现代农业的转型，具有划时代意义。因此，他也被誉为“肥料工业之父”。

随着 Justus von Liebig 矿质营养学说的提出，植物营养学进入了快速发展阶段，在 20 世纪上半叶证实了一系列微量元素为植物必需营养元素，到 1954 年已经证实了 16 种元素为植物必需营养元素，建立了一系列植物营养学研究方法，例如至今还有许多人在试验中采用的植物营养液配方——Hoagland 溶液。1987 年，Patrick H. Brown 等在大麦培养试验中证实了镍是植物生长所必需的营养元素，至此形成了现在所讲的 17 种植物营养必需营养元素。在 20 世纪，世界植物营养学的中心是德国，以 Horst Marschner 和 Konrad Mengel 为代表的植物营养学家在矿质营养运输与代谢、无机营养与农作物产量形成生理学、根-土界面的矿质营养、土壤养分的有效性、肥料利用效率与土壤和植物间的相互作用、施用化肥对作物和环境的影响等方面做出了突出贡献，尤其是 Horst Marschner 深受植物营养学界尊敬，并多次来访我国开展高等植物营养讲座，对我国植物营养学的发展起到了非常大的推动作用（图 1-2）。

图 1-2 1980 年 Horst Marschner 教授在北京农业大学举办高等植物营养讲座

植物营养学在我国起步较晚，但发展较快。早在 20 世纪 30 年代，我国著名的植物营养生理学家罗宗洛针对氮素营养方面开展了大量工作，证明了不同作物对不同形态氮素营养的响应差异，并证明了 pH 值变化显著影响玉米幼苗吸收 NO_3^- 和 NH_4^+，也在微量营养元素研究做了不少工作。1954 年，北京农业大学（现中国农业大学）成立了土壤农业化学一级学科，其二级学科农业化学即现在的植物营养学，并从苏联引进了《农业化学》教材，开启了我国植物营养学高等教育与研究工作。1979 年，中国农业大学与德国霍恩海姆大学合作，Horst Marschner 曾 14 次来华讲学与考察中国农业，推动了我国土壤与植物营养专业、植物营养与肥料学会与学报的创建，并对我国植物营养学专业人才的培养作了突出贡献。1986 年，我国召开了第一次植物营养教学和学科讨论会。进入到 20 世纪 90 年代后，我国大批海外留学青年陆续回国，开启了国内植物营养学科建设的高潮。1992 年全国第一个植物营养系在北京农业大学正式成立，次年全国植物营养与肥料学会成立并于 1994 年出版了第一种植物营养学科的全国性刊物《植物营养与肥料学报》（图 1-3）。自 20 世纪 90 年代开始，在国家和老一辈科学家们的大力支持下，众多青年学者在植物营养根际过程、有机肥养分循环平衡转化、植物营养生理生态与遗传学等领域做出了很大的贡献，结合国家农业发展需求，将理论与生产实践相结合，在生产中发现问题、创新理论、解决问题，引领了我国成为世界植物营养研究与应用中心 [8]。进入到 21 世纪以来，我国植物营养学科研究秉承“学科交叉、前沿引领、强化基础、应用优先、立地顶天”的发展理念，在植物营养生理与生物学、根际营养、养分资源管理、绿色高效肥料创新等领域取得了飞速发展，继续引领植物营养研究成为世界的高地，有力地推动了测土配方施肥、化肥零增长、农业绿色低碳等国家行动方案的实施，有效保障了国家粮食安全，推动了农产品营养健康、农业生态环境保护，促进了我国农业现代化发展 [9-14]。

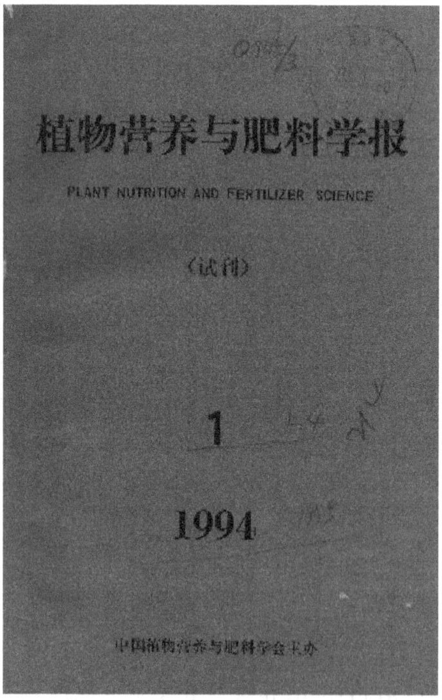

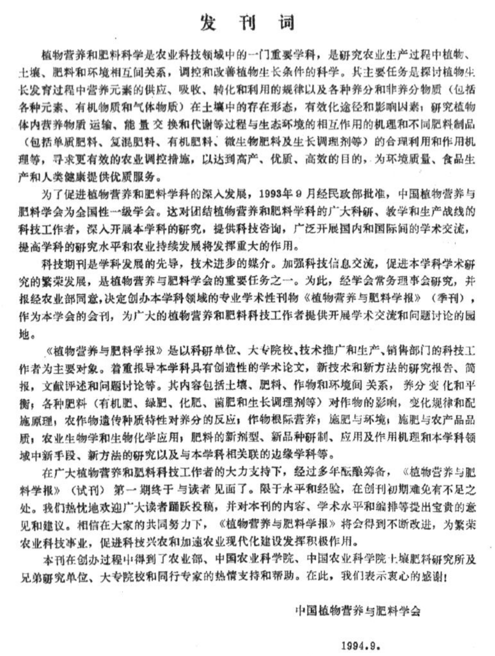
发 刊 词

植物营养和肥料科学是农业科技领域中的一门重要学科，是研究农业生产过程中植物、土壤、肥料和环境相互间关系，调控和改善植物生长条件的科学。其主要任务是探讨植物生长发育过程中营养元素的供应、吸收、转化和利用的规律以及各种养分和非养分物质（包括各种元素、有机物质和气体物质）在土壤中的存在形态，有效化途径和影响因素；研究植物体内营养物质运输、能量交换和代谢等过程与生态环境的相互作用的机理和不同肥料制品（包括单质肥料、复混肥料、有机肥料、微生物肥料及生长调理剂等）的合理利用和作用机理等，寻求更有效的农业调控措施，以达到高产、优质、高效的目的，为环境质量、食品生产和人类健康提供优质服务。

为了促进植物营养和肥料学科的深入发展，1993年 9 月经民政部批准，中国植物营养与肥料学会为全国性一级学会。这对团结植物营养和肥料学科的广大科研、教学和生产战线的科技工作者，深入开展本学科的研究，提供科技咨询，广泛开展国内和国际间的学术交流，提高学科的研究水平和农业持续发展将发挥重大的作用。

科技期刊是学科发展的先导，技术进步的媒介。加强科技信息交流，促进本学科学术研究的繁荣发展，是植物营养与肥料学会的重要任务之一。为此，经学会常务理事会研究，并报经农业部同意，决定创办本学科领域的专业学术性刊物《植物营养与肥料学报》（季刊），作为本学会的会刊，为广大的植物营养和肥料科技工作者提供开展学术交流和问题讨论的园地。

《植物营养与肥料学报》是以科研单位、大专院校、技术推广和生产、销售部门的科技工作者为主要对象。着重报导本学科具有创造性的学术论文，新技术和新方法的研究报告、简报，文献评述和问题讨论等。其内容包括土壤、肥料、作物和环境间关系，养分变化和平衡；各种肥料（有机肥、绿肥、化肥、菌肥和生长调理剂等）对作物的影响，变化规律和配施原理，农作物遗传种质特性对养分的反应；作物根际营养；施肥与环境；施肥与农产品品质；农业生物学和生物化学应用；肥料的新剂型、新品种研制、应用及作用机理和本学科领域中新手段、新方法的研究以及与本学科相关联的边缘学科等。

在广大植物营养和肥料科技工作者的大力支持下，经过多年酝酿筹备，《植物营养与肥料学报》（试刊）第一期终于与读者见面了。限于水平和经验，在创刊初期难免有不足之处。我们热忱地欢迎广大读者踊跃投稿，并对本刊的内容、学术水平和编排等提出宝贵的意见和建议。相信在大家的共同努力下，《植物营养与肥料学报》将会得到不断改进，为繁荣农业科技事业，促进科技兴农和加速农业现代化建设发挥积极作用。

本刊在创办过程中得到了农业部、中国农业科学院、中国农业科学院土壤肥料研究所及兄弟研究单位、大专院校和同行专家的热情支持和帮助。在此，我们表示衷心的感谢！

中国植物营养与肥料学会

1994.9.

图 1-3 《植物营养与肥料学报》首刊封面及发刊词

1.3 肥料对农业绿色发展的重要作用

“肥料”一词起源于近代。在我国古代农书中称肥料为粪、粪草、粪土、火粪、皮毛粪等，甚至将绿肥也称粪，栽培绿肥称苗粪，野生绿肥称草粪，施肥称为粪田。肥料是粮食的“粮食”，这是对肥料最通俗的理解。从植物营养角度来说，肥料是任何一种包含至少一种经过验证的植物所必需的营养元素的物质。一般植物营养学家将肥料定义为：肥料是指含有一种或多种植物所必需的营养元素的自然来源或者人工合成的物质，能够给植物正常生长发育提供所需的养分，并且能够增加土壤肥力、促进作物生长、提高作物产量和改善作物品质。通常按照肥料的来源与组分的主要性质，可以将肥料分为有机肥料、化学肥料（简称化肥，又称为无机肥料或矿质肥料）和微生物肥料（又称为生物肥料）三大类。在 2017 年 3 月 1 日起实施的国家标准《肥料和土壤调理剂　分类》（GB/T 32741—2016）中，依据肥料成分将商品化的肥料划分为无机肥料、有机肥料、有机-无机肥料和添加微生物菌剂的肥料四大类。对无机肥料和有机肥料进行二级分类，划分为八类，其中无机肥料为氮磷钾肥料、中量元素肥料和微量元素肥料三类，有机肥料为有机氮肥、合成有机氮肥、氮磷有机肥料、氮钾有机肥料和氮磷钾有机肥料五类，并对氮磷钾肥料进行了三级和四级分类。随着肥料商业化发展，肥料的商品种类也在不断扩大，在传统肥料的基础上衍生出了新型肥料、特种肥料等，其本质仍然是给作物直接提供营养物质，相较于传统肥料，其生产技术更为先进，具有更好地提供养分的功效，更符合现代农业发展需求。一般而言，新型或特种肥料包括缓释肥料、控释肥料、稳定性肥料、水溶性肥料、功能性肥料、商品化有机肥料、生物有机肥料、增效肥料、有机无机复合肥料等。由此不难看出，新型或特种肥料针对传统肥料存在的一些不足或农业生产发展的需求，增强了传统肥料解决农业生产问题的功能，使其施用更为高效、便捷。

1.3.1 提高产量，保障粮食安全

肥料是农业增产和粮食安全的基本物质保障，施肥是提高作物产量的最重要手段。1949 年前，我国一直采用传统农业生产方式，即利用作物秸秆、人畜粪尿、绿肥等方式培肥地力提高产量。由于这些物料的数量极其有限，不能有效地满足农业生产的大量需求，粮食产量增长极其缓慢而且长期处于较低水平。如春秋战国时期，我国粮食单产只有不到 750kg/hm^2，到清朝时期，增长到了 1125kg/hm^2 左右，相当于 2000 余年间粮食产量平均增长了 375kg/hm^2 左右，这与缺乏化肥、优良品种、耕作管理等都有联系，但其中化肥所起的作用是至关重要的。而在 1949 年后至今的 70 余年间，我国肥料工业技术飞速发展，化肥产量不断提升，使我国化肥产量从 1949 年的 6000t（$N+P_2O_5+K_2O$ 纯养分）增加到 2022 年的 5573 万吨，增加了 9000 余倍。同一时期，每公顷耕地肥料用量（化肥 + 有机肥料，$N+P_2O_5+K_2O$ 纯养分）从 45kg 增加到了约 398kg，小麦平均单产从 642kg/hm^2 提升到了 5856kg/hm^2，玉米从

962kg/hm^2 增加到了 6436kg/hm^2，稻谷从 1892kg/hm^2 提高到了 7080kg/hm^2，三大粮食作物产量分别增加了 8.1 倍、5.7 倍和 2.7 倍。自 1949 年以来，在我国粮食作物播种面积增加有限的情况下，粮食总产量从 1.13 亿吨增加到 6.87 亿吨，目前谷物自给率超过了 95%，稻谷和小麦的自给率更是超过了 100%，有效保障了 14 亿人口的粮食需求，其中化肥做出了不可磨灭的贡献。从我国农田肥料养分投入量与结构演变可以看出，1949 年到 2018 年的 70 年间，有机肥料养分投入占比不断下降，而化学肥料养分投入占比从不到 0.1% 增加到目前的 80% 左右 [1, 15-16]（表 1-2）。

表1-2　1949—2018年我国农田肥料养分投入量与结构演变

年份	化肥养分 / 万吨	有机肥养分 / 万吨	总养分 / 万吨	化肥所占比例 /%
1949	0.6	443.2	443.8	0.1
1957	36.8	689	725.8	5.1
1965	176	789	975	18.1
1975	538	172	1710	31.5
1980	1270	1218	2488	51.0
1985	1176	1442	3218	55.2
1990	2590	1537	4127	62.8
1995	3594	1701	5295	66.9
2000	4246	1828	5974	69.4
2010	6019	1934	7953	75.7
2018	5653	1560	7213	78.4

资料来源：奚振邦等，2013；奚振邦等，2021。

世界各国的经验证明，施肥，尤其是施用化肥，不论在发达国家或发展中国家都是最快、最有效、最重要的增产措施。根据联合国粮农组织统计资料结果，发展中国家在农业生产中通过施肥可提高粮食作物单位面积产量 55% ～ 57%，增加粮食总产 30% 左右；在 1950—1970 年世界粮食增产较快的 20 年间，粮食总产增加近 1 倍，其中因谷物播种面积增加 10600 万公顷产生的产量占 22%，因单位面积产量增加 700kg/hm^2 所增加的产量占 78%，在各项增产因素中，国外学者一致认为，施用化肥能够增产 40% ～ 65%。根据全国化肥试验网的大量田间试验结果，施用化肥可提高水稻、玉米、棉花单位面积产量 40% ～ 50%，小麦、油菜等越冬作物单位面积产量 50% ～ 60%，大豆单位面积产量近 20%；根据全国化肥试验网的肥效结果推算，1986—1990 年粮食总产中有 35% 左右是施用化肥的作用 [17-19]。近年来，随着整合分析数据方法的涌现，大量的研究证明了肥料在粮食增产、养分资源利用效率提升上的重要价值，如在我国的长期定位试验整合分析结果发现，施用化肥、有机肥、化肥 + 有机肥可分别提高三大粮食作物产量 57% ～ 190%、31% ～ 114%、73% ～ 213%。同样，一项全球的氮肥施用效应整合研究表明，施用氮肥能够平均提高粮食与蔬菜的产量 56%[20-21]。

为了证明施用肥料的增产培肥的效果，同时为科学施肥提供实践指导，全世界不少国家开展了一系列土壤肥料长期定位田间试验，其中广为熟知的有英国洛桑研究所（Rothamsted Research，原洛桑实验站）的 7 个百年以上的肥料试验；德国哥廷根农业研究所的 E-Field 轮作下的肥料试验（1873 年）和多年生黑麦草肥料试验（1873 年），林布尔格罗夫农业研究站的化肥对作物产量及产品质量影响试验（1938 年）；法国贵格纳国立农业研究所的 Deherain 小麦、甜菜肥料试验（1876 年），小麦连作肥料试验（1876）；丹麦 Askov 于 1894 年开始的轮作制度下的肥料试验；美国伊利诺斯州立大学的 Morrow 轮作-肥料试验（1875 年）、Morrow 磷矿石粉肥料试验（1900 年）以及芬兰、荷兰、加拿大和澳大利亚等国家的相似试验等；而亚洲最早开展且持续至今的土壤肥料长期定位试验是日本鸿巢县中央农业试验站于 1926 年开始的水稻连作肥料试验。其中最为经典的当数 John Benet Lawes 和 Joseph Henry Gilbert 于 1843 年在英国洛桑建立的土壤肥力长期定位试验站（Rothamsted Experimental Station），至今为止已有 180 余年的历史，该站先后设置了 20 个长期定位试验，对土壤肥力保育和合理施肥展开了长期、系统的定位研究，为农学、土壤学、植物营养学、生态学以及环境科学的发展做出了重要贡献，有力地推动了肥料工业的发展与农业生产肥料的施用。这些肥料长期定位试验无一例外地证明了施肥的重要性，以英国洛桑研究所于 1843 年开始的 Broadbalk 小麦试验为例，不施肥的小麦产量平均为 $1.1t/hm^2$，而施用有机肥料和化学肥料的产量平均分别为 $3.6t/hm^2$ 和 $3.8t/hm^2$，在 20 世纪 60 年引入小麦矮秆品种后，肥料的增产作用体现得尤为明显，从约为 $3t/hm^2$ 的产量水平跃升到 5 ～ $6t/hm^2$（图 1-4）[22]。

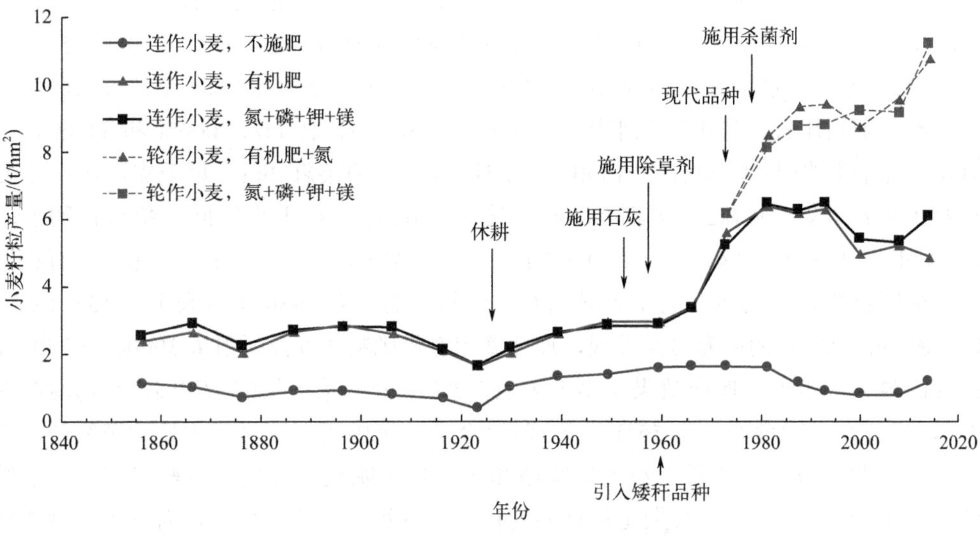

图 1-4 英国洛桑研究所 Broadbalk 小麦长期定位试验产量变化

（引自 Macdonald et al., 2018）

针对不同肥料的农学效果，我国于 20 世纪初期开始进行了一系列大量的研究。在 1910 年的保定直隶农事试验场小麦田间试验表明，施用有机肥和氮肥能够有效提高小麦产量和籽粒容重，而单独施用过磷酸钙或氯化钾均无增产效果；随后 1914 年的试验取得了类似的结果，磷肥的增产效果开始出现；此后在北京和吉林多地的试验均证明，氮肥具有很好的增产效果，磷肥次之，而钾肥则基本无效[23]。我国于1936—1940年第一次开展全国性化学肥料肥效试验，土壤肥料学家张乃凤等在14省68个试验点的7种不同土壤上，对小麦、棉花、水稻、玉米、油菜和谷子开展了156个试验，证明了氮、磷和钾的需要程度（增产试验点数占总试验点数的百分比）分别约为80%、40%和10%，谷子、玉米、油菜、水稻需氮肥较棉花和小麦高，而油菜较其他作物更需要磷肥，充分说明了肥料的重要性，这在当时叫地力测定[24]。1958—1962年在全国25个省（自治区、直辖市）组织了第二次全国化肥试验，包括三要素肥效、氮肥和磷肥品种比较、氮肥用量和施用时期试验等，并从粮食作物扩展到油料、果树、蔬菜、烟草等作物上，同时增加了有机肥料肥效试验。试验结果表明，农家肥的肥效每公顷施用鲜紫云英或苕子37.5～45t，每吨可增产稻谷47kg，每公顷施鲜厩肥或牛栏粪37.5～45t，每吨可增产稻谷11kg；氮肥在所有作物上都有显著的增产效果，每千克氮素可增产粮食10～30kg，每千克磷素增产粮食5～10kg，钾肥增产效果则很小；与20世纪30年代后期相比，总的趋势虽然仍是氮肥效果居首位，磷肥次之，钾肥更次之，但是磷肥在长江以北地区、钾肥在南方稻田、豆科绿肥和油菜上均有较好的增产效果，说明了土壤养分在不断耗竭，加快了作物生产对外源肥料养分的需求[23]。1980年全国化肥试验网组织了第三次全国化肥试验，试验内容包括氮、磷、钾化肥适宜用量和配比，复合肥料肥效和施用技术，肥料长期定位试验等项目，1981—1983年共收集整理了全国29个省（自治区、直辖市）包括粮食、油料、糖料、经济作物、果树、蔬菜等18种作物的氮、磷、钾化肥肥效、用量和配合比例的田间试验5086个，复合肥与单质化肥配合比较试验248个。试验结果再次证实，我国化学肥料肥效依次为氮肥、磷肥、钾肥，总趋势依然没有改变，施用每千克氮（N）、磷（P_2O_5）和钾（K_2O）养分在粮食作物上的增产效果为9～13kg、5～10kg和2～5kg。829个水稻、1260个小麦、629个玉米、162个棉花和64个油菜试验结果表明，与不施肥相比较，施用化肥平均增产40.8%、56.6%、46.1%、48.6%和64.4%，每千克氮肥在粮食作物上增产9.1～13.4kg、皮棉1.2kg、油菜籽4kg，每千克磷肥在主要粮食作物上增产4.7～9.7kg、皮棉0.68kg、油菜籽6.3kg，每千克钾肥在粮食作物上增产1.6～4.9kg、皮棉0.95kg、油菜籽0.63kg[25]。20世纪80年代，我国肥料施用以有机肥料为主，全国化肥试验网也开展了大量的有机肥料试验，对1980年以来全国135个连续5年以上施用有机肥料的研究总结发现，连续施用有机肥料（每公顷用量30000～75000kg）在试验的最初5年内，增产效果从第1年的7.7%上升到第5年的16.3%，平均增产率为12.8%，每公顷平均增产量为555kg[27]。时至今日，全国仍然在进行大量的肥料效应田间试验，有农业农村部野外科学观测试验站和各个科研院校所开展的试验研究，持续时间长的已有40余年[28]。这些长期定位试验均证明了施用肥料的重要性，对三大粮食作物的研究结果表明，与不施肥相比，施用氮磷钾化肥、氮磷钾化肥与有机肥料结合分别能够实现增产60%～193%和76%～219%[29]。在全国尺度上，我国于2005年启动了测土配方施肥工程，布置了大量的田间肥效试验和示范试验，证明了化肥在粮食增产中的重要作用。

化肥的出现始于第一次工业革命时代的1800年。第一个化学肥料——硫酸铵出现了，当时是工业炼焦的副产物，产量极其有限，此时全球人口为9.8亿；进入到20世纪后，合成氨技术投入生产，促进了化肥在农业生产中的应用；到 1950 年时全球人口达到了 25.4 亿，此后全球肥料工业和农业生产均进入了快速发展时期，氮肥、磷肥、钾肥开始规模化生产，摆脱了天然活性氮肥、鸟粪石等自然获取肥料的依赖，肥料实现了工业化大生产，开始满足日益增长的人口对肥料的需求；直到目前全球 80 多亿人口，仍然依赖肥料，尤其是化肥来保障粮食生产。在化肥工业发展过程中，合成氨技术——哈伯-博施合成氨工艺的发明，显著降低了肥料生产过程中的能源需求，并且很大程度上降低了成本，使其成为增加活性态氮肥供应的基础，直接促进了工业规模化生产农业所需的氮肥，从而大大地提高了世界上大多数地区的农业生产效率，目前全球采用合成氨工艺生产的氮肥占到了氮肥总量的 90% 以上[30-31]。

从 1908 年合成氨技术发明开始的 100 年间，全球约为 27% 的人口是由肥料养活的，随着工业氮肥生产的增加和农业生产的快速发展，在 2000 年时合成氨生产的氮肥养活了全球约 44% 的人口，而 2008 年时达到了 48%（图 1-5），在这 100 年间全球每公顷耕地可养活的人数从 1.9 人增加到了 4.3 人，加上磷肥、钾肥、有机肥料等施用的增产效果，肥料养活的全球人口超过了一半[32]。新中国成立以后，我国重视发展肥料工业，有效推动了肥料在农业生产的应用，极大地提升了农业生产力，保障了食物的产出与供应。

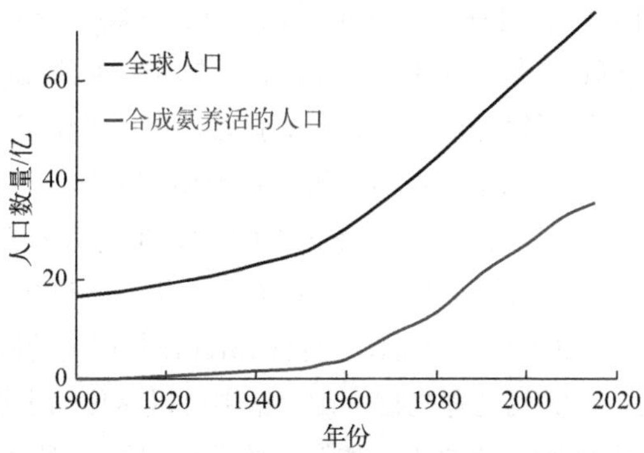

图 1-5 合成氨生产的氮肥养活的全球人口数量
（改自 Erisman et al., 2008）

新中国成立初期，动物饲料很少，主要是泔水、猪草，品质都比较低，所以供应的肉也很少，现在我国已经有了玉米、豆粕等粮食为主的饲料，品质也变好了，养殖业就发达起来了。养殖业的大力发展有力地保障了蛋白供应，人均蛋白摄入量从 20 世纪 60 年代的每日 40g 提高到了目前的每日 100g，动物蛋白从每日 4g 提高到了每日 42g，已经超过了全球平均水平。目前我国动物产品供应量达到了每人每年 61kg，与发达国家水平持平。在 20 世纪 60 年代，平均每人一生能够消耗 2 头猪、0.05 头牛、20kg 禽肉、730 个鸡蛋和 160kg 奶产品，而现在能够消耗 33 头猪，增加了 16 倍，4.5 头牛，增加了 89 倍，1115kg 禽肉，增加了 55 倍，14750 个鸡蛋，增加了 19 倍，2500kg 奶产品，增加了 15 倍。化肥的出现与施用实际上促进种植业快速发展，而种植业又为养殖业提供了丰富的饲料，能够保证畜禽、水产品等养殖需求，这又推进了有机肥料的生产，能够有效形成种养一体结合的现代农业高效种植模式，即“（化）肥多-粮多-猪多-（有机）肥多”的生态循环农业[33]。

1.3.2 培肥土壤，提升耕地质量

“耕地是粮食的命根子”，耕地质量是粮食安全的基本保障。土壤肥力是耕地质量的关键性指标，是土壤的基本属性和本质特征，是土壤适时供给并协调植物生长所需的水分、养分、空气、温度、支撑条件和无毒害物质的能力，是土壤物理、化学和生物学性质的综合反应。每年每季投入农田的肥料，并不能完全被作物所吸收利用，实际上还有很大一部分残留在土壤，如氮 30% ～ 40%、磷 70% ～ 80%、钾 40% ～ 50%，这些养分中的大部分可以供后茬作物持续吸收利用，这就是肥料的后效或残效。连续多年合理施用肥料，肥料后效不断增加，土壤有效养分含量和有机质含量逐渐提升，增加了土壤肥力，这就是通常所说的“地越种越肥”。

传统农业中耕地养分含量主要由成土母质决定，人类对土壤的改良是非常困难和缓慢的，土壤经常会出现退化现象，这是因为传统农业投入养分非常少，作物生产过程中不断耗竭土壤养分，造成了土壤肥力下降，而施用肥料能够弥补作物生产带走的部分或全部养分，科学合理地施用肥料在几年内就可以显著提高或改善土壤肥力。例如我国南方第四纪红壤开垦成旱地后，土壤有机质含量仅 13g/kg，全量氮、磷、钾含量分别仅为 1.04g/kg、0.51g/kg 和 14.6g/kg，施用化肥四年后土壤有机质含量提高到 14.7g/kg，全量氮、磷、钾含量分别为 1.25g/kg、0.78g/kg、16.9g/kg。国内外 10 年以上的长期定位肥料试验结果表明，相较不施用肥料，施用化学肥料、有机肥料等均能够对土壤肥力产生积极作用，这其中的核心是施用化学肥料能否像有机肥料一样提升土壤有机质。英国洛桑研究所的小麦长期定位试验结果表明，相比较不施肥，施用化学肥料具有提高土壤有机质的效果，但是其效果远远弱于施用有机肥料，这在全球的一些长期定位试验中得到了验证。平均而言，化学肥料和有机肥料提升土壤有机质数量为 10% 和 50% 以上（表 1-3）[15]。一方面，肥料在增加作物产量的同时，增加了作物生物量，这些作物的残体（如根茬）其实就是有机物，在土壤中可以转化为土壤有机质，增加了土壤有机质含量；另一方面，科学施肥能够改善土壤微生物代谢过程，促进土壤有机物质代谢更新，保持甚至提高有机质含量，减缓有机质的耗竭。以我国为例，从 20 世纪 80 年代到 21 世纪初，随着化肥施用量的增加和有机肥料用量的减少，作物产量在不断提升，作物根系生物量也在增加，使土壤输入的碳增加，从而提高了土壤有机质。平均而言，全国土壤有机质含量从 19.8g/kg 增加到了 24.65g/kg，提升了约四分之一，相当于每年土壤增碳 4.5t/hm^2 以上 [34]。

表1-3 全球部分长期定位试验中不同施肥处理对土壤有机碳含量的影响

试验地点	年限	不同施肥处理下的有机碳 /%					
		不施肥	相对比例 /%	化肥	相对比例 /%	有机肥	相对比例 /%
Rothamsted 洛桑（英国）	1843—1944（101 年）	1.09	100	1.19	109	2.58	237
Saxmundham 萨克斯曼德姆（英国）	1899—1956（57 年）	0.94	100	1.01	109	1.55	165

续表

试验地点	年限	不同施肥处理下的有机碳 /%					
		不施肥	相对比例 /%	化肥	相对比例 /%	有机肥	相对比例 /%
Askov 阿斯科夫（丹麦）	1894—1949 年（55 年）	1.31	100	1.46	111	1.68	128
Askov 阿斯科夫（丹麦）	1894—1949 年（55 年）	0.78	100	0.88	113	1.03	132
Kōnosu 鸿巢市（日本）	33 年	2.17	100	2.33	107	3.14	145
长池（苏联）	1934—1956 年	0.86	100	0.91	106	1.11	129
祁阳（中国）	1990—2005 年（15 年）	0.77	100	0.88	115	1.12	146

资料来源：奚振邦等，2013。

我国经过上千年的传统农业生产，由于肥料投入少，作物消耗大，绝大部分土壤出现了不同程度的养分缺乏，随着肥料用量不断增加，土壤养分得到了补充，土壤养分含量不断提升。例如 20 世纪 80 年代我国化肥施用量每年平均为 1904 万吨（$N+P_2O_5+K_2O$），进入 2010 年则达到了 5762 万吨（$N+P_2O_5+K_2O$），这期间化肥用量是在快速增加的，增加了两倍 [1]。这期间，全国土壤养分全氮、有效磷和速效钾分别从 125mg/kg 到 146mg/kg、7mg/kg 到 26mg/kg 和 100mg/kg 到 140mg/kg，充分证明了施肥对土壤养分含量提升的重要性 [35]。

近几十年来，我国化肥用量在不断增加，其中氮、磷、钾肥占据了绝对主导地位，而忽视了钙、镁、硫和微量元素肥料的投入。早在 20 世纪 80 年代，有大量的研究证明了微量元素在农业生产中具有良好的增产提质的效果。土壤普查发现，我国土壤存在着大面积的微量元素缺乏的现象。全国农技推服务中心估算数据表明，我国土壤钙、镁、硫、铁、锰、硼、锌、铜和钼缺乏面积分别为 64%、53%、40%、80%、31%、48%、14%、25% 和 59%[36]。近年来，福建农林大学联合企业建立了国际镁营养研究所，在全国开展的大量的镁肥肥效研究表明，施用镁肥在很多作物上具有良好的增产提质的效果。对国内外的资料整合分析发现，我国农田土壤交换性镁从 20 世纪 80 年代的 210mg/kg 下降到 2010 年的 160mg/kg，尤其是东南地区，土壤交换性镁含量平均只有 49mg/kg，田间施用镁肥的增产效果可达 8% 以上 [37]。钙、镁、硫和微量营养元素缺乏是限制种植业绿色发展的瓶颈之一，要补齐短板，创新和创制相应的绿色高效肥料产品，匹配区域土壤-作物系统对这些营养元素的需求特征，并与现代施肥技术相结合，实现作物提质增效和肥料高效应用。

随着化肥的大量施用，我国土壤肥力在不断提升，使得大部分地区的土壤基础地力有明显提高。20 世纪 80 年代初期，我国主要粮食作物土壤基础每公顷生产力仅为 3900kg，目前达到了 4950kg；在全国尺度上，小麦、玉米和水稻的土壤基础生产力分别增加了 120kg、46.5kg 和 63.5kg[33]。当前我国中低产田面积 13.91 亿公顷，近 10 余年间，通过高标准农田建设等工程措施，我国低产田面积减少了 1.4 亿公顷（由 2008 年的 5.85 亿公顷减少到 2019

年的 4.44 亿公顷），这些低产田在工程改良后通过施用化肥，大多转变为中产田，化肥在其中发挥了十分关键的作用[33]。如南方地区的潜育性稻田，因长期淹水等原因，土壤有效磷含量低，每公顷水稻产量仅 3000kg 左右，许多地方已经弃耕，这类土壤经过工程措施改良后，每公顷施用钙镁磷肥 450 ～ 750kg，每公顷水稻产量可以提高到 4500kg 以上[33]。由此可见，在国家实施“藏粮于地、藏粮于技”的战略举措下，肥料在提升耕地质量、保障粮食安全中起到了至关重要的作用，尤其是在中低产田产能提升和高标准农田建设后的农业生产中。

1.3.3 改善品质，促进营养健康

现代化最重要的指标还是人民健康，这是人民幸福生活的基础。保障人民健康，营养健康是关键一环。食物营养与人体健康有着密切的关系。我国人民饮食仍面临着营养不足与过剩并存、营养相关疾病多发等关键问题，这些问题已成为影响人民健康的重要因素，迫切需要推动向营养导向型农业快速发展。

施肥与作物品质密切相关，养分是作物品质形成的重要物质基础，矿质营养能够在很大程度上影响作物体内某些化合物的含量，这主要是由于营养元素影响了作物生理代谢或生物化学过程。作物品质取决于自身遗传特性（即品种）、施肥、耕作管理、土壤和环境条件等多重因素的影响。优质的肥料与科学施肥技术结合能够高效供应作物所需要的养分，进而产出优质的农作物产品，更好地发挥优良品种的潜力。“果（水果）不甜瓜不香”就是由于肥料不合理施用、灌溉管理不合理等因素造成的。一般而言，随着养分供应量（包括肥料、土壤和环境来源的养分）增加，作物品质由差变好，在达到最适宜品质水平时，养分供应量继续增加会降低品质（图 1-6）[38]。

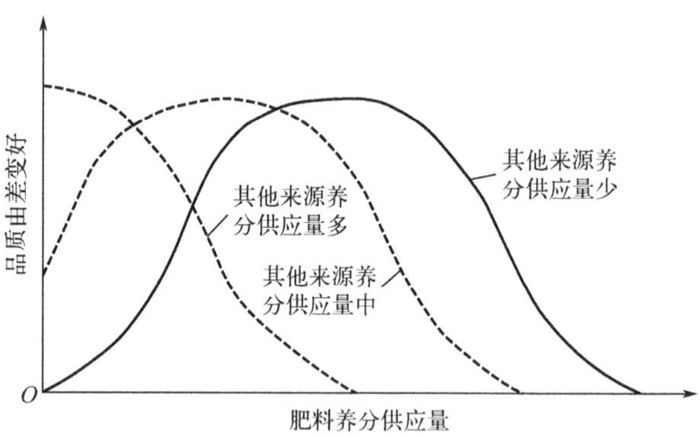

图 1-6　土壤与环境养分和肥料养分供应与作物品质关系示意图
（引自张宏彦等，2009）

一味地追求高产，造成了大量氮肥的投入和大水漫灌，忽视了其他营养元素的配合，导致果实个大水多，但糖分累积跟不上作物需求，降低了果实原有的风味。不同作物的品质特点可能有所不同，所需要的养分供应类型和供应量也是不同的。养分缺乏时，作物生长不良，其品质也会受到不利的影响。例如，在缺硼的土壤上，油菜“花而不实”、苹果“缩果病”、棉花“蕾而不花”、甜菜“腐心病”等现象，引起作物减产或者绝收，更无从谈起优

良的作物品质。科学施肥则能很好地调控作物品质，达到最佳水平。在实际生产中，需要根据作物的生长与关键品质形成特点，制定相应的配套施肥技术。

1.3.3.1 提高营养品质：元素充足、营养高

农产品中营养元素含量与施肥直接相关，施用肥料极大地提高了农产品营养含量。在不施肥条件下，作物的生长依赖于土壤和环境养分供应，这种养分供应能力一般是比较弱的，尤其是在作物快速生长期，无法提供足够的营养保证作物正常生长；在养分供应长期不足的条件下，作物的根系发育、地上部光合作用都会受到抑制，生理代谢或体内生物化学过程都无法正常进行，不利于营养物质的吸收利用和相应化合物的合成。作物必需的 17 种营养元素均与作物营养品质密切相关。例如，氮是氨基酸、蛋白质的重要组分；磷参与了作物体内碳水化合物、脂肪和氮素代谢，与粗蛋白、蔗糖、淀粉和脂肪合成密切相关；钾促进光合产物运输、蛋白质合成、调节作物水分平衡等。已有的大量研究表明，施用肥料能够提高作物可食部分相应的元素含量，增加其营养价值。全国 1990—2017 年的 2758 个样本的分析结果表明，施用氮肥在实现小麦增产 42% 的同时有效提升了蛋白质含量，平均增幅达 19%，但是需要注意的是，这种施肥与提质的关系并不是线性增加的，而是随着施氮量的增加呈现先增加后降低的趋势，同时与施肥技术紧密相关 [39]。这意味着在科学合理施肥的前提下能够有效增加或维持作物品质处于较高水平，过量施肥或者不合理施肥反而导致作物品质下降，如过量施用氮肥造成了蔬菜体内过量硝酸盐累积 [40]。类似的研究结果在磷、钾、有机肥等肥料上，水稻、玉米、蔬菜、果树等作物上均得到了很好的验证。以钾在我国主要作物品质的影响整合分析为例，与不施钾相比，施用钾肥能够改善作物的维生素 C、可溶性糖、可溶性固形物、蛋白质和淀粉含量等品质指标，增长幅度分别为 18.6%、19.3%、8.7%、7.3% 和 5.2%。同时，施用钾肥对作物的特异性品质也有一定的改善效果，如降低蔬菜硝酸盐含量、提高水果糖酸比等 [41]。在钙、镁、硫、微量元素肥料和有机肥料肥效研究中，同样证明了其改善作物营养品质的效果 [42-47]。肥料的科学施用能够显著提升农产品中微量元素的含量，这为解决地带性营养元素缺乏提供了很好的可行途径。例如，西北石灰性土壤锌有效性很低，植物缺少锌营养进而导致饮食中锌缺乏的问题曾经很普遍，这是导致居民营养不良的关键问题，施用氮肥后可以将小麦籽粒锌含量从 20 ～ 25mg/kg 提高到 30 ～ 40mg/kg，接近国际食品锌营养标准。同样在水稻上，通过施用锌肥，籽粒锌含量可增加 20%，增产 10% 左右，实现了水稻籽粒锌营养生物强化和籽粒产量同步提升。

1.3.3.2 改善感官品质：大小均匀、口感好

感官品质是农产品的重要品质指标，是描述和判断品质的最直观指标，包括了作物的外形、均匀性、色泽、滋味、气味多个方面，其实这些指标都是作物生长过程中某一或几个生理代谢结果的具体反映。农产品的大小和色泽等外观品质与多种营养元素有关。研究发现，当苹果果实钙含量小于 45mg/kg 时，易感染苦痘病和乔纳森斑点病。当营养液钙浓度低于 5mmol/L 时，番茄脐腐病的发病率也会迅速增加：因为钙是细胞壁的组成成分，缺钙导致细胞壁不能正常形成，使得对病虫害的防御作用下降。缺硼导致花而不实、块根根裂，因为硼也是细胞壁的组成成分，缺乏时使细胞壁骨架结构不完整，连接不紧密，细胞间易分离，表

现出根裂等症状。缺硼也会使苹果果实内部木栓化，果肉凹陷，引起“缩果病”。类似地，缺镁会引起苹果果实着色差，糖度下降；缺锌会使葡萄果实大小和着色不均匀等，严重影响农产品品质。在没有化肥的传统生产模式下，作物营养吸收不足，导致生长变差，作物产量降低，叶片、果实、籽粒等可食部分变小，或者土壤肥力局部差异导致可食部分外观大小不一致，并且由于营养物质吸收不足造成“歪瓜裂枣”现象，而肥料的科学施用则能够使营养充分供应，且不至于产生过量施肥的问题，显著改善了水果、蔬菜的外观品质。例如在我国某地果园不施肥情况下，一公顷地果实产量不到3750kg，85%的果实大小不到70mm，按现在的标准达不到二级果，相当于是等外果，果实着色差，口感硬；而科学施肥的苹果，每公顷产量可达63750kg以上，85%为一级果（果实直径≥85mm，全红），商品化率可达95%[33]，充分说明了肥料在提升农产品外观品质上的重要性。

农产品的感官品质还包括了风味品质，如滋味、气味等，相当于香味物质和呈味物质两个方面的体现。香味物质一般与芳香物质成分的种类和含量直接相关，具体包括具有挥发性的酯类、醇类、醛类、酮类等，而呈味物质则指的是糖度、酸度和维生素C等决定口味的物质。施用肥料可以显著提高挥发性芳香物质特别是酯类物质的含量，且增加糖分含量和维生素C含量，降低导致口味酸涩的酸度。例如，对不同施肥处理下的甜瓜风味研究表明，相较于不施肥处理，合理施用氮磷钾肥的甜瓜酯类含量由20%显著提升至56%，总糖含量提升了54%，维生素C含量提高了69%，总酸含量降低了27%[48]，合理施肥使甜瓜更加清香适口，回味悠长。硫与作物风味物质有着密切的关系，例如施用硫肥能够显著提升大蒜素的含量，使大蒜味道更加浓厚。腊八蒜其实就是因为大蒜素是一些含有硫的化合物，这些含硫化合物主导了颜色的变化。在低温和醋的作用下，大蒜形成了蓝色的蒜蓝素（硫代亚磺酸酯类），而蒜蓝素不稳定，会逐渐形成黄色的蒜黄素（丙烯基硫氧化物），当蓝黄共存时就是腊八蒜的绿色，时间久了腊八蒜的颜色就全部变为黄色了。

1.3.3.3 提高安全品质：安全放心、风险低

农产品质量安全事关每一个人的生活。新时代农业绿色发展，就是要吃得安全，吃得放心，这是农产品质量安全的核心，是保障食品安全的重中之重。农产品的安全品质主要指农产品在生产、加工、储藏过程中不会产生对人、动植物和环境的危害和潜在危害因素，如农药残留、兽药残留、重金属污染、硝酸盐超标等。

在作物种植管理过程中，由于不合理施肥或者施用劣质肥料，灌溉水、土壤和大气环境超标等造成的重金属污染、硝酸盐过量累积等问题都需要通过源头改善来解决，如采用科学施肥技术、选用优质绿色肥料、改善作物生长环境等。针对这些问题，国家出台了一系列标准文件，如《肥料中有毒有害物质的限量要求》（GB 38400—2019）、《土壤环境质量　农用地土壤污染风险管控标准（试行）》（GB 15618—2018）、《食品中污染物限量》（GB 2762—2005）、《主要作物化肥定额制的限量标准》等，规范工业生产与排放，避免影响农业生产种植，并实施肥料限量施用标准，有效降低不科学施肥带来的农产品与环境污染风险。

在实际生产中，不合理施肥会带来食品的潜在性不安全，肥料中的硝态氮、重金属、未腐熟有机肥料中存活的病菌等可能会在作物体内的过量累积，进而影响人体健康。大量施用氮肥增加了作物，尤其是蔬菜作物中硝酸盐的含量，同时硝态氮的淋失可污染地面水和地下

水，使其通过饮水、饲料和食物进入动物和人体，在消化系统中被还原为亚硝酸，亚硝酸能与血红蛋白结合影响血液中氧的运输，严重的是硝酸盐与亚硝酸盐均能产生致癌化合物——亚硝基胺。另外，劣质磷肥中含有过量的氟化物和镉，大量施用会增加土壤和作物中的氟和镉的含量，造成作物减产或死亡，抑制动物发育和生育，并使人、畜易患相应的病症。磷肥中的重金属（如镉、铅、汞、镍、铬等）在土壤移动性小，不易被水淋溶和微生物降解，随磷肥长期大量施用而在土壤中积累。过量的重金属会进入作物体内（如“镉米”），引起生理功能的紊乱和营养元素间的失调，如镉干扰磷的代谢，镉、铅影响光合作用和蒸腾作用。过量的重金属对动物和人体的危害也很大。科学管理和施用肥料，能够有效保障农产品质量安全，避免施肥带来的质量安全问题。

1.3.3.4 改善加工品质：满足需求、效益高

加工品质是食物作为商品流通和健康饮食需求的关键品质，也是体现食物商品价值的关键指标。粮食加工品质包括淀粉糊化与老化，面筋及蛋白质的热变性、褐变等。以小麦为例，一般划分为强筋、中筋和弱筋小麦 3 个品种大类，这是根据籽粒蛋白质、湿面筋含量、面团稳定时间等指标来划分的，强筋小麦其数值分别为≥ 14%、≥ 32% 和≥ 7min，弱筋小麦为≤ 11.5%、≤ 22% 和≤ 2.5min，中筋小麦介于二者之间。由于面粉特性不一样，其用途也不一样，例如强筋面粉适用于制作面包、拉面和饺子皮，弱筋面粉适用于制作饼干、糕点等食品。不同品种小麦的蛋白质含量有着较大的差异，这就使其对氮、硫等营养的需求表现出不同差异，可以通过科学施肥来调控营养供应，根据实际需求优化加工品质。大量的研究表明，施用氮肥增加了小麦蛋白质含量，施用硫肥提高了小麦尤其是强筋小麦制成面粉的延伸性以及弹性，表现出增大面包体积的作用，且烘焙品质对硫肥的响应远大于产量对硫肥的响应。中国农科院德州实验站28年定位试验研究了施用化肥、有机肥等对冬小麦品质（蛋白质）和加工品质（面包烘烤）的影响，发现有机肥供氮能力弱，等氮量投入下，小麦和玉米的蛋白质含量不及化肥，其中小麦蛋白质含量降低了 16%[49]。

果蔬加工品质包括成熟性、凝胶性、柔嫩性、汁液性等，这些特性实际上是生理代谢过程产生的化合物类型、数量不同造成的，除与品种自身遗传特性有关外，还与施肥措施密切相关。以我国苹果为例，鲜食苹果要求高糖低酸，而榨汁苹果则是低糖高酸，在苹果生产管理过程中鲜食苹果需要更多的钾营养来合成较多的糖类物质，榨汁苹果则是需要更多的氮营养来合成较多的酸类物质，这是因为酸类物质含量越高，果汁的酸度就越高，维生素 C 等营养物质在加工过程中就越易保留，果汁的营养价值和经济效益也就越高。

1.3.3.5 改善储藏品质：延长储藏、品质好

农产品储藏品质与储藏条件、采收时的品质密切相关，一般而言，科学施用肥料能够显著提升采收品质，进而为更好的储藏品质奠定基础。适量供应氮素改善了作物生长并增强其抗病性，过量供应氮素则易导致作物合成大量的游离氨基酸，并且含有大量的水分，易引起储藏期间的腐烂和失水损失。磷和钾在维持细胞膜稳定性上有着重要的作用，缺乏会导致农产品易丧失水分，营养物质流失，进而降低了储藏品质。钙对增强细胞壁和细胞膜稳定性、减轻储藏病害、降低呼吸并减少乙烯产生有着很好的作用，因此科学施肥能够有效改善储藏

外观和内在品质，有效延长贮藏期。例如，樱桃采收前喷施氯化钙溶液，在储藏半个月后果实腐烂率从 27% 降低到 4% 以下。

总之，肥料在改善农作物的品质性状中发挥着重要的作用，未来我国作物品质提升空间还很大，需要将肥料创新、科学施肥、育种、灌溉等技术相结合，充分匹配区域土壤、气候等条件，发挥好优良品种的潜力，有效提升作物品质。在肥料的创新与施用上，需依循大量元素为主，钙、镁、硫和微量元素为辅，总量控制与分期调控相结合，有机肥部分替代化肥的原则，保障农作物健康生长，实现优质高产高效生产，使米饭有营养、瓜果更香甜。

1.3.4 增加植被，保护生态环境

肥料的施用能够很好地保持或增加植被体的生物量，增加地面植被覆盖，保护生态环境。施肥的直接作用是增加作物产量或生长量，有效地提高了地表植被覆盖度。美国国家航空航天局在 2019 年公布的一份研究报告显示，2000—2017 年，我国绿叶净增长面积在全球最高，对全球的贡献达 25%，其中 42% 的贡献来自植树造林工程，32% 来自农业集约化生产，相当于农业集约化生产为全球绿叶净增长面积贡献了 8%[50]。施肥所增加的森林生物产量可以达到每年 $30t/hm^2$ 以上，需要从空气中多吸收 60t 二氧化碳，同时释放 45t 氧气，同时还可以吸收硫化氢、氟等有害气体，因此，通过施用肥料增加森林产量能够很大程度上净化空气，同时美化环境。绿色植物在净化空气成分的同时，也有物理净化空气的作用。空气中二氧化碳含量约为 0.03%，植物每吸收 1t 二氧化碳，需要 3300t 空气从植物体间通过，空气体积达 2.55 万立方米以上。

肥料施用还可以增加农作物生物量，提高地表覆盖度，减少水土流失。以黄土高原为例，过去没有或很少施用化肥，有机肥也很少，大批人口进入黄土高原腹地毁林开荒种粮，致使植被覆盖特别差，新中国成立初期森林覆盖率只有 6.1%，水土流失严重，每年约有 16 亿吨泥沙流入黄河，致使黄河沿岸沉沙区土壤肥力下降、耕地质量退化。随着化肥的施用，单位面积作物产量大幅提升，需要的耕地面积不断减少，1999 年开始实施退耕还林还草政策，植被覆盖率从 1999 年的 31.6% 提高到 2017 年的约 65%，有效遏制了黄土高原水土流失[51]。化肥的施用通过促进饲料的生产降低了动物饲养对自然植被的破坏，通过生产能源减少了对自然植被的破坏，使生态环境得到改善。施用化肥促进土壤固碳，减轻工业化带来的温室气体排放。有研究发现，合理施用氮肥，每公顷土壤中每增加 1000kg 氮，可以增加 2000kg 碳。我国农田土壤碳库（0 ～ 20cm）从 20 世纪 80 年代的每公顷 28500kg 碳增长到了 21 世纪初的 33000kg，其中既有耕作的作用，也有秸秆还田和有机肥的作用，同时施用化肥也做出了巨大贡献[33]。

资源高效是农业绿色生产的重要指标。我国农业经历了从低投入到高投入的快速发展阶段，造成了资源消耗高的局面。肥料及其科学施用是保障资源高效的重要基础，其直接效应表现为对工业端的副产或废弃养分资源的肥料化利用，对养殖业畜禽粪污的资源化利用，将具有巨大环境压力的废弃资源转化为了推动农业绿色生产的养分资源（化学肥料、有机肥料等），有效提升了资源利用效率，实现了养分资源的循环与可持续利用；其间接效应则表现为通过增产提高了粮食综合生产能力，保障了优质安全农产品的稳定供应，降低了对有限耕

地资源的过度依赖与无序开发，提高了水资源利用效率，并且通过保持或增加植物生物量，提高地面植被覆盖度，美化了生态环境。肥料及其科学施肥通过对养分资源的循环与高效利用，能够有效实现资源高效的农业绿色发展目标，进而推动生态环境可持续发展，为人类及其赖以生存的环境发展提供坚实保障。

进入21世纪以来，国家启动了一系列工程与行动，支撑肥料工业与农业生产快速转型发展。2005年国家启动了测土配方施肥工程，2015年农业部发布了《到2020年化肥使用量零增长行动方案》，2017年启动了果菜茶有机肥替代化肥行动，2022年国务院启动了第三次全国土壤普查工作、农业农村部制定了《到2025年化肥减量化行动方案》，这些行动的核心就是大力支持创新肥料产品，科学高效施肥，培育耕地质量，实现粮食安全、营养健康、资源高效和生态环境保护。随着人工智能技术、智能精准施肥手段的快速发展，绿色化、智能化的肥料产品将得到快速发展，在支撑以上发展目标的同时，有效推动农业绿色发展，助力人与自然和谐共生。

参考文献

[1] 国家统计局．国家数据．[2024-04-24].

[2] Van D M, Morley T, Rau M L, et al. A meta-analysis of projected global food demand and population at risk of hunger for the period 2010-2050. Nature Food, 2021, 494-501.

[3] Food and Agriculture Organization of the United Nations. How to feed the world in 2050. [2009].

[4] 张福锁，申建波，危常州，等．绿色智能肥料：从原理创新到产业化实现．土壤学报，2022, 59(4): 873-887.

[5] 张福锁，黄成东，申建波，等．绿色智能肥料：矿产资源养分全量利用的创新思路与产业化途径．土壤学报，2023, 60(5): 1203-1212.

[6] Glass A D M. Plant nutrition: An introduction to current concepts. 1st ed. Boston: Jones and Bartlett Publishers, 1989.

[7] Arnon D I, Stout P R. The essentiality of certain elements in minute quantity for plants with special reference to copper. Plant Physiology, 1939, 14(2): 371-375.

[8] 冯锋，林志亮，杨新泉．自然科学基金促进我国植物营养学发展．中国科学基金，1998, 12(2): 102-104.

[9] 白由路．植物营养与肥料研究的回顾与展望．中国农业科学，2015, 48(17): 3477-3492.

[10] 袁力行，申建波，崔振岭，等．植物营养学科发展报告．农学学报，2018, 8(1): 39-43.

[11] 米国华．植物营养生物学研究方向探讨．植物营养与肥料学报，2022, 28(1): 150-156.

[12] 施卫明，李光杰，艾超，等．中国植物营养生物学研究重要进展和展望．植物营养与肥料学报，2022, 28(12): 2310-2323.

[13] 周卫，丁文成．新阶段化肥减量增效战略研究．植物营养与肥料学报，2023, 29(1): 1-7.

[14] 赵秉强，袁亮．我国绿色高效化肥产品创新与产业发展．植物营养与肥料学报，2023, 29(11): 2143-2149.

[15] 奚振邦，黄培钊，段继贤．现代化学肥料学．增订版．北京：中国农业出版社，2013.

[16] 奚振邦，徐四新，杨建军．试论化学肥料和有机肥料．磷肥与复肥，2021, 36(12): 1-5.

[17] 戴景瑞．发展玉米育种科学，迎接21世纪的挑战．作物杂志，1998(6): 1-4.

[18] 金继运，林葆．化肥在农业生产中的作用和展望．作物杂志，1997(2): 5-9.

[19] 奚振邦．化肥与农业——简析化肥对现代农业的作用．磷肥与复肥，2003(2): 5-10.

[20] Chan G, Xu F L, Xue F H. A global meta-analysis of crop yield and agricultural greenhouse gas emissions under nitrogen fertilizer application. Science of The Total Environment, 2022, 831: 154982.

[21] Wen L W, Yun Y, Jian C, et al. Effects of combined application of organic amendments and fertilizers on crop yield and soil organic matter: An integrated analysis of long-term experiments. Agriculture, Ecosystems & Environment, 2016, 225: 86-92.

[22] Macdonald A J, Poulton P R, Clark I M, et al. Rothamsted long-term experiments: Guide to the classical and other long-term experiments, datasets and sample archive. 3rd ed. Harpenden: Rothamsted Research, 2018.

[23] 中国农业科学院土壤肥料研究所．中国肥料．上海：上海科学技术出版社，1994.

[24] 张乃凤．地力之测定．土壤季刊，1941, 2(1): 69-112.

[25] 中国农业科学院土壤肥料研究所化肥网组．我国氮磷钾化肥的肥效演变和提高增产效益的主要途径——全国化肥试验网1981—1983年试验总结(上)．土壤肥料，1986(1): 1-9.

[26] 中国农业科学院土壤肥料研究所化肥网组．我国氮磷钾化肥的肥效演变和提高增产效益的主要途径——全国化肥试验网1981—1983年试验总结(下)．土壤肥料，1986(2): 1-8.

[27] 林葆，林继雄，李家康．长期施肥的作物产量和土壤肥力变化．植物营养与肥料学报，1994(1): 6-18.

[28] 徐明岗，周世伟，张文菊，等．我国土壤肥料长期定位试验与农业可持续生产．中国科学院院刊，2015, 30(增刊): 257-265.

[29] 李忠芳，徐明岗，张会民，等．长期施肥下中国主要粮食作物产量的变化．中国农业科学，2009, 42(7): 2407-2414.

[30] Wang L, Xia M K, Wang H, et al. Greening ammonia toward the solar ammonia refinery. Joule, 2018, 2(6): 1055-1074.

[31] Robert W H. Coastalnitrogen pollution: A review of sources and trends globally and regionally. Harmful Algae, 2008, 8(1): 14-20.
[32] Erisman J W, Sutton M A, Galloway J, et al. How a century of ammonia synthesis changed the world. Nature Geoscience, 2008, 1(10): 636-639.
[33] 张福锁，黄成东，张卫峰．科学认识化肥：粮食的“粮食”．北京：中国农业大学出版社，2021.
[34] 杨帆，徐洋，崔勇，等．近 30 年中国农田耕层土壤有机质含量变化．土壤学报，2017, 54(5): 1047-1056.
[35] 张卫峰，张福锁．中国肥料发展研究报告 2012．北京：中国农业大学出版社，2013.
[36] 赵玉芬，尹应武．我国肥料使用中存在的问题及对策．科学通报，2015, 60(36): 3527-3534.
[37] 王正．镁肥对我国经济作物提质增效的效果评价．北京：中国农业大学，2020.
[38] 张宏彦，刘全清，张福锁．养分管理与农作物品质．北京：中国农业大学出版社，2009.
[39] 邓丽娟，焦小强．氮管理对冬小麦产量和品质影响的整合分析．中国农业科学，2021, 54(11): 2355-2365.
[40] Colla G, Kim H J, Kyriacou M C, et al. Nitrate in fruits and vegetables. Scientia Horticulturae, 2018, 237: 221-238.
[41] 谷贺贺，李静，张洋洋，等．钾肥与我国主要作物品质关系的整合分析．植物营养与肥料学报，2020, 26(10): 1749-1757.
[42] 刘小锐．不同钙肥产品在酸性土壤上对生菜的应用效果评价．北京：中国农业大学，2020.
[43] 姜玲玲，刘静，赵同科，等．有机无机配施对番茄产量和品质影响的 Meta 分析．植物营养与肥料学报，2019, 25(4): 601-610.
[44] 夏思瑶，王冲，王新宇．施用有机肥对生菜产量和品质影响的 Meta 分析．中国土壤与肥料，2021(6): 312-318.
[45] Alloway B J. Micronutrient deficiencies in global crop production. Dordrecht: Springer, 2008.
[46] Bell R W, Dell B. Micronutrients for sustainable food, feed, fibre and bioenergy production. International Fertilizer Industry Association, 2008.
[47] Wang Z, Hassan M U, Nadeem F, et al. Magnesium fertilization improves crop yield in most production systems: A meta-analysis. Frontiers in Plant Science, 2020, 10: 1727.
[48] 胡国智，熊韬，冯炯鑫，等．施肥对甜瓜风味物质的影响．干旱地区农业研究，2020, 38(2): 93-98.
[49] Lin Z A, Xu H C, Wang D M, et al. Long-term fertilization effects on processing quality of wheat grain in the North China Plain. Field Crops Research, 2015, 174: 55-60.
[50] Chen C, Park T, Wang X, et al. China and India lead in greening of the world through land-use management. Nature Sustainability, 2019, 2: 122-129.
[51] 陈怡平，张义．黄土高原丘陵沟壑区乡村可持续振兴模式．中国科学院院刊，2019, 34(6): 708-716.

中国肥料研究与应用全书

Books of Fertilizer Research and Application in China

FERTILIZER

第2章

肥料发展史

从肥料的大类划分来看，主要分为有机肥料、化学肥料和生物肥料这三大类，其历史发展脉络亦是依次递进，直至如今，已衍生出品种繁多、形态各异的肥料产品。每一大类肥料的问世，都极大程度上加速了当时农业的进步，显著提升了农业生产效率，并与农作物品种改良、栽培技术的革新等紧密结合，共同构筑了灿烂的农耕文明。肥料的施用历史或许可追溯到新石器时代，彼时的人们已懂得利用粪尿和草木灰来肥沃田地，这标志着有机肥料的初步起源。随着“以粪肥田”“种豆肥田”等传统方法的推广，以及商品有机肥的兴起，全球尤其是我国的农业施肥技术得到了极大的推动与发展。直至1800年工业革命时期，化学肥料开始崭露头角。到了20世纪初，合成氨技术的发明更是直接催化了现代化学肥料工业的蓬勃发展，形成了涵盖氮、磷、钾、复合肥料以及中微量元素肥料在内的多元化产品结构，为现代农业的飞跃发展做出了不可磨灭的贡献。如今，在粮食安全、资源高效、营养健康、环境可持续性以及气候变化适应性等多目标协同实现的发展背景下，绿色高效肥料产品开始大力发展，为农业绿色发展提供了坚实的物质保障。

2.1 有机肥料

2.1.1 刀耕火种的岁月

刀耕火种是新石器时代残留的农业耕作方式，可以快速产生较多的耕地面积，操作简单省工省力，其中一个重要措施是实现对原始土壤的快速培肥改良，充分利用了森林、草类等燃烧后产生的灰烬，其蕴含着自然界数十年甚至上百年历史积累在植物体内的养分，为土壤提供了养分来源，也为原始的农耕者提供了丰富的免费肥料，也就是所说的草木灰。凡是植物所含的矿质元素，草木灰中几乎都有，其主要成分是碳酸钾，绝大多数是水溶性的，同时含有不少碱性氧化物，如氧化钙。一般而言，焚烧森林面积为农作物种植面积的5倍甚至更多，所以需要大量的森林覆盖才能够满足人类不断增长的需求，而且是能够快速恢复生长的植被，一般在长江以南地区。该地区属于酸性土壤区，其pH值较低，草木灰的碱性能够中和pH值偏低的热带酸性土壤，使之更适合农作物生长。另外，经过高温燃烧作用，土壤表层中大量根系焚烧后留下无数的大小孔隙，也有效地改善了土壤的疏松程度，促成了林地土壤向耕作土壤的快速转化。

干时灰，湿时泥，使得草木灰易随风飘散、随水流失，其作用效果并不能持续很久。在燃烧的同时，大量的养分也挥发到空气中，且灰烬中的养分很容易被冲刷淋失，将使土壤肥力迅速下降，但至少在头一年能保证土壤充分的养分来源。同时燃烧的高温能够杀灭杂草及其种子、病原体、虫卵等，降低病虫草害的发生，但也杀灭了土壤中的有益动物、微生物等。草木灰作为古代劳动人民智慧结晶的农业成果，上万年来得以流传至今，在局部地区仍然将烧过的柴火灰还田，用于补充农田养分。

刀耕火种在古代农业发展中起到了非常关键的作用，为农业发展提供了原始的肥料产品，但其发展也受到了森林面积、人口增长、地力持续下降等现实问题的挑战，同时刀耕火种以直接破坏地表生态环境为代价，影响了人类的生存环境，还引发了一系列生态环境问题，如大量的温室气体排放，无意中改变了地球气候环境。加之古代人口发展需要的森林面积过多，并不能有效推动农业生产的快速发展。因此，其存续时间较短。目前在巴西、印尼等地区通过刀耕火种摧毁宝贵的热带雨林资源，但其也并不是用于提升土壤肥力，主要是用于开垦土地种植棕榈、大豆等作物，加剧了森林退化。

2.1.2　以粪肥田的历史

我国农业历史悠久，尤其是关于多粪肥田、地力常新等为特征的传统农业技术，为我国现代农业可持续发展奠定了良好的基础，给我们留下了极其宝贵的农业遗产。在我国古代，通常采用“以粪肥田”的方法进行耕种，利用动物畜禽粪便作为肥料来培肥土壤、提高作物产量。一般认为我国肥料起源于殷商，文字记载出现在西周时期（公元前 1100—前 800 年）《诗经》中。到公元前 900—前 700 年间，希腊诗人荷马在《奥德赛》史诗中提到了利用污泥、垃圾、草木灰作粪肥。《氾胜之书》、《齐民要术》、《农书》（王祯）、《沈氏农书》等对当时的肥料发展作了描述，较为详细地记载了有机肥料的原料、积制、施用方法等。《氾胜之书》是目前已知的最早记载兽骨肥料的著作。到了明清时代，产生了多种骨肥，如生骨粉、骨灰等，而且开始有饼肥和绿肥的文字记载，这一时期共出现了 100 余种肥料。

我国古代称肥料为粪，施肥则称为粪田。我国的农田施肥，大约开始于殷商朝代，主要根据出土文物中当时已有罱河泥的木制工具以及殷商甲骨文中已有表示屎、壅等字形记载，并有施肥可以增产的卜辞。到战国时期已经重视并强调农田施肥。例如《孟子·万章下》说到“百亩之粪”，《荀子·富国》中有“多粪肥田，是农夫众庶之事也”，《吕氏春秋·任地》还提出了“地可使肥，又可使棘”的土壤培肥观点。我国古代最初多是利用动物粪便作肥料，到战国和秦汉又利用腐熟人畜粪尿、蚕粪、杂草、草木灰、豆萁、河泥、骨汁等，到汉朝已很重视养猪积肥。《氾胜之书》记录了作物施基肥、种肥、追肥和特殊的溲种法，蔬菜施肥方面，已经根据蔬菜的特点总结出“粪大水勋”的技术原则，肥料制造方面出现了踏粪法。宋朝《陈旉农书》还提出了“地力常新”的土壤培肥理论。宋、元朝已开始使用石灰、石膏、硫黄、食盐、卤水等无机肥料。到清代，我国农学家则进一步重视养猪积肥和运用因地、因时、因物的施肥“三宜（时宜、土宜、物宜）”原则。

1949 年，我国农田氮磷钾养分总投入量为 443.2 万吨，主要以有机肥为主，占据了总投入量的 99.9% 以上，化学肥料仅施用化学氮肥——硫酸铵，数量仅为 6000t 氮，直到 20 世纪 80 年代，才进入了有机肥与化肥各占半壁江山的时代，随着化肥工业技术的快速进步，到 1995 年时，有机肥投入农田的氮磷钾养分不到 1/3，2010 年时只有不到 1/4[1]。根据有关统计数据显示，2021 年我国的畜禽粪便还田量已达到 25 亿吨，秸秆产量已达 8.02 亿吨，可再利用的秸秆量达到了 6.71 亿吨。我国为人口大国，随着大众的消费水平提高，生活垃圾数量也持续创新高，2021 年生活垃圾量已达 2.71 亿吨。上述物料都是生产有机肥料的主要原料。总体来看，我国有机肥料资源丰富，文献综合分析表明，目前年产实物量约 57 亿吨，其中人粪尿约 8 亿吨（鲜），畜禽粪尿约 38 亿吨（鲜），秸秆年产约 10 亿吨（风干），绿肥约 1.0 亿吨（鲜）以及饼肥约 0.2 亿吨（风干），能够提供氮磷钾（$N+P_2O_5+K_2O$）总养分约 7300 万吨，其中 N 约 3000 万吨、P_2O_5 约 1300 万吨、K_2O 约 3000 万吨，养分资源量巨大，然而目前养分利用效率较低，以氮为例，目前回田率不足 40%[2]。

2.1.3 种豆肥田的故事

我国利用野生绿肥来肥田已有两千多年的历史。《齐民要术》已有绿肥栽培与利用，并且非常重视绿肥的功效，反映出农民对绿肥已有相当认识，并从战国、秦汉以前的利用野生绿肥，已发展到广泛栽培绿肥，以期更好地实现培肥增产的效用，促进人口增长与社会发展。

我国栽培绿肥作物的现存最早记载远在 1700 多年以前。郭义恭《广志》介绍了在稻田种蕙草作为绿肥。到了北魏栽培的绿肥种类增多了，《齐民要术》记载用作绿肥栽培的作物有绿豆、小豆、胡麻之类。总的来说，古时绿肥南方播种多在冬季，北方播种多在夏春两季。绿豆是北魏时期的主要绿肥，《齐民要术》中记录了绿豆肥效的测定，通过绿豆和小豆、胡麻等其他绿肥比较，充分说明了绿豆的肥效。在魏晋南北朝时期，绿肥得到了快速发展，这得益于南方经济的快速发展，土地利用面积快速扩大，而当时畜牧业并不发达，畜粪肥的利用极为有限，远不能满足农业生产需求，只好广辟肥源，广泛栽培绿肥。到宋、元时期，可利用的绿肥有绿豆、胡麻、苕草、蚕豆等。再至明、清时代，绿肥的栽培更加广泛，绿肥的种类也越来越多了，有黄花草、大麦、蚕豆、绿豆苗、大豆苗、胡麻苗、三叶草等十余种之多，此时对绿肥的认识也更加深刻了。

自新中国成立以来，我国绿肥生产和研究经历了繁荣-萧条-恢复三大时期。先是 20 世纪 50 ～ 80 年代初的生产繁荣、科研经验累积时期，提出了“以磷增氮”“磷肥治标，绿肥治本”“起爆效应”等经验、技术和理论，并且组建了全国绿肥试验网，推动绿肥生产，于 20 世纪 70 年代达到最高峰，约为 1300 万公顷。20 世纪 80 年代至 21 世纪初进入了绿肥生产萧条时期，绿肥栽培面积下降至约 200 万公顷；全国绿肥试验网组织了全国性协作研究，推动了绿肥学科的系统进步；进入 20 世纪 90 年代，研究制订了中国绿肥区划，培育出一批丰产性能好的绿肥新品种，评选出具有综合效益的绿肥种植利用模式，明确了绿肥提高土壤有机质的效果及其作用条件，出版了一批具有重要价值的绿肥文献[3]。2007 年以来进入绿肥生产回升、科研快速恢复时期，国家和部分省份实施了绿肥补贴试点，绿肥科研专项“十一五”“十二五”期间连续实施，国家绿肥产业技术体系获准建设，“十三五”“十四五”期间国家绿肥产业技术体系持续推动绿肥发展与应用，“十四五”国家重点研发计划设立了“新型绿肥产品创制与产业化”项目，以期在绿肥新产品及绿肥生态治理技术的产业化应用方面取得创新进展，为我国实现“双碳”目标和农业绿色发展提供重要支撑。通过相关科研专项的实施，绿肥种质资源条件进一步完善，绿肥轻简化生产水平大大提升，一批生产新方式、新技术被研发运用，基于绿肥的高产稳产及清洁生产技术体系广泛推广，有效证明了绿肥在有效促进土壤养分供应与作物养分吸收、保障作物稳产高产、改善土壤性状以及减少温室气体排放等方面的重要作用[3]。自2000年以来，每年的绿肥生产量约为1.0亿吨（鲜），可提供氮磷钾总养分（$N+P_2O_5+K_2O$）约97万吨，其中N约45万吨、P_2O_5约11万吨、K_2O约41万吨，约相当于我国化肥总投入量的2%[2]。

2.1.4 商品有机肥兴起

施用有机肥是我国农业生产的传统经验。在蔬菜等作物上使用熟粪早在汉朝《氾胜之书》就已经提出了，时至今日在蔬菜栽培中仍有其参考价值。《齐民要术》介绍了踏粪的制造方法，类似于今天的圈外堆肥。用牛踏粪是当时制造堆肥的一种好方法，利用部分畜粪可以获得大量的肥料，肥效显著而持久，对改良土壤、提高地力有很大的作用。隋、唐、宋、元期间，我国肥料积制及施用技术又有很多新的进步，特别在肥效保持方面，积肥设备的提出和煎土等造肥方法的应用都是这一时期所创。宋代已明确提出了“地力常新论”，这是我国劳动祖先的伟大创造，也是这一历史时期内我国先民在土壤肥料学理论方面的辉煌贡献。早在宋朝《陈旉农书》中提出了有机肥的积制与处理技术，包括河泥积制、饼肥发酵、沤肥积制等技术，并提出了多次施肥的技术。

现代的堆积制肥起源于1925年的印度，将垃圾、人粪尿、污水、污泥、树叶、秸秆等混合物料，在地下0.6～0.9m的深沟搅拌发酵堆肥，这种方法也称为班加罗法（Bangalore method of composting）。到1931年，荷兰VAW公司在班加罗法的基础上做了改进，采用了起重抓斗车翻堆的搅拌方法；在同一时间，在德国Schweinfurt和瑞士Biel两地开发出了固定式固定床方法，将物料磨碎压成块状并堆放30～40天，采用自然扩散与通风的方式腐熟堆肥，实现废弃资源的再利用。在20世纪30年代初，丹麦出现了丹诺（Dano）卧式发酵筒堆肥装置，物料从一端进入另一端排出，这种装置在20世纪70年代广为流行，目前世界上有150余家工厂使用。到20世纪40年代初，出现了机械化程度较强的立流移动式搅拌发酵仓，一般称为Earp-Thomas法，通气效果和发酵时间都有很大改善。以后逐渐发明了Frazer Eweson法、Jersey法和Naturizer法等，后来将固定发酵槽和搅拌器结合形成了搅拌式固定床，涌现出了Fairfield Hardy法、Snell法和Tollemache法等代表性工艺，在城市生活垃圾和污泥处理中发挥了重要的作用[4]。进入20世纪80年代后，垃圾环境污染问题加剧，有机废弃物堆肥化利用又迎来了新的发展阶段，商品化有机肥料产品不断涌现，成为了肥料产业关注的焦点。我国商品有机肥工业化生产兴起开始于20世纪70年代，20世纪90年代后期进入了快速发展阶段。据估算，目前我国有机肥料基础资源（包括绿肥）每年约有57亿吨实物量，主要是人粪尿、畜禽粪尿等秸秆，折合纯养分量为7300万吨[2]。据有关统计数据，我国2021年市场规模达到了1195.5亿元，有机肥行业从2016年至2021年，年均复合增长率为11.4%。有机肥生产供需基本处于持平状态，2021年有机肥产量1620万吨，需求达到了1580万吨。有机肥料作用非常巨大，一方面可以变废为宝，解决养殖粪污染问题；另一方面，使用有机肥在改良土壤、提升农产品品质、发展绿色农业等方面有非常重要的作用。未来随着农业绿色发展的不断推进，有机肥产业发展空间与前景将更加巨大。

2.2 化学肥料

化学肥料，简称为化肥，它的出现直接改变了农业生产的进程，摆脱了人类对自然界和有机肥料的高度依赖，从农田培肥到农业生产的长周期转变为连续的短周期生产，极大地提高了农田产出效率[5]。早在公元前一世纪的《氾胜之书》中记载了利用兽骨做肥料。在世界化学肥料工业兴起之前，我国宋元时期就有无机肥料施用的经验了，用石灰、石膏、硫黄等作肥料；到了明清时代，产生了多种骨肥，如生骨粉、骨灰等，同时有黑矾（即青矾，硫酸亚铁）或胆矾（硫酸铜）等作肥料[6]。这些关于古代我国肥料施用的记载，均反映了我国古代农业的发展情况，但当时并不知道这些物质是肥料。时至今日，石灰、石膏作为钙肥在使用，硫黄在部分地区作为硫肥补充作物硫营养需求，硫酸亚铁作为水溶性肥料喷施或土壤施用。现代化肥起源于欧洲，是工业革命的产物。现代化学肥料工业的起源则是 1840 年德国化学家 Justus von Liebig 提出的“矿质营养学说”和“养分归还学说”，该理论为近代化学肥料的生产和应用奠定了理论基础，自此世界化学肥料工业得到快速发展。

2.2.1 氮肥

早在 1800 年英国率先从工业炼焦中回收硫酸铵作为肥料，尽管这种在生产焦炭和煤气时加工获得的副产品价格低廉，但是它的产量非常有限，供应效率并不高，根本满足不了欧洲的农业生产需要。19 世纪的德国满足国内粮食需求的压力尤其巨大，要扩大粮食生产首先必须增加肥料的供给，而当时人畜粪便和堆肥等传统肥料已无法满足日益增长的粮食生产的需求，故欧美等国不得不想方设法开拓新的肥料供应源。秘鲁钦查（Chincha）群岛上的鸟粪石（是一类含有氮、磷的天然肥料）就是在这个时候开始引起西方商人关注的，但在蒸汽船开始投入商业使用之前是难以把鸟粪石运到西方为当作肥料的。欧美各国从秘鲁大量进口鸟粪石是 1840 年以后的事，至 1850 年，仅英国一年从秘鲁进口鸟粪石的量就超过 10 万吨。由于美国的地理位置更靠近秘鲁，且主要种植棉花和烟草，进口鸟粪石的数量比英国还要多。由于开采量太大，到 19 世纪 50 年代后期，数千年堆积而成的钦查群岛上的鸟粪石山不出二十年便被挖得依稀可见地表岩层了。秘鲁政府靠出口鸟粪石获得了大量财政收入，进入了一个繁荣时期，即“鸟粪时代”，但是由于鸟粪数量有限，并不能满足全球粮食生产需求，“鸟粪时代”只持续了 40 年。

智利硝石与我国的火药不同，它的主要成分是硝酸钠，而不是硝酸钾。因人们先后找到了将硝酸钠转换为硝酸钾乃至硝酸的有效方法，加上阿尔弗雷德·贝恩哈德·诺贝尔（Alfred Bernhard Nobel）又在 1866 年发明了使用硝酸制造高性能炸药的方法，故智利硝石受到很多欧洲人的关注。当然，它最初并非被用于提高农作物的产量，而是被用于生产炸药。后因秘鲁钦查群岛上的鸟粪石资源濒临枯竭，故欧洲各国开始进口智利硝石以替代秘鲁鸟粪石。19

世纪后期，在生产炸药和肥料两种需求的刺激下，智利硝石的出口量猛增。面对这种局面，欧洲人又开始担忧智利硝石是否会像秘鲁鸟粪石一样很快就被消耗殆尽的问题了。1913 年世界氮肥总产量为 91.6 万吨氮，其中除回收炼焦副产的硫酸铵 38.4 万吨氮外，智利硝石为 43.6 万吨氮，占世界氮肥总产量的 47.6%。从 1830 年开始，欧洲的氮肥就以进口智利硝石为主，至 1922 年，每年硝石总产量的 70% 都从智利销往欧洲。因此，能否从氢、氮气直接合成氨，从而开辟出固定氮的新途径，就成为当时各国化学家奋力探索的一个问题。欲彻底解决欧洲的氮肥供应问题，只有一条路可走，就是从空气中固氮。将空气中游离态的氮气转化为含氮化合物的过程称为固氮，主要包括化学固氮和生物固氮。用化学方法活化氮分子主要有 3 条途径：①还原法，用还原剂给予 N_2 电子，催化合成氨属于还原法。②氧化法，用氧化剂夺走氮分子中的电子。由于 N_2 的第一电离能很高，目前尚未找到这样强的合适的可形成催化循环的氧化剂。③物理-化学法（激活法），用强烈的条件如高压放电、等离子体等物理手段，把 N_2 从基态激发到高能状态，甚至把它拆开，使之成为氮原子或氮离子，然后与别的物质起反应。1898 年，德国科学家 Adolph Frank 和 Nicodem Caro 发明了氰化法固氮，利用碳化钙和氮气合成石灰氮（$CaCN_2$），并于 1905 年在德国建立了第一个生产工厂。还有一些人则尝试着模仿闪电，利用高压电弧来促使空气中的氮气与氧气结合成一氧化氮，然后将其转换成二氧化氮，再用水或碱把它转换成硝酸或硝酸盐。1902 年，挪威海德鲁公司（Norsk Hydro）率先研制出一种无需使用强磁铁即可实现放电的高压电弧炉，这种电弧炉虽然可以实现人工固氮，但它的电耗非常大，这在水电资源丰富的挪威和美国问题不大，但在水电资源贫乏的德国其固氮成本高得令人难以接受。但是，上述两种使用氮气生产氮肥的方法都还停留在实验研究阶段，工业化应用则是进入 20 世纪之后的事。1900 年，德国学者 Friedrich Wilhelm Ostwald 决定启动直接用氮气和氢气合成氨的研究。此前，已有很多人从事过合成氨研究，因物理化学尚处于发展初期，人们对化学反应中的平衡与速率之类问题理解不深，故早期的合成氨研究大都没有取得实质性的进展。奥斯特瓦尔德是催化研究领域的专家，被誉为“物理化学之父”，认为合成氨的关键在于实现温度、压强和触媒之间的平衡。他在实验中发现，使用铁丝做触媒，对氮气和氢气进行加热后可获得一定量的氨，迅速向有关部门递交了专利申请，并试图将这项技术高价卖给对人工固氮技术持有浓厚兴趣的德国巴登苯胺苏打厂（Badische Anilin-und-Soda-Fabri，BASF），但是 BASF 工程师 Carl Bosch 的追试实验确信，抽出来的氨实际上是因奥斯特瓦尔德给的铁丝曾发生过氮化反应而引起的，这意味着奥斯特瓦尔德在实验中获得的氨不太可能是氮气和氢气的反应生成物。

在氮肥发展史上，最具标志性的是合成氨的发明，是由德国科学家 Fritz Haber 和 Carl Bosch 于 1909 年合作完成的，利用氮气和氢气在高温高压和催化剂条件下直接合成了氨。哈伯与其英国助手罗塞格尔通过改进实验装置，加大反应压强对合成氨展开了一系列研究，在 1908 年初已经掌握了以比较高的产率用氮气和氢气制取氨的技术，但该项技术离工业化生产的要求还有相当一段距离。在 BASF 的资助下，Fritz Haber 与 Robert le Rossignol 重点研究了 100 ～ 200 个大气压（10.13 ～ 20.26MPa）下的氨的合成情况：实验结果表明，随着压强的不断提升，氨的产率不断增大。当压强加大到 200 个大气压（20.26MPa）时，温度即使下降到 500 ～ 600℃之间，氨的产率也不会明显减少。1908 年 10 月，BASF 即时为哈伯这种基于未反应气体循环利用和反应热回收利用的氨合成法申请了专利，并于 1909 年 3 月发现使用锇做触媒可以大幅提高氨的生成速度，这意味着氨的工业化生产前景已经变得相当明朗了。但是自然界中锇的蕴藏量非常少，其价格相当昂贵，而且锇用作触媒之后，很容易转变成为易挥发性的氧化物，故必须定期更换。在罗塞格尔的协助下，哈伯很快就找到了功效同样非常显著的新触媒——铀。此后，BASF 公司为催化剂试验制作了各种模型反应器，到 1911 年，在约一年半时间内，对 2500 个不同催化剂进行了 6500 次试验；这一针对催化剂选择的惊人的试验，一直进行到 1922 年才告结束，前后共试验了 20000 多次，研究了 5000 多个不同催化剂体系[7-8]。铁是合成氨反应有效的催化剂，在 1905 年就为人所知，但在 BASF 公司初期的实验中被证明是不尽如人意的，后来 Alwin Mittasch 和助手无意中用数年前就放在实验室搁板上的瑞典产的 Gallivare 铁矿石样品做试验，得到了意外的结果。当纯铁与百分之几的氧化铝、少量钾碱和氧化钙共熔时，就得到了一个适用于合成氨的催化剂[8]。最好的催化剂被证明是一个多组分混合物，其组成与 Gallivare 的磁铁矿相近。这就是沿用至今的少量助催化剂促进的磁铁矿基熔铁催化剂。这个混合催化剂非常有效，乃至现在全世界所有的氨催化剂仍然依据这个原理制造。1911 年底，日产氨量高达数吨的中试装置终于实现了稳定运行，BASF 于 1912 年 5 月开始动工兴建一座年产量达 6000t 的大型合成氨工厂，1913 年 9 月在奥堡建成投产（图 2-1）[7-8]。1918 年，哈伯由于在合成氨发现过程中的重大贡献，获得了当年的诺贝尔化学奖。博施不仅使合成氨的工业化生产取得成功，而且还因在开发高压化学方法方面作出了开创性的贡献而登上 1931 年的诺贝尔化学奖领奖台。合成氨技术的发明使人类摆脱了只能依赖天然氮肥资源（如豆科植物根瘤菌、绿肥、硝石等）生产氮肥的局面，极大地提高了粮食产量，解决了人类饥饿问题。经过百年的发展，催化合成氨技术取得了巨大的进步，单套生产装置的规模已由当初的日产合成氨 5t 发展到目前的 2200t，反应压力从 100MPa 降到了 10 ～ 15MPa，能耗从 78GJ 降到了 27.2GJ，已接近理论能耗 20.1GJ。但在合成氨的生产过程中，仍然要消耗 2% 的全球能源供应总量，排放 CO_2 超过 4 亿吨，占全球 CO_2 排放总量的 1.6%[9]。时至今日，合成氨依旧是工业生产中的重要工艺，尤其是在氮肥生产中，利用合成氨生产尿素、硫酸铵、氯化铵、硝酸铵等主要氮肥产品。

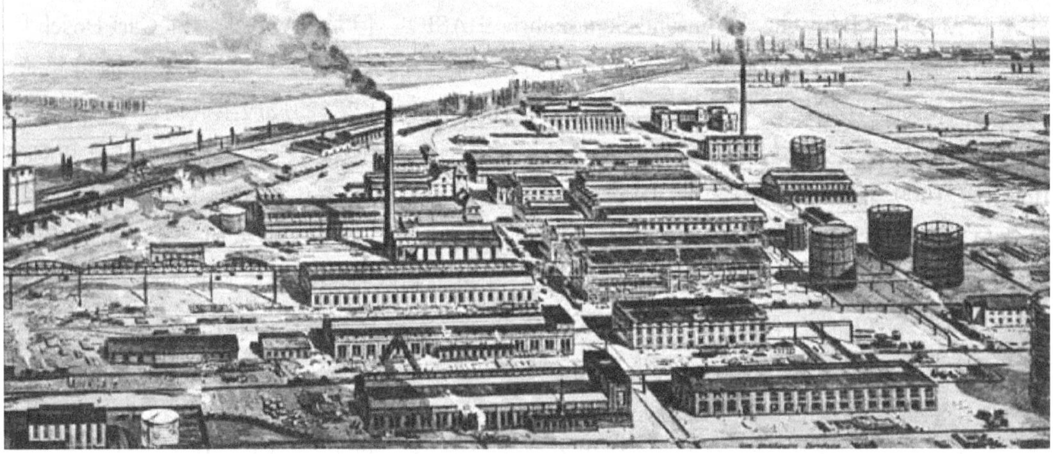

图 2-1　1913 年 BASF 奥堡合成氨工厂

我国化肥发展中的重要事件是1901年我国台湾种植的甘蔗田施用了从日本引进的肥田粉（即硫酸铵），1905年我国大陆地区开始引进化肥，主要应用于沿海诸省的水稻、蔬菜和柑橘上。至1949年，我国累计进口化肥约为300万吨，主要的肥料品种有硫酸铵、智利硝石和少量的过磷酸钙及氯化铵等。我国的化肥生产开始于20世纪30年代，在1935年和1936年分别建成并投产了大连化学厂和南京永利铔厂，1937年2月5日生产出了第一包硫酸铵产品，也是我国第一包化肥，且仅生产硫酸铵，最高年产实物量是1941年的22.7万吨，到1949年时只有永利铔厂存在，年产实物量仅为2.7万吨，这也是当时全国的化肥产量，远远无法满足农业生产需要。1949年以后，从苏联引进成套氮肥装置，吸收国外技术，建立了以四川化工厂、吉林化工公司化肥厂、太原化工公司化肥厂等为代表的中型氮肥厂。20世纪50年代中期，我国化肥进口遭到封锁，技术和设备也遭到禁运，农业生产受到相当大的影响。随后，我国突破重重困难独创了以碳酸氢铵为核心的小氮肥工艺，成为了氮肥发展史上的标志性成果。1949年回国后的侯德榜带领全国化肥领域的技术人员和工人经过共同努力，开发了适应当时国情的合成氨联产碳酸氢铵，为我国化学肥料界增加了一个世界上独有的肥料类型。1958年侯德榜提出了“碳化法合成氨流程制碳酸氢铵”化肥新工艺的设想，并自行设计和建造了以北京化工实验厂等为代表的碳酸氢铵小型氮肥厂（日产合成氨量为8～14t），1966年获得成功并通过国家鉴定[10]。小型氮肥厂先后建厂1000多座，其产量长期占全国氮肥总产量一半以上，对我国农业的发展作出了不可磨灭的贡献。2004年在山东成功投产了我国第一套国产化年产30万吨合成氨装置，实现了大型氮肥装置的国产化，拥有大型洁净煤气化技术、低温甲醇洗和液氮洗技术、11.0MPa氨合成技术等自主知识产权的技术[11]。2005年8月，以天然气为原料的拥有自主知识产权的第1套国产化年产20万吨合成氨装置在四川建成投产，采用了先进的天然气连续催化转化新工艺、15MPa低压合成、配套改良二氧化碳气提法尿素新工艺。这两套大型氮肥国产化装置的建成，使我国氮肥生产装置设计和装备制造技术进入了世界先进行列，是我国氮肥工业标志性进展。自20世纪80年代开始，我国氮肥产业进入了大、中、小型氮肥企业同步发展的时期，氮肥产量跃居世界第二位，年产量达到了1000万吨氮以上[11]。

2.2.2　磷肥

李比希在《化学在农业和生理学上的应用》一书中指出：不只是钾肥，还有磷肥都对提高土壤肥力有着特别重要的意义。其中认为骨灰是给土壤提供磷肥的理想来源，同时还提出，由于骨灰里所含的磷酸钙不溶于水，所以不能被植物吸收。为了获得农业生产所需的良好效果，必须用化学方法将不溶性的磷酸钙转化为可溶性的酸式磷酸钙。1839年，英国企业家和农业科学家John Bennet Lawes利用兽骨和硫酸制成了普通过磷酸钙，并获得了相应的肥料制造专利，标志着化学肥料工业的真正开始；1843年，英国和法国先后用古代遗留下来的含有磷酸三钙的化石代替骨粉生产过磷酸钙肥料；1856年李比希提出，用硫酸处理其主要成分为磷酸三钙的天然磷矿，使矿中的磷酸三钙转化为水溶性的磷酸一钙；1884年德国发现托马斯炼钢法所弃掉的炉渣中含有易为农作物吸收的磷成分；到1953年，在英国、奥地利和美国建立了18个磷肥生产工厂；1867年，在美国和世界其他地方均发现了磷矿石的存在，意味着用磷矿生产磷肥成为了可能。但在接下来的100多年中，过磷酸钙一直是世界市场上主要的磷肥产品，其他常见的化学磷肥有碱性矿渣和磷粉等[11-12]。1889年，全欧洲托马斯磷肥总产量就达到70万吨。随着磷肥生产技术的发展，各种高浓度的磷肥，过磷酸钙、重过磷酸钙、磷酸二钙等相继研究成功。在19世纪末，开始出现了重过磷酸钙、磷酸铵盐和热磷酸盐，但仍处于生产实验阶段，其中重过磷酸钙于1907年在美国南卡罗来纳州实现了商业化生产（年产5000t），揭开了高浓度磷肥发展的序幕。1939年德国科学家Arthur Schleede等在实验室合成了熔融钙镁磷肥，1943年美国田纳西河流域管理局（Tennessee Valley Authority，TVA）完成了中试研究，并于1946年正式开始生产熔融钙镁磷肥[11-12]。时至今日，过磷酸钙和重过磷酸钙仍然是主要的单质化学磷肥产品。

我国磷肥工业始于1942年，在云南昆明建立了日产1t过磷酸钙的裕滇磷肥厂，到1949年时，我国仅在台湾有两家年产3万吨的过磷酸钙肥料厂[11-12]。1958年由苏联援建了江苏南京（年产40万吨）和山西太原（年产20万吨）过磷酸钙肥料厂，奠定了我国磷肥工业基础；20世纪60年代我国磷肥工业得到大力发展，并且开始生产钙镁磷肥；1976年广西柳城磷酸盐化工厂生产出重过磷酸钙（年产5万吨），开始了我国自主生产高浓度磷肥的历史，目前重过磷酸钙仍然是我国磷肥产业中的一种重要的磷肥产品；自2005年起，我国成为了全球磷肥第一大生产国，实现了我国磷肥的自给自足，并且每年有一定的出口量[11-12]。近年来，随着新的磷肥生产技术的发展以及磷化工发展的需求，聚磷酸铵开始成为一类重要的磷肥产品，获得了科研关注、产业化生产与应用。

2.2.3 钾肥

钾肥的发展较磷肥稍晚一些。1840年，李比希提出利用草木灰提供钾营养，直到1861年，在德国施塔斯富特（Stassfurt）地区开采出光卤石钾盐矿，从盐水中提取出了氯化钾，建立了钾肥工业。在第一次世界大战之后，美国利用咸水湖和工业废弃物来生产钾肥，并于1931年在新墨西哥州开采钾矿；1958年加拿大萨斯喀彻温省钾盐矿得到了成功开发，建立了全球最大钾肥生产基地，被称为世界钾矿之都。目前主要的单质钾肥产品是氯化钾和硫酸钾。钾肥一直以来是我国化学肥料中的薄弱一环，究其原因是没有找到大型可溶性钾盐矿。在我国现代钾肥发展史上，主要是利用盐湖卤水生产氯化钾。在1949年以前，我国尚未发现可用的钾盐矿，至20世纪50年代，我国在发展氮肥和磷肥的同时，对钾肥矿产资源进行了普查，1958年在察尔汗盐湖上利用原生光卤石生产出第一批钾肥，只有953t的50%含量的氯化钾，较德国开采钾盐矿推迟了100余年[11, 13]。20世纪60年代开始生产氯化钾，到1978年改革开放时，我国氯化钾年产量只有2.3万吨，远远满足不了农业生产需求，1990年时，我国钾肥生产能力达到了25万吨，是1978年的10倍之多。2004年，青海盐湖集团投产的年产150万吨的钾肥项目建成，再加上其他小厂，氯化钾年生产能力达到了250万吨以上。近20年开始采用氯化钾转化法生产硫酸钾、硝酸钾和钾镁肥。目前，我国的氯化钾年产量在650万吨以上，我国主流的硫酸钾生产工艺仍然在采用曼海姆法，硫酸钾生产能力达到了年产280万吨[14]。

2.2.4　复合肥料

在19世纪之前，肥料主要是以单一氮、磷或钾的形式存在的，但是肥料的混合施用已经变得常见了。早期肥料产品的养分含量较低，约为14%（基于氧化物形态计算），到1976年肥料养分含量能够达到40%以上，这与重过磷酸钙替代过磷酸钙有着很大的关系。在复合肥料发展历史中，较大的发展是1873年利用重过磷酸钙吸附氨气生产粉末肥料，1928年挪威Odda Smelt公司实现了硝酸磷肥的工业化生产，1930年英国帝国化学工业公司以磷酸铵为基础生产出了世界上第一个颗粒化学肥料产品，同时一时期美国氰胺公司开始生产磷酸一铵，随后于1954年首次工业化生产磷酸二铵[11]。磷酸一铵和磷酸二铵的出现，为氮磷钾复合肥料发展奠定了基础，20世纪70年代开始广泛生产并应用氮磷钾复合肥料，到目前为止氮磷钾复合肥料成为了市场上最主要的肥料产品之一。在发达国家，目前使用较多的复合肥料是掺混肥料，主要是由于其成本低廉、养分配比合理、配方灵活等特点决定的。在我国复合肥料发展史上，磷铵类肥料是重中之重，其中首先建成的是南京化学工业公司磷肥厂于1966年投产的年产3万吨的磷酸二铵装置，1983年成都科技大学与四川银山磷肥厂开发了料浆浓缩法生产磷酸一铵工艺，并于1988年完成了年产3万吨的试验[11]。磷铵类肥料的工业化生产有力地推动了农业增产，更是为氮磷钾复合肥料的发展奠定了基础。在20世纪80年代，我国从国外引进和自主研发，建成了氮磷钾复合肥料厂，前期生产规模低，年产只有2万～5万吨，且产品浓度低（25%左右）；到了20世纪90年代时，单厂年生产能力可达10万吨以上，并可生产浓度达40%以上的复合肥料[15]。我国复合肥料的发展受限于国内硫资源的缺乏，尤其是以湿法磷酸为基础的化成复合肥料的研制，在20世纪50年代中期探索了热法磷酸和硝酸磷肥等高浓度复合肥料的研制和生产。20世纪80年代中期才形成了尿素-磷铵体系的试制和不同元素比例的二元、三元复合肥料的生产。20世纪90年代后，大力引进国外的先进技术和工艺，开始生产各种比例的复合肥料，经过了10多年的努力，才基本满足了国内农业生产需求；过去10年来，我国复合肥料年产量在6000万吨左右，产业发展进入了成熟期，但是当前氮磷钾比例为15-15-15、16-16-16等平衡型配方仍然占据了复合肥料主流市场，针对性强的专用型配方仍然存在不足[15]。

进入21世纪以来，随着现代农业发展需求和工业生产技术进步，有机-无机复合肥料的研究、生产和应用开始出现。有机-无机复合肥料是具有我国特色的肥料产品，兼有有机肥料和无机肥料的特点；农业生产中对水溶性肥料、氨基酸肥料、腐植酸肥料、海藻酸肥料等绿色高效肥料新品种的需求也越来越大，使其开始成为了复合肥料发展的重要品类。

2.2.5　中微量元素肥料

全球土壤-作物中微量元素营养缺乏的问题越来越突出，有效推动了中微量元素肥料的研究、创制与应用。我国微量元素肥料的生产和应用始于20世纪60年代，吉林锗厂生产出了钼肥，20世纪70年代作物缺锌、硼、铁等症状较为严重，至20世纪80年代末，产量超过了2万吨；在20世纪90年代后，微量元素肥料进入了发展阶段，以液态叶面肥料为主，配方含有多元素与复合型的特点，企业生产规模小，工艺技术不精，应用方面以矫正施肥为主。进入21世纪，微肥呈现快速发展态势，产品中粉剂占到了一半以上，产品以多元素复合型为主，且螯合态养分成为了重要的品类。相比较2011年5月，截至2022年5月31日登记、备案的中微量元素肥料产品从1352个增加到了103225个，其中主要是多种元素复混型肥料产品，单质产品主要有硝酸钙、硫酸镁、硼肥、锌肥等。在这些产品中，主要是微量元素水溶肥和中量元素水溶肥，说明现代灌溉技术和经济作物发展有效推动了水溶性中微量元素肥料产品的快速发展，在物理形态上，水溶性固态产品稍多于液态产品[16-17]。

2.3 生物肥料

在19世纪，德国的苜蓿种植者和美国的一些大豆种植者发现在种植过苜蓿或大豆的土壤上种植其他作物，能够提高其他作物产量，开始认识到了豆科作物提高土壤肥力的价值。在此之前，1838年法国农业化学家Jean Baptiste Joseph Boussingault发现了豆科植物能固定氮。1888年荷兰学者Martinus Willem Beijerinck第一次分离了根瘤菌，这是生物肥料发展的突破。1895年，法国科学家Friedrich Nobbe研制成功了根瘤菌剂“Nitragin”专利产品；10年后，Friedrich Nobbe和Lorenz Hiltner开展了根瘤菌生物肥料在农业生产上的应用，取得了很好的效果，开创了生物肥料的应用先河。在19世纪下半叶，以巴斯德（巴氏灭菌发明人）为代表的科学家在微生物学研究领域取得了巨大成功，直接推动了固氮菌、解磷菌和解钾菌等生物肥料的研究与应用。1937年，苏联微生物学家克拉西尼科夫和密苏斯金研制了“固氮菌剂”，自此开创了细菌肥料的先河。1940年前后，亚洲研制了一种以蓝细菌（藻类）为主用于稻田的生物肥料。20世纪50年代，苏联学者在固氮菌、解磷细菌和解钾细菌的研究上取得重要成果。20世纪70年代中期，巴西学者发现了联合共生固氮螺菌。20世纪80年代，可高效溶解无机磷的青真菌在加拿大被发现，并于1988年生产出了专门的生物肥料产品，在加拿大西部草原地区实现了增产6%～9%；同在20世纪80年代，日本研制出了EM菌剂。进入21世纪，美国科学家George Sarantakos研制出了E-2001土壤改良剂，是多菌种、多功能的生物活性产品，在全球20多个国家广泛使用，并在我国获得正式登记使用。我国生物肥料最早开始于20世纪50年代的根瘤菌制剂研发，20世纪60年代主要推广应用了“5406”放线菌抗生菌肥料，20世纪70～80年代中期开始研究菌根真菌，但这些研究一直没有得到很好的应用。到20世纪90年代，相继推出了联合固氮菌肥、硅酸盐菌剂、植物根际促生细菌制剂等，并得到了很好的应用。进入21世纪以来，各种生防菌，如哈茨木霉菌等开始进入产业化阶段，在农业生产中得到了良好的应用效果。目前在农业农村部登记的产品有农用微生物菌剂、生物有机肥和复合微生物肥料三大类12个品种，其中各种功能菌剂产品约占登记总数的40%，复合微生物肥料和生物有机肥类产品大约各占30%，使用的菌种超过170个。截至2022年9月，我国微生物肥料生产企业约有3300家，年产量超过了3500万吨，在国家登记的产品有11200余个，其产值达到了440亿元，这些产业数据较2012年增加了2倍左右，生物肥料成为了肥料产业中的重要组成部分[18]。

目前，全球有 100 余个国家研究、生产和应用生物肥料，主要在我国、美国、巴西、欧盟、澳大利亚等国家。另外，全球至少有 70 多个国家生产和应用豆科根瘤菌剂，主要有美国、巴西、阿根廷等国家，在美国和巴西等大豆主产国，根瘤菌接种率达到了 95% 以上，澳大利亚和新西兰等豆科牧草也开始接种应用。

2.4　绿色高效肥料

随着工业和农业科技的进步，对肥料发展提出了新的要求，不断涌现出许多绿色高效肥料产品，其中代表性的有缓 / 控释肥料、稳定性肥料、水溶性肥料等。根据中国磷复肥工业协会统计数据显示，2021 年全国销售的以缓 / 控释肥料、稳定性肥料、水溶性肥料、腐植酸类肥料、中微量元素肥料、有机类肥料和微生物类肥料等为主体的新型肥料销售数量达到了 973.4 万吨，成为了肥料产业的重要产品 [19]。

20 世纪初提出了缓释肥料的概念，到 20 世纪 30 ～ 40 年代，合成缓释氮素产品在欧洲和美国开始试验研究，1955 年美国开始商业化生产脲甲醛肥料，1961 年美国研制出了硫包衣尿素，带动了肥料包膜技术的兴起，在此期间，高分子学说得到建立，使得高分子聚合物包膜材料成为了缓 / 控释肥料的研究热点 [4]。至此，形成了目前在缓 / 控释肥料上的 3 大类：脲醛肥料、硫包衣尿素和聚合物包膜肥料。我国缓 / 控释肥料的研究与应用要远晚于其他国家，具有代表性的是郑州大学于 1985 年研制成功的钙镁磷肥包裹复合肥，采用的是肥包肥的形式，具有制造成本低且污染小的特点，而且实现了商业化生产与应用。聚合物包膜在我国始于 2000 年以后，主要有聚氨酯、聚烯烃、水基聚合物和天然高分子材料，但大多处于研究阶段，在生产上应用较少。目前应用成熟的是聚氨酯包膜肥料，但也存在着材料难降解的问题 [4]。目前生产应用较多的缓 / 控释肥料产品是硫包衣尿素、脲醛肥料、聚氨酯包膜肥料等。

稳定性肥料是在肥料中通过一定工艺加入硝化抑制剂和（或）脲酶抑制剂，减少氮素在施用后的损失，其核心技术是抑制剂。20 世纪 50 年代中期，美国开始硝化抑制剂的制备研究，20 世纪 60 年代初取得了很好的效果，1975 年生产出了 *N*-Serve 产品，20 世纪 90 年代以来进入了快速发展阶段，目前市场上主流的产品有 CP［2-氯-6-三氯甲基（吡啶）］、DCD（双氰胺）、DMPP（3,4 二甲基吡唑磷酸盐）。脲酶抑制剂的研究起源于 20 世纪 60 年代，1971 年 John McColl Bremner 等筛选出苯醌和氢醌类化合物可作为脲酶抑制剂，到 80 年代后有 70 余种可应用的脲酶抑制剂，目前市场上应用较多的产品是 NBPT（*N*-丁基硫代磷酰三胺）[4]。在稳定性肥料上，我国于 20 世纪 60 年代起开始研究硝化抑制剂，20 世纪 70 年代中期开始研究脲酶抑制剂，到 20 世纪 80 年代初期生产出含有脲酶抑制剂的缓释尿素产品并应用到大田作物上，20 世纪 90 年代时研制了涂层尿素，并开始向长效碳酸氢铵产业化发展，到 21 世纪初，复合型抑制剂肥料产品开始商业化生产。到 2018 年，我国稳定性肥料产能达到了 600 万吨，产量约为 150 万吨，占据了全球总产量的 1/3 左右，成为了全球重要的稳定性肥料生产与消费大国 [20]。

水溶性肥料的发展起源于 20 世纪 20 年代，主要是叶面肥料的开发，利用溶解性好的无机盐来生产，到20世纪60年代后，开始出现了中微量元素肥料，以螯合态微量元素为主，再到20世纪80年代，水溶性肥料走向多元化发展，市场上出现了含有多种养分、氨基酸、生长调节剂等的成熟产品。我国水溶性肥料的发展历程与其他国家的发展相似，但是要晚于其他国家。20世纪50年代开始叶面肥料的研发；到20世纪80年代，形成了养分与助剂的复合体系，但仍以大量元素为主，并在生产中得到了很好的应用；到20世纪90年代后，随着灌溉技术的发展，水溶性肥料的需求突增，多营养与多功能水溶性肥料不断推向市场。1990年，我国水溶性肥料仅有3种登记在册，到2018年5月时达到了11194个，产能突破了800万吨[20]。同时，我国的中微量元素水溶肥料产品得到了快速发展，截至2022年5月31日登记、备案的产品数量达到了10万余个，大量元素水溶肥料也是如此，在2021年时水溶性肥料产品销售量占到了新型肥料总体销售量的8.9%，约为86万吨[17, 19]。

近20年来，我国肥料产业也进入了发展的高速时期与创新期，多种绿色高效肥料或者新型肥料产品蜂拥而现，如海藻酸肥料、腐植酸类肥料等，以期通过肥料产品来提高作物对农业生产、气候条件等的适应性，如干旱胁迫、低温冷害等。目前，这些肥料在我国肥料产业中占据了不小的比例，比如在2021年腐植酸类肥料的销售量占到了新型肥料总体销售量的29.2%，约为284万吨实物量[19]。

基于当前肥料工业与农业应用所面临的资源环境压力、粮食安全保障、营养品质提升、工农业绿色低碳等挑战形势，2021年我国科学家提出了绿色智能肥料的创新理念，希望通过多学科交叉创新、工农融合全产业链绿色发展的解决方案设计与实现途径构建，推动我国化肥产业绿色转型升级[21]。随着工业与农业绿色发展的深入推进和数字技术、人工智能、智能制造等现代高科技的不断涌现，肥料发展步伐越来越快，面向工业生产与农业需求的绿色智能肥料将得到快速发展，为解决肥料行业的重大难题提供一条可行途径。

参考文献

[1] 奚振邦，黄培钊，段继贤．现代化学肥料学．增订版．北京：中国农业出版社 . 2013.
[2] 牛新胜，巨晓棠．我国有机肥料资源及利用．植物营养与肥料学报，2017, 23(6): 1462-1479.
[3] 曹卫东，包兴国，徐昌旭，等．中国绿肥科研60年回顾与未来展望．植物营养与肥料学报，2017, 23(6): 1450-1461.
[4] 赵秉强．新型肥料．北京：科学出版社，2013.
[5] 张福锁，黄成东，张卫峰．科学认识化肥：粮食的“粮食”．北京：中国农业大学出版社，2021.
[6] 曹隆恭．肥料史话．北京：农业出版社，1981.
[7] 刘化章，罗雄军．合成氨工业：过去、现在和未来——合成氨工业创立100周年回顾、启迪和挑战．化工进展，2013, 32(9): 1995-2005.
[8] 周程，周雁翎．战略性新兴产业是如何育成的？——哈伯-博施合成氨法的发明与应用过程考察．科学技术哲学研究，2011, 28(1): 84-94.
[9] Wang L, Xia M K, Wang H, et al. Greening ammonia toward the solar ammonia refinery. Joule, 2018, 2(6): 1055-1074.
[10] 冯晓蔚．化工泰斗侯德榜．党史纵横，2017(12): 41-45.
[11] 张福锁，张卫峰，马文奇，等．中国化肥产业技术与展望．北京：化学工业出版社，2007.
[12] 朱希茹，许梦瑶，王芳，等．主要磷肥产品的发展历程与展望．肥料与健康，2021, 48(4): 10-16.
[13] 宣之强，王连第．中国钾盐50年．化工矿产地质，1999(3): 181-187.
[14] 中国无机盐工业协会钾盐钾肥行业分会．峥嵘岁月：中国钾盐钾肥70年发展史．北京：化学工业出版社，2020.
[15] 郑秀兴，王莹．我国复合肥料产业发展现状与趋势．磷肥与复肥，2020, 35(11): 1-4.
[16] 张丹，张卫峰，季玥秀，等．我国中微量元素肥料产业发展现状．现代化工，2012, 32(5): 1-5.
[17] 朱盼盼，周忠雄，杨国富，等．我国中微量元素肥料产品登记及产业发展现状．磷肥与复肥，2022, 37(12): 31-34.
[18] 李俊．微生物肥料这十年，产业化快速发展，应用不断拓展．中国化工报，2022, 78: 8.
[19] 冯尚善．新型肥料产业现状分析与发展展望．磷肥与复肥，2022, 37(7): 9-11.
[20] 冯尚善，崔荣政，王臣．我国新型肥料产业发展现状及展望．磷肥与复肥，2020, 35(10): 1-3.
[21] 张福锁，申建波，危常州，等．绿色智能肥料：从原理创新到产业化实现．土壤学报，2022, 59(4): 873-887.

中国肥料研究与应用全书

Books of Fertilizer Research and Application in China

FERTILIZER

第3章

氮营养与氮肥创新

化肥是现代科技带给我们的高效营养物质，其养分含量通常超过 40%，是传统有机肥的 10 倍以上。过去 40 年我国化肥总量持续增长，已经成为全球最大的化肥生产与消费国[1]。然而我国目前以合成氨工艺为主生产高浓度的化学氮肥，化肥产业高耗高排，难以满足“碳达峰、碳中和”和“绿色发展”的新需求。与此同时，农业生产中对氮肥的不合理施用导致肥料养分在土壤中过度积累，粮食产量与养分效率仅实现了最大潜力的 50%，并引发了如土壤酸化、大气氨排放等环境问题。我国自“十三五”以来对氮肥的产品结构调整初具成效，2016—2019 年，我国氮肥行业累计合成氨产能 1672 万吨，尿素产能 1622 万吨，产量相比 2015 年分别有所下降。然而传统化肥产业模式难以保障粮食安全与绿色发展的协同，创新绿色智能肥料成为必然选择。

绿色智能肥料基于作物-土壤-环境相匹配的植物营养原理，通过大数据智能算法对营养需求精准定向匹配，应用绿色先进生产工艺生产的一类新型高品质肥料，能够充分激发作物的根际效应和生物学潜能，具有养分高效、低碳环保、低排无废、资源全量利用的绿色特点。在创制绿色智能肥料的过程中，需要充分理解植物吸收利用氮素的原理，不同作物对氮营养需求的时空规律以及施用氮肥的经验与原则，高效率协调氮与其他营养元素的协同利用，实现肥料工业和农业全产业链的绿色可持续发展。

3.1 作物氮营养与施肥

作为植物必需的大量矿质元素，氮是植物体内蛋白质、核酸、叶绿素、辅酶、维生素、生物碱、一些激素等许多重要有机化合物的组分，因此在细胞、组织、器官建成过程中起着重要作用，是限制植物生长和产量形成的首要因素，同时也是产品品质提升与改善的重要营养元素。

3.1.1 氮的营养功能与施肥调控

3.1.1.1 植物氮形态与分布

作为植物必需的三大营养元素之一，氮素含量一般占作物干重的 0.3% ～ 5%，且在不同植物种类、器官、发育阶段中含量有所不同。蛋白质和叶绿素是植物体内氮素主要存在场所。一般来说，植物幼嫩器官和种子中含氮量较高，而茎秆含量较低。植物含氮量在植物不同发育时期也变化较大。植物营养生长阶段，氮素大部分集中在茎叶等幼嫩的器官中。进入生殖生长阶段后，茎叶中的氮素就逐步向籽粒、果实、块根或块茎等储藏器官中转移。成熟时，大约有 70% 的氮素已转入种子、果实、块根或块茎等储藏器官中。

3.1.1.2 植物氮素吸收与利用

在非豆科植物中，硝态氮（NO_3^--N）和铵态氮（NH_4^+-N）是植物吸收利用的主要无机氮素形态。在旱地土壤中，硝态氮是植物吸收利用的主要氮源。为了转化形成氨基酸等有机态氮素形式，硝酸盐首先在细胞质中通过硝酸还原酶还原成亚硝酸盐，然后在叶绿体或者其他色素体中由亚硝酸还原酶还原形成铵态氮（图 3-1）。亚硝酸盐和过量铵态氮积累对植物体是有害的，所以在细胞水平，植物需要根据外界氮素供应水平及自身需求水平调控氮素的同化过程合成氨基酸等有机物质。与铵态氮不同的是，植物吸收的硝态氮能够大量地储存在液泡中，然后待需要时再释放加以利用。因此，为了协调生长需求、液泡存储以及组织间转移，植物发展出一套完整的氮素吸收转运及信号系统，进而能够精准监控及协调自身氮水平和外界氮供应。

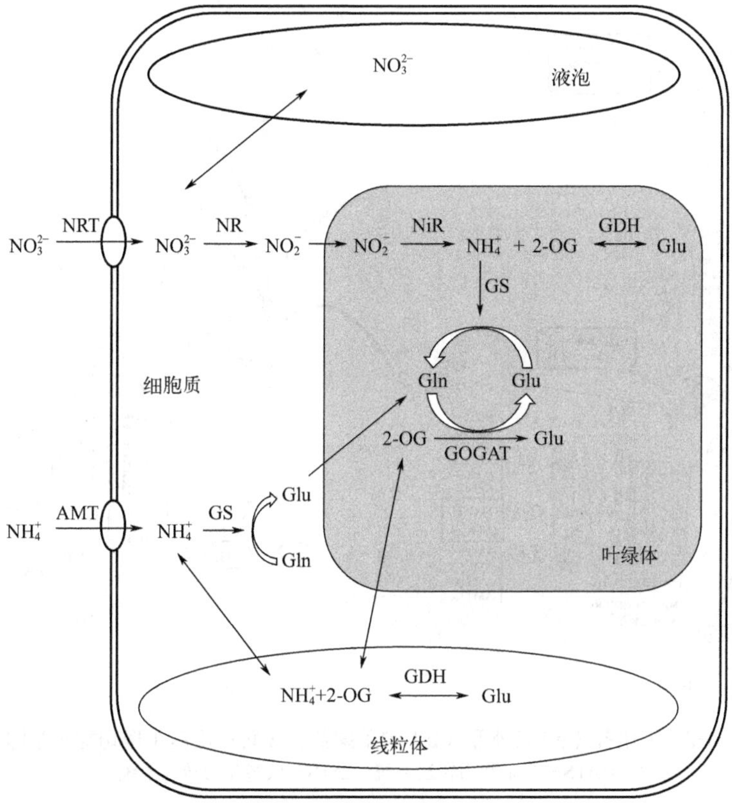

图 3-1　植物氮吸收和同化示意图

NR—硝酸还原酶；NiR—亚硝酸还原酶；GS—谷氨酰胺合成酶；GOGAT—谷氨酸合成酶；GDH—谷氨酸脱氢酶；NRT—硝酸盐转运蛋白；AMT—铵转运蛋白

（1）植物氮吸收与运输

植物对氮素吸收和利用受一系列转运蛋白调控。对于硝态氮而言，以模式植物拟南芥为例，有 4 个硝酸盐转运蛋白家族参与对硝态氮的吸收，分别为硝酸盐转运蛋白 1/ 小肽转运体家族 NPF（NRT1/PTR）（含 53 成员）、硝酸盐转运蛋白 2 家族（NRT2）（含 7 成员）、氯化物通道家族（CLC）（含 7 成员）和慢阴离子通道相关同系物（SLAC/SLAH）（含 5 成员）。对于铵态氮而言，植物主要通过铵转运蛋白家族（AMT）实现吸收利用。

无机氮素进入植物根部细胞后可以同化成氨基酸、蛋白质，或者进入根细胞的液泡中储存起来，还可以直接通过木质部运往地上部进行同化（图 3-2）。无机氮素的地下地上转运能力在不同植物物种间差异较大且受到环境因素调节。硝酸盐在植物体内的运输主要包括：根部硝酸盐径向运输、木质部装载、细胞内的硝酸盐转运和向地上部运输硝酸盐。同样，NPF/NRT 一系列转运蛋白在地下地上转运过程中发挥着重要作用。

硝酸盐从地下转移至地上部以后会被同化成有机态氮或者在液泡中储存起来。在不同的生长发育时期的植物叶片中，硝酸盐需求、同化能力及存储比例会发生较大变化。因此，硝酸盐在地上部的转移再利用是植物有效利用氮素的关键步骤。

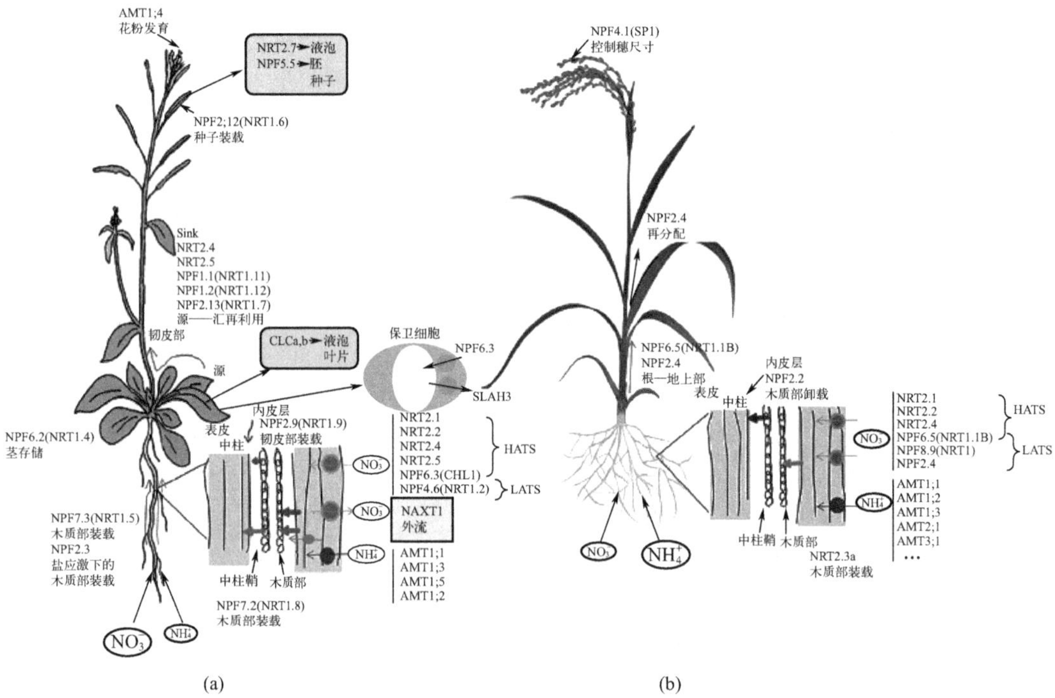

图 3-2 拟南芥（a）和水稻（b）中硝酸盐和铵转运蛋白生理功能示意图[2]

HATS—高亲和力转运系统；LATS—低亲和力转运系统

（2）植物氮利用

环境中的氮素被吸收进植物体内后，需要经过一系列反应将无机氮同化为有机氮化合物。其中，硝态氮在细胞质中被硝酸还原酶（nitrate reductase, NR）还原为亚硝酸盐，随后在叶绿体或者质体中被亚硝酸还原酶（nitrite reductase, NiR）还原成铵态氮。植物从外部吸收及由硝态氮还原所得的铵态氮会被迅速转化为氨基酸以避免铵毒害，这一过程主要由线粒体中的谷氨酰胺合成酶（glutamine synthetase，GS）催化。

在旱地农田中，硝酸盐是硝态氮的主要形式。硝酸盐在细胞质中，由硝酸还原酶催化形成亚硝酸盐，如下式所示：

$$NO_3^- + NAD(P)H + H^+ \longrightarrow NO_2^- + NADP + H_2O$$

式中，NAD(P)H 为 NADH 或 NADPH。

多数的硝酸还原酶以 NADH 作为电子供体，而存在于非绿色组织（如根系）中的另一形式的酶可利用 NADH 或 NADPH 作为电子供体。高等植物细胞中的硝酸还原酶是一种黄素蛋白酶，存在于细胞质中，由两个相同的亚基组成同源二聚体，并含有三个辅基：腺嘌呤黄素二核苷酸（FAD）、亚铁血红素（Heme）和钼原子。硝酸还原酶是植物营养组织中主要的含钼蛋白，缺钼会导致硝酸还原酶的活性减弱，引起硝酸盐聚积。

硝酸还原酶的活性受到多种方式调节。硝酸盐可在转录和翻译水平上影响硝酸还原酶表达。对大麦幼苗施加硝酸盐后约 40min 就可检测到硝酸还原酶 mRNA 的存在，且 3h 内可达到最高水平。另外，硝酸还原酶的合成还需经历翻译后修饰过程。在拟南芥中，硝酸还原酶 NIA2 的第 627 位的丝氨酸残基为其关键调节位点。通过磷酸化和去磷酸化可以迅速调节其活性（通常于数分钟内完成），远远比通过转录翻译和降解该酶来调节其活性更快（通常需要数小时）。

植物细胞在细胞质中将硝酸盐还原为亚硝酸盐后，新合成的亚硝酸盐会被迅速转移至叶绿体（图 3-1）或根细胞的质体中。亚硝酸还原酶将亚硝酸还原成铵，如下式所示：

$$NO_2^- + 6Fd_{red} + 8H^+ \longrightarrow NH_4^+ + 6Fd_{ox} + 2H_2O$$

式中，Fd 为铁氧还蛋白，其中下标 red 和 ox 分别代表还原态（reduced）和氧化态（oxidized）。

亚硝酸还原酶在细胞核中编码并于细胞质中合成，其 N 端具有转移信号肽，将其最终定位并转运到叶绿体中。当硝酸盐含量升高或暴露在光下时，将诱导亚硝酸还原酶 mRNA 的转录。

植物从外部吸收，以及由硝态氮还原均可得到铵态氮。植物细胞会以铵和谷氨酸合成谷氨酰胺，将铵迅速转化为氨基酸以避免铵毒害。这一过程主要由谷氨酰胺合成酶催化，如下式所示：

$$\text{谷氨酸} + NH_4^+ + ATP \longrightarrow \text{谷氨酰胺} + ADP + P_i$$

该反应需要水解 1 分子的 ATP 来提供能量，并以二价阳离子 Mg^{2+}、Mn^{2+} 或 Co^{2+} 作为辅基，将氨基转移到谷氨酸上。在此过程中合成的谷氨酰胺的酰氨基将被进一步转移到 α-酮戊二酸上，同时产生 2 分子的谷氨酸，此过程由谷氨酸合成酶（GOGAT）催化。如下式所示：

$$\text{谷氨酰胺} + \alpha\text{-酮戊二酸} + NADH + H^+ \longrightarrow 2\ \text{谷氨酸} + NAD^+$$

或

$$\text{谷氨酰胺} + \alpha\text{-酮戊二酸} + Fd_{red} \longrightarrow 2\ \text{谷氨酸} + Fd_{ox}$$

植物中有两种类型的 GOGAT，一种以 NADH 作为电子供体，另一种以铁氧还蛋白（Fd）作为电子供体。以 NADH 作为电子供体的酶（NADH-GOGAT）存在于非光合组织的质体中，如根或正在发育的叶片的维管束中。以铁氧还蛋白（Fd）作为电子供体的谷氨酸合酶（Fd-GOGAT）存在于叶绿体中。由谷氨酰胺合成酶和谷氨酸合成酶联合催化的铵固定过程称为 GS-GOGAT 途径。此外，铵也可与 α-酮戊二酸被同化合成谷氨酸。这个过程由谷氨酸脱氢酶（glutamate dehydrogenase，GDH）催化，是一个可逆反应，如下式所示：

$$\alpha\text{-酮戊二酸} + NH_4^+ + NAD(P)H \rightleftharpoons \text{谷氨酸} + H_2O + NAD(P)^+$$

此过程不能代替 GS-GOGAT 途径，其主要生理学功能是在氮的再分配中催化谷氨酸脱氨（图 3-1）。

同化到谷氨酰胺和谷氨酸中的氮可以通过转氨作用同化为其他的氨基酸，这一反应由转氨酶催化，如天冬氨酸转氨酶（aspartate amino transferase，Asp-AT）。如下式所示：

$$谷氨酸 + 草酰乙酸 \longrightarrow 天冬氨酸 + \alpha\text{-}酮戊二酸$$

天冬氨酸可以与谷氨酰胺反应，进一步合成天冬酰胺，此反应由天冬酰胺合成酶（asparagine synthetase，AS）催化。天冬酰胺和谷氨酰胺是碳和氮代谢的重要衔接体，具有高稳定性和高氮碳比（天冬酰胺中含有 2 个氮和 4 个碳，谷氨酰胺中含有 2 个氮和 5 个碳，谷氨酸中则含有 1 个氮和 5 个碳），因而在氮的转运和贮藏中起重要作用。

3.1.1.3 植物不同生育时期氮需求策略

硝态氮和铵态氮是作物从土壤吸收氮的两种主要形态，而不同的作物对土壤氮形态有所偏好，如水稻，由于其长期生长在淹水条件下，厌氧环境导致其氮素吸收形态主要为铵态氮，但水稻在硝铵态氮协同吸收中表现出了更高的养分利用效率。而玉米硝铵偏好特性依赖于土壤 pH 值，酸性土壤上玉米偏好吸收硝态氮，而在 pH 值较高的土壤上玉米偏好吸收铵态氮。

作物缺氮时，会影响蛋白质合成和叶绿素结构等，对植物正常生命活动造成消极影响，导致作物生长发育缓慢植株矮小，叶片颜色变淡逐渐黄化（图 3-3）。氮素在植物体内移动性

(a) 玉米缺氮

(b) 小麦缺氮

(c) 番茄缺氮

(d) 大豆缺氮

图 3-3　玉米、小麦、番茄和大豆叶片缺氮症状

强，在缺氮条件下，作物通过将自身衰老细胞中蛋白质降解释放出氮素，再经过韧皮部实现氮素的再分配，故作物的老叶先出现黄化的缺素症状，逐渐影响到新叶。氮素不足同时影响到同化产物在根冠的分配，提高根部的分配，增加根冠比。适量吸收氮素对作物生长有促进作用，但氮过量会引起植物负面反应，如刺激营养生长、推迟成熟，表现为徒长、抗倒伏性差、易感病虫害、铵中毒等。

作物在不同时期对氮素需求不同，尤其在作物相应的氮素的营养临界期时要满足作物的需求。作物缺氮在苗期时，作物的细胞分裂速度和数量减少，导致作物无法正常生长发育，作物矮小瘦弱，叶薄且小。双子叶作物分枝减小，单子叶作物分蘖情况较差，茎秆发育不良。作物如果持续缺氮，则会严重影响作物的生长发育与成熟，禾本科作物会表现为穗短粒少，籽粒干瘪早衰，产量低下。

充足的氮条件下，且有适量的磷钾等其他必需元素，可以促进作物的生长发育，提高作物的产量。但氮素供应过多，则会抑制根系的发育（图3-4），常导致作物贪青晚熟，延长生育期，这对无霜期短的地区作物来说，易遭受早霜危害。氮素供应过多，使得作物营养生长旺盛，植株徒长且柔软多汁，植株茎秆的壁薄，细胞过于增大，增加作物对碳水化合物的消耗，细胞壁薄，茎秆的抗倒伏性差，作物抗性下降，易遭受机械损伤，影响作物的产量品质。同时，供氮过多导致作物易受病虫害，水稻的稻瘟病、纹枯病发病率显著提高。作物受到真菌类的病害在磷钾缺乏时更为严重，但对于玉米的枯叶病而言，氮肥充足时，病害有所减轻。供氮过多，对叶菜类作物来说，不利于长时间的存储和运输；对棉花来说，茎秆徒长，蕾铃稀少且易凋落；对于甜菜来说，产糖率下降；对大麻来说，纤维产量下降，品质降低；对玉米来说，发育延迟，抗逆性下降，籽粒数量减少。

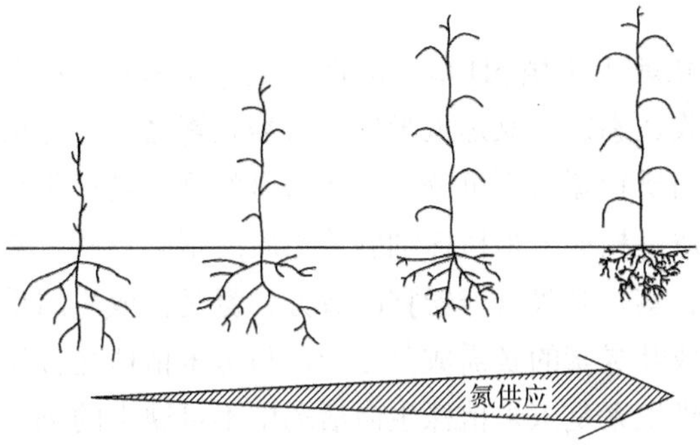

图3-4 不同供氮水平对植物根和地上部生长的影响
（引自 Marschner, 1992）

以下以常见作物水稻、玉米为例简要介绍作物氮需求情况。

（1）水稻

氮是一种结构性元素，是构成水稻中蛋白质和叶绿素的主要成分。蛋白质是水稻长根、长叶、长蘖、长秆、长穗最基本的营养物质。氮素不足，则根少根细，叶小叶黄，植株矮小，难以分蘖，穗短粒少，品质下降，产量不高。

① 分蘖期　分蘖期由于苗小，稻株同化面积小，干物质积累较少，因而吸收养分数量

也较少。这一时期，氮的吸收率占全生育期吸氮量的30%左右。此时吸收的氮素大量进入生长中心——叶和分蘖，用于合成蛋白质，促进长根、长叶、增加分蘖，因此该时期需要较多的氮，此时如果缺氮，则阻碍蛋白质和叶绿素合成以及影响水稻体内的植物激素等物质，导致水稻光合作用减弱，干物质积累减少甚至不能进行；根少根细，发根慢，细根和根毛发育差，黄根较多；叶小叶黄，植株矮小，难以分蘖；细胞体积小而细胞壁增厚，细胞分裂减少，生长缓慢。且由于铵态氮在韧皮部中的移动性较强，水稻叶片发黄症状为从下部老叶开始，逐渐扩展到上部叶片。

② 幼穗分化至抽穗期　该时期是营养生长和生殖生长并进的时期，此时期叶面积逐渐增大，干物质积累相应增多，是水稻一生中吸收养分数量最多和强度最大时期，此时期吸收氮养分的百分率占水稻全生育期养分吸收总量的50%左右。生长周期转向幼穗的分化形成时，由于前期生长的根、茎、叶需要相当数量的碳水化合物使其组织强健，以增强抗倒伏、抗病能力，穗的发育也需要大量碳水化合物作为碳源和能源，更要求茎和叶鞘中积累淀粉，所以碳代谢显著上升，凡是施氮不多的稻田此时的植株都自然褪色，标志着碳代谢上升。由于幼穗分化过程贯穿整个拔节孕穗期，该时期如果缺氮，会出现水稻节间生长受阻、茎秆纤细、颖花发育不良等现象。

③ 抽穗后直至成熟　由于根系吸收能力减弱，吸收养分的数量显著减少，氮吸收率为16%～19%。该时期缺氮则水稻成熟期提早，但灌浆不好，瘪粒较多，空瘪率高，成穗率低，有效穗少，穗粒数少，品质下降，产量低。

此外，氮素过剩时且磷、钾配比合理时，水稻营养生长过于旺盛，植株徒长且柔软多汁，茎秆的抗倒伏性差，植株茎秆的壁薄，稻株抗病虫害能力不强，显著增加了稻瘟病、纹枯病等病虫害发病率。

（2）玉米

玉米硝铵偏好特性依赖于土壤pH值，酸性土壤上玉米偏好吸收硝态氮，而在pH值较高的土壤上玉米偏好吸收铵态氮。氮是玉米生长必需元素之一，与玉米植株营养器官的建成和生殖器官的发育及蛋白质代谢密不可分，玉米缺氮将难以进行正常的生命活动。氮是蛋白质的重要成分，而蛋白质是构成玉米植株细胞原生质的基础物质，原生质是新陈代谢的活动中心，因而也是形成根、茎、叶等营养器官的成分。氮是构成酶的重要成分，酶参与许多生理生化反应，氮还是形成叶绿素的必需成分之一，与玉米植株光合作用息息相关。氮是维生素类物质的重要成分，维生素是玉米植株生命活动中不可缺少的物质。另外，玉米植株体内的核酸、磷脂和某些激素也都含有氮。

玉米生长不同时期对氮素需求量不同，苗期由于植株矮小，需氮量不高；拔节期至抽穗期是玉米果穗形成的重要时期，也是养分需求量最高的时期，这一时期吸收的氮约占整个生育的1/3；抽穗开花期氮吸收量占全生育期的1/5；灌浆至成熟期玉米的需肥量又迅速增加，以形成籽粒中的蛋白质、淀粉和脂肪，这一时期吸收的氮占整个生育期的1/2不到。

① 苗期　该时期玉米植株比较矮小，生长速度较慢，需氮量较少。玉米该时期缺氮，生长缓慢，植株矮瘦，叶色黄绿。叶片发黄从下部老叶片开始，首先叶尖发黄，逐渐沿中脉扩展呈楔形，即“V”形，叶片中部较边缘部分先褪绿变黄，叶脉略带红色。

② 三叶期　该时期是玉米营养临界期，若缺氮叶鞘将呈紫红色，并沿叶脉向下扩展。

③ 大喇叭口期 该时期是玉米营养最大效率期，该时期缺氮会影响花芽分化，雄穗和雌蕊发育不良，会出现秃顶、籽粒瘪皮、果穗变小等现象，影响玉米产量和品质。

④ 后期 玉米后期缺氮植株矮小细弱，叶色发黄，影响抽穗期，雌穗不能正常发育，玉米籽粒小而不饱满，导致减产。

此外，如果氮肥施用过多，将导致玉米植株发育延迟、贪青晚熟、籽粒数量减少，且会造成表皮发育不完全，秸秆脆弱，易倒伏，易感病虫害。

3.1.1.4 基于作物氮营养需求的施肥调控

国内外不少学者提出用作物生长的氮浓度稀释曲线来评价作物生育期内的氮素营养状况，即不同时期获得最大地上部生物量的最低地上部氮浓度。作物的临界氮浓度稀释曲线在整个生育期随着生物量的增加而降低，需要维持的氮素营养状况因生长发育进程而异，需根据作物的氮素吸收规律在不同时期施用不同量的氮肥进行调控，以满足植株氮素需求。因此，基于氮素营养功能的施肥调控，可充分发挥生物学潜力，提高土壤养分的生物有效性，实现养分供应与需求在数量上一致，时间上同步，空间上耦合，可将根层土壤养分调控在既能满足作物高产需求，又不至于过量造成环境污染的范围内。适宜的根层养分供应可调控植株养分浓度至临界水平，优化个体茎蘖发育及营养，提升作物群体结构与功能。与氮素供应过量和不足相比，适宜的根层氮素供应促进冬小麦群体数量增加 20% ～ 157%。小麦拔节期与扬花期土壤无机氮满足 93kg/hm^2 和 120kg/hm^2 时，植株氮浓度达到 2.81% 和 1.95% 临界水平，群体数量达到最优；在拔节和扬花期，可将个体茎蘖的氮浓度维持在 2.72% 和 1.53% 临界水平，既能保证主茎和第一分蘖的最大生物量，又能抑制无效分蘖的发育，最后实现小麦 9t/hm^2 以上的产量水平（表 3-1）。

表3-1 冬小麦氮素营养与根层氮素调控（以华北平原中部冬小麦目标产量9t/hm^{2}为例）

主要指标（拔节期）	临界值
主茎干物质重 /(g/ 株)	0.63
主茎临界氮浓度 /%	1.9
第一分蘖干物质重 /(g/ 株)	0.48
第一分蘖临界氮浓度 /%	2.2
功能叶比叶氮 /(g/m)	3.97
植株比叶氮 /(g/m)	2.35
群体光合速率 /[μmol CO_2/(m^2·s^2)]	26.0
叶面积指数	5.4
根层氮素适宜范围 /(mg/kg)	7 ～ 18
0 ～ 60cm 土壤无机氮 /[kg(N)/hm^2]	60
根层氮素供应目标值 /[kg(N)/hm^2]	210

注：改自 Zhang et al., 2020。

当氮肥用量适宜时，对于玉米而言，生产每吨籽粒氮需求的平均值约为 18.4kg，而优化下调施氮（如减氮 30%）的单位籽粒氮需求的平均值下降到 15.5kg，籽粒和秸秆氮浓度分别下降到 1.12% 和 0.62%。但是当施氮量大于优化施氮量时，单位籽粒氮需求从 18.4kg 增加到 21.3kg，这是因为籽粒和秸秆中的氮浓度都有增加，但是两者的增加幅度是不一样的。其中籽粒氮浓度从 1.20% 增加到 1.33%，增幅为 10.8%，而秸秆氮浓度从 0.82% 增加到 1.00%，增幅为 22.0%。这意味着过量施氮导致氮素在植株，尤其是秸秆中的奢侈累积。

田间条件下，作物（玉米）体内氮素营养不足常发生在拔节后。以华北夏玉米为例，通过对多年多点 512 个试验数据分析发现，不同氮肥用量条件下，玉米六叶期的生物量累积和氮素吸收一般没有差异，但是从六叶期到吐丝期，优化施氮的生物量累积和氮素吸收分别增加 $7.7t/hm^2$ 和 $111kg/hm^2$，分别比优化下调施氮处理的高出 10% 和 35%。从吐丝期到收获期，优化施氮处理的生物量累积和氮素吸收分别增加 $9.3t/hm^2$ 和 $42kg/hm^2$，分别比优化下调施氮处理的高出 22% 和 36%。对于优化施氮处理和优化上调施氮处理，六叶期到吐丝期之间的生物量累积和氮素吸收方面没有差异。从吐丝期到收获期，优化上调施氮处理的氮素吸收为 $60kg/hm^2$，比优化施氮处理的 $42kg/hm^2$ 增加 43%，但是在该时期的生物量累积方面这两个处理之间没有差异。

3.1.2 氮的产量功能与施肥调控

3.1.2.1 氮与植物光合作用

叶绿体是植物进行光合作用的主要场所，而叶绿体中叶绿素是绿色植物行使光合作用合成碳水化合物所必需的。叶绿素的含量往往直接影响着光合作用的速率和光合产物的形成。叶绿素分为叶绿素 a 和叶绿素 b，且两者都含有大量氮素。据测定，叶绿体占叶片干重的 20% ～ 30%，而叶绿体中含蛋白质 45% ～ 60%。因此，植物体内氮素含量及供应水平严重影响光合作用速率。当氮素供应水平不足造成植物缺氮情况下，植物体内叶绿素含量下降，叶片黄化，光合作用强度减弱，光合产物减少，从而明显降低作物产量。因此，氮素是影响植物生长和发育过程的关键矿质元素，是提高作物产量的关键限制因子。

3.1.2.2 氮与植物生长发育

氮素被称为生命元素，是蛋白质和酶的重要组分。蛋白质是生命的物质基础，是构成细胞的基本有机物，是生命活动的主要承担者。蛋白质参与植物生长发育过程中的细胞伸长、分裂及新细胞的形成。缺氮时新细胞形成受阻而导致植物生长发育缓慢，甚至出现生长停滞。植物体内许多生物化学反应的速度都是由酶系统控制的。酶是体内生化作用和代谢过程中的生物催化剂，大部分酶的化学本质主要是蛋白质。通常，各代谢过程中的生物化学反应需要一个或几个相应的酶参加。缺少相应的酶，代谢过程就很难顺利进行。氮素常通过酶间接影响着植物的生长和发育。所以，氮素供应状况关系到作物体内各种物质及能量的转化过程。

氮素还是组成核酸和核蛋白的重要成分。核酸分为脱氧核糖核酸（DNA）和核糖核酸（RNA）。DNA 是决定作物生物学特性的遗传物质，而信使核糖核酸（mRNA）是合成蛋白质的模板。在细胞内核酸通常与蛋白质结合，以核蛋白的形式存在发挥作用。核糖核酸和脱氧核糖核酸中的碱基都是含氮杂环化合物。核酸中含氮 15% ～ 16%，核酸态氮约占植株全氮的 10%。因此，植物体内氮水平的高低影响核酸和核蛋白的功能，进而影响植物的繁衍和遗传变异过程。

3.1.2.3 基于氮素产量功能的施肥调控

粮食作物产量构成要素包括单位面积穗数、每穗粒数和粒重三部分，其中单位面积穗数往往由种植密度以及分蘖成穗数决定，穗粒数由每穗结实的小花数决定，粒重往往与胚乳细胞数量、细胞大小及灌浆速率有关。从作物生长发育时期看，产量构成三要素分别在不同阶段决定，包括出苗期、拔节期的幼穗分化，开花期前后的授粉和败育过程、籽粒灌浆过程等。上述关键时期，作物对氮素的有效性十分敏感，因此，需要及时通过施肥等措施补充氮素供应，改善植株体内氮素营养状况。玉米不同生育时期缺氮对生长和氮素吸收的影响不同，与整个生育期持续供氮处理相比，吐丝后或吐丝后三周停止供氮处理一般不会造成籽粒减产；而在 V8 时期以前缺氮处理却会造成籽粒不可恢复的减产，表明氮素在吐丝前的供应至关重要，与吐丝前氮素供应影响雌穗大小和发育及小花分化有关。因此，花前缺氮会造成产量不可挽回的损失，而花后施氮与否对产量影响较小；生产实践中，氮肥调控措施也集中在基肥、拔节期、大喇叭口期等时期。如基于根层氮素实时监控的土壤-作物系统综合管理技术中，作物全生育期氮素管理是依据作物产量水平和氮素需求进行，氮肥一般是分次、后移施入，小麦分为基肥和拔节追肥两次，玉米分为基肥、拔节期、大喇叭口期追施三次，水稻分为基肥、分蘖肥和穗肥三次。

随着产量水平的提高，生物量累积和吸氮量也是不断增加的，以华北平原夏玉米为例，各产量水平为＜ $8t/hm^2$、8 ～ $10t/hm^2$ 以及＞ $10t/hm^2$ 时对应的生物量累积分别为 $12.7t/hm^2$、$17.6t/hm^2$ 和 $20.7t/hm^2$，相应的氮素吸收量分别为 $125kg/hm^2$、$181kg/hm^2$ 和 $205kg/hm^2$。但是随着产量水平提升，籽粒氮浓度逐渐降低，即产量与籽粒氮浓度呈负相关关系，存在稀释效应，导致高产作物氮素需求降低，即每生产 1t 籽粒产量的氮素需求在降低。如小麦产量水平由不足 $4.5t/hm^2$ 增加到大于 $10t/hm^2$ 后，每生产 1t 籽粒的氮素需求由 27.1kg 下降至 22.5kg；玉米产量水平由不足 $7.5t/hm^2$ 提升至大于 $12t/hm^2$ 时，每生产 1t 籽粒的氮素需求由 19.8kg 下降至 17.0kg。可见，由于现代品种氮素生理利用效率及抗逆等能力提升等原因，作物增产无需等比例投入氮肥，因此生产中可在三大粮食作物中大面积实现减肥增产增效。

基于目标产量和土壤中硝态氮含量，可进行不同作物氮肥用量的调控，以满足体内氮素营养功能和产量需求。以华北夏玉米为例，若播前 0 ～ 60cm 土层硝态氮含量为 $30kg/hm^2$，则目标产量为 $6.0t/hm^2$、$7.5t/hm^2$、$9.0t/hm^2$、$10.5t/hm^2$ 时，基肥用量分别为 $60kg/hm^2$、$70kg/hm^2$、$77kg/hm^2$、$97kg/hm^2$；土壤硝态氮含量达到 $75kg/hm^2$ 时，实现上述目标产量的基肥用量分别确定为 $15kg/hm^2$、$23kg/hm^2$、$32kg/hm^2$、$65kg/hm^2$。基于根层氮素实时调控技术，考虑根系觅食范围，夏玉米大喇叭口期追肥时测定根层（0 ～ 90cm）土壤硝态氮浓度，并根据目标产量进行追肥调控。例如，0 ～ 90cm 根层土壤硝态氮含量为 $45kg/hm^2$ 时，$6.0t/hm^2$、$7.5t/hm^2$、$9.0t/hm^2$、$10.5t/hm^2$ 的目标产量需分别追施氮素 $99kg/hm^2$、$118kg/hm^2$、$137kg/hm^2$、$165kg/hm^2$，以满足不同时期植株氮素营养需求，支撑地上群体结构与功能，满足产量需求。

3.1.3 氮素的品质功能与施肥调控

3.1.3.1 植物氮素与品质形成

氮作为植物必需的大量营养元素之一，不仅是植物体内蛋白质的主要成分，也是人体必需氨基酸、维生素、酰胺和含氮杂环化合物（包括叶绿素 a、维生素 B 和生物碱）、无机氮化合物（NO_3^-、NO_2^-）的基本成分，对植物的生理生化功能起着重要的作用，从而显著地影响着作物的产量和品质。

蛋白质含量是决定农产品质量的关键因素。禾谷类作物籽粒中的蛋白质不仅是食品营养所必需的，其水平对食品加工品种也有影响。在一定范围内，提高氮素水平可以提高谷类作物籽粒的蛋白质含量。另外，在评价农产品品质时，氨基酸的含量也是其主要的指标。氨基酸被认为是氮同化的初始产物，可广泛用于生物合成多种非蛋白质含氮物质（色素、维生素、辅酶、嘌呤和嘧啶碱）。一些人体不能合成或合成速度远不能适应机体需要，必须由植物产品供给的氨基酸称为必需氨基酸，包括缬氨酸、苏氨酸、苯丙氨酸、亮氨酸、甲硫氨酸、色氨酸、异亮氨酸和赖氨酸。每种氨基酸都具有重要的生理功能，只有全面均衡地摄取，才能维持人体正常的生命活动。食物中蛋白质营养价值的高低，主要取决于所含必需氨基酸的种类、含量及其比例是否与人体所需要的相近。研究表明，在适宜范围内提高供氮水平，产品中必需氨基酸的含量明显提高；当施氮量过高时，必需氨基酸的含量则会减少。

植物体内的许多重要活性物质都是含氮化合物，包括多种维生素（维生素 B_1、维生素 B_2、维生素 B_6、维生素 PP）、植物激素（细胞分裂素、赤霉素等）和生物碱（烟碱、茶碱、胆碱等）等。例如，吡啶是含有一个氮杂原子的六元杂环化合物，不仅参与维生素 PP 的形成，也是辅酶Ⅰ和辅酶Ⅱ的组分。维生素 PP 包括烟酸和其衍生物烟酰胺，在促进人体的正常生长发育上起着重要的作用；而辅酶是多种脱氢酶所必需的。同样，细胞分裂素的基本结构为一个 6-氨基嘌呤环，它在增加禾本科作物的分蘖、调节胚乳细胞的形成及增加粒重方面有重要的作用。因此，氮素对于物质的转化过程有显著影响。

3.1.3.2 基于氮素品质功能的施肥调控

氮素不但能够显著影响作物产量，而且也对作物品质起着重要作用。因此，作物生长过程中的施肥时期、种类及施肥量对作物品质的形成有着至关重要的作用。可以通过调控施肥调节作物品质形成。

籽粒中的氮素来源于茎叶中氮素的转移和开花后氮素的吸收。研究表明，在开花期前后施用氮肥比早施氮肥更有效地增加了籽粒蛋白质含量。除了施肥时期外，氮肥种类对作物品质也有一定的影响。在农业生产上，后期根外追施尿素或硝酸铵对籽粒蛋白质含量有明显的促进作用，而且尿素的作用优于硝酸铵。这是因为尿素既能供给氮素，又是一种生理活性物质，根外追施尿素可以促进光合作用、提高蛋白酶的活性，有利于促进叶片蛋白的分解和含氮物质向穗部转移。

施肥能够提高蛋白质的含量，却很少影响蛋白质的组成，这是因为蛋白质的组成主要由基因控制。但施氮能改变植株的某些营养成分。研究表明，在低施氮量至适宜施氮量的范围内，植物中胡萝卜素和叶绿素的含量随着施氮量的增加而提高；当施氮量过高时，水果和蔬菜中硝酸盐的浓度增加、维生素 C 的含量减少，而谷物中维生素 B 的含量则增加。

氮肥也会影响植物油的品质。例如，向日葵油一般由 10% 的饱和脂肪酸（棕榈酸和硬脂酸）、20% 的油酸以及 70% 的人体必需的亚油酸组成。当氮肥施用量增大时，向日葵油中的油酸含量增加，而亚油酸含量减少。研究表明，在相同肥料运筹的情况下，改变氮肥用量将显著地影响油菜生长和产量，适宜的施氮量不仅能提高油菜的籽粒产量和粒重，还能提高含油量。

另外，对于油菜及其他绿叶蔬菜来说，其植株的含氮量（硝酸盐及亚硝酸盐）与施氮量呈极显著正相关。在油菜块根生长初期，氮的分配以叶部为主，供应充足的氮是获得高产的条件之一；其后氮向根的分配率增加，高氮处理到生育后期会使氮对叶部的分配率仍处于较高水平，导致叶片徒长、块根中氨基化合物和无机盐类含量增高，糖分含量大幅度下降，不利于产量形成和糖分积累。为了避免氮肥的过量施用引起蔬菜中硝酸盐的积累，在蔬菜的生长发育早期和中期施用氮肥对蔬菜中的硝酸盐积累影响要小一些，采收期间施用氮肥可造成蔬菜中的硝酸盐大量积累，因此在蔬菜的生长发育后期最好少施或不施氮肥。

3.1.4 植物氮营养信号功能与施肥调控

在非豆科植物中，硝态氮（NO_3^--N）和铵态氮（NH_4^+-N）是植物吸收利用的主要无机氮素形态。在旱地土壤中，硝态氮是植物吸收利用的主要氮源。为了转化形成氨基酸等有机态氮素形式，硝酸盐首先在细胞质中通过硝酸还原酶还原成亚硝酸盐，然后在叶绿体或者其他色素体中由亚硝酸还原酶还原形成铵态氮。亚硝酸盐和过量铵态氮积累对植物体是有害的，所以在细胞水平，植物需要根据外界氮素供应水平及自身需求水平调控氮素的同化过程合成氨基酸等有机物质。与铵态氮不同的是，植物吸收的硝态氮能够大量储存在液泡中，然后待需要时再释放加以利用。因此，为了协调生长需求，液泡存储以及组织间转移，植物发展出一套完整的氮素吸收转运及信号系统进而能够精准监控及协调自身氮水平及外界氮供应。

3.1.4.1 植物氮素信号感知传导

硝态氮及铵态氮除了作为无机氮源外，同时也可以作为信号分子的功能调控根生长发育、种子休眠等。硝酸盐信号通路中最重要的发现是拟南芥转运受体 NRT1.1 可以感知外界硝酸盐信号而引起细胞质钙离子浓度变化，然后 CPK 家族成员 CPK10/30/32 接受上游钙信号使 NLP 家族转录因子发生磷酸化，进而使 NLPs 被滞留在细胞核中。在低硝酸盐条件下，硝酸盐转运蛋白 NRT1.1 招募 CIPK23，磷酸化它的 T101 位点，使得 NRT1.1 变为高亲和力的转运状态，从而维持一个低水平的主要硝酸盐反应；在高硝酸盐条件下，T101 去磷酸化，使得 NRT1.1 变为低亲和力的转运状态，导致了高水平的主要硝酸盐反应。在硝酸盐信号通路中，CPKs 是通过磷酸化 NLP7 上的一个保守的磷酸化位点 S205 而使 NLP7 滞留在细胞核中。在水稻中，NRT1.1B 通过招募 NBIP1 来降解 SPX4，从而可以释放 NLP3 进入细胞核，激活与硝酸盐吸收利用的相关基因。OsNRT1.1B-OsNBIP1- OsSPX4-OsNLP3 通路的发现，首次阐明了细胞质膜信号如何向细胞核转导，从而引起转录反应。除了 NRT1.1-NLP 作为硝酸盐信号通路的中心位置，还有一些转录因子也被发现参与硝酸盐信号，例如 TGA1、CRF4。与硝酸盐 NRT 类似的是，拟南芥铵转运蛋白 AMT1.1 的磷酸化抑制了其转运活性，降低了铵的转运从而达到抑制铵中毒的目的。这些研究都表明，在植物生长的过程中，由于土壤中氮素浓度和植株氮需求不断变化，植物通过感知外界氮素水平变化的信号对无机氮转运蛋白的转录和翻译后修饰的精准调控，调控氮素的吸收利用进而对环境变化做出快速反应（图 3-5）。

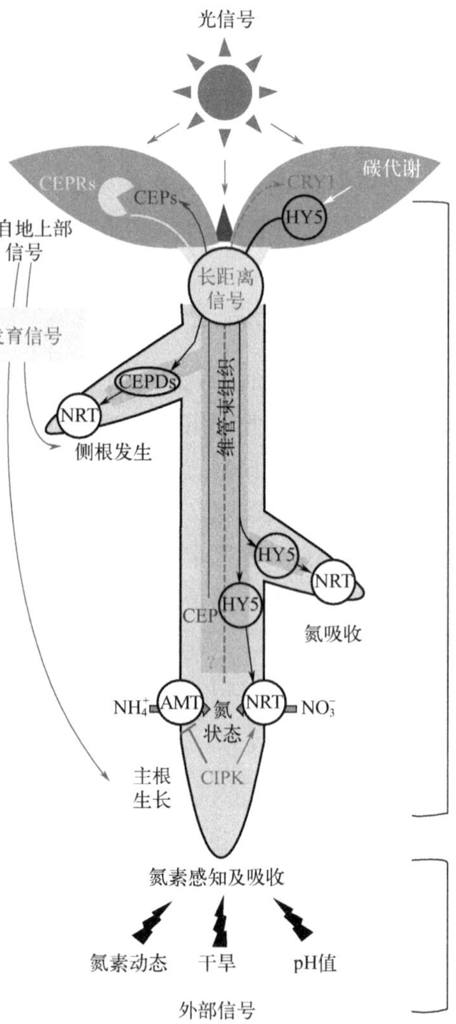

图 3-5　植物氮素信号感知传导

CEP—C 末端编码肽；CEPR—C 末端编码肽受体；CEPD—C 末端编码肽下游元件；CIPK—CBL 互作蛋白激酶

为了更好地应对土壤氮素水平变化，除了上述局部氮信号外，植物体内还存在另外一种系统信号，这就是我们常说的植物地上地下互作。研究表明，当地上部通过光合作用合成大量碳水化合物造成碳氮比失衡时，地上部 bZIP 类转录因子 HY5 就会上调积累并通过韧皮部向下运输将地上部缺氮信号传递至根部并与编码硝酸盐高亲和转运蛋白的 *NRT2.1* 基因的启动子结合，进而促进 *NRT2.1* 基因上调表达提高植物根系对土壤硝酸盐的吸收从而维持地上部碳氮比平衡。另外，土壤中无机氮浓度并不是均一分布的。同一植物的根系会分布在土壤中的低氮和高氮区。当处于低氮区的根系感知到氮素缺乏时，会在根部分泌 CLE 和 CEP 类小肽作为信号分子通过微管组织向地上部运输将氮缺乏信号传递给植物“大脑”CEPR。植物“大脑”CEPR 接收到缺氮信号后地上部会合成分泌另外一种多肽 CEPD 并通过韧皮部向处于高氮区根系运输并调高根部高亲和硝酸盐转运蛋白 NRT2.1 的活性从而促进根系从土壤中吸收硝酸盐。植物对土壤氮素的水平变化存在一套精细而高效的信号感知、传导及吸收转运系统，从而为植物应对外界环境变化维持自身正常生长发育提供必要的保障和高效的应对反应。

3.1.4.2 基于植物氮素信号机制的施肥调控

在土壤中，氮素不但能够作为营养分子，而且还能够作为信号分子调控植物生长发育。比如，氮素供应不足导致玉米叶片光合速率下降，光合产物减少，从而降低籽粒产量。但是，过量使用氮肥并不能持续提高玉米产量，甚至能够抑制根系发育与作物生长。因此，要根据玉米不同生育阶段及对氮素的需求量和土壤供给能力合理分配施肥量，即优化施肥。通过田间试验比较不施氮、优化施氮（总施氮量为 250kg/hm^2，其中基肥 60kg/hm^2，八叶期追肥 120kg/hm^2，十二叶期追肥 70kg/hm^2）和传统施氮（总施氮为 450kg/hm^2，其中基肥 175kg/hm^2，八叶期追肥 50kg/hm^2，十二叶期追肥 170kg/hm^2，抽雄期追肥 55kg/hm^2）对玉米生物量累积、氮素吸收及氮素利用效率的影响。结果表明，不施氮显著降低地上部生物量、吸收量以及籽粒产量；与不施氮相比，优化施氮量显著提高地上部生物量和产量。在优化施肥的基础上，过量施氮（传统施氮）并不能进一步提高地上部生物量和产量，反而降低了氮素吸收利用效率。由此可见，合理及优化施肥能够持续维持最高产量的基础上，提高氮肥利用效率。

土壤铵态氮或硝态氮都可作为作物可利用的供氮来源。在与硝酸盐等浓度供应时，作物优先吸收利用铵态氮，尤其是低氮供应时，这种作用更加明显。另外，氮肥的供应形态能够平衡作物的阴阳离子平衡。在铵态氮肥及硝态氮肥混合供应条件下，铵同化产生的质子可用于硝酸盐还原。因此，相对于单一氮肥施用，在同时供应硝态氮肥及铵态氮肥时，作物能够获得最高的生长速率和产量。

氮素可以作为信号分子调控根系发育。氮肥供应强度对根系的生长、形态及构型有显著的调节功能。另外，氮肥和其他矿质元素间的互作也对植株根系构型的形成有直接影响。比如，氮、磷养分缺乏相对增加根的生长，使根冠比增加。养分对于根系形态的调节作用通常是通过影响植物体内的激素信号网络实现的。因此在养分不足的情况下，作物根系遇到土壤中局部富集养分时会局部增加侧根的长度或者数量，以促进该区域养分的高效吸收。在土壤局部供应硝态氮肥、铵态氮肥、磷肥时都会增加玉米等作物的侧根发育。另外，缺磷通常会使根系变得更浅从而增加作物对于表层土壤中分布较多的养分的吸收。因此，通过施肥能够有效调控作物根系构型从而提高作物的养分利用效率，进而提高产量。

3.2 氮肥产品创新

氮元素作为植物必需的大量矿质元素，是植物体内蛋白质、核酸、叶绿素等许多重要有机化合物的组分。不同植物对其氮素营养环境的长期适应，形成了植物对不同氮源的偏向选择性。然而传统化肥的营养元素相对单一，利用率低并容易引起多种环境问题。忽略肥料与农业发展相匹配，是我国氮肥利用率低，而用量不断增加的重要原因之一。基于植物对氮营养的利用规律合理创制并施用氮肥，有助于提升作物氮素利用率，减少农业生产中化肥投入量，实现农业的绿色可持续发展。在创制新肥料的过程中，需要针对不同的应用场景，充分优化肥料的设计、生产和应用环节。在肥料设计时充分考虑作物的养分需求种类，种植地区的土壤条件，铵硝配比等客观规律，优化氮肥结构，开发缓/控释肥料、稳定性肥料等长效氮肥，重视发展多元氮肥产品。在氮肥生产上，应当对现有的合成工艺流程进行改良，与新的工业生产模式高度配合，提高合成氨工业节能水平，实现氮肥的绿色生产。氮肥使用时应当与农业机械化和信息化发展有机结合，依据作物对氮肥需求的时空间规律进行调整，利用大数据等新技术手段，推进实现土壤-作物体系的养分综合管理。

3.2.1 氮肥产品的种类与特点

氮肥是农业生产中应用范围最广、施用量最大的一类化学肥料，对提高农作物产量、改善农产品的品质有至关重要的作用。了解氮肥的种类和性质，选择适合的氮肥品种和施用方法，对提高氮肥的利用效率，有着重要的现实意义。农业生产所使用的氮肥有多种类型，一般可分为铵态氮肥（如碳酸氢铵、硫酸铵、氯化铵）、硝态氮肥（如硝酸铵、硝酸钠、硝酸钙）、酰胺态氮肥（如尿素）、有机态氮肥（如氨基酸）和缓释/控释氮肥（如脲甲醛、硫包衣尿素）。此外，人们为了阻断或减缓化学氮肥在施用土壤后的某些生物化学变化，延长其肥效时长，引用了某些化学助剂（如硝化抑制剂、脲酶抑制剂），这些化学助剂通常统称为氮肥增效助剂，也就是稳定性肥料。现代工业生产化肥的主要原料是合成氨，其装置于1913年在德国率先实现工业化，成为氮肥工业的基础。20世纪40、50年代，硫酸铵是最主要的氮肥品种；到20世纪60年代，增加了硝酸铵；20世纪70年代以来，尿素成为主导的氮肥品种。碳酸氢铵是我国20世纪80年代主要生产的氮肥品种之一。

3.2.1.1 铵态氮肥

铵态氮肥是指氮肥中的氮素以 NH_4^+ 或 NH_3 形态存在的单质氮肥，如碳酸氢铵、硫酸铵、氯化铵、氨水、液氨等。一般具有以下特点：①速效性：易溶于水，作物能直接吸收利用，可以迅速发挥肥效；②吸附性：氮肥施入后，肥料中 NH_4^+ 能与土壤胶体上吸附的阳离子进行交换，部分进入黏土矿物的晶层中被固定，因此在土壤中的移动性变小，不易流失；③挥发性：在碱性环境中易挥发，尤其是挥发性氮肥本身就易挥发，若与碱性物质接触会加剧氨的挥发损失；④易转化：在通气良好的土壤中，铵态氮可经硝化作用转化为硝态氮，增加了氮在土壤中的移动性。下面结合研究资料，介绍几种常见的铵态氮肥。

（1）硫酸铵—$(NH_4)_2SO_4$

硫酸铵（含N量20%～21%），简称硫铵，白色晶体。物理性质稳定，不易吸湿，分解温度大于280℃，易溶于水。分子中含有阴离子SO_4^{2-}，难以被土粒吸持，又因作物对NH_4^+吸收较多而使SO_4^{2-}残留在土壤中，因此硫酸铵是一种典型的生理酸性肥料。SO_4^{2-}在含游离$CaCO_3$的石灰性土壤中，很容易与$CaCO_3$或与土壤胶体上代换下的Ca^{2+}起反应，形成难溶的$CaSO_4$，不会明显影响土壤的pH值。但对中性和酸性土壤，残留的SO_4^{2-}可能与H^+结合而降低土壤的pH值，酸化土壤。连续大量施用时，需要采用配施石灰等措施，以消除其副作用。在有机质丰富的水田还原层，SO_4^{2-}在硫细菌的作用下被还原成H_2S，影响作物的根系发育，引起根的吸收障碍和作物地上部的早衰，造成水田“老朽化”和水稻“秋落”。

硫酸铵对任何土壤和作物都有较稳定的肥效，但不宜大量连续和单一施用，应与其他氮肥品种搭配施用。硫酸铵可作基肥、种肥和追肥。对于石灰性土壤上的旱作物，施用硫酸铵时建议深施，尽可能减少氨挥发损失。硫酸铵在作物生长盛期追施时，最好按土壤水分状况与灌水措施（或降雨）相配合，使其及时发挥肥效。在酸性土壤上施用时，应根据施用量与土壤酸度，采取预先施用一定量石灰等措施。

（2）氯化铵—NH_4Cl

氯化铵（含N量24%～26%），简称氯铵，白色晶体。主要生产方式是联碱工业的副产品。物理性质较好，不易结块。是一种强电解质，易溶于水，水溶液呈酸性，溶于水后电离出NH_4^+和Cl^-，常温下饱和氯化铵溶液pH值一般在5.6左右，受热时酸性增强。30℃时临界相对湿度为77.5%，易吸湿结块。在密闭条件下加热至400℃熔化。在空气中加热至100℃开始升华，加热至337.8℃可分解为NH_3和HCl。遇冷时NH_3和HCl可迅速化合生成颗粒极小的NH_4Cl并形成白色烟雾。常温下不易分解，化学性质较稳定，有工业和农业两种用途，并且有粉状和粒状两种剂型，粒状氯化铵不易吸湿，易储存，而粉状氯化铵较多用作生产复肥的基础肥料。在施入土壤时，由于与作物根系相互作用（代换反应）的结果生成盐酸，故其属于生理酸性肥料。

氯化铵可作基肥和追肥，但不能作种肥，以免影响种子发芽及幼苗生长。作基肥时，应于播种（或插秧）7～10天前施用，作追肥应避开幼苗对氯的敏感期。氯化铵应优先施于耐氯作物、水稻土或缺氯土壤（含氯量＜2mg/kg），在盐渍土、干旱或半干旱地区土壤上应避免施用或尽量少用。并且氯铵的生理酸性比硫铵强，宜与有机肥料、石灰、钙镁磷肥、磷矿粉或不含氯的钾肥配合施用。

（3）碳酸氢铵—NH_4HCO_3

碳酸氢铵（含N量17%），简称碳铵，无色或浅色化合物，易溶于水，是无酸根氮肥，其三个组分（NH_3、H_2O、CO_2）都是作物的养分，不含有害的中间产物和最终分解产物，长期施用不影响土壤质量，是最安全的氮肥品种之一。另一个特点是碳酸氢铵解离出的

NH_4^+ 较其他氮肥解离出的 NH_4^+ 更易被土粒吸持，这是由于碳酸氢铵在土壤中解离后，阴离子 HCO_3^- 的负电性较弱，对 NH_4^+ 的“牵引力”较小，且易以 CO_2 形式逸失，离开平衡体系，NH_4^+ 就更易被土粒吸持。因此，碳酸氢铵施入土壤后就不易随水流失下渗。

经过近半世纪的发展，我国碳酸氢铵的合理使用原则和方法在不断发展，广泛采用的有以下几方面：①不离土不离水和先肥土后肥苗：碳酸氢铵深施入土，不离水土。可作基肥深施、全层深施、分层深施，作追肥沟施和穴施等。②避开高温季节和高温时期：尽量将气温控制在小于 20℃的条件下施用，用作基肥深施。一天中则尽量在早晚气温较低时施用，均可明显减少碳酸氢铵的分解挥发，提高肥效。

（4）液氨—NH_3

液氨（含 N 量 82.3%），也称无水氨，是含氮量最高的氮肥品种，呈碱性反应。液氨在常规气压下为气态，加压至 1723 ～ 2027kPa 时为液态。液氨施入土壤后穿透力强，在土壤孔隙中扩散，其半径约为 25cm，遇水后经质子化形成 NH_4^+，NH_4^+ 浓度随着扩散半径的增大而降低。施肥点周围土壤形成一个铵区，称为铵核，铵核的大小与土壤质地有关。

液氨适用于秋季和冬季的基肥，施肥量的范围为 60 ～ 90kg/hm^2，采用专业施肥机械深施入土，根据土壤质地选择施用的深度，对吸持力强且含水量高的土壤可浅施，施入土层 15cm 以下时，可以明显减少甚至避免氨挥发，在质地轻、含水量低的土壤，应该适当增加施肥的深度。在施用液氨时要注意安全，避免与明火和皮肤直接接触。

3.2.1.2 硝态氮肥

硝态氮肥是指肥料中的氮素以 NO_3^- 形态存在的氮肥，如硝酸铵、硝酸钠和硝酸钙等。一般具有以下共性：①速效性：易溶于水，溶解度大，为速效性氮肥；②吸湿性：易结块，空气相对湿度较大时，吸水后呈液态，施用上的困难；③分解性：受热易分解释放出氧气，使体积骤增，易燃易爆，储运中应注意安全；④易流失：NO_3^- 不能被土壤胶体吸附，易随水流失，所以水田一般不宜施用，多雨地区雨季也要适当浅施，以利于作物根系吸收；⑤易转化：硝酸根可通过反硝化作用还原为多种气体（NO、NO_2 和 N_2 等），引起氮素气态损失。不同的硝态氮肥所含的阳离子种类不同，因此在性质上也有所差异。

（1）硝酸铵—NH_4NO_3

硝酸铵（含 N 量 33% ～ 35%）简称硝铵，为白色晶体，易溶于水，水溶液呈酸性。吸湿性比较强，易结块。稳定性较差，易发生热分解。硝酸铵在水溶液中电离产物为 NH_4^+ 和 NO_3^-，无副成分，均能被作物吸收，但要注意容易 NO_3^--N 随水流失，NH_4^+-N 不适用于在石灰性土壤上表施。

硝酸铵可用于所有作物，适用于旱地追肥，可底施，可追施。由于溶解性好，短时间内易造成土壤溶液盐浓度过高，引起烧种、烧苗现象，因此做底肥施时一定要注意种肥隔离。追施时一般选择作物营养最大效率期，这个时期作物生长旺盛，对肥料需求大，可以施用高氮硝基复合肥满足作物对养分的需求。作追肥时可开沟施入，及时覆土，也可以结合滴灌设备进行水肥一体化施用。作物收获前应停止施用硝酸铵，避免作物体内亚硝酸盐含量超标。

（2）硝酸钠和硝酸钙

硝酸钠（$NaNO_3$，含 N 量 15% ～ 16.9%），盛产于智利而远销各国。纯净硝酸钠为白色或浅灰色晶体，易溶于水，比硝酸铵稳定。施入土壤后，作物吸收较多的NO_3^-而使Na^+残留于土壤中，长期施用会导致土壤 pH 值上升，是一种生理碱性肥料，因此在施用硝酸钠时，除了要防止NO_3^-流失以外，还要与其他氮肥及含钙肥料搭配使用。硝酸钙，化学式为$Ca(NO_3)_2$，含 N 量 13% ～ 16%。纯净硝酸钙为白色细结晶，极易吸湿和潮解，易溶于水，水溶液为酸性，对热相对稳定，与硝酸钠相似，硝酸钙在与土壤作用被作物吸收的过程中，表现出较弱的生理碱性，但由于其富有Ca^{2+}，不易造成副作用。

硝酸钠和硝酸钙均可以用作旱地追肥，但不适用于水稻、茶树。硝酸钠不适宜施用于盐碱土，旱地做基肥要深施；硝酸钙则适用于酸性土壤、盐碱土壤和缺钙土壤。

在生产上，同时施用铵态氮肥和硝态氮肥能使作物获得较高的生产速率和产量，植物更易调节细胞内 pH 值，并通过消耗少量能量来贮存一部分氮。两者合适比例取决于施用的总浓度，浓度低时，不同比例对植物生长影响不大；浓度高时，硝态氮则作为主要氮源。

3.2.1.3 酰胺态氮肥

酰胺态氮肥是指肥料中的氮素以酰氨基（$CO\text{-}NH_2$）的形式存在。肥料中所含的酰胺态氮，一般需要经过土壤微生物的作用，转为铵态氮，才能被作物吸收。在我国，尿素是应用最广泛的酰胺态氮肥。

尿素，化学式为$CO(NH_2)_2$，含 N 量 46%，是固体氮肥中含氮量最高的品种，为白色晶体或颗粒，水溶液为中性。一般把颗粒直径在 0.85 ～ 2.80mm 之间的称为小颗粒尿素（普通尿素），颗粒直径在 2.80 ～ 4.75mm 之间的称为大颗粒尿素。小颗粒尿素吸湿性强，易溶于水；大颗粒尿素溶解慢一些，颗粒强度高，有缓释作用。商品尿素表面一般包有疏水物质，吸湿性会大大降低，储藏性能良好。如遇高温、潮湿气候也有一定吸湿性，因此运输过程中要注意防潮。在高温下可进行缩合反应，温度达到 50℃时便有缩二脲生成，当温度超过 135℃时，尿素易分解生成缩二脲（$2CO(NH_2)_2 \longrightarrow NH_2CONHCONH_2 + NH_3$），加热至 160℃分解，产生氨气同时变为异氰酸（$CO(NH_2)_2 \longrightarrow HNCO + NH_3\uparrow$）。尿素具有物理性状较好、无副成分、对土壤伤害较小等特点，是世界上施用量最多的氮肥品种。此外，尿素在土壤中转化相对较慢，能持续供给植物养分。

尿素适宜于各种土壤和作物，可作基肥与追肥。不论在哪种土壤上施用，都应适当深施或施用后立即灌水，通过控制水量使尿素随水渗入土层。深层土壤脲酶的活性较低，减缓了尿素的水解。尿素的含氮量高，并含有少量缩二脲，一般不作种肥，以防烧种。如必须作种肥则应严格控制用量（小于 37.5kg/hm^2），与种子相隔 3cm，严禁与种子直接接触。尿素作根外追肥最为适宜，因其分子体积小，易透过细胞膜；呈中性、电离度小，不易引起细胞质壁分离；又有一定的吸湿性，能使叶面保持湿润状态，以利于叶片吸收；其进入细胞后很快参与同化作用，肥效快。对大多数作物以 0.5% ～ 1% 的浓度喷施为宜，早、晚喷施效果较好。

3.2.1.4 有机态氮肥

有机态氮肥分为氨基酸类、腐植酸类和海藻提取物等肥料。有机态氮肥具有以下特点：①绿色环保，一般由动植物残体，经过微生物的分解和转化而成；②微量高效，例如海藻有机氮肥经过磁化工艺处理其有效养分成为易被作物直接吸收和传导的小分子，遇水 10 分钟无需重喷，吸收利用率达到 98% 以上；③配伍性好、生产安全，有机态氮肥具有增进土壤肥力、制造和协助农作物吸收养分、活化土壤中难溶的化合物以供作物吸收利用等功效，可产生多种活性物质和抗菌、抑制病害物质，对农作物的生长有良好的刺激与调控作用，可减少作物病虫害的发生，改善农产品品质；④可检测性，有机肥可通过物理性能、有效成分、微量元素、重金属、抗菌类药物及其腐植酸含量等检测有机肥的质量情况，满足肥料需求。

氨基酸是含有氨基和羧基的有机化合物，是组成蛋白质的基本单位。氨基酸的种类有很多，被用于有机态肥料生产的主要有谷氨酸和天冬氨酸，二者都是酸性氨基酸。经过一定工艺向尿素中添加改性的氨基酸溶液后，可以促进作物根系生长，降低氨挥发损失，使尿素等氮肥的利用率得到一定提高。腐植酸是由动植物残体，经过微生物的分解和转化以及经土壤物理、化学的一系列相互作用，形成的一类富含羧基、酚羟基等含氧官能团的芳香族无定型高分子化合物的混合物，是一种制作有机态氮肥的优质材料。经过一定工艺向尿素中添加改性的腐植酸溶液后，可以促进作物根系生长，降低氨挥发，提高肥料的利用率。同时，腐植酸物质可以减轻重金属离子对植物的危害，是绿色环保食品的主要肥源。海藻提取物生物活性高，具有刺激植物生长、增强抗逆、改善营养等功能，经过加工后可以制成有机态氮肥。其抗病核心物质（多聚体免疫球蛋白）可以在作物的抗病和抗逆上有突出的效果，减少病虫害的发生，经过一定工艺向尿素中添加改性的海藻提取物后，可以促进作物根系生长，降低氨挥发，提高肥料利用率。

3.2.1.5 缓释/控释肥料

缓释 / 控释肥料（溶性氮肥 + 缓溶处理），含 N 量 10% ～ 40%，又称长效肥料，是一种能改善常用化学氮肥速效和速溶特性，减缓氮肥中氮素的释放速率，延长肥效时间的化学肥料。常用氮肥大多容易在常温下速溶，如果不能被作物快速吸收利用，冗余的氮素容易在土壤中挥发、积累、转化以及淋洗至根系以外，因此，发展缓释 / 控释肥料有利于实现施肥与作物吸收相匹配的要求。目前常见的缓释 / 控释肥料有如下几种类型：

（1）合成的有机微溶性氮肥

如金属磷酸铵的盐，化学通式为 $MeNH_4PO_4 \cdot XH_2O$（含 N 量 5% ～ 9%），其中 Me 表示二价金属，化合物微溶于水。微溶性肥料的养分施肥速率取决于颗粒的大小。

（2）微生物协同肥料

如草醛缩脲（UF），为白色粒状，通过尿素加甲醛缩合而成，不吸湿，土壤吸附性比较低。施入土壤后，主要在微生物的分解作用下释放肥效。

（3）包膜肥料

包膜肥料是指在速效氮肥外面包裹上难溶性或半透性的惰性物质，来减缓养分的释放速率。常见的品种有硫包衣尿素（SCU）、长效碳铵、高效土层氮肥等等。包膜材料的种类多样，可分为：①半透膜，水分经膜扩散进入，溶解可溶性肥料，释放氮肥；②多孔不透膜，膜上留有细孔，可供水分子进入；③固态膜，固态物喷涂或包裹在氮肥外。

3.2.1.6　稳定性肥料

稳定性氮肥是指在肥料的生产过程中，添加脲酶抑制剂或硝化抑制剂，或者同时添加两种抑制剂的一类含氮肥料。脲酶抑制剂是由多种土壤微生物分泌的镍金属酶。脲酶对底物的特异性很高，可促进尿素的分解。通过添加脲酶抑制剂，可以减缓尿素水解过程，减少损失，提高肥效。目前，脲酶抑制剂主要有以下几类：①重金属离子类，如阴离子、过渡金属离子；②羟肟酸类，如乙酰氧肟酸；③磷酰胺型抑制剂，如*N*-丁基硫代磷酰三胺（NBPT）、硫代磷酰三胺（TPT）和磷酰三胺（PT）等；④磷酸盐脲酶抑制剂；⑤杂环类化合物；⑥金属配合物。在世界肥料市场已经申请了专利并用于农业生产的脲酶抑制剂有几十种，市面上应用较为广泛的主要有*N*-丁基硫代磷酰三胺（NBPT或NBTPT）、氢醌（HQ）和苯基磷酰二胺（PPD/PPDA）等3种脲酶抑制剂（表3-2）。硝化抑制剂能抑制土壤中微生物的硝化作用，以减缓或减少土壤中硝态氮的生成，提高肥料利用率。目前，硝化抑制剂有很多，但其中只有2-氯-6-(三氯甲基)吡啶（nitrapyrin）、双氰胺（DCD）、3,4-二甲基磷酸盐（DMPP）和1-甲基吡唑-1-羧酰胺（CMP）几种硝化抑制剂在农业上得到了大量应用（表3-3）。

表3-2　脲酶抑制剂主要品种

抑制剂种类	化学名
NBPT或NBTPT	*N*-丁基硫代磷酰三胺
NBPTO或NBPO	*N*-丁基硫代磷酰胺
NBPO	硫代磷酸三酰胺
PPD/PPDA	苯基磷酸二胺
TPT	硫代磷酰三胺
HQ	氢醌
PT	磷酸三胺
ATS	硫代硫酸胺
p-benzoquinone	*p*-苯醌
CHTPT	环已基硫代磷酸三酰胺
CHPT	环已基磷酸三酰胺
HACTP	六酰氨基环三磷腈
N-halo-2-oxaxolidinone	*N*-卤-2-唑艾杜烯
N,N-dihdo-2-imidazolidinone	*N,N*-二卤-2-咪唑艾杜烯

表3-3　硝化抑制剂主要品种

抑制剂种类	化学名	抑制剂种类	化学名
nitrapyrin	2-氯-6-(三氯甲基)吡啶	DMPP	3,4-二甲基磷酸盐
DCD	双氰胺	ammonium thiosulfate	硫代硫酸盐
CMP	1-甲基吡唑-1-羧酰胺	potassium azide	叠氮钾
MP	3-甲基吡唑	sodium azide	叠氮钠
ethylene Urea	亚乙基脲	coated calcium carbide	包被碳化钙
Terrazole	氯唑灵	2,5-dichloroaniline	2,5-氯苯胺
AM/AT/ATC	4-氨基三唑	3-chloroacetanilide	3-乙酰苯胺
thiourea	硫脲	Toluene	甲苯
C_2H_2	乙炔	carbon disulphide	二硫化碳
2-ethynnylpyriidine	2-乙炔基吡啶	phenylacetylene	苯乙炔
Sulfathiazole	磺胺噻唑	2-propyn-1-ol	2-丙炔-1-醇
guanylthiourea	胍基硫脲	AOL	氨氧化木质素
1-amidino-2-thiourea	1-脒基-2-硫脲	phenylphosphoro diamidate	苯乙偶磷基二酰胺

3.2.1.7　氮与其他元素态肥料

作物对中微量元素需要量虽然很少，但它们同大量元素一样，对作物是同等重要的，不可互相代替。通过化学工艺将中微量元素添加至氮肥中从而解决植物对中微量营养元素的需求。比如将锌与尿素物理混合后形成的肥料能够延缓尿素水解，显著促进植物生长，提高产量。

3.2.2　不同形态氮肥在不同土壤中转化特点

土壤中大部分氮素以有机态氮（> 95%）的形式存在，例如氨基酸、肽和蛋白质等，结合土壤性质的研究，发现土壤中的氮素含量与土壤有机碳的含量保持一定的比例，常规耕作的农田，土壤碳氮比一般维持在 8 ～ 22 左右，土壤氮含量与有机碳的浓度呈正相关关系，因此我国致力于施用有机肥来维持土壤有机碳的健康水平。氮肥施用于土壤后，主要的存在形式有无机态氮（铵态氮、硝态氮、亚硝态氮和氮气）、有机态氮（易水解性、难水解性）和无机有机结合态（腐植酸铵、黏土矿物固定态铵）。在大气-土壤-植物体系的循环过程中，氮素存在着不同形态之间的相互转化过程（图 3-6）。氮肥的种类不同，在土壤中转化特点和效果也不同，因此本节以氮肥的合理施用、减少氮肥损失、提高氮肥利用率、充分发挥不同种类氮肥的最大增产效益为目的重点详述铵态氮肥、硝态氮肥、尿素以及有机氮肥施用在土壤的转化过程及其特点。

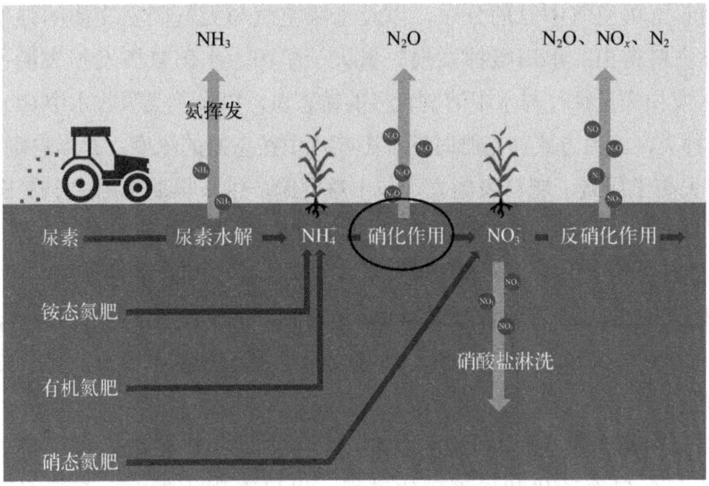

图 3-6　各种形态氮肥在土壤中的转化过程

3.2.2.1　铵态氮肥在土壤中的转化过程

铵态氮肥中 NH_4^+ 施入土壤后主要经过以下过程：

（1）NH_4^+ 的吸附与固定

① 铵的离子交换吸附　铵态氮为正电荷，而土壤是负电荷，容易被土壤胶体吸附，不易流失。NH_4^+ 作为一价阳离子，土壤对 NH_4^+ 的亲和力大于钠，与钾接近，这是因为两者具有相似的水合离子半径。异养土壤生物更偏爱利用铵态氮，加上在通气良好条件下自养微生物的硝化作用，以及微生物对交换态铵的直接利用，溶液中 NH_4^+ 的活度较低，与之平衡的交换态 NH_4^+ 数量也低。

② 铵的黏土矿物固定　NH_4^+ 被固定在土壤层状硅酸盐矿物的晶格中，可暂时或长时间储存部分铵态氮，而被称为固定态铵。固定态铵是土壤氮素的重要组成部分，在土壤中的固定和释放是土壤氮循环和转化不可忽视的环节之一。黏土矿物是由硅氧八面体和铝氧八面体片相结合构成的晶质层状硅酸盐。按照两种晶片的配合比例，可分为1∶1和2∶1两大类型。在一定条件下，土壤中吸附态铵和固定态铵可相互转化。土壤干燥可使吸附态铵转化成固定态铵；渍水条件下固定态铵因晶格膨胀而部分转变为吸附态铵，且原本固定在矿物晶格中的 NH_4^+ 可与新进入的 NH_4^+ 进行交换。表层土壤中固定态铵占土壤全氮的 1% ～ 10%，有机质含量很低的土壤表层可达 30% ～ 50%，在心土层可达 40% ～ 50%，或者每公顷 1.5m 深的土层内固定态铵的量从几百到几千千克，因此铵的固定在保持土壤氮素方面具有重要意义。铵的固定有利于土壤氮素保持，在铵固定能力较强的土壤中，肥料铵的迅速固定，可以减少肥料氮损失，这是因为与水溶态和交换态铵相比，黏土矿物固定态铵的微生物有效性较低，硝化和反硝化作用减弱，淋失和气态损失的量显著降低。

（2）铵态氮的分子态化（氨挥发）

氨挥发是指土壤空气与大气间，以扩散形式进行的分子态氨交换过程，在高于地面大于 1mm 以上，气体的迁移以湍流的方式进行，多发生在碱性土壤。铵态氮在土壤各相之间的平衡过程，控制着土壤空气中氨的分压，以及土壤空气与大气间氨交换的强度。

综合国内外资料得出：水田氨挥发损失量大于旱田，水田氨挥发损失量占氮肥施用量的3%～47%。高挥发损失量往往与水中溶解较多的铵态氮，以及藻类吸收水中CO_2，导致pH值升高有关。肥料的种类、施用方式和施肥时期都影响水中铵态氮的浓度，并影响氨挥发。例如，碳酸氢铵的挥发损失高于尿素，肥料表施大于与土壤混施，生长早期施用大于生长旺盛时期施用。另外，随着施肥量增加，肥料氨挥发比例有增加的趋势，土壤pH值也对氨挥发有重要影响。例如，在河南封丘的石灰性土壤上，尿素和碳酸氢铵的氨挥发损失量分别为30%和39%。在江苏丹阳酸性土壤（pH 5.2～5.4）上，两者分别为9%和18%。旱地氨挥发的资料较少，氨挥发损失一般占化肥使用量的1%～17%。深施和施后立即灌水可以显著降低氨挥发，其损失量＜10%。

（3）铵的硝化过程

所有的铵态氮肥都要发生硝化作用。硝化过程是指NH_4^+在微生物作用下氧化形成NO_2^-和NO_3^-的过程，包括自养硝化和异养硝化过程，以自养硝化为主，在某些酸性土壤中，异养硝化过程占有相当的比重，或者成为主要过程。此外，在某些特定条件下，化学硝化过程也有可能发生。

① 自养硝化过程　硝化作用一般指自养硝化作用，指铵态氮在化能自养微生物作用下被氧化为硝态氮的过程，主要分两个阶段完成，即铵态氮（NH_4^+）氧化为亚硝态氮（NO_2^-）的氨氧化过程和亚硝态氮（NO_2^-）氧化为硝态氮（NO_3^-）的亚硝酸盐氧化过程，分别由氨氧化微生物和亚硝酸盐氧化菌两类微生物催化进行（图3-7）。在硝化过程中，自养微生物获得能量，用于固定CO_2和其他代谢活动，同时伴随着NO和N_2O的排放。一般将硝化过程的第一步称为氨氧化过程，是由氨氧化细菌或氨氧化古菌完成。NO_2^-氧化成NO_3^-的过程被称为亚硝酸氧化过程，是由亚硝酸氧化菌完成的。与其他微生物相比，土壤自养硝化微生物的数量相对较低，土壤硝化细菌（主要是氨氧化细菌）的数量一般为10^2～10^5/g干土，其中水田硝化微生物的数量较高，一般为10^3～10^5/g干土，高的可达4×10^5/g干土，旱田土壤较低，为10^2～10^4/g干土，石灰性土壤大于酸性红壤和砖红壤类型土壤。

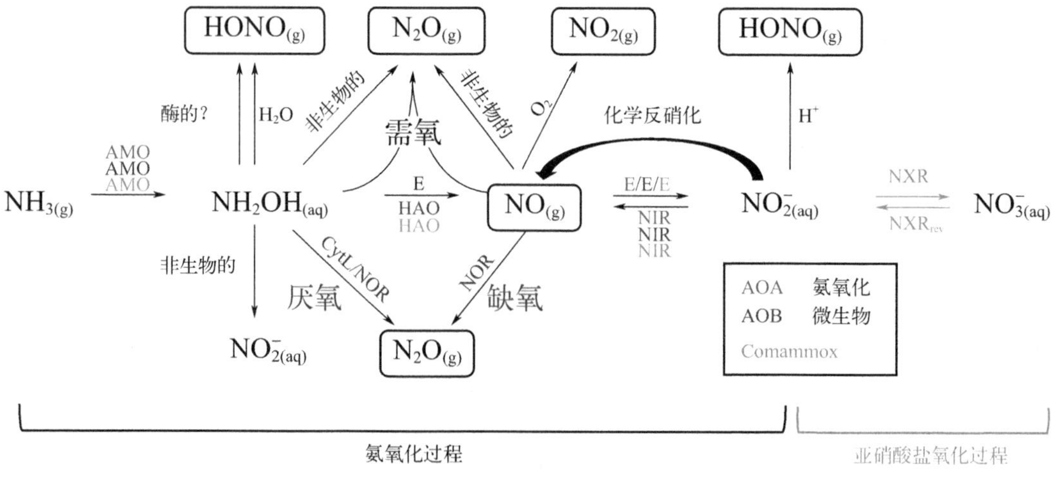

图3-7　自养硝化过程

② 异养硝化过程　异养硝化过程是指有机态氮或 NH_4^+ 在异养硝化微生物的作用下被氧化为 NO_3^- 的过程。由于以无机态氮 NH_4^+ 为底物的异养硝化过程对 NO_3^- 产生的贡献较小，所以，研究者多将有机态氮氧化为 NO_3^- 的过程定义为异养硝化作用。根据已发表的有关异养硝化作用在全球范围内的分布结果，能发生异养硝化过程土壤主要是低 pH 值和高碳氮比的土壤，土地利用方式包括林地、草地和农田。其中，农田土壤主要包括蔬菜地 [3] 土壤和茶园土壤 [4-5]。农田土壤异养硝化过程对总硝化作用的平均贡献率为 25%[6]，某些酸性蔬菜地和茶园土壤的贡献率可高于 50%[3-4]。此外，异养硝化过程不受土壤氮矿化过程的限制，无论是铵态氮还是有机物，硝化作用都可进行，且硝化抑制剂对铵的异养硝化不起作用。但是，异养硝化作用进行得比较慢，其反应速率远低于自养硝化过程。

③ 厌氧氨氧化　厌氧氨氧化过程是指厌氧条件下由厌氧氨氧化细菌以亚硝酸盐为电子受体将铵氮直接氧化为氮气，完成封闭的产氮气循环，避免了强效温室气体氧化亚氮（N_2O）的产生。该过程最初是在 1995 年污水处理系统发现的，Mulder[7] 等在中试反硝化流化床中首次发现厌氧氨氧化细菌。近年来，农田土壤中也发现了规模性的厌氧氨氧化反应，主要集中在稻田土壤。稻田是陆地生态系统中重要的氮沉降和 N_2O 产生区域 [8]，周期性的干湿交替为厌氧氨氧化反应发生提供了良好的环境条件，促使稻田成为陆地土壤生态系统最主要的发生厌氧氨氧化的生态系统 [9]。2011 年国内首次在典型高氮污染的稻田土壤中发现存在大量的厌氧氨氧化细菌并发生显著的厌氧氨氧化反应，后来陆续有研究证明不同气候带、土壤母质和发育条件等稻田土壤系统存在广泛的厌氧氨氧化反应 [10-11]。在水稻根际典型的缺氧 / 好氧交界区还原态 NH_4^+ 和 NO_3^- 共存，CO_2 为厌氧氨氧化提供了碳源，因此水稻根际区域是稻田土壤厌氧氨氧化的热区 [12]。

3.2.2.2　硝态氮肥在土壤中的转化过程

硝态氮肥施入土壤后主要发生反硝化作用、硝酸盐异化还原成铵和硝酸盐的淋洗。

（1）反硝化作用

反硝化作用就是 NO_3^- 在一系列化学反应下经过 $NO_2^- \rightarrow NO \rightarrow N_2O$ 转化最后生成 N_2 的过程，主要有生物反硝化和化学反硝化两种形式，农田土壤中反硝化主要以前者为主。反硝化作用会产生以下结果：①氮肥损失。农田土壤中反硝化造成的氮素平均损失量为氮肥施用量的 25% ～ 30%，反硝化过程的脱氮作用是水稻土在淹水条件下损失氮素的主要方式。②引发温室效应。反硝化过程会产生 N_2O，所引起的温室效应是 CO_2 的 273 倍。③破坏臭氧层。中间产物 N_2O 与太阳的紫外线在一定程度上起到破坏臭氧层的作用。

生物反硝化过程是微生物在无氧或者微量供氧条件下硝酸呼吸过程。在此过程中，反硝化微生物将 NO_3^-、NO_2^- 或者 N_2O 作为呼吸过程电子传递的末端受体，并将其还原为 NO_2^-、NO、N_2O 和 / 或 N_2。已发现的参与生物反硝化过程的微生物有 80 多个属的细菌和部分古菌、真菌和放线菌。这些微生物能分泌 4 种相关的酶来逐步催化反硝化反应，包括异化硝酸还原酶（Nar）、异化亚硝酸还原酶（Nir）、一氧化氮还原酶（Nor）以及氧化亚氮还原酶（Nos）。异化硝酸还原酶有两种，一种存在于细胞膜上（NAR，*narG* 基因编码），是连续反硝化过程的起始酶；在 G^+、G^- 和古菌中都有发现存在，另一种酶存在于细胞膜和细胞壁之间（NAP， *napA* 基因编码），能够催化 NO_3^- 到 NO_2^-，但生成的 NO_2^- 进一步还原成氨。后者仅在 G^- 细菌中发现，并且可以与 *narG* 同时存在。异化亚硝酸还原酶有两种类型，nirK 和 nirS，从不在一种细菌中出现，但两者的功能是完全重叠的。其中 nirK 含有辅基色素细胞色素 d_1（cd_1），而 nirS 含有 Cu。nirK 在 α 变形菌中占比高，而 nirS 在 β 变形菌中所占比例较高。一氧化氮还原酶也有两种类型：Nor 和 qNor。Nor 催化 NO 还原的一般形式为：$2NO + 2e^- + 2H^+ \rightleftharpoons N_2O + H_2O$，而 qNor 催化上述反应要求电子供体为 menaquinol（MQH2），发生反应后产物为 menaquinone（维生素 K）。

土壤环境因子能显著影响反硝化过程，例如，中性与碱性土壤中的反硝化速率是酸性土壤 2.6 ～ 16.6 倍。不同种类的反硝化微生物对环境变化的响应有差异，在同样施肥条件下，黑土中含有 *nirS* 基因的微生物能较好地解释土壤反硝化速率的变化，但与含有 *nirK* 基因的微生物无明显关系；而红壤中长期施肥仅对该微生物群落结构产生较大的影响，这种差异可能与环境条件以及施肥种类不同有关。

（2）硝酸盐的异化还原

硝酸盐异化还原是在无氧或微氧条件下，微生物进行的硝酸盐呼吸，即以 NO_3^- 或 NO_2^- 代替 O_2 作为电子受体进行呼吸代谢。异化硝酸盐还原又分为发酵性硝酸盐还原和呼吸性硝酸盐还原。发酵性硝酸盐还原中硝酸盐是发酵过程的“附带”电子受体，而不是末端受体，为不完全还原，发酵产物主要是亚硝酸盐和 NH_4^+。呼吸性硝酸盐还原的产物是气态的 N_2O、N_2，这个过程被称为反硝化作用。

（3）硝酸盐的淋洗

土壤中存在的以及不断产生的无机态氮都具有水溶性，过量施用硝态氮肥料会导致土壤中氮素残留量过高而无法被土壤胶体固定，当降雨和灌溉量较大时，未来得及被作物吸收利用的 NO_3^- 就会随水分下移而逐渐淋洗到作物根区范围以外，从而降低硝态氮肥的利用率。因淋洗所损失的氮素含量不可忽视，某些滨海地区的水稻田，当大量施用的硝态氮肥和尿素难以被土壤吸持时，淋洗作用引发的氮素损失量可达施肥量的 20% ～ 30%。

3.2.2.3 尿素在土壤中的转化过程

尿素施入土壤后，未转化前，少量可以分子态被土壤胶体吸附，吸附方式是以氢键结合。尿素分子中氨基（—NH_2）上的氢与腐殖质分子中羰基（═CO）上的氧结合，或者尿素分子中羰基上的氧和土壤胶体表面的—OH、—SiOH、腐殖质分子中的—COOH、—OH 等基团上的氢键联结。土壤对尿素分子的吸附，一定程度上减少尿素在土壤中淋失。其余尿素在土壤脲酶的作用下，水解为碳酸铵，释放出氨，可以被植物大量吸收利用。脲酶主要以酶-有机物或无机胶体复合物的形态存在，各种微生物（细菌、真菌和放线菌）均能分泌脲酶。一般有机质和黏粒含量高的肥地中脲酶丰富，表土含量比心土和底土多。尿素水解总反应式为：

$$CO(NH_2)_2 + 2H_2O \xrightarrow{\text{脲酶}} (NH_4)_2CO_3 \xrightleftharpoons{CO_2+H_2O} 2NH_4HCO_3 \longrightarrow 2NH_3\uparrow + 2CO_2 + 2H_2O$$

施入土壤的尿素主要以 NH_4HCO_3 中的 NH_4^+ 形态被作物吸收，故尿素入土后表现的农化性质很多都与碳酸氢铵相似。分子态尿素容易随下渗水淋失，因此在氨挥发损失较多的土壤上，虽然碳酸氢铵的氨挥发损失量大于尿素，但尿素总损失量有时可能超过碳酸氢铵。此外，在硝化条件较好的土壤使用尿素，其硝化速率要高于其他氮肥，这也是易造成尿素氮渗漏损失的一个原因。

3.2.2.4 有机氮肥在土壤中的转化过程

有机肥施入土壤后会不断进行分解，分解过程由矿质化和腐殖化两个相反相成的过程构成。一般来说，有机氮肥施入农田土壤后，首先发生矿化过程，将有机态氮转化为无机态氮，最先产生的无机氮主要是氨，再转化成亚硝酸根。复杂的含氮有机物转化为无机氮，中间要经过许多步骤，以蛋白质为例，逐步水解的过程中，经过一系列蛋白酶的降解，初产物为长链的胨，然后是多肽，最后形成游离氨基酸。其他杂环态或者含氮芳香族化合物逐步裂解的过程更为复杂。有机氮矿化是多种微生物共同作用完成的，包括细菌、真菌和放线菌，这些微生物以有机氮肥中的碳作为能源，好气和嫌气条件下均可进行。因此在矿化过程中，有机物料分解速率和有机碳的损失很快。经过一段时间后，土壤有机物料开始发生腐殖化过程，合成若干中间产物，有机物料中碳的净损失减少，表观分解速率降低。不同地区农田土壤水热条件不同，对有机氮肥的矿质化和腐殖化过程影响差异很大，但有机物料分解过程大多都是先快后慢进而趋于稳定发展。

3.3 氮肥创新展望

氮是作物必需的矿质营养元素，不仅作为植物体内蛋白质、核酸、叶绿素等有机化合物的重要组分，对作物生长、产量和品质具有决定性作用，也是调控植物生长和根际环境的信号分子。智能氮肥的创新研发符合国家对绿色发展和农业可持续发展的战略需求，承载了农业新质生产力提升的核心要求。农业新质生产力的关键在于通过科技创新实现全要素生产率的提升，推动以新质产品、新质生产方式为基础的农业高质量增长，并在此过程中协调粮食安全、营养健康和环境保护等多重目标智能氮肥通过智能调控技术的应用，能够精准释放养分、优化作物生长与环境效应的耦合关系，从而在实现氮素高效利用的同时，降低因氮素流失带来的环境污染，切实体现了新质生产力对创新和资源利用效率的高要求。智能氮肥通过调控根际氮素形态及供应时机，精准激活植物与微生物在根际的协同作用，形成一个集植物、根系、微生物和土壤环境于一体的动态共生系统。根际生命共同体理论强调根际界面互作在养分传输与转化中的关键作用，通过智能氮肥对根际养分动态的精准管理，能够有效提升植物营养效率，同时增强根际微生物组的代谢活性，从而在根际生命共同体的框架内充分发挥氮素资源的高效利用潜力。因此，智能氮肥创新不仅顺应了国家绿色低碳和智能高效的农业战略方向，还在推动农业生态系统稳定、保障粮食安全、改善作物营养品质等方面具有深远的应用前景（图 3-8）。

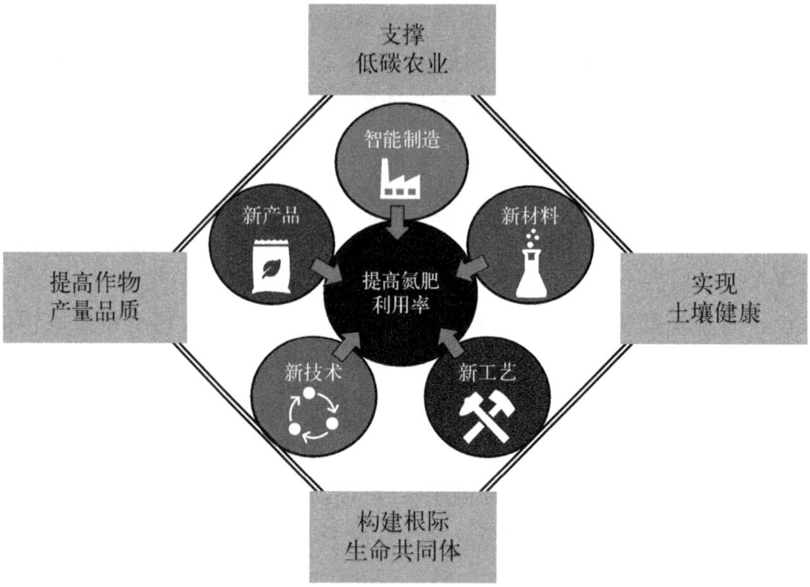

图 3-8　智能氮肥创新思路

3.3.1　氮肥产品创制

氮元素作为植物必需的大量矿质元素，是植物体内蛋白质、核酸、叶绿素等许多重要有机化合物的组分。不同植物对其氮素营养环境的长期适应，形成了植物对不同氮源的偏向选择性。然而传统化肥的营养元素相对单一，利用率低并容易引起多种环境问题。忽略肥料与农业发展相匹配，是我国氮肥利用率低，而用量不断增加的重要原因之一。基于植物对氮营养的利用规律合理创制并施用氮肥，有助于提升作物氮素利用率，减少农业生产中化肥投入量，实现农业的绿色可持续发展。

3.3.1.1　基于植物氮营养特性和土壤氮及转化特征的氮肥创制

（1）优化氮肥产品结构，推动氮肥产品多元增效

智能氮肥的设计可以通过人工智能（AI）与大数据设计算法，优化氮肥产品布局与结构，使其精准匹配不同作物、土壤和气候条件，以实现高效和低环境负荷的氮素供应策略。通过 AI 算法分析作物对氮素形态的需求规律，不同作物对 NH_4^+、NO_3^- 等的偏好以及生长周期中的氮素需求变化均能得到精准识别。这样的智能优化不仅满足了作物的精准需求，还有效减少了氮肥的无效投入与环境污染，符合绿色智能肥料的协同增效目标。作物种类对氮素营养环境的长期适应，形成了植物对不同氮源的偏向选择性，这种规律决定了对于不同土壤气候条件、不同作物、不同生育时期需要有不同的氮素利用分配策略。我国为了促进氮肥供应量，不断引进各个国家的生产工艺，也不断根据国内的资源和经济形势进行改造，虽然氮肥产品不断发展演变，但出现了单一化趋势严重的问题。

忽略肥料与农业发展相匹配，是我国氮肥利用率低，而用量不断增加的原因之一。20

世纪80年代以前，我国主要氮肥产品是硫酸铵和碳酸氢铵，而随着大型装置的引进，尿素所占比例越来越高，2009年时尿素比重达到66.7%。但是，尿素的生态效应不理想。世界肥料工业协会分析全球研究结果表明，尿素是各种氮肥产品中气体损失率最高的产品之一，气体损失率为15%～20%，而硝酸铵以及氨水等产品损失率为2%～6%，尿素的环境排放指数比尿素硝铵溶液和硝酸铵钙分别高出25%和100%。尿素硝化作用强烈时铵态氮转化为硝态氮，导致喜铵作物出现氮饥饿，造成养分浪费和作物品质降低；而硫酸铵由于溶液pH值较低，施用于高pH值土壤中不会加剧硝化反应，可以保证喜铵作物对NH_4^+的吸收。所以，未来应该重视发展多元氮肥产品，优化氮肥产品结构，有效提高作物氮肥利用效率。

（2）提高合成氨工业节能水平，实现绿色生产

智能氮肥的创新顺应国家绿色低碳发展和农业可持续发展的战略需求，其核心在于通过绿色智能和多元协同创新，实现氮肥在生产、管理和应用全链条中的高效、低碳和智能化。氮肥作为高度依赖能源的化肥产品，现代合成氨生产需要大量能量来将大气中的氮气（N_2）转化为植物可吸收的氨（NH_4^+）或硝态氮（NO_3^-）。而当前我国74%的合成氨生产依赖煤炭原料，23%以天然气为原料，3%以焦炉气为原料。在高温高压条件下，传统氨合成的能源需求大，且伴随大量CO_2排放，因此面临碳减排和节能环保的双重挑战[13]。与国际先进水平相比，我国节能环保水平尚有较大差距。与绿色发展的要求相比，氮肥行业面临的资源环境形势十分严峻，用水指标将更加严格，脱硫脱硝压力将继续增大。目前，氮肥行业在单位产品能源消耗、污染物排放等方面还存在不少问题，仍有50%左右的企业没有达到新建企业合成氨单位产品能源消耗限额标准准入值的要求。一些中小规模企业环保意识差、管理水平低、环保设施不完善，导致“三废”排放量较大[14]。

由于氮肥行业的碳减排压力巨大，我国已经进行了新一轮的“供给侧结构性改革”。我国采用水煤浆加压气化、干煤粉加压气化、碎煤加压气化技术等新技术生产合成氨。随着这些新技术的应用，采用非无烟煤为原料的产品比重明显提高，在节能环保、资源综合利用方面取得一定成效[15]。“十三五”以来，氮肥产业技术创新取得新突破。具有自主知识产权的先进煤气化技术在大型化、高效化、低能耗化、煤种选择等方面取得突破性进展，日投煤3000t级水煤浆及干粉煤气化装置成功应用；大型氨合成技术、低能耗尿素工艺技术、钌系氨合成催化剂等实现开发和应用；清洁生产水平大幅提升。2021年中国氮肥工业协会工作报告指出全行业氨产品综合能耗下降5%，化学需氧量（COD）、氨氮和总氮排放量下降约40%，颗粒物、二氧化硫、氮氧化物等大气污染物排放量下降35%。

我国氮肥生产的原料结构还需进一步改善，节能环保水平还需进一步提升。在此背景下，绿氨技术为氮肥行业的绿色转型提供了重要路径。该工艺通过可再生能源驱动的水电解获得氢气，并结合空气分离技术获取氮气，再通过Haber-Bosch法合成氨，实现了全程零碳排放。绿氨的使用不仅可显著减少氨生产过程中的碳足迹，且适用于小规模、模块化的合成氨生产系统，更好地适应可再生能源的波动性特征，提升氮肥供应链的灵活性与分配平衡。与此同时，近年来常温常压下的电化学催化氮还原反应也逐渐引起关注，这一技术利用电催化剂以低能耗条件驱动氮还原过程，理论上可实现无碳氨合成。然而，当前该反应的速率和

选择性仍有待进一步提升，电催化氮还原为未来的可持续氨合成提供了新的研究方向。通过推广先进的技术和设备，提高氮肥企业的环保水平，鼓励企业积极对废水、废气、废渣和废热进行综合利用，创造新的经济价值。最终实现以尽可能少的资源消耗和环境代价，取得最大的经济产出，从而推进氮肥行业产业结构调整，支持循环经济发展，提高产业集中度，实现经济与环境的可持续发展。

（3）创新绿色高效产品，实现氮肥产品优化升级

从发展绿色高效产品看，我国氮肥传统产品占主导地位。产品结构及配套的营销服务尚不能适应农业现代化发展的需求。虽然基础肥料总量充足，但适应现代农业发展要求的高效专用肥料发展滞后，不能满足平衡施肥、测土配方施肥、机械化施肥、水肥一体化施肥的新要求。中国在绿色高效氮肥产品创新主要集中于作物专用配方肥的设计，以及通过添加海藻酸、腐植酸、氨基酸等生长刺激素提高氮肥产品的促生、抗逆、增产、提质效果，而控释尿素、稳定性尿素、增值尿素等新型氮肥产品占比较低。从推动氮肥多元增效产品创新来看，未来的研究主要集中于新型材料、生物技术创新等领域，并通过增效手段对传统氮肥优化升级。

新型肥料尤其是稳定性肥料在国外应用较为普及。IFA 统计数据 [16] 显示，稳定性氮肥在美国、欧洲等地应用较广，全球 64% 的硝化抑制剂与 44% 的脲酶抑制剂投放美国市场。欧盟各国相继对控制氮肥使用导致的农业源污染问题，出台稳定性肥料的相关政策法规：2019 年 6 月 25 日，欧盟肥料新法规将含抑制剂肥料产品单独分为一类，并制定了相关肥料标准；2020 年 2 月 1 日，德国立法禁用常规尿素，必须添加硝化或脲酶抑制剂的尿素产品才可正常流通；英国在硝酸盐脆弱地带实施限制农业活动政策。我国也于 2011 年形成了稳定性肥料的行业标准，并于 2017 年正式通过了稳定性肥料国家标准 GB/T 35113—2017。为了满足我国农业向绿色转型的发展需求，稳定性肥料也将迎来高速发展期，将进一步推进稳定性肥料的研发创新向着环境友好、稳定高效的方向发展。

3.3.1.2 氮肥创制的技术实现途径

进一步提高合成氨工业节能水平，实现节能减排。节能提效主要依靠先进节能技术的开发和应用，包括煤炭高效利用、余热余压综合利用、大型机组节能改造、蒸汽系统优化改造、用能设备更新改造等。继续推进合成氨原料及动力结构调整，优化原料结构，实现合成氨原料的多元化，提高以非无烟煤为原料的产能比重；支持部分有条件的气头氮肥装置承担天然气调峰任务，并执行可中断气价政策；适当扩大装置生产规模，提高能源利用效率，高耗能的合成氨装置越是大型化，生产过程的平均能耗就越低；进一步加大环保治理力度，通过推广先进的技术和设备，提高氮肥企业的环保水平，鼓励企业积极对废水、废气、废渣和废热进行综合利用。

进一步优化氮肥产品结构，推动氮肥产品的多元化。我国氮肥施用更趋向于复合化，未来应该重视发展多元氮肥产品，有效提高作物氮肥利用效率，减少农业源氮素污染。德国氮肥产品中硝态氮肥占 30% 左右，铵态氮肥占 70% 左右，充分发挥了硝态氮肥肥效快、气体损失少而铵态氮肥肥效慢、淋溶损失少的特点，搭配施用实现了速效与缓效结合、生产与环保结合的目标；美国发展氮肥注射施用法，其产品结构以液态氮肥为主，液氨和尿素硝铵溶

液占其氮肥市场份额的55.9%，这种施用方法通过管道运输液体氮肥，降低了产品造粒、包装、运输等环节的能耗和氮素损失，比固体颗粒肥料更容易通过注射施入耕层，可有效降低损失、提高利用效率。因此我国也应该加强研发液体氮肥的复配、储存技术，以及田间智能配制施用的技术与装备。

进一步推进氮肥产品创新升级，开发绿色高效产品。肥料产品的创新升级应从产品性状改良、添加氮肥增效剂以及学科融合创新等多方面开展。首先，肥料粒径的大小决定了肥料颗粒的比表面积，进一步决定了养分释放速率，我国对不同粒径氮肥的养分效率差异以及针对不同粒径设计相应的施用方式考虑不足。另外，当粒径达到纳米级后，不仅改变了养分释放效率，而且将作为信号物质调节作物养分吸收能力。印度IFFCO生产出尿素颗粒的平均粒径在20～50nm的纳米尿素产品，但我国纳米级物料的研发还未进入实质性操作阶段。其次，氮肥产品的肥料硬度和表面黏性，对调整氮肥水解及养分的释放具有重要影响，研究两者关系，设计产品模型也是提高肥料的施用效率和养分利用效率的关键。再者，需要重视抑制剂在稳定性肥料生产中新的加入途径、工艺和保活技术的研究，例如德国BASF针对脲酶抑制剂NBPT的活性保护技术、美国KOCH针对硝化抑制剂3,4-甲基吡唑磷酸盐（3,4-dimethylpyrazole，DMPP）的活性保护技术，显著提高了抑制剂在稳定性肥料生产过程中的高温损失，产品的保存期也大幅延长。吉林农业大学张忠庆等人[17]结合农药控释微胶囊的制备方法，通过原位聚合法制备了氯甲基吡啶（nitrapyrin）微胶囊，显著延长了抑制剂的释放期。Gao等[18]通过聚合物技术，以丙烯酸和3, 4二甲基吡唑为原料，化学合成了一种具有硝化抑制能力、溶磷能力和热稳定性更强的新型聚合物硝化抑制剂。上述探索研究充分验证说明，未来氮肥产品创新需要立足于多学科交叉，利用化学工程、生物工程、高分子材料学、微生物学、植物营养学、土壤学等原理知识与技术，形成绿色、高效、稳定并具有适应作物需求的养分供应能力的创新型氮肥产品。

3.3.2 氮肥施用技术展望

为确保粮食安全的同时有效缓解集约化农业的环境负担，智能化氮肥施用技术已成为推动绿色农业发展的重要举措。科学施肥不仅在优化作物产量方面发挥了关键作用，还能显著提高肥料的利用效率、减少氮素流失及其引发的环境污染。近年来，随着“总量控制、分期调控”施肥理论的成熟，配方施肥、有机无机肥配施、水肥一体化及智能营养诊断等技术的应用，为保障农业生产和环境安全奠定了科学基础。氮肥的研发也进一步提升了氮肥的利用效率，实现了生产与生态的协同发展。

3.3.2.1 科学施氮理论

绿色智能氮肥的施用策略强调“4R”施肥原则，即“选择正确的肥料品种（right source）、采用正确的肥料用量（right rate）、在正确的施肥时间（right time）施用在正确的位置（right place）”，以确保氮素供应的精准化和高效性。通过人工智能（AI）与传感器技术，施肥系统能在生长季内动态监测土壤和作物的氮需求，从而优化施肥量、施肥时期和施肥方式（图3-9）。

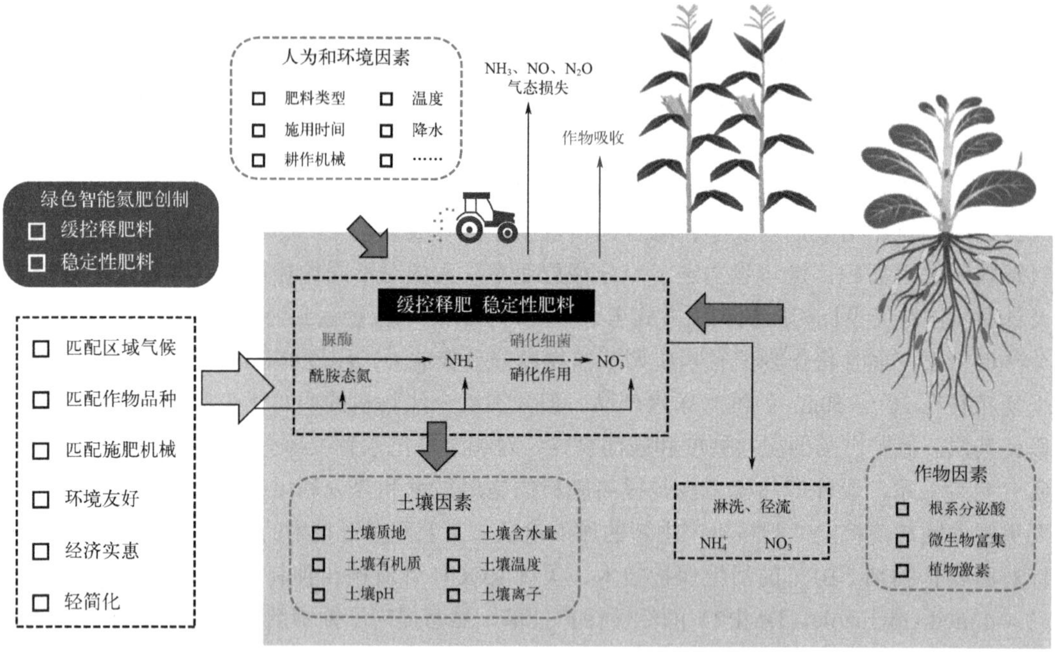

图 3-9　绿色智能氮肥应用模式

（1）氮肥用量控制

智能化的土壤和作物营养诊断系统（例如，叶绿素仪、低空冠层传感器）可提供作物氮素需求的实时监测数据，结合 AI 算法对根区土壤氮素供应强度的动态调控，确保氮肥供应在数量、空间和时间上的精确匹配，优化氮素吸收效率。国内外关于推荐氮肥用量已有大量的研究。从方法论或技术路线的角度看，主要有两类：测试类与模型模拟法。测试类包括通过土壤或植株测试以确定适宜施氮量的各种方法；模型模拟法则是以氮肥肥效反应试验为基础的推荐方法，通过氮肥肥效反应数据，应用数学模型模拟法，计算各田块的氮肥适宜施用量。

① 土壤测试方法。土壤测试方法包括养分平衡法、土壤养分丰缺指标法等。养分平衡法通过四个步骤进行：确定目标产量，确定作物养分吸收量，通过土壤测试确定土壤养分供应量，确定肥料利用效率。土壤养分丰缺指标法是利用土壤养分与作物产量之间的相关性，建立的不同土壤养分等级下的适宜肥料推荐量。

② 植株营养诊断方法。在植株营养诊断中，常用的有叶绿素仪法、遥感诊断法、低空冠层传感器诊断法。这些方法都可以快速诊断作物氮素营养状况，但当施肥过量时，植物营养诊断法受到限制。

③ 氮素实时监控技术。通过监控根层土壤氮素供应强度，确定作物不同时期相应根层土壤氮素供应强度的目标值，通过氮肥施用，将根层土壤的氮素供应强度始终调控在合理范围内，以实现土壤、环境、氮素供应和氮肥投入与作物氮素吸收在数量上匹配，时间上同步和空间上耦合，最大限度地协调作物高产与环境保护的关系。

④ 肥料效应函数法。肥料效应函数法是以田间试验为基础，采用回归分析方法，建立

并求得施肥量和产量之间的数量关系，即肥料效应函数。从肥料效应方程式中可以计算经济最佳施肥量（the economically optimum nitrogen rate，EONR），以作为推荐施肥的重要依据。但是，该方法具有严格的地域性，且年际间变化较大。为了解决这一问题，区域推荐施氮方法，即 MRTN 方法（the maximum return to N approach）应运而生，该方法以多年多点试验为基础，建立区域推荐施氮模型来推荐氮肥用量。该方法降低了年际间因气候等因素导致的推荐施氮量变异和地块之间推荐施氮量变异，在美国玉米带得到广泛推广应用。

（2）氮肥分期调控

确定合理施氮量后，施肥方法和施肥时期就成为这些氮肥是否能被作物吸收利用的关键。关于施肥方法和施肥时期的问题，在科学上已经有较清楚认识，如深施氮肥可以显著降低氨挥发损失，氮素应在作物营养生长旺盛期、营养生长与生殖生长转换期得到合理供应，也就是作物生理上的“最大效率期”和“营养临界期”。我国许多农户普遍采用的撒施氮肥，或撒施后灌水，导致肥料氮不能入土的施肥方式是氮肥大量损失的主要原因。机械化施肥既可以做到氮肥深施的同时更好地控制施用量。所以要控制施氮量，减少氮肥损失，机械化均匀施肥是必由之路。

3.3.2.2 科学施氮技术

在过去数十年中，我国氮肥施用技术取得了显著进展，通过测土配方施肥、区域养分管理、精准施肥技术等手段，为优化肥料资源利用和提升作物产量提供了科学依据。随着化肥施用量的增长，区域及农户间的养分不平衡问题逐渐凸显，影响了作物对氮素的高效吸收与利用。为了应对这一挑战，近年来的研究进一步发展出“大配方、小调整”的区域配肥技术，结合有机无机肥配施、水肥一体化和机械化智能施肥等新方法，推动氮肥施用的精准化和科学化。

（1）测土配方施肥

20 世纪 80 年代，依据不同地区化肥施用的状况和肥效特点以及土地利用方向，提出了不同区域的化肥合理使用要求提出的配方施肥技术，为国家有计划地安排化肥生产、分配和施用提供了科学依据。

但是随着我国的化肥用量持续高速增长、区域及农户之间养分不平衡施用的现象日益凸显，在氮素盈余方面主要体现在随着抗倒伏、耐肥高产品种的推广及相应的栽培技术的改进，多数品种在达到较高产量水平后的一定施氮范围内，并不因施氮过量而出现倒伏和减产，而是出现一个产量平台。基于此，中国农业大学养分资源管理团队通过综合植物营养学、土壤学和农学等多学科知识去揭示区域作物生产的基本规律，建立了基于“大配方、小调整”的区域配肥技术。该理论与技术思路的要点是：根据不同养分资源的特征确定不同的管理策略；根据不同作物的特点采用不同的配肥思路；根据区域作物生产条件与土壤供应特点进行分区管理；小调整作为补充以实现田块精确调控。

（2）有机无机肥配施

化学氮肥的不合理施用导致土壤条件退化，土壤有机质含量下降，使化学氮肥对作物增产的贡献率下降。施用有机肥，通过改变土壤原始环境状态，首先影响到较为敏感的土壤活性碳氮组分，从而实现改善土壤质量、提高作物产量和品质、降低化肥施用环境风险的效果。此外，有机肥施入土壤后，可以增加土壤水稳性团聚体数量、全量和速效氮磷钾以及微量元素含量，改善微生物群落结构和代谢活性。适宜的土壤物理、化学和生物特性是作物高产、优质的先决条件。但是，有机肥也存在养分含量低，肥效慢，处理成本高等问题。因此，合理进行有机无机肥配施、研究不同形态有机肥对土壤供氮能力的调控机制，对从根本上调控有机肥的施用效果，实现土壤健康，最终达到绿色高效可持续的农业目标有重要意义。

（3）水肥一体化原理与技术

与传统模式相比，水肥一体化实现了水肥管理的革命性转变，即渠道输水向管道输水转变、浇土壤向浇作物转变、土壤施肥向作物施肥转变、水肥分开向水肥一体化转变。传统土施肥料，氮肥常因淋溶、反硝化等而损失，肥料利用率为30%左右，肥料浪费严重的同时作物养分供应不足。在水肥一体化模式下，肥料溶解于水中通过管道以微灌的形式直接输送到作物根部，大幅减少了肥料淋失和土壤固定，氮肥利用率可提高到60%以上，作物养分供应更加全面高效。根据多年大面积示范结果，在玉米、小麦、马铃薯、棉花等大田作物和设施蔬菜、果园上应用水肥一体化技术可节约用水40%以上，节约肥料20%以上，大幅度提高肥料利用率。

（4）机械化施肥技术

如前所述，机械化施肥是实现控制施氮量，减少氮肥损失的重要手段，但在我国相较科学肥料配方设计的快速发展，施肥技术与施肥机械的发展较为缓慢。技术与机械的落后不仅导致了施肥过程中的作物对化肥的吸收及利用效果差，而且会使化肥不能被植物充分利用而造成水体富营养化等各种环境污染。机械化施肥技术将基础农艺技术与施肥理论结合，在农业智能化、信息化的加持下，力争实现农业生产和管理的自动化。针对我国农用拖拉机适用范围广这一情形，设计的机械化施肥机，可通过改造拖拉机等实现种肥同播、变量施肥、肥料深施等。另外结合无人机技术和遥感技术，可实现智能土壤作物养分实时监控。例如在水稻中大范围推广的以侧深施肥机械为主体的水稻侧深施肥技术，可减少30%的肥料用量。

3.3.2.3 新型增效氮肥的施用

为了满足农田体系提高氮肥利用效率的需求，肥料产业一直在不断致力于产品的升级，减少氮肥施用中的损失，在此背景下新型增效氮肥应运而生。根据美国作物营养协会（AAPFCO, 1997）的定义，增效氮肥的核心理念是通过包膜的方式减缓传统氮肥的养分释放速率，即缓/控释肥；或通过抑制剂延缓、控制氮素转化过程，即稳定性氮肥；通过以上两种方式达到肥料养分释放与作物需求之间更好的协同，进而减少损失、提高作物氮素利用效率。

（1）缓/控释氮肥

包膜控释肥料是目前缓/控释肥产品的核心，其根据包膜材料的不同可分为无机包膜和有机包膜。无机包膜材料包括硫黄、硫酸盐、钙镁磷肥及其他非金属矿物如高岭土等。有机包膜材料以合成高分子材料为主，包括热塑性聚烯烃类（聚乙烯、聚氯乙烯、聚丙烯等）和热固性树脂。不同的缓/控释肥延缓肥效的方式不同，影响包膜控释肥性能最直接的因素是膜材料的属性，包括化学成分、膜孔隙度、厚度及孔隙的曲折程度。无机包膜肥释放养分为破裂机制，而有机高分子包膜控释肥为扩散机制。破裂机制需要肥料包膜材料遇水剥蚀，使膜上有孔隙或裂缝，养分就可以被释放出来。由于耐磨损性高，控释性能好，高分子聚合物包膜控释肥成为世界缓 / 控释肥的发展趋势。

（2）稳定性氮肥

稳定性肥料是指添加脲酶抑制剂或硝化抑制剂，或同时添加两种抑制剂的肥料，旨在减缓尿素水解以及铵态氮硝化、反硝化作用过程产生的氮素损失。硝化抑制剂广义上是指能够延缓硝化过程任意一个环节或多环节的化合物，由于 NO_2^- 在土壤中存留时间短，因此能在第一个过程中产生作用，抑制亚硝化细菌的抑制剂更加理想。商用领域较为成熟的硝化抑制剂有 nitrapyrin（CP）、双氰胺（dicyandiamide，DCD）、DMPP。

尿素施入土壤会在脲酶的作用下迅速水解为氨，容易引起氨挥发及大量铵的累积，特别是在 pH 值＞ 7 的土壤中及非灌溉农田氨挥发损失甚至高达 50%。脲酶抑制剂是抑制土壤脲酶活性的化合物或元素，可以延缓尿素的水解，延长尿素在土壤中的存留时间，提高尿素的利用效率，并减少损失。目前国际上常用的脲酶抑制剂包括有氢醌（hydroquinone，HQ）、正丁基硫代磷酸三胺［*N*-(*N*-butyl)thiophosphoric triamide，NBPT］等，其中以 NBPT 应用最为广泛。

（3）新型增效氮肥应用存在的问题

自增效氮肥问世以来得到了市场及农业科学研究领域的广泛关注，然而半个世纪的研发历史并没有把增效氮肥发展成为主流的氮肥产品被广泛应用，至今增效氮肥在全球氮肥市场占比甚微，2010 年全球增效氮肥产量仅占氮肥总产量的 4%，在发达国家稍高如美国 5%，日本 7%。限制新型增效氮肥推广的原因有：较高的生产成本及售价；田间应用效果的不稳定、农学效果不突出；未知的环境风险。

以添加 DMPP 的稳定性氮肥而言，其生产的氮肥原料成本相较普通氮肥可提高 20% 以上，且由于更严苛的生产条件与复杂的生产工序极大提高前期生产设备投入及能耗成本。具有稳定的氮素释放时间的包膜控释肥，其售价也可达到普通化学氮肥的 2 ～ 5 倍。但相较新型增效氮肥高额的价格，其施用效果区域变异大，农学效果不突出，使其难以被广大农民接受。诸多针对新型增效氮肥研究对增效氮肥的应用效果报道不一，正负面兼具，有些地区和作物施用增效氮肥表现出显著的增产及增效作用，但却在其他的作物体系或土壤环境中无明显增益作用。如有研究表明，控释肥在不同作物体系上表现出不同的增产增效效果，水田体系上增产增效较为普遍，可增产 10%，增效 50% 左右，但在草地体系对干物质量的累积却存在负面效应。稳定性肥料也有类似的变异，如硝化抑制剂在草地表现出较好的增产增效效果，增产甚至高达 36%，但水田上效果不突出。脲酶抑制剂在水田、旱地及草地上对产量和效率的影响同样存在不确定性。此外，新型增效氮肥的环境风险也备受争议，高分子有机包膜材料在土壤中无法降解，存在环境二次污染的风险；硝化抑制剂与脲酶抑制剂是否会在食物链中传递产生毒性，影响人畜健康也亟待探索。

3.3.3 氮肥施用设施展望

3.3.3.1 国内外农业机械化与信息化技术发展

随着新一代信息科技与农业的深度融合发展，孕育了农业数字革命，使农业进入了网络化、数字化、智能化发展的新时代。新时代的农业是智慧农业，是以信息、知识与装备为核心要素的现代农业生产方式，是现代农业科技竞争的制高点，是基于现代信息技术发展成就的一次正在进行的作物栽培学的革命，也是现代农业发展的重要方向。

近 10 来，美国、欧洲、日本等农业发达国家或地区高度关注智慧农业的发展，从国家层面进行战略部署，积极推进农业物联网、农业传感器、农业大数据、农业机器人、农业区块链等智慧农业关键技术的创新发展。日本 2015 年启动了“基于智能机械 + 智能 IT 的下一代农林水产业创造技术”项目，核心内容是“信息化技术 + 智能化装备”。2017 年，欧洲农机工业学会提出了“农业 4.0”计划，强调智慧农业是未来欧洲农业发展的方向。美国国家科学技术委员会 NSTC“国家人工智能研发战略计划”中，将农业作为人工智能优先应用发展的第 10 个领域，资助农业人工智能科技的中长期研发。以美德日等为代表的发达国家的农业智能装备研究与应用发展迅速，主要农业生产作业环节（包括果蔬嫁接、移栽、施药、采摘，畜禽饲喂、清粪、奶牛挤奶，农产品在线分级、标识、包装等）已经或正在实现“机器换人”或“无人作业”，大幅度提高了劳动生产效率和农业资源利用效率。如美国 Abundant Robotics 公司开发的苹果采摘机器人，可准确识别成熟的苹果并且可以以平均 1 个 /s 的采摘速度连续工作 24h；瑞士 Eco Robotix 公司开发的田间除草机器人，可以准确识别杂草并通过机械手臂对杂草进行除草剂喷洒，农药使用量可降为原来的 5%，农业相关成本节约 30%；爱尔兰 MagGrow 开发的农药喷洒机器人使用永久性稀土磁体产生电磁荷，可解决农药漂移问题，农药的使用量减少了 65% ～ 75%。

我国也高度重视智慧农业技术的发展与技术推广，《中华人民共和国国民经济和社会发展第十四个五年规划和 2035 年远景目标纲要》中提出，“加强大中型、智能化、复合型农业机械研发应用”“完善农业科技创新体系，创新农技推广服务方式，建设智慧农业”。目前，我国土地流转占比 40% 以上，农民专业合作社、家庭农场、龙头企业的数量达 300 万家以上，农村信息化水平提高与农业规模化为精准施肥技术发展提供了载体和需求的驱动力。

3.3.3.2 智能化施肥技术与装备

智能化施肥机可以在施肥过程中，根据作物种类、土壤肥力、墒情等参数控制施肥量，提高肥料利用率。施肥机械是使用工具将固态或液态化肥施入土壤。随着施肥机械的普及、发展与科研队伍的不断加强、扩大，经过基础理论、技术与机具研究、设计开发等研究工作，施肥机械的研制已取得了大量成果。施肥机械可分为很多类型：按照施肥方式可分为撒肥机、种肥施肥机与追肥施肥机，且应用都较为普遍；按照化肥状态可分为施液态化肥与固态化肥两种，其中液态化肥的研究较为落后与狭窄。较为先进的变量施肥机械也已经取得了大量研究成果。

（1）变量施肥机械

由于变量施肥机械具有综合评价效果显著、可按需施肥并可调节及施肥准确度高等优点，已经成为施肥机械的主要研究方向之一。针对我国国情，研究者研制了不仅可以配套国产拖拉机，还可以在 GPS 协助下按照系统网格划分所得的处方图实现变量施肥的机械，并试验了不同齿槽转速所对应的精确排肥量，以确定最优转速。以 ARM 微处理器为核心、通过 PID 自动调节排肥量的控制系统，可达到排肥稳定、均匀与精度高的效果，用以解决施肥机械因拖拉机行驶速度及排肥轴转速等影响排肥量的问题。

（2）种肥施肥机

种肥施肥机是将肥料伴随着种子进入土壤为种子生长发芽提供肥料的机械，现今以条施方式为主的播种施肥机占据了大量的市场，其中外槽轮式的排肥器应用较为普遍。自走式的播种施肥机与可调式免耕播种施肥机，可解决播种施肥机在丘陵、山地等非平整地区作业时作业质量差与效率低的问题，达到调节方便可靠、机具简单轻便的效果。通过将自动控制系统并将处方图与定位信息二者结合起来进行种肥同施，可达到变量施肥与精密施肥的目的。水稻芽种播种施肥机可解决水稻直播机精密度低导致的水稻断芽、断条、未直立生长等问题。

（3）追肥施肥机

追肥施肥机械是在作物生长发育的同时施用化肥的机械，现今追肥机的研究达到了一定水平。例如，烟草定量穴灌追肥机不仅可定量追肥、灌溉，还可在田间轻便移动，工作效率高；为适应干旱地区作物苗期中耕、追肥作业的高成本、复杂与低效率问题，以节约水资源为基础、所需动力小、效率高的中耕保墒追肥机应运而生。

（4）液态施肥机

液肥主要分为有机肥与无机肥。其中，无机肥以液氨为主，为了避免肥料的挥发所导致的化肥损失与环境污染，大多的液肥都需要深施。我国的液肥深施技术的研究已经取得了一定的成果。例如，多功能液态深施肥机可与播种机配套且可适用于各种中耕作物；针对液态肥在使用过程中扎穴机构速度过快，导致土壤被机构回带现象，优化设计扎穴机构，用弧形扎穴机构代替了曲柄滑块、摇杆机构，使机构入穴与返程轨迹一致性得到满足。

（5）撒肥机

撒肥机是将化肥直接播撒在地面，通过土壤耕作将化肥埋于耕作层下。撒肥机主要需要解决的问题是人工撒肥耗时耗力、效率低下、人工撒施难以满足肥料均匀一致性、不同区域环境条件不同。因此结合大田试验、国内多家单位试验研制出一批自动性高、结构简便灵活的撒肥机，并对大多数撒肥机存在的输肥管不通畅、撒肥不均匀的问题进行改进。

（6）商用智能化施肥机械

美国 Ag-Chem 仪器装配公司生产的施肥系统可进行干式或液态肥料的撒施，该系统通过电子地图内叠存的数据库处方，可同时分别对磷肥、钾肥和石灰的施用量进行调整；日本久保田株式会社推出的农业服务支援系统“久保田智能农业系统（KSAS）”的正式套餐中，联合收割机搭载了与 KSAS 对应的传感器，插秧机附带电动调节施肥量的功能，对应农机联动制作产量分析及施肥计划。

国内山东省农机科研院、福田雷沃国际重工股份有限公司等单位研制出“2BYFZ-4 型智能玉米精密播种施肥机”，该机采用自主研发的种、肥专用传感器分别设计了种子检测与自动补种系统、化肥检测与自动疏通系统，以及基于 CAN 总线的专用控制器与触控软件系统等三个主要系统，其中自动补种系统能完成已播数、重播数、漏播数的计量和缺种、堵塞故障报警及自动补种，而化肥检测与自动疏通系统能实现株距与施肥量的电动无级调节。

3.3.4 氮肥管理展望

土、肥、水是农业发展的基本资源，三者之间的耦合是保障粮食安全的关键。在有限的土壤和水资源条件下，全面实现口粮、动物食品、蔬菜、水果、纤维等多种农产品的自给自足加大了对氮肥的依赖，农林牧渔整个农业的发展都离不开氮肥。2009年中国氮肥消费量占全球的33%，氮肥施用强度已经达到发达国家的两倍，但目前作物单产水平还略低于部分发达国家。自20世纪70年代后期中国氮肥投入已经明显超过了作物地上部吸收量，并且不断加剧。2010年公布的全国污染源调查报告表明，全国水体污染物中总氮的57%来自农业，Liu等[19]在*Nature*上报道了全国大气氮沉降增长了60%，主要与氮肥有关；据Good和Beatty[20]研究，中国如果保持目前的发展趋势，2030年氮肥的环境成本将达到143亿美元，2050年达到271亿美元，占全球的58%。随着农业生产对氮肥依赖度的提升，优化氮肥管理以兼顾粮食增产与环境保护成为必然趋势。基于绿色智能和根际生命共同体的理念，未来的氮肥管理将通过智能技术精确匹配作物的动态氮需求，构建土壤-作物-微生物协同体系，实现氮肥的高效利用与环境友好性。因此，合理施用氮肥的原则、方法如下：

（1）根据不同的土壤条件合理施用氮肥

智能化氮肥管理以土壤传感器为支撑，根据土壤的养分状况、pH值、黏粒含量等实时分析不同土壤条件下的施氮策略。在绿色智能体系下，施肥系统能够根据不同土壤类型自动调节施氮模式，如在砂质土壤上少量多次分次施氮，而在保肥力较强的深厚土壤上以基肥为主。根际生命共同体理念在此进一步优化氮素的供应路径，通过激发根际微生物群落活性，促进氮素在根区的吸收和有效利用。

（2）根据不同作物的养分特性合理施用氮肥

由于不同作物习性不同，对于氮肥的要求也不同。禾谷类作物（如玉米、小麦等）以及叶菜类作物（如绿叶菜等）需氮较多，可以适当多施；而豆科植物等，可以在根瘤菌未起作用之前施用少量氮肥；根茎类作物（如萝卜、甘薯、马铃薯、甜菜等）初期需氮以增强光合作用，后期氮素过多会导致地上部旺长，影响根茎的生物量积累。因此要根据不同的作物合理地施用氮肥。不同作物对氮源的需求存在显著差异，智能氮肥管理能够基于作物生长周期和根系营养需求，通过算法动态调节氮素的形态和供应方式，从而实现养分的精准匹配。同时，根际生命共同体在优化施氮策略中起到关键作用：智能施氮系统可以调节根际微生物的群落结构，增强根瘤菌的固氮功能或激活根际氮素转化，进而减少氮肥投入总量并提升氮素吸收效率。例如，禾谷类作物在根系和微生物的协同作用下，可以更高效地吸收铵态氮，提升氮肥利用率。

（3）依据作物的养分需求规律确定合理的施氮量与施氮时间

施肥时期的确定，是合理应用氮肥的重要部分。在作物开始生长时需水和需肥量相对较少，此时可以减少氮肥施用。而作物在分蘖时期对水肥需求敏感，适量施氮有利于作物对养分的吸收。因此，在作物不同的生理时期，根据作物的实际情况合理地施肥，可以提高氮肥的利用率，减少氮肥损失。

（4）施用氮肥时应注重铵硝配比

智能氮肥管理强调不同氮形态的精准配比，能够根据土壤特性和作物需求调控铵态氮和硝态氮的比例，使两者在根区形成最佳平衡。例如，智能施肥系统在酸性土壤中调整铵态氮的比例，而在偏碱性土壤中则更侧重硝态氮供应，以提高作物对氮素的吸收效率。在根际生命共同体理论的支持下，通过微生物介导氮素的转化，铵态氮和硝态氮在根际环境中动态平衡，促进作物的持续生长和养分高效利用。

（5）施用缓控释肥料、稳定性肥料等长效氮肥

绿色智能氮肥管理理念倡导将新型增效氮肥例如缓控释和稳定性氮肥纳入核心施肥策略，通过智能化包膜材料实现氮素的逐步释放，使氮素供应与作物的动态需求相吻合。智能缓控释技术利用作物生长阶段的氮需求，通过调控包膜属性延长肥料有效期，从而减少氮素挥发和淋失。此外，根际生命共同体理念强化了增效氮肥的效果，智能化肥料在根区逐步释放氮素，支持根际微生物持续的氮素转化与植物吸收，实现更高的氮肥利用率。

（6）推进实现土壤-作物体系的养分综合管理

综合管理是从品种、密度和播期等措施上对作物生产体系中进行重新设计，以最大限度利用光温资源提高产量；基于根层养分调控的原理，合理施肥满足高产群体的养分需求，避免不合理的施肥造成的资源浪费和环境污染。华北平原和太湖地区的小麦-玉米轮作试验表明，养分综合管理在保证作物产量不减的情况下氮肥用量可以减少 30% ～ 60%[21]。因此，应该根据经济发展和技术条件改善氮肥管理，转变农田施用技术实现化肥投入与作物吸收平衡，增加作物产出，实现农业系统的养分平衡 [22]。

总之，我们呼吁氮肥的创新应体现绿色智能和多元协同的理念，未来的氮肥产品设计应与国家战略紧密结合，例如通过人工智能技术进行氮素设计与土壤供应的精准管理，以实现高效施用、降低流失，同时减少环境污染；在生产环节，推动“绿氨”等清洁能源技术的应用，使氮肥的合成过程更加低碳环保，减少对化石能源的依赖。此外，氮肥的施用技术也应与现代智能农业设施相结合，例如利用传感器、无人机和精量施肥设备等智能化手段，实时监测作物的氮需求，并精准施肥，从而在最佳时间和空间分布氮素，确保其被高效吸收和利用。通过这些创新措施，氮肥的研发和应用将更有效地满足农业绿色发展的需求，实现粮食生产、生态保护和碳排放控制的多重目标，推动我国农业智能化、低碳化、可持续化发展。

参考文献

[1] 张福锁，黄成东，张卫峰. 科学认识化肥：粮食的“粮食”. 北京：中国农业大学出版社，2021.

[2] Subedi K D, Ma B L. Effects of N-deficiency and timing of N supply on the recovery and distribution of labeled ^{15}N in contrasting maize hybrids. Plant and Soil, 2005, 273: 189-202.

[3] Zhu T B, Dang Q, Zhang J B, et al. Reductive soil disinfestation (RSD) alters gross N transformation rates and reduces NO and N_2O emissions in degraded vegetable soils. Plant and Soil, 2014, 382(1/2): 269-280.

[4] Zhu T B, Zhang J B, Meng T Z, et al. Tea plantation destroys soil retention of NO_3^- and increases N_2O emissions in subtropical China. Soil Biology and Biochemistry, 2014, 73: 106-114.

[5] Zhang P, Wen T, Zhang J, et al. On Improving the Diffusion Method for Determination of δ15N-NH_4^+ and δ15N-NO_3^-in Soil Extracts. Acta Pedologica Sinica, 2017, 54(4): 948-957.

[6] 张祎. 土壤异养硝化作用的主要影响因素及其作用机理. 南京：南京师范大学，2020.

[7] Mulder A, van de Graaf A A, Robertson L A, et al. Anaerobic ammonium oxidation discovered in a denitrifying fluidized bed reactor. FEMS Microbiology Ecology, 1995, 16(3): 177-183.

[8] Reay D S, Davidson E A, Smith K A, et al. Global agriculture and nitrous oxide emissions. Nature Climate Change, 2012, 2(6): 410-416.

[9] 祝贵兵. 陆地和淡水生态系统新型微生物氮循环研究进展. 微生物学报，2020, 60(9): 1972-1984.

[10] Zhu G B, Xia C, Wang S Y, et al. Occurrence, activity and contribution of anammox in some freshwater extreme environments. Environmental Microbiology Reports, 2015, 7(6): 961-969.

[11] Shen L D, Liu S, Huang Q, et al. Evidence for the Cooccurrence of nitrite-dependent anaerobic ammonium and methane oxidation processes in a flooded paddy field. Applied and Environmental Microbiology, 2014, 80(24): 7611-7619.

[12] Nie S A, Li H, Yang X R, et al. Nitrogen loss by anaerobic oxidation of ammonium in rice rhizosphere. The ISME Journal, 2015, 9(9): 2059-2067.

[13] 蒋德军．合成氨工艺技术的现状及其发展趋势．现代化工，2005(8): 9-14, 16.
[14] 张卫峰，李增源，李婷玉，等．化肥零增长呼吁肥料产业链革新．蔬菜，2018(5): 1-9.
[15] 崔学军，陈宏坤．化肥供给侧结构性改革调研报告（2017 年）．北京：化学工业出版社，2018.
[16] IFA (International Fertilizer Industry Association).
[17] Zhang Z, Gao Q, Yang J, et al. Fabrication and release behavior of nitrapyrin microcapsules: using modified melamine-formaldehyde resin as shell material. Science of The Total Environment, 2020, 704: 135394.
[18] Gao H, Li J, Xu F. Synthesis of a novel polymer nitrification inhibitor with acrylic acid and 3, 4-dimethylpyrazole. Journal of Agricultural and Food Chemistry, 2021, 69(11): 3307-3311.
[19] Liu X, Zhang Y, Han W, et al. Enhanced nitrogen deposition over China. Nature, 2013, 494:459-462.
[20] Good A G, Beatty P H. Fertilizing nature: a tragedy of excess in the commons. PLoS Biology, 2011, 9(8): e1001124.
[21] Ju X, Xing G, Chen X, et al. Reducing environmental risk by improving N management in intensive Chinese agricultural systems. Proceedings of the National Academy of Sciences of the United States of America, 2009, 106(9): 3041-3046.
[22] 张卫峰，马林，黄高强，等．中国氮肥发展、贡献和挑战．中国农业科学，2013, 46(15): 3161-3171.

中国肥料研究与应用全书

Books of Fertilizer Research and Application in China

FERTILIZER

第4章

磷营养与磷肥创新

本章聚焦磷在植物营养中的核心作用及其在土壤、植物和肥料中的转化、利用机制。通过深入探讨植物磷营养特性及其生长阶段的需求变化，分析土壤中磷的有效性和时空分布特征，阐明根际环境对磷吸收与利用的调控机理。此外，本章还重点介绍磷肥的创新与科学施用策略，以实现资源的高效利用与环境可持续发展。相关研究为推动农业绿色发展和提高磷资源利用效率提供了重要理论依据。

4.1 植物磷营养特性

4.1.1 磷的主要营养功能及在植物体内的分布

4.1.1.1 磷在植物体内的营养生理功能

（1）磷是植物体内许多重要化合物的结构组分

磷酸是许多大分子结构物质的桥键物，能把各种结构单元连接到更复杂的大分子结构上。常见的DNA和RNA结构中的核糖核苷单元之间就是以磷酸盐作为桥键物而形成的大分子。除核酸和核苷酸外，由磷酸盐桥接形成的含磷化合物还有磷脂、植素和三磷酸腺苷（ATP）等物质。核酸是核蛋白的重要组分，核蛋白是细胞核和原生质的主要成分，二者都是含磷组分，是进行能量代谢和遗传所必需的物质。生物膜是保证和调节细胞与外界进行物质、能量、信息交流的具有高度选择性的通道，它由磷脂、糖脂、胆固醇、蛋白质和糖类构成，而磷是磷脂类化合物（生物膜主要成分）中的必需元素。植素作为植酸（肌醇六磷酸）的钙、镁盐或钾、镁盐，是植物体内磷的一个储存库，在植物种子中的含量较高。

（2）磷参与植物体内多种代谢过程

磷介导光合作用并参与体内碳水化合物代谢，在二氧化碳（CO_2）固定和光能转变为化学能的过程中发挥作用。在碳水化合物代谢途径中，许多物质都必须首先进行磷酸化作用形成糖磷化合物。磷能调控植物碳水化合物的合成过程，当供磷不足时会阻碍磷酸丙糖从叶绿体向胞质的转运，从而间接减少了蔗糖、海藻糖、果糖等碳水化合物合成所需的底物，同时促进了叶绿体内淀粉的累积。磷是氮素代谢过程中不可或缺的营养元素，是该过程中一些酶（氨基转移酶等）的重要组分。磷能提高与豆科作物共生的根瘤菌的固氮活性，故适当施用磷肥能提高作物的固氮能力，提高固氮量，从而改善作物体内的氮素营养。磷饥饿会影响蛋白质的合成，阻碍植物体内氮素的正常代谢。磷与脂肪代谢也较为密切，因为脂肪的合成受磷供应水平的影响。糖能转化成脂肪，且甘油及脂肪酸的形成需要磷的参与。已经证实，磷肥的施用能明显提高油料作物产量和种子的含油量。

（3）磷增强植物的抗逆性

磷能提高植物的抗寒性，主要表现为增加植物体内可溶性糖和磷脂的含量，从而降低细胞原生质的冰点并使其在较低的温度下仍能处于正常状态。磷能提高植物的抗旱性，主要表现为提高细胞中原生质胶体的水合程度和细胞结构的充水度，从而提高原生质胶体保持水分的能力并减少细胞内水分的消耗。干旱胁迫下，磷素能有效地增强超氧化物歧化酶、过氧化物酶和过氧化氢酶的活性，减少丙二醛在植物体内的积累；促进植物花芽分化，刺激根系生长和发育，为根系下扎吸收水分提供有利的条件。

4.1.1.2　磷在植物体内的分布

对植物而言，磷含量一般占其干物质重的 0.05% ～ 0.5%，随作物种类不同而各有差异，通常情况下是油料作物＞豆科作物＞谷类作物。磷主要分布在生长旺盛的部位（如幼嫩叶片和根尖），且会随着生长中心的改变而发生迁移。作物生育期和不同的营养器官也是影响含磷量的重要因子，生育后期作物体内的含磷量低于生育前期，衰老器官的含磷量低于幼嫩器官，营养器官的含磷量低于生殖器官。磷的迁移具有较为明显的顶端优势，源组织中的磷向生长中心的运输和再分配过程非常活跃，但是当植物由营养生长阶段进入生殖生长时期之后，大部分磷则运往籽粒。在籽粒灌浆过程中，即使外源磷供应非常有限，但是仅仅依靠营养器官（根、茎、叶）中磷的再转移利用也能维持该过程的正常进行。以小麦为例，低磷供应的小麦千粒重显著降低，且在成熟时叶片变黄速度加快[1]。同时研究表明磷主要在籽粒中累积，尤其是开花后充分供磷的小麦籽粒中净流入磷量较缺磷条件下小麦籽粒相比增加了 36.2%，前者主要是来源于根系对磷的吸收，而后者主要是来源于营养器官中磷的再转移利用[2]。因此，小麦开花后到其成熟期间，磷主要分布在籽粒中。籽粒中磷的主要储存形式是植酸，其含磷量占种子全磷的 65% ～ 80%[3]。小麦籽粒中植酸主要分布在糊粉层，约 10% 分布在胚芽中，仅仅有 2% 左右分布在胚乳中。而玉米籽粒中磷的定位不同于其他谷物（如小麦、水稻、燕麦），其胚芽部分占籽粒中总磷的 78.3% ～ 86.5%，这些磷绝大部分以植酸形式存在。植酸很难被非反刍动物（包括人类在内）消化吸收利用，因此，当将禾谷类作物用作粮食及饲料时，植酸是影响非常大的抗营养因子。

4.1.2　植物不同生育时期对磷的需求

磷是植物生长和代谢的重要营养元素之一。土壤中磷的形态复杂，其有效性因形态不同而异。植物会通过适应性机制提高对不同磷形态的利用效率。然而，不同植物种类及其生长阶段对磷的形态和数量需求存在显著差异。深入研究这些规律对优化磷肥施用策略具有重要意义。本节重点分析不同植物类型和生育时期的磷需求特点。

4.1.2.1　不同植物类型对磷需求的差异

不同植物种类在磷形态和数量需求上表现出显著的差异。研究表明，磷高效基因型水稻品种（如 Pembe）对有机磷形态的利用能力强于磷低效品种（如 Zhongbu51）。大豆基因型新大豆 1 号更倾向于利用铝结合态磷（Al-P），而其他品种可能偏好钠或钙结合态磷。小麦中，高效基因型小偃 54 对难溶性磷（如 Al-P 和 Fe-P）的利用能力显著高于其他品种。对于草本植物，如牧草对有机磷（如 α-D-葡萄糖-1-磷酸二钠盐和 Na_2HPO_4）的利用效率高，但对植酸态磷的利用能力较弱。

不同作物对磷需求量的差异较大。例如，甜玉米在37.5kg/hm²的磷肥供应下即可实现高产，有效减少了环境压力。而棉花对磷的需求随着供磷水平的提高而增加，但不同品种对供磷强度的响应差异明显。不同植物对磷形态和数量的需求差异明显，因此在磷肥设计与施用时需采取针对性方案。

4.1.2.2 植物不同生育时期对磷的需求规律

植物的磷需求随生育阶段的变化而不同，主要表现在以下方面：水稻在幼苗期和分蘖期对磷的需求最为旺盛，磷吸收不足会显著影响分蘖数和生物量累积。田间研究显示，水稻磷需求的关键期集中在分蘖前后，其中幼苗期吸收的磷主要分配至新生分蘖。成熟期时，大部分磷（60% ～ 85%）会转移至籽粒，为产量形成提供支持。玉米早期（苗期和拔节期）需磷关键，但因根系发育不完全，吸收量较低。拔节期至吐丝期是磷吸收的高峰期，占总吸收量的46%。成熟期磷的再分配是籽粒充实的关键，同时外部供磷也对产量形成具有重要作用。小麦的生育期较长，磷吸收缓慢且与供磷水平密切相关。在供磷不足条件下，吸收峰值出现在拔节期，而在适宜供磷条件下，峰值提前到返青期。适度供磷不仅提高小麦生物量，还避免了磷过量引发的环境问题。作为主要油料作物，大豆在整个生育期对磷需求较高，尤其是鼓粒期对磷的吸收最为旺盛。苗期适量磷供应对根系发育至关重要，而开花期的磷充足供应是防止落花落荚、实现高产的重要保障。

植物对磷的需求受种类、发育阶段及环境条件影响显著。合理的磷肥施用策略需结合植物种类、生育阶段及土壤特性，同时考虑氮磷互作效应和品种特性，以实现资源高效利用和对环境友好。

4.1.3 植物对磷信号的感知及响应

根际磷有效性不足是植物体普遍面临的挑战，故为适应土壤中磷营养的低有效性，植物进化出了复杂的调控机制，包括对植物对外部及体内磷营养浓度的感知以及局部或长距离系统信号通路之间的协调，激活代谢和发育反应，进而将外界环境刺激与内部相关线索相结合以最大限度地吸收和利用磷。如图4-1所示，植物响应缺磷的局部信号主要指的是根系构型的重塑，而系统信号响应体现在调节植物对磷的吸收、利用和循环过程中[4]。更好地塑造根系形态是为了增强植物吸收磷的能力，当然该过程受根系周围外界磷养分浓度的调节。而系统或长距离信号转导途径主要受植物体内磷浓度的刺激，从而在整株植物水平上调控磷营养代谢平衡并维持体内磷稳态。

植物如何响应磷是一个高度协调、复杂的过程，涉及不同信号通路之间的互作。磷作为一种主要的信号，并且本质上在植物体内是可移动的，因此可以连接局部信号与系统信号，同时能作为协调不同信号通路之间的枢纽。涉及植物对磷信号的响应的更为详细的局部和系统（长距离）反应如图4-2所示[5]，模式植物拟南芥感知到磷信号后产生了一系列适应性反应。其中，局部反应主要包括三个方面，分别为：抑制主根生长、促进侧根的形成和生长以及根毛的形成。而系统反应也分为三个层次，即通过高亲和力转运蛋白的表达来增强磷的转运、根系通过分泌有机酸和磷酸酶等物质提高磷的有效性、通过磷脂等的分解代谢来增强磷在植物体内的循环利用。

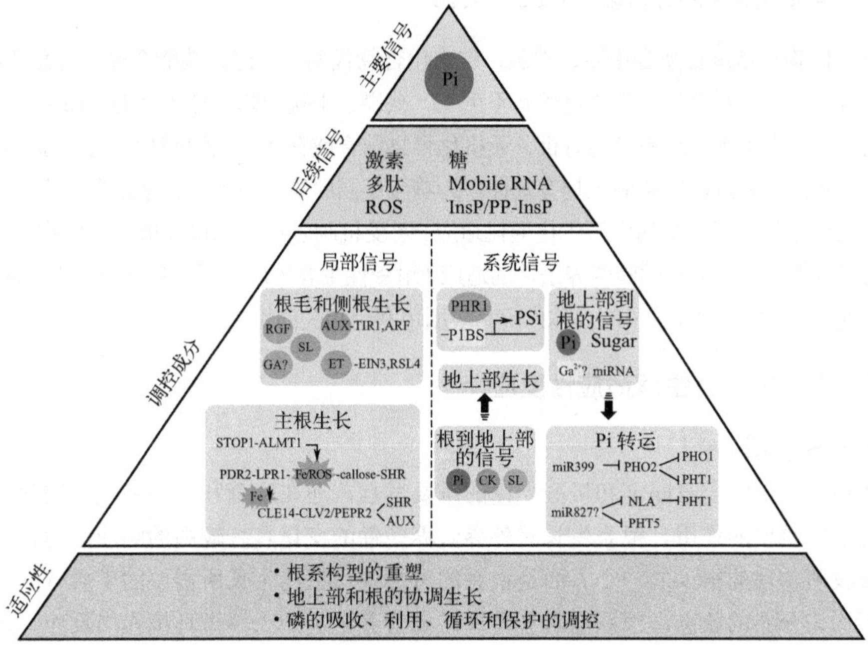

图 4-1　植物响应磷可利用性的分级信号网络[4]

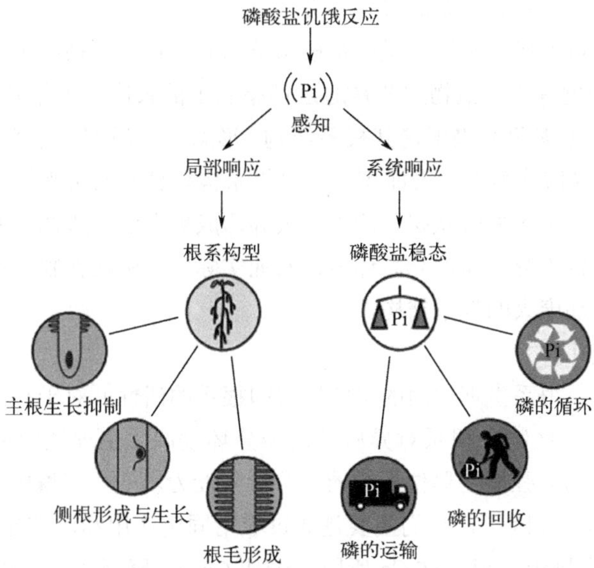

图 4-2　模式植物拟南芥感知磷信号的局部和系统反应[5]

糖和激素均与磷信号之间存在互作。当植株地上部感知到缺磷信号时，响应的表现为蔗糖含量增加装载到韧皮部并向根部运输以进行相关的能量代谢过程。糖对植物响应缺磷环境的调控不仅表现在为根细胞的增殖及改善根系形态提供碳骨架和代谢所需的能量，还体现在增强低磷诱导相关基因的表达。

4.1.3.1 植物对外界磷浓度的适应性变化

磷对于植物正常进行光合作用、固氮、碳水化合物代谢、产能、核酸合成、酶激活和/或失活以及信号传导等一系列生理生化过程必不可少。缺磷会干扰植物进行正常的生命活动，影响生长并降低产量。由于土壤磷极易与有机、无机化合物结合或存在于微溶矿物中使其移动性差、扩散速率低，从而大大降低了磷的生物有效性。为响应不同的磷环境条件并维持自身正常的生长发育，植物已经进化出了一系列生理生化变化适应/耐受机制以更好地提高植物在生物建成方面养分利用的有效性。植物对不同磷营养条件的适应/耐受性主要体现在根系形态及生理适应性反应、根系磷吸收/转运相关的分子机制及体内磷高效循环利用相关的机制。

4.1.3.2 根系形态及生理适应性反应

（1）根系形态改变

根系不仅是植物自身固定和机械支撑的重要器官，还在水分和养分吸收及同化物分配方面发挥着至关重要的作用。根系生长对外界营养条件的变化具有较高的响应能力，其对矿质元素的吸收所体现的很大的一个方面是根系的可塑性。植物生长所需要的矿质营养通常在土壤中呈不均匀分布的状态，根系能对营养缺乏或营养丰富的土壤微环境作出反应，进而使根系在更大范围内伸展，更大程度地吸收土壤养分。而磷作为植物生长所必需的大量营养元素之一，对作物产量的提高及维持作物的优良品质方面具有重要作用，因此通过调控根系结构来提高植物的磷吸收效率具有重要的农学意义。

植物响应缺磷的典型形态和发育反应是根系结构的变化，包括减少主根的生长，增加侧根和根毛的长度及密度等[6]。植物主要是通过调整主根的长度、侧根及根毛的长度和密度、侧根的生长角度（即根夹角）来塑造其根系结构/形态，从而扩大根系与土壤的接触面积，即增加根系吸收/探寻磷营养的总表面积。针对根系构型良好的可塑性，以及在分根系统中观察到的供磷一侧的根系构型较缺磷一侧更庞大并形成更多的二级侧根的现象，同时考虑到农田生态系统是异质性养分分布的介质环境，农业实际生产中在作物苗期施用更多的启动磷肥以促使植株形成更加庞大的根系结构。

（2）根系生理变化

除了根系生长外，根系生理层面的可塑性（即根系的活性）对于长期获得竞争营养物质的优势也至关重要。一些物种根系对异质性磷养分环境产生生理适应性反应以最大限度地利用养分，主要表现为增强植物单位根长的养分吸收能力。酸性土壤中的 Fe、Al、Mn 是造成磷化学有效性低的重要因子，它们主要是通过吸附固定作用和沉淀作用形成 Fe-P、Al-P、Mn-P，而在石灰性土壤中，磷会被 Ca 所固定形成 Ca-P，降低土壤磷的有效性，同时阻缓了磷的移动，即影响了土壤中磷的扩散速率，降低了磷的生物有效性。植物动态地吸收土壤中的磷这一过程中的任何一个环节都会影响磷的生物有效性。

缺磷植物进行的重要生理反应包括增加质子、有机酸和磷酸酶的分泌等，这与土壤中磷的形态及其生物有效性密切相关。在低磷供应下，植物可通过改善根系构型和分泌有机酸、磷酸酶等物质活化周围土壤难溶性磷及有机磷以增强其对磷的吸收，也可对贮存在植物体内的磷营养进行活化、转运和再利用等减少生长过程中磷素的投入以实现磷的高效利用[7]。根系分泌物（主要指有机/无机离子、植物激素、根细胞脱落物及其分解产物）的合成和分泌过程是实现植物与根系周围环境（根际）互作的重要方式，可以有效改善根际土壤性质，参与调控根际功能性微生物群落的组成。

4.1.3.3 根系对磷的吸收

植物已经进化出一系列转运蛋白来参与根从土壤溶液中有效吸收磷[8]。

磷吸收无机磷酸盐的途径主要分为两种：直接吸收和间接吸收。直接途径大多情况下依赖于植物根表皮细胞中的PHT1转运蛋白。植物可以通过诱导增强高亲和力的磷转运蛋白活性。间接途径主要是通过定殖于大多数陆地植物的根系的丛枝菌根真菌产生的共生磷转运。植物根系对磷的吸收速率远远高于磷在土壤中的扩散速率，从而导致根系界面形成养分耗竭区，进而限制了植物体的磷供应。在这种情况下，植物已经进化出了复杂的机制——通过与土壤真菌（菌根）形成共生关系来获取磷的新来源。丛枝菌根真菌（AMF）的根外菌丝体远远超出养分枯竭区，以探触到新的可溶性磷酸盐库（图4-3）[9]。这种关系是基于双向营养交换的，通常对两种生物都有益处，即真菌为植物提供土壤营养，主要是磷酸盐，以换取植物为其提供光合碳水化合物。

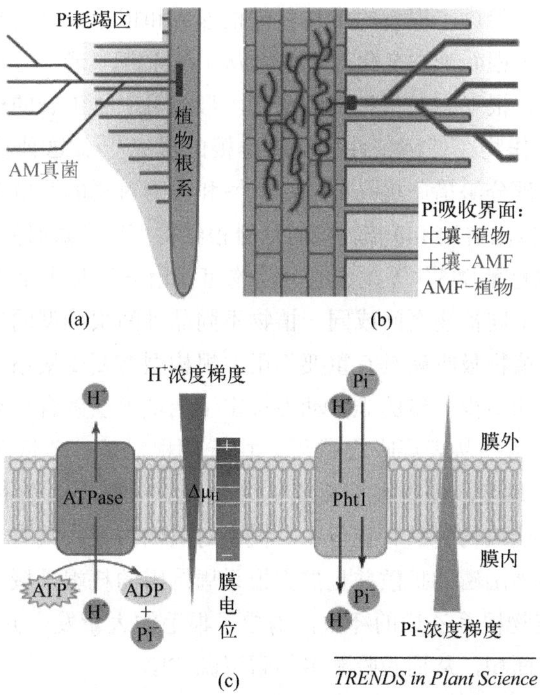

图4-3 菌根植物中的磷酸盐运输模式图[9]

4.2 磷在土壤中的过程

4.2.1 磷在土壤中的空间分布特征与有效性

4.2.1.1 土壤有效磷的空间分布特征

自然界中由于大气沉降、施肥因素、微生物矿化作用等，土壤中的养分呈异质性分布。土壤养分异质性随时间和空间的变化而推移，主要表现为养分以大小、形状、有效性各异的斑块形式存在。研究表明，即使在直径1m的范围内，氮、磷等养分的浓度及分布都有很大的变化[10]。根系在植物的生长过程中会产生形态及生理学变化，对养分时空分布不均匀做出响应，这是植物获取更多资源的策略。磷在土壤中主要靠扩散移动到根系表面，且扩散速率很慢，为10^{-15}～$10^{-12}m^2/s$，根际有效磷交换的频率为20～50次/天，扩散距离仅有1～2mm，因此绝大多数土壤中有效磷的浓度极低，植物根际常存在显著的磷耗竭[11]。植物一般仅能吸收距根表1～4mm根际土壤中的磷，而根系较高的磷吸收速率很容易造成根际0.2～1nm范围内磷的耗竭与亏缺。在磷亏缺压力之下，植物可通过改变根系形态来提高对土壤难溶性磷的获取和吸收能力。大部分植物表现为根冠比增加的趋势，较多的光合产物即碳水化合物分配到根系，促进了根系的生长、侧根形成和根毛长度及数量的增加。磷在土壤中较难移动的特征决定了根系形态变化对于植物从土壤中获取磷十分重要。一些植物为了适应土壤中磷养分的不足，根形态发生特殊的变化，形成毛刷状生长的根簇，称之为排根，如山龙眼科、白羽扇豆等作物在低磷条件下均有排根的形成[12]。这种独特的根系结构通过增加根系表面积和其他生理分泌措施提高磷的有效性和植物对磷的获取能力。排根结构的表面积与相同生物量的根系相比增加140倍。同时，排根结构可以在短时间内大量分泌有机酸[13]、质子[14-15]、酚类[14]、磷酸酶类[16]等，这些分泌物可以用来活化土壤中的难溶性磷和有机磷从而增加磷的有效性。不同植物之间或同一植物不同品种间根构型的差异很大，根构型具有可塑性，这种可塑性对植物吸收磷具有重要作用。根构型首要受根系重力感应调控，它决定了表层土壤中根系数量的多少。磷的难移动性决定了土壤表层磷含量高于底土，因此，浅层根系分布的增多有利于植物从表层吸收磷[17]。由于侧根对磷营养情况较敏感，因此根系在磷富集区可改变其生长角度，使得根系形成更为狭长的构型[17]。狭长的根系将更有利于植物利用表层土壤的磷，使植物更具有竞争力。根毛对植物磷吸收具有十分重要的作用，植物通过根毛可以拦截根系周围磷的扩散并且扩大根系周围磷的耗竭区域，同时，当根毛感受到缺磷信号后，促进了植物根系乙烯的释放，诱导了根毛的大量发生并增加根毛长度和密度，扩展并延伸植物的根表面积，从而吸收更多的磷资源[18]。

植物只能直接吸收土壤溶液中的无机正磷酸盐，但土壤中磷主要以难溶性无机磷和有机磷形态存在。因此植物通过分泌有机酸、质子和酸性磷酸酶等生理措施来直接或间接影响土壤中磷的有效性，增强其对磷的吸收能力。许多作物在缺磷条件下有机酸分泌增加，这些有机酸对土壤难溶性磷的活化具有十分重要的作用。缺磷后根系会向根际分泌有机酸，分泌到根际中的有机酸可以通过阴离子交换的形式将无机磷从土壤中释放出来。有机酸在植物体内的存在形式是阴离子形态，由阴离子通道被动释放到根际。在所有的有机酸中，柠檬酸对土壤磷的活化能力最强，其次是草酸、苹果酸和酒石酸，乙酸、琥珀酸和乳酸的活化能力最差。不同植物分泌有机酸的种类和数量有很大差异。柠檬酸是白羽扇豆、苜蓿和鹰嘴豆分泌的主要有机酸[19-21]。玉米、小麦、油菜和番茄分泌的主要有机酸是苹果酸[22-23]。甜菜分泌的草酸和木豆分泌的番石榴酸对土壤无机磷的吸收均具有十分重要的作用[24-25]。根系质子的释放主要是为了维持植物体内电位平衡，根际 pH 值的变化主要是由植物根系吸收阴阳离子不平衡而导致根系 H^+ 和 HCO_3^- 净释放量的不同以及有机酸的分泌，其中阴阳离子吸收不平衡是引起根际 pH 值变化最主要的原因[26-27]。为了平衡过量的阳离子吸收引起的电荷差，根系质子释放所介导的根际酸化过程对土壤难溶性磷的获取具有非常重要的作用。根际酸化能否增加磷的有效性受土壤类型的影响，它对于酸溶性磷例如钙磷十分有效。许多研究表明植物根际酸化增加磷矿利用的有效性，并且耗竭了土壤中酸溶性磷。当 pH 值降低 2.4 个单位时，土壤磷的可溶性能增加近 10 倍[26]。当溶液 pH 值为 8 以下时，铁和铝磷酸盐随 pH 值的上升溶解性增加，而钙磷随 pH 值的增加溶解性降低。土壤中有机磷的含量占土壤总磷的 30% ～ 65%，这些磷源必须通过磷酸酶的水解才能被植物吸收利用。磷酸酶是一类适应性的诱导酶，一方面可促进植株体有机磷的重复利用，另一方面还可以通过向土壤中大量分泌磷酸酶来促进土壤中有机磷的矿化分解。植物根系一般分泌酸性磷酸酶来适应缺磷胁迫。综上，植物生长过程中根系产生的形态及生理学变化都会影响土壤磷的有效性与空间分布。

4.2.1.2　土壤有效磷影响因素

土壤有效磷的影响因素主要有磷肥品种、作物种类、土壤性质、微生物及气候条件等。闭蓄态磷酸盐的数量随着风化程度的加深而逐渐增加，添加的磷肥由最初可利用的亚稳态形式变成相对不溶性的稳态的形式。目前主要的水溶性磷肥包括过磷酸钙（SSP）、重过磷酸钙（TSP）、磷酸一铵（MAP）和磷酸二铵（DAP），过磷酸钙和重过磷酸钙的有效成分为 MCP[$Ca(H_2PO_4)_2 \cdot 2H_2O$]，MAP 的有效成分为 $NH_4H_2PO_4$，DAP 的有效成分为 $(NH_4)_2HPO_4$。磷肥施入土壤后与土壤中的物质发生吸附沉淀作用，从而降低了磷的有效性，如红壤中，施入 SSP 时，吸水溶解后，肥料颗粒内 pH 值大约为 1.5，溶解周围了的 Fe、Al 和 Mn 的氢氧化物，PO_4^{3-} 与 Fe^{3+}，Al^{3+} 和 Mn^{2+} 形成难溶性 Al-P、Fe-P 沉淀，Al-P 逐渐转化为 Fe-P 和闭蓄态磷，在碱性或石灰性土壤中形成 Ca-P 化合物。钾磷在棕壤中首先转化为水溶性磷和 S-P（松结合态磷）、Al-P（铝结合态磷）、Ca-P（钙结合态磷），最后 S-P、Ca-P 转化为 Al-P，Al-P、Ca_2-P 等植株可高度利用磷。中性和石灰性土壤中施磷，磷首先被方解石吸附在表面，几周内从 $Ca(H_2PO_4)_2$(Ca-P) 转化为 $CaHPO_4 \cdot 2H_2O$ 和 $CaHPO_4$(Ca_2-P)，随后 3 ～ 5 个月，Ca_2-P 转化为溶解度更小的 Ca_8-P[$Ca_8(PO_4)_6 \cdot 5H_2O$]，最后转化为稳定的 Ca_{10}-P[$Ca_{10}(PO_4)_6 \cdot (OH)_2$]。

土壤pH值是影响土壤磷生物有效性的重要因素之一。在酸性土壤中，磷的有效性受到铝和铁氧化物的影响，因为这些氧化物会固定磷。而当土壤pH值较高时（pH > 7.0），磷易被钙固定，磷的有效性会降低。研究表明，当土壤pH值保持在6.0 ～ 7.0范围内时，磷最不易被固定，其对植物的有效性最高。不同土壤，其物理性质不同造成了土壤水、气、热的差异，从而影响作物的生长发育。在壤土和砂土的研究结果表明，壤土有利于排根的形成，相同的磷水平下，砂土中形成的排根较少[28]。玉米苗期试验发现，随土壤容重增加或土壤水分含量降低到1090kPa时，玉米根长降低[29]。土壤磷的矿化和固定影响磷的生物有效性。磷的固定是指微生物通过一系列生物化学反应将无机磷转化为有机磷的过程。通过微生物的转化，有机磷被吸收到微生物生物量中，微生物合成的有机磷化合物可以通过土壤矿物质的吸附或与腐殖质结合而变得稳定，从而导致其在土壤中的积累。有机磷矿化为无机磷是磷固定过程的逆反应。微生物和磷酸酶通过催化酯-磷键的水解并释放正磷酸盐来实现磷的矿化。两种常见的矿化反应包括碱性磷酸酶和酸性磷酸酶水解磷酸单酯。总之，固定和矿化过程可以在土壤中同时发生，然而，它们发生的速率是不同的。因此，土壤中不同磷库之间的转化非常复杂，需要系统评价，这直接影响到土壤磷的有效性。

温度和降水是影响磷生物有效性的主要气候因素，它们可以影响土壤磷的许多反应过程，包括土壤-植物系统中磷离子的溶解和迁移过程。在作物生长期间，充足的降水对于土壤-植物系统中保持最佳的土壤湿度是至关重要的。土壤湿度影响土壤反应过程，可以控制土壤溶液中磷的释放和扩散，并且最终影响磷相对于根系生长的位置有效性。一般来说，大多数作物的最高磷有效性与约0.033MPa的土壤水分张力息息相关。土壤水分亏缺是影响作物生长和产量的主要非生物胁迫之一。土壤水分含量过低会降低磷的扩散系数，从而降低其有效性[30]。当水稻处于厌氧条件下（水饱和），由于酸性土壤的土壤pH值增加，磷酸铁还原为磷酸亚铁，可能导致磷溶解度增加[31-34]。同样，pH值降低导致钙和碳酸钙释放出磷，使淹水碱性土壤中的磷吸收也得到提高[33]。然而，大多数研究表明除了水生作物，土壤中过量的水含量会导致土壤通气不良而限制作物对磷的吸收[35]。土壤温度对根系功能的影响已在许多物种中得到证实。在低温下，根系对水分和养分（包括磷）的吸收可能会减少。一般来说，根系生长随着温度的升高而增加，直到温度达到一个最佳值，而超过最佳值根系生长随温度的升高而减少。除了对根系生长的影响外，土壤温度还影响着磷的溶解、吸附和扩散反应。虽然吸附和解吸反应通常同时发生，但土壤温度的升高会增加反应动力学，并使稳定态、有效态和溶液磷库之间的平衡更快，使得溶液磷得以快速补充。研究表明，温度对有效磷的主要影响是通过无机反应，因为这种影响发生得太快而无法用微生物矿化来解释[36]。在一定范围内增加土壤温度会加速有机磷的矿化，还可能增强微生物活性及土壤化学活性，所有这些都可能对土壤磷有效性产生不同的影响。

4.2.2 肥料磷在土壤中的转化过程

4.2.2.1 钙质土壤

水溶性磷肥施入钙质土壤后将经历磷酸二钙-磷酸八钙-羟基磷灰石等转化过程。磷酸二铵（DAP）约占我国磷肥生产总量的 80%，是我国主要的水溶性磷肥品种。研究表明，X 射线光谱法（XANES）测得 DAP 施入潮土后优先转化为 Ca-P[37]，原因可能是中偏碱性条件有利于 Fe-P 和 Al-P 键的断裂促进其溶解，同时钙质土壤中以碳酸钙类物质为主，有利于 Ca-P 的积累。有研究表明钙磷（Ca-P）是微碱性土壤中的主要磷组分，原因是中偏碱性 pH 值下土壤溶液中含有较多的钙离子[38]。与供磷无作物处理相比，供磷玉米、小麦和蚕豆的五种磷库均表现出不同程度的改变，说明种植作物后作物的根际过程影响了 DAP 的土壤转化过程[37]。不同作物种类对磷库的改变不同，五种不同形态磷库中，玉米处理的 Al-P 降低了 51mg/kg，降幅达到最大（−35%），小麦降低了 Ca-P（−12%），蚕豆降低了 IHP（−57%），说明根际过程改变 DAP 的土壤转化过程，这一过程受作物类型调控。

过磷酸钙（SSP）是我国磷肥消费量第二的水溶性肥料，其主要成分是磷酸一钙 [$Ca(H_2PO_4)_2 \cdot 2H_2O$]。据估计，全世界约有 8 亿公顷土地隶属钙质土壤，而磷在钙质土壤中的固定主要受化学沉淀反应的影响。另外，磷也会吸附在碳酸钙和黏土矿物的表面。通过室内土柱培养试验发现，钙质土壤中施入 SSP 后，磷酸一钙异成分溶解促进土壤碳酸盐的溶解，释放出的 Ca^{2+} 是引起肥料磷固定的主要因子[39]。Hesterberg 曾指出羟基磷灰石（HAP，磷酸十钙）是微碱性土壤中的主要磷形态[38]，随土壤 pH 值的降低，HAP 溶解度呈增加趋势，这表明根际酸化可能影响钙质土壤中磷库的组成[40]。

4.2.2.2 酸性土壤

红壤中，DAP 施入红壤后优先转化为 Al-P，其增幅达到 411%，Fe-P 也表现出 8% 的增幅[37]，这可能与酸性土壤含有较高浓度的铁铝矿物晶体有关[41]。钙质潮土中 DAP 的优先磷转化组分为 Ca-P，而红壤中则为 Al-P，这可能与土壤中的主要矿物类型有关，同时也说明 DAP 在土壤中的转化受土壤性质影响。与供磷无作物处理相比，玉米、小麦和蚕豆均改变了其根际土五种磷库的大小[37]，这与在潮土中得到的结果一致，即根际过程可以改变 DAP 在红壤中的转化过程。然而，不同作物对磷库的改变不同，玉米和蚕豆均降低了 Al-P，小麦降低了 Ca-P，说明作物种类会影响肥料磷的土壤转化过程。对农田土壤残留磷形态的研究中也发现，连续施肥导致土壤活性磷库和中度活性磷库的积累[42]。

4.2.2.3 不同磷肥的土壤转化过程比较

磷肥性质会影响肥料磷在土壤中的转化。DAP 和 SSP 均属于水溶性磷肥，不考虑作物种植情况，施入潮土后两种肥料的优先转化磷组分有所差异。DAP 优先转化为 Ca-P 和 Al-P，而 SSP 则优先转化为 Fe-P 和 Al-P。磷肥本身的性质是造成这种差异的根本原因，与 DAP（pH≈8.1）相比，SSP 刚施入土壤发生溶解时，其周围饱和溶液的 pH 值较低，约为 1.0 ～ 1.5。由于土壤具有缓冲能力，磷肥的初始 pH 值并不能显著改变土壤 pH 值。然而，初始 pH 值的差异可能导致肥料磷在土壤中形成不同类型的沉淀物。偏酸性的 SSP 较偏碱性的 DAP 对土壤矿物的破坏性强，从而促进土壤矿物的溶解，释放出更多 Fe^{3+}、Al^{3+}，与磷酸盐反应生成 Fe-P 和 Al-P 沉淀。DAP 优先转化为 Ca-P 则与钙质土壤中含有较多 Ca^{2+} 或碳酸钙类物质有关。种植作物后，作物的根际过程也可以改变肥料磷的转化，这一过程受肥料品种和作物类型调控。研究表明，在同一种土壤类型即潮土上，以 DAP 为磷源时，玉米降低了 Al-P，小麦降低了 Ca-P；以 SSP 为磷源时，玉米降低了 Fe-P，小麦降低了 Ca-P[37]。磷肥类型影响根际过程对肥料磷的转化，可能与其在土壤中的优先转化磷组分有关。此外，不同作物种类对肥料磷的转化影响不同。

4.2.2.4 土壤类型对DAP转化过程的影响

土壤性质会影响肥料磷在土壤中的转化。光谱法结果表明，不考虑作物种植情况，以 DAP 为磷源，施入潮土后优先转化为 Ca-P，而施入红壤则转化为 Al-P，土壤本身的性质是造成这种差异的根本原因。潮土中以钙离子和碳酸盐类物质为主，施入水溶性肥料后，大量的碳酸盐被溶解，释放出 Ca^{2+}，并与磷酸盐反应后转化成 Ca-P；酸性土壤中铁铝离子含量高，施入的 DAP 与 Al^{3+} 结合，并以 Al-P 的形式沉淀。种植作物后，不论土壤类型，作物处理下的各磷库均发生了不同程度的改变，且不同土壤类型上作物对磷库的改变不同，不同作物种类对磷库的改变也不同，这说明作物的根际过程可以改变肥料磷在土壤中的转化，这一过程受土壤类型和作物类型的调控。土壤类型影响根际过程对肥料磷的转化可能与土壤中的主要矿物类型不同有关。然而不同作物种类对肥料磷的转化影响不同，这可能与作物根际过程、土壤环境条件等有关。

4.2.3 施用磷肥对土壤中微量元素活性的影响

施用磷肥对土壤中微量元素和重金属的生物有效性和移动性具有重要意义。磷肥通常含有少量的锌（Zn）、铜（Cu）、镉（Cd）、锰（Mn）、镍（Ni）和铅（Pb）。Zn 也是动植物必需的微量元素。磷酸盐会增加土壤中 Zn 的吸附并减少 Zn 的解吸。磷的吸附反应会增加土壤阳离子交换量，从而导致 Zn 在三种不同土壤类型上的吸附能力增强 [43]。有研究也表明由于磷的吸附反应增加了负电荷数量从而增加了 Zn 的吸附 [44]。还有研究表明，磷酸盐吸附反应增强了 Zn 吸附与土壤有机质和 Fe 含量之间的相关性，Zn 吸附能力的增强可能是由于土壤颗粒表面负电荷增加和特定位点的产生造成的 [43]。磷肥的施用可使 Cu 和 Zn 的可提取性分别降低 88% 和 97%，它们的生物有效性也分别降低 43% 和 92%[45]。

4.3 磷的根际调控管理策略

根土界面（根际）是养分从土壤进入植物体内的重要门户，是植物体与土壤环境进行物质和能量交换的场所。无论是相对稳定的自然生态系统还是受人为扰动较大的农业生态系统，根际过程是植物与土壤环境及土壤生物等生命体相互作用的核心 [46]。随着对根-土-微生物互作过程理解的不断深入，地下这一“黑箱”中的复杂互作过程可以通过人为调控和管理优化根系与土壤环境以及与微生物间的相互作用，使之朝向绿色、可持续的方向发展。通过对根际环境各部分的调控或设计可以最大化作物生物学潜力提高养分，特别是磷的利用效率和生产力，改变了传统农业强烈依赖外部大量投入的格局。根际磷的调控管理策略与实现途径主要包括四个主要的方面：①育种选育具有优良根际性状与磷高效的品种；②通过管理措施改良土壤特性，提升磷获取的来源；③设计多样化种植体系，最大化植物种间相互作用，提高磷综合利用效率；④强化根系-微生物互作发挥土壤微生物磷活化吸收潜能，促进磷利用（图 4-4）。

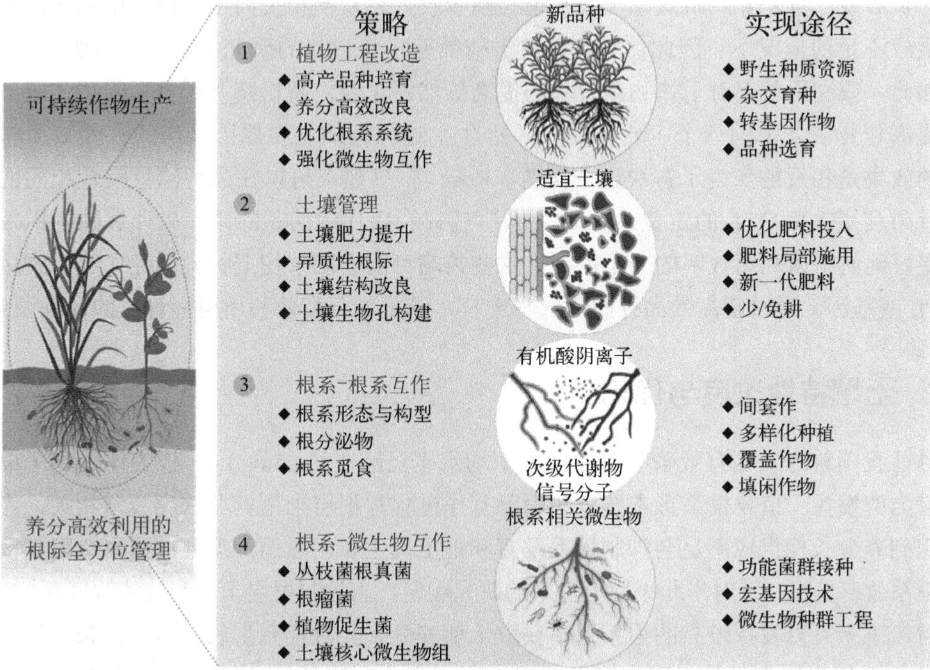

图 4-4 根际磷的调控管理策略与实现途径[47]

4.3.1 磷高效品种选育

磷高效品种的选育是实现根际调控管理效果最大化的基础。磷效率包括磷吸收效率和磷利用效率。磷吸收效率高品种的关键就在于其根际关键性状的优良，提升其根际磷活化吸收能力，例如通过改变根系结构，扩大磷吸收空间，使根系能够从土壤中吸收更多的磷；或者增加根际有机酸阴离子的渗出，促进土壤难溶性磷的活化再吸收；还可以通过丛枝菌根真菌的定殖，利用庞大的菌丝网络扩大根系磷吸收面积，增强植株对土壤磷的吸收。但是对于一些栽培品种，大量吸收的磷贮存在发育后期不再起作用的器官中，如衰老的叶片，不能被输送到需要磷来维持植株生长的器官中，导致磷利用效率较低；同时所吸收的磷更多以植酸盐的形态累积在种子中，造成相当大的田外环境问题，例如种子中的植酸盐不能被单胃动物消化，被排泄到河流和湖泊中，造成水体富营养化。因此，除了增强磷吸收效率外，对作物磷营养生理代谢过程进行探究，以最大限度地提高作物体内磷利用效率也同样重要。

通过解析磷吸收和利用相关性状的遗传基础将有助于磷高效作物的培育，现阶段在主要作物中已经鉴定了许多调控磷吸收和利用的数量性状基因座（QTL）。这将有助于理解磷高效的分子机制与培育磷高效作物。然而，影响磷效率相关性状的 QTL 通常是环境特异的，可以用于精细定位乃至图位克隆的稳定 QTL 则很少。通过分子标记辅助选择技术培育磷高效品种的进展比较有限，这主要是由于上位性 QTL 的存在及所用 QTL 的效应较小，而通过少数具有较大效应的 QTL 进行分子标记辅助选择才是有效的。养分效率与养分吸收和植物体内养分利用有关。作物养分效率的基因型差异通常被定义为不同基因型在某一养分缺乏土壤中的长势或产量差异。磷效率一般来说与磷吸收效率紧密相关而不是磷利用效率，尤其是在磷供应不足的情况下。因此，大多数关于磷效率相关性状的研究都集中在磷吸收效率上。尽管如此，磷利用效率对于作物磷效率的提高依然很重要，解析磷利用效率的遗传基础已经成为提高作物磷效率的一个主要瓶颈 [48]。产生上述问题的主要原因是磷的吸收效率和利用效率的效果是相反的。为了解决这个问题，Rose 等 [49] 建议可以在品种磷吸收量相同的条件下进行磷利用效率 QTL 的定位，Veneklaas[50] 建议利用代谢活跃的磷库来计算磷利用效率也许能更好地解析磷利用效率的分子机制。这些策略可能有助于挖掘特异调控作物磷利用效率的 QTL 或基因。通过磷高效品种的筛选与选育，满足养分高效利用根际管理的品种需求。

4.3.2 土壤特性改良与优化

目前我国耕地土壤有效磷（Olsen-P）平均水平已经高达 25mg/kg，极大地限制了根系生物学潜力的发挥。植物根系形态发育和根际互作过程与根层土壤养分浓度紧密相关，人们普遍意识到养分长期供应不足会抑制根系发育和地上部生长，然而，养分过量也会限制根系生长和根系效率发挥。针对华北平原上玉米的研究表明，当控制根层土壤有效磷浓度在 10mg/kg 附近时，玉米可以发挥较高的根系效率获取土壤养分，此时根系生长活力、根长、根表面积等以及菌根侵染均为最佳，同时可以获得地上部高产和降低磷的径流损失风险 [51]。这表明植物根系对根层供磷强度的响应依赖于土壤固有肥力水平，在肥力较低的土壤中，必须通过增加外部磷肥投入提高土壤磷肥力，通过促进根系形态建成保证作物在需磷关键期高效获取土壤磷；在肥力较高的土壤上，必须减少磷肥投入以控制根层磷浓度在合适的范围内，避免根系生长及根际过程被过高的养分浓度压制 [52]。因此，农业生产实践中根据作物生长需求并根据土壤肥力条件合理施用磷肥以控制合适的根层土壤磷浓度，对根系形态建成以及根-土-微生物互作过程至关重要，是提高磷综合利用率的关键所在。

养分资源在土壤中分布是不均匀的，表现出高度异质性，施肥、耕作、根系生长以及土壤生物化学过程是造成土壤养分异质性分布的重要原因。植物根系能够感知并响应土壤异质性养分分布。比如，局部供应磷和铵态氮后，玉米根系长度、侧根形成、酸性磷酸酶分泌和铵转运蛋白基因表达均显著增加，而且铵态氮诱导的根际酸化还提高了酸性磷酸酶活性，在养分斑块中根系形态学变化和生理学过程协同响应，共同促进了根系对土壤养分的吸收从而提高了养分资源利用效率。基于根系形态、生理响应土壤养分斑块原理的肥料条施技术（局部施肥）在农业生产中有较为广泛的应用，与传统撒施相比具有较高的肥料利用率，特别是对磷等土壤中难移动性的养分元素。但是，肥料局部施用的具体效果还应该综合考虑土壤性质、植物种类、肥料特性等因素，还要顾及土壤养分斑块，肥料局部条带属性，包括养分斑块大小和浓度、养分斑块分布以及斑块内的养分组成，才能有效发挥植物根系挖掘土壤养分的潜力。

我国市场流通的磷肥可大致分为低浓度磷肥和高浓度磷肥两大类，低浓度磷肥主要包括过磷酸钙和钙镁磷肥，高浓度磷肥包括磷酸铵类、硝酸磷肥、重钙及近年来兴起的新型磷肥磷酸脲、聚磷酸铵等。这些磷肥的化学性质及磷含量差异巨大，比如磷酸一铵水溶液 pH 值为 4.5，磷酸脲水溶液的 pH 值低于 2.0，是典型的酸性肥料，而磷酸二铵水溶液 pH 值达 8.0 为碱性肥料。由于不同种类磷肥化学性质迥异，施入土壤后对作物生长的影响也具有很大差异，比如相对于磷酸一铵，施用等磷量的重钙可以显著增加烤烟的叶片数、叶面积及株高；在玉米上的研究也证明钙镁磷肥、磷酸二铵和过磷酸钙的增产效应差异很大[53]。因此在进行肥料施用时不仅要考虑其用量、养分形态以及肥料类型，还需要对施用方式与植株匹配特性进行研究，以实现产量品质以及磷等养分效率最大化。

土壤结构决定了根系的拓展空间以及获取养分的区域范围，特别是影响了磷的吸收。体现土壤结构性特征的指标是土壤穿透阻力，影响土壤穿透阻力的主要土壤性质包括土壤有机质含量、水力特性含水量和水质基势、土壤质地以及土壤结构，这些因素不仅对土壤穿透阻力共同发生作用，因素内部之间也相互影响。土壤穿透阻力是影响根系在土壤中生长的最主要的物理因子之一，根系在土壤中生长必须克服土壤的压力和摩擦力，因此对于根系形态分布与地上部生长均有明显影响。不同土壤性质对穿透阻力的作用表现为土壤在特定尺度上是不均匀的，主要是指土壤孔隙和养分在土壤中的分布存在异质性，这种结构和资源存在空间异质性的土壤通常被称为结构性土壤。结构性土壤中，根系通过在松散的土壤或者孔隙中生长来克服局部机械阻力过高的情况。因此，土壤中可以被植物利用的孔隙数量及连通性通常被认为是限制植物生长的重要因素。土壤的紧实胁迫会降低植物对养分，特别是对磷的获取。紧实胁迫会破坏土壤孔隙网络结构，一方面这会增加土壤磷向根表运移的路径曲折度，另一方面土壤颗粒间距的减小也大大增加了磷被土壤颗粒吸附固定的概率，减缓其在孔隙网络中的移动。因此需要利用物理改良或者作物根系改良的方法改善土壤结构的压实问题，实现作物生长与磷养分利用协同提升。

4.3.3 根系互作提升磷活化利用

磷在土壤中移动性差，易被固定，生物有效性低，大多数土壤溶液中可溶性磷浓度只有 1 ～ 10mmol，显著低于植物组织内的磷浓度（5 ～ 20mmol）。如何提高土壤磷的生物有效性是作物高效利用磷资源的关键。植物可通过根系形态和生理代谢活动改变根-土界面过程，提高土壤磷的生物有效性和利用效率。作物根系空间构型在很大程度上制约磷的高效利用，理想的根构型表现为根系主要分布在含磷量较高的表层土壤中；同时，主根下扎较深，可吸收深层的水分并释放到表层土壤，促进表层土壤磷的活化与利用。根系高效获取磷的生物学潜力在很大程度上受控于外部供磷强度。在缺磷条件下，磷高效的玉米可以通过增加侧根密度，降低侧根长度和直径，以占据更多的土壤空间，提高根系与土体的接触面积，进而获取更多的磷资源。

除了根系构型的系统性反应以外，局部调控通过改变养分供应方式可进一步激发根系获取土壤累积磷的生物学潜力，高效获取土壤磷。局部供磷刺激根系大量增生，显著提高作物对表层磷的利用[54]。在华北钙质土壤上，局部施用铵态氮和磷显著增加玉米侧根的数量，刺激根系增生和质子释放，诱导强烈的根际酸化效应，通过强化根-土界面互作过程，提高了玉米对磷的吸收和利用[55]。玉米根系对养分的觅食策略受局部供磷和相邻植物根际效应的强烈修饰，根际动态互作过程引起的种间竞争与促进效应高度依赖作物的生长阶段，这对于集约化玉米体系协调磷资源分配和根际互作与竞争关系至关重要。

植物根分泌物是推动根-土界面互作过程，进而影响养分转化和利用效率的主要驱动力。以往研究大多集中在专一性根分泌物——低分子量有机酸对磷的活化方面，而大大忽视了对非专一性根分泌物作用的研究。作为碳源，根分泌物在根-土界面互作中发挥着关键作用，深刻影响根际土壤的物理、化学和生物学过程，包括根-土界面的微结构、团聚体形成、矿质养分溶解和微生物活动等，这些过程在时空尺度上存在强烈互作，从而影响作物对养分的高效利用。近年来，根际物理过程的研究进展为揭示根分泌物主导的根-土界面过程及其对根系获取磷的机制提供了新的手段和思路。研究发现，根分泌的多糖类物质在微团聚体形成中发挥重要的胶结作用[56]，根分泌的黏胶物质提高了土壤颗粒间的胶结程度，大大缩短土壤颗粒间的物理间距，在土壤颗粒之间形成“液桥”，增强介质的连续性，从而提高养分在根-土界面上的传输效率。

植物根系对根层供磷强度的响应依赖于土壤磷肥力水平。在供磷较低的土壤中，通过增加外部磷肥投入提高土壤磷浓度，调控根系生长，保证玉米幼苗在需磷的关键临界期高效获取磷，以满足玉米快速生长的需求。在土壤背景磷浓度较高的情况下，则主要是改变养分供应方式，通过局部养分调控激发根系获取土壤累积磷的生物学潜力，强化生物互作效应，高效获取土壤累积磷。与传统施磷技术相比，根际调控策略针对性强，靶向清晰，主要目的是为根系施肥，直接调控根系，最大化根系从土壤中获取养分的能力，而不是给土施肥调控土壤环境条件，这种根际调控策略充分考虑和发挥了根系自身获取土壤磷的生物学潜力。

4.3.4 根系-微生物互作与磷高效利用

养分高效是一个从土壤到植物、从微生物到作物生产多界面互作的系统过程。任何单一过程的研究都无法破解整个系统的运行机制，也就难以从整体上大幅度提高植物的养分利用效率。植物将光合产物输送到地下，驱动了地下多样化生命过程的运转。光合产物一部分用于支撑根系生长及其生理活动，另一部分以根分泌物的形式释放到根际环境中，极大地改变了根际土壤的物理、化学和生物学性质，招募和供养微生物，使根际成为植物-微生物、微生物-微生物互作最活跃的热点区域，成倍提升植物对土壤养分的活化与利用效率[57]。根-土界面相互作用过程并不是固定不变的。研究发现，玉米生长早期光合产物的合成有限，根系较小，根向土壤中分泌的碳源不足，微生物促进植物活化利用养分的能力受到限制，但早期的根分泌物释放对于根际微生物群落的建立具有重要作用。可见，根-土界面相互作用具有时空动态变化特征，但以往研究大多集中在单一时间点和单一过程方面，而对根-土界面互作的时空动态规律仍缺乏深入解析，作物全生育期的磷供需平衡与根际互作过程如何实现时空匹配，仍面临巨大挑战，这可能是制约根际磷效率研究突破的关键所在。

根际微生物可参与土壤磷循环，影响植物根系发育，甚至调控植物对低磷胁迫的响应。研究发现，土壤微生物（细菌和真菌）利用根分泌物等易获得的碳源，可快速从土壤有机物中矿化磷，并将其合成自身物质。在此过程中，解磷微生物类群具有重要作用。土壤微生物量磷被认为是土壤和陆地生态系统中重要的磷库，虽然仅占土壤全磷的0.4% ～ 7.5%，却是土壤磷周转的重要调控枢纽。微生物磷作为植物有效磷的重要来源，年周转量高达40 ～ 146kg/hm^2[58]。

根分泌物除了直接通过理化作用影响土壤磷的有效性，还可作为碳源深刻影响根际微生物群落结构和功能，从而提高根际磷的生物有效性。根分泌物及其代谢物会直接影响根际微生物的群落结构及其对养分的活化利用。同时，微生物也可通过影响植物代谢和生长间接增强植物对土壤磷的吸收。研究发现，微生物可调节植物激素水平，促进根系生长和养分的吸收利用。接种专性根际促生菌（PGPR *Variovorax paradoxus* 5C-2）后，在植物根部和根际会呈现乙烯前体ACC（1-氨基环丙烷-1-羧酸）的动态平衡，根际促生菌以ACC为生长的氮源和碳源，分解ACC降低根部乙烯的生成量，进而促进根系的生长[59]。

微生物与植物之间可形成互利合作关系，例如菌根真菌形成的菌丝可把远处的磷吸收并传递给根系。微生物过程同样影响植物对磷的利用效率，有益根际微生物在获得植物光合产物的同时对植物生长产生积极作用，菌根真菌和解磷细菌可提高植物对低磷土壤的耐受能力。随着生物技术的不断发展，基于土壤微生物组总DNA、RNA、蛋白质以及代谢产物的宏组学技术可以实现对根-土界面的功能微生物组群落结构和代谢物变化的原位检测，进而连接微生物群落结构及其功能，解析磷代谢相关微生物对土壤磷库及其转化效率的相对贡献。因此，通过微生物组学（扩增子测序、宏基因组、宏转录组和宏代谢组）技术，综合解析根际微生物群落结构、基因表达及其代谢产物变化之间的联系，明确根-土界面生物互作的时空变化规律，同时结合根系转录组、代谢组等分析手段，揭示根系与磷活化功能微生物类群协同作用的生物学效应与调控机制，对于深入理解根-土-微生物的互作过程，充分发挥土壤微生物在协调根层养分“供得上、保得住”，进而实现增产增效和提升作物系统稳定性方面的作用，具有重要的研究价值和生产实践意义。

4.4　磷肥创制与施用

磷是生命元素，基于其在植物营养和土壤中的特性，从狭义角度来说，磷通过营养与信号功能的发挥，促进植物生长，增强植物抗逆性，有效保障了作物产量与品质形成；从广义角度来看，磷肥已成为保障粮食安全、改善食物营养品质、提高资源利用效率、推动环境可持续发展等国家重大需求领域不可或缺的支撑物质，其创制与科学施用在工业生产与农业应用中具有重要的实践意义。

面向工业与农业绿色发展需求，当前磷肥行业从资源端到产品端，再到应用端均面临着巨大的挑战，磷矿资源枯竭与开采难度增加、磷肥产品同质化与竞争加剧、农用磷肥不合理施用导致利用效率低下与环境污染等问题凸显，传统产品创新思路与生产技术已不能有效满足当前绿色低碳发展需求，尤其是在21世纪人工智能技术快速发展大背景下，磷肥行业亟须探索新的转型升级路径[60]。未来需要以绿色化生产模式推动磷肥行业可持续发展，智能化技术创新引领磷肥行业变革，精准化施肥技术提升磷肥农田利用效率，并通过政策引导与支持推动磷肥行业转型升级。其绿色重点体现在采用先进的环保技术和设备，有效减少生产过程中的能耗和排放，强化对“三废”的治理与利用，尤其是堆存的磷尾矿、磷石膏等矿产养分资源，实现资源的循环利用和零排放，并开发可直接利用磷矿资源的技术与工艺体系；同时充分利用好其他非矿产养分资源途径，比如从废水中回收利用磷养分、开发可高效挖掘与利用土壤磷养分的技术/产品或微生物资源等（图4-5）。智能化则需要充分利用好人工智能技术以及智能调控植物-土壤-微生物的技术/产品，推动智能化技术与产品创新，通过大数据、云计算、物联网等技术的融合应用，实现磷肥生产、管理和销售的智能化升级；借助人工智能、植物营养学、合成生物学等现代技术，开发具有靶向调控根际界面高效利用磷的微生物资源或信号物质，研发可实时响应根系生长环境的材料或磷肥产品等（图4-5）。精准化重点针对磷肥不合理施用导致利用效率低下和环境污染的问题，强调工业生产与农业应用部门的协作，推广智能化、精准化施肥技术，通过土壤养分及时检测、作物生长实时监测等手段，精确掌握农田的养分需求和磷肥的施用时期，根据不同区域的土壤与目标作物需求，采用现代无人机、智能农机等农机设备，实现磷肥的精准施用，在保证作物高产稳产的前提下，充分提高磷肥利用率，最大化减少不合理施用磷肥对环境的污染（图4-5）。

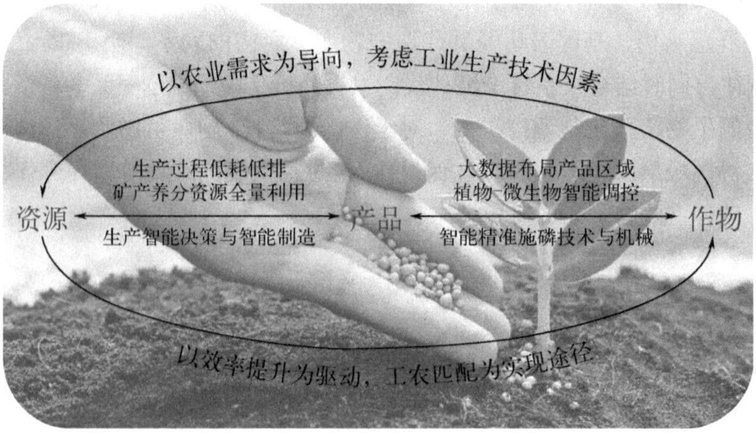

图4-5　绿色智能精准磷肥创新途径

4.4.1　磷肥产品创新主要进展

磷矿资源作为不可再生资源，根据目前的预测，全球磷矿开采只能维持几十年至300多年，因此，磷矿资源高效利用得到了全球科研界、产业界、政府部门等的持续高度关注，尤其是磷肥生产企业，不断探索如何创制绿色、高效磷肥产品，以期更好满足农业生产中土壤-作物系统的营养匹配需求，实现增产增效、提质减排等多重目标。从全球主要磷肥企业来看，在产品创新与创制的道路上做了很多有益的探索，也产业化了不少绿色、高效的磷肥产品。

4.4.1.1　以添加硫元素为主，维持磷养分高活性

国外大型磷肥企业特别注重磷肥产品创新，如美国美盛、摩洛哥 OCP、以色列化工集团等，均注重在磷铵产品中添加硫、锌等元素，以通过元素协同增效来提升肥料产品质量与行业竞争力。以美国美盛公司为代表，通过与科研院校紧密合作，尤其是注重将植物营养、土壤学与肥料产品创新设计、生产技术相结合，在 20 多年前就推出了含硫磷铵产品，并创新了相应的生产技术，独创的洋葱状结构的美可辛产品（N-P_2O_5-K_2O-S-Zn=10-42-0-10-1）销售价格是普通磷铵的 2 倍，在农业生产中得到了大面积应用，在我国年销量约为 4 万吨（实物量）。美盛磷铵系列产品以土壤缺硫与作物需硫为出发点，在磷铵肥料中添加硫养分，其中硫形态以硫酸盐和单质硫 1∶1 的比例来添加，硫黄磷互作能够有效降低肥料及周围土壤 pH 值，有利于活化土壤磷养分，保持磷肥长时间对植物有效，创造了磷养分高效的根层生长环境，利于作物长期吸收磷养分，其原理是硫酸盐与单质硫的酸性特点。已有研究表明，肥料中硫含量与土壤 pH 值呈现负相关的关系，添加硫养分有效降低了肥际土壤 pH 值，而土壤 pH 值下降，能够有效提高土壤有效磷含量，尤其是在碱性土壤中[61-62]。以石灰性土壤为例，硫酸根易与钙离子发生反应形成微溶性的硫酸钙，从而减少了磷酸根与钙离子反应产生养分退化的现象；在肥料中添加单质硫，在土壤中发生氧化反应，单质硫一方面生成了硫酸根，另一方面反应过程产生了氢离子，有效降低了土壤 pH 值，有利于保持土壤磷有效性，或者在产生氢离子（或者产酸）过程中活化了土壤中的难溶性磷养分，实现了肥料磷的高效供应与土壤磷的有效活化。全球 50% 的农田土壤缺或潜在缺锌，基于此背景以及含硫产品研发的基础，美盛公司开发出了具有独特的洋葱状结构的含硫与锌养分的美可辛，在添加硫的基础上增加了锌养分，添加量为 1% Zn。创新的包裹生产技术将锌与磷“隔离”开来，避免了锌离子与磷酸根发生反应形成难溶性物质，同时添加的硫单质在硫氧化过程中产生大量的酸，能够维持磷与锌养分的生物有效性。其创新的肥料产品设计理念与生产技术，达到了工业生产与农业需求的双赢，使产品服务于农业生产作物营养需求，有效实现了工农融合协同发展的目标，产品每年生产量达到了 100 万吨以上。但是由于其氮磷养分含量不能满足我国磷酸一铵、磷酸二铵肥料国家标准（GB/T 10205—2009）要求，目前以复合肥料在销售应用。除美国美盛以外，摩洛哥磷酸盐集团（OCP）、以色列化工集团（ICL）、美国科氏工业集团（Koch Industries）、俄罗斯 PhosAgro 集团等企业均在磷铵生产中添加了硫养分，以 PhosAgro 为例，生产的复合肥料、磷酸一铵、磷酸二铵含有 2.5% ～ 14% S，同时一些产品中含有 MgO。国外企业磷肥产品注重从作物营养需求角度出发，根据土壤和作物营养特点，设计并创制磷肥产品，为市场多样化的产品需求提供了一条很好的产品研发创制思路。

4.4.1.2　以添加生物活性物质为主，促进根系生长与磷吸收

在我国，肥料创新主要依赖于企业自主研发。当前国内磷肥产品创新主要是添加海藻

酸、腐植酸、氨基酸等生物活性物质增强根系生长、提高作物抗性等来促进磷吸收利用[63]。国内有大量的企业生产和应用生物活性物质提高肥料利用效率，增强肥料产品市场竞争力，国内相关部门也出台了相应的肥料国家或行业标准来推动产品规范生产与应用，也有大量的研究证明这类产品较传统产品能够提高作物产量、改善作物品质、降低环境排放。添加生物活性物质的肥料产品成为了肥料市场上重要的一类产品。

4.4.1.3 以中低品位磷矿、废水磷回收利用为主，实现养分资源循环利用

我国磷矿储量虽然位居世界第二，但总占有量不足世界的5%，并且富矿少。我国平均磷矿石品位远低于美国和摩洛哥；而且我国磷矿以胶磷矿居多，其杂质含量高，加之品位低导致开采难度大，使得资源回收率低；我国磷矿每年开采量巨大，占据世界每年开采总量的40%以上，迫切需要进一步提升资源综合利用效率[64-67]。在磷肥生产的过程中，每年产生了大量的尾矿和废石等资源，目前磷尾矿利用率只有17%，废石利用率只有1.2%[68]。另外，我国硫资源极度缺乏，对国外硫资源依赖度非常大，利用硫酸与磷矿生产磷肥，产生了大量的磷石膏，每年磷石膏生产量达到了7000万吨，综合利用率在2023年约为50%，虽然远超世界平均水平，但是我国长年堆积了有5亿吨磷石膏，不仅会占用耕地，还会导致水体环境污染[69-71]。因此，迫切需要开发新的技术来实现资源的全量利用，逐步探索利用尾矿、渣酸等磷资源，如金正大生态工程集团股份有限公司、四川大学王辛龙教授团队均利用尾矿和渣酸（或湿法磷酸）煅烧合成了具有缓释特性的聚磷酸钙镁产品，云南云天化股份有限公司利用磷尾矿生产非水溶性中量元素肥料、利用副产矿产养分资源形成绿色智能复合肥料等，形成了低成本高效率生产技术，在磷矿养分资源循环利用的产业化道路上迈出了重要一步[72-74]。

国际上基于养分资源循环利用与环境保护理念的需要，重视从废水或富营养化水体中回收利用磷养分，生产出磷酸铵镁（即鸟粪石）等产品，实现磷、镁资源的循环利用，WASSTRIP+PEARL磷回收技术与Airprex磷回收技术是应用较多的两种技术，代表性企业有加拿大Ostara养分回收技术公司、荷兰西阿姆斯特丹污水厂等。Ostara公司为美国芝加哥Stickney污水处理厂设计和建造了营养物质回收系统，以提升芝加哥饮用水水源的水质，保护当地的河流湖泊，并同时帮助污水厂提高资源利用率和降低投资运营成本。

（1）PEARL工艺

Ostara目前拥有多项专利技术，能够在经济可行的前提下帮助污水厂实现有效的营养物质回收和资源产品化。PEARL工艺是Ostara专门针对鸟粪石的综合性专利解决方案。该技术主要是在液化床反应器中控制化学结晶程度，使鸟粪石转化成高纯度的结晶颗粒。将氯化镁、氢氧化钠与蕴含丰富营养物质的废水相混合，混合液随之进入PEARL反应器，产生形如珍珠的鸟粪石小颗粒，当鸟粪石颗粒的直径到达0.9～3mm时就可以作为标准的肥料产品。

（2）WASSTRIP工艺

WASSTRIP（waste activated sludge stripping to recover internal phosphorus）就是要从剩余污泥中回收磷，并减少生物除磷的污泥脱水设备的损坏度，有效减少了聚合物在脱水工艺中的使用，改善回收工艺的可靠度与回收率。该工艺能够使厌氧消化罐中污水里的磷直接释放出来，并直接进入PEARL反应器中参与磷回收反应，极大地提高了磷的总体回收率。鸟粪石经常会形成并附着在设备上，堵塞管道、阀门等设备，长期下来会严重影响污水厂设备

的正常运行，因此污水厂常常会为清除鸟粪石垢和维护设备而花费大量资金。WASSTRIP 工艺能使污水中的磷绕开消化罐直接进入到 PEARL 反应器中，从而避免了鸟粪石附着堵塞消化罐设备。在应用 WASSTRIP 工艺后，消化罐中的鸟粪石形成率降低了 90%，有利于污水处理厂的稳定运行和成本控制。

鸟粪石在欧美国家进入工业化生产与大面积推广应用，在生产中取得很好的应用效果。国内虽有企业在研发相应的产品，但由于生产成本过高（7000 元 /t 以上），限制了其大面积推广应用，目前主要作为环保处理的副产物。废水处理中的鸟粪石沉淀法就是将镁离子加入到含有磷酸盐和氨氮的污水中，反应生成难溶的鸟粪石沉淀，以实现废水脱氮除磷。与传统活性污泥法相比，可以减少约 49% 的污泥体积，而且对实现氨氮资源回收具有重大意义。此外，鸟粪石是一种很好的含氮、磷、镁的肥料产品，已经有大量的研究证实了其作为肥料的效果，在土壤中能够缓慢释放养分，其中的磷养分不易被土壤所固定，因此，具有较高的养分利用效率。

4.4.2　磷肥产品创新与施用展望

4.4.2.1　利用大数据优化磷肥产品结构与施用，匹配土壤–作物系统养分需求

近 30 年来我国磷肥生产与应用取得了长足进步，成为了全球第一大磷肥生产与消费国，同时也积累了大量的农学应用效果数据。借助现代数据分析手段，比如机器学习、深度学习等智能算法，一是能够智能化布局产品销售与应用区域，有效避免了产品结构不合理布局引发的磷肥利用率低的问题；二是精准匹配气候-土壤-作物系统对磷养分的需求，基于大数据分析，整合土壤、作物、气候等多方面的数据，对磷肥的配方进行精确优化，制定出更加符合特定农田作物需求的磷肥配方，从而提高磷肥的针对性和有效性。

我国气候特点、土壤类型、种植作物均是多样化的，不同生产条件下土壤-作物系统对磷养分的需求是有差异的，土壤养分供应能力、作物养分需求特点是不同的，因此需要针对区域土壤-作物系统来智能设计与精准施用相应的磷肥产品。当前我国磷肥产量占世界磷肥总产量的 1/3 以上，但是产品结构以高浓度和水溶性较好的磷酸一铵和磷酸二铵为主，占据了磷肥总产量的 96%，低浓度磷肥产量只占 4%，远远不能匹配区域土壤-作物系统需求，且产品同质化竞争非常严重。以南方酸性土壤澳洲坚果为例，更适宜应用枸溶性磷肥，枸溶性磷能够有效促进排根发育，分泌大量有机酸而促进磷肥溶解与吸收利用，而实践生产中水溶性产品占了绝大多数，导致澳洲坚果排根发育受到严重限制，磷利用效率低下，迫切需要发展与澳洲坚果生长和营养特性相匹配的枸溶性磷肥产品 [75]。高养分浓度且水溶性较好的磷酸一铵和磷酸二铵是我国的主导磷肥产品，在生产实践易出现过量施用且磷释放快易被土壤固定等问题，从而降低了磷利用效率；从南方酸性土壤与北方碱性土壤大尺度上来讲，低养分浓度的碱性钙镁磷肥与酸性过磷酸钙肥料可很好地匹配这两类土壤，在补充磷养分的同时补充了钙、镁等养分，尤其是钙镁磷肥在南方酸化土壤上具有很好的改良效果，在当前我国土壤酸化较重的大背景下，具有非常强的应用价值；受限于生产能耗较大、经济效益不佳等因素，钙镁磷肥在我国目前年施用量只有不到磷肥总用量的 1%，很大一部分产品用于出口

日本、韩国、东南亚等国家或地区，尤其是在日本钙镁磷肥得到了很好的发展，其销售价格超过了尿素。国内也有少量钙镁磷肥产品作为土壤调理剂在市场上流通，但其价格远高于相应的肥料产品，且用量也很低，不能真正发挥产品应有的功效。英国、德国、法国、巴西等国家在发展磷酸铵的同时，特别重视重过磷酸钙肥料产品的应用，能够有效补充钙和磷，拓展了磷肥产品结构，同时高效利用了磷矿资源，减少了磷石膏的产生。由于磷在土壤中非常容易被固定或吸附，导致农田磷利用率为20%左右，美国在传统磷铵的基础上发展了聚磷酸铵产品，是一种速效与缓效磷结合的产品，且水溶性好，磷利用率可以达到30%以上，而且能够螯合土壤中的金属离子，供作物吸收利用，增强作物对土壤中微量元素的利用，在美国得到了大面积推广应用，2018年美国农用聚磷酸铵产量占全球产量的90%。目前，聚磷酸铵在我国仅有少量生产，且聚合度分布以二聚为主，不能真正实现速效与缓效的结合，导致产品增效潜力不能得很好发挥，而美国则可以控制2～9聚合度的分布[76]。我国正在探索相应的聚磷酸铵聚合度控制生产技术，以期为水肥一体化等生产应用场景提供高品质磷肥。

4.4.2.2 开发矿产养分资源全量利用绿色技术，有效降低排放实现低碳生产

磷肥作为工业生产与农业应用的重要物资，是连接工农业绿色发展的重要纽带，尤其是我国当前全面推进工农业绿色转型发展的阶段，磷肥成为了支撑绿色转型发展的重要物质。我国磷肥工业和农业绿色发展均面临着生产环境代价大、资源利用效率低等重大挑战，尤其是在磷肥生产过程中产生了大量的养分资源，无法实现高效利用，比如磷尾矿、磷石膏等。迫切需要针对关键难题，结合我国工业与农业国情特点，大力开展矿产资源养分全量利用的技术突破，通过全程利用、再利用、中间品、伴侣型等策略实现对矿产养分资源的最大化利用，为工农交叉融合创新绿色智能肥料产业发展提供解决方案，为推动磷肥产业绿色转型升级提供技术支撑[73]。

我国磷矿储量不足世界的5%，并且富矿少，杂质含量高，磷矿综合利用率较低，生产过程产生的副产或废弃养分资源量大，迫切需要进一步提升资源综合利用效率。经过多年的堆存，这些废弃资源产生了大量的环境问题，迫切需要开发新的技术来实现资源的全量利用，逐步探索利用尾矿、渣酸等资源。由于我国国情特点和国家战略发展需求，必须做好磷石膏资源综合利用，有效减轻环境问题带来的发展压力。目前已经在西南地区形成了磷石膏资源综合利用集聚区，鲁北化工磷石膏制硫酸联产水泥技术、开磷集团磷石膏改性制备内墙装饰板技术以及连续浇铸移动成型磷石膏制石膏砌块、磷石膏制蒸压标砖生产等，被国家发展改革委评选为全国循环经济试点单位，均有效促进了磷资源的高效循环利用，推动了行业可持续发展。从碳排放上来看，我国每生产1单位的磷酸一铵和磷酸二铵（以1t P_2O_5 折纯养分计），碳排放系数达到了0.74t和1.109t CO_2 eq，是欧洲平均水平的2.0倍（0.369t CO_2 eq）和2.2倍（0.514t CO_2 eq）。由此可见，我国磷肥行业还需要加快绿色低碳清洁生产技术的突破，尤其是“碳达峰、碳中和”大背景下，行业发展在未来将亟须产生突破性技术，有效解决环境排放大的问题。

4.4.2.3 创新发展智能调控磷肥产品，最大化提升磷利用效率

面向新时期农业绿色发展，磷肥产品创新将面临巨大的挑战。近年来，植物营养学在磷

养分高效利用的分子机理、植物-微生物相互作用、根际互作与微生态调控和农田磷养分高效管理等方向上取得了许多重要成果，为创制智能调控磷养分高效利用的产品或材料提供了很好的思路。基于当前我国农业生产面临着保障粮食安全、磷资源高效利用与环境可持续发展等多重挑战，需要围绕“根际生命共同体”的学术思路，在“植物-根系-根际-菌丝际-土体及其微生物”根际生命共同体理论框架下，深入探索植物-微生物、微生物-微生物在磷素转化与利用中的关键界面互作机制，明确磷养分根际生命共同体的结构特征、功能属性及其在磷素活化、吸收与高效利用中的具体作用机理[57]。在此基础上，建立互作增效的生物学调控新策略，创制智能靶向调控根际界面磷养分高效活化、吸收与利用的磷肥产品或提高磷利用效率的新材料。这既需要结合现代智能技术手段，例如利用人工智能技术与模型来高效鉴定根际核心微生物，实现植物第一、第二基因组精准匹配，深入揭示互作机制并形成调控手段，又需要利用根际微生物组测序技术，解析作物根际微生物群落结构，筛选磷高效利用的关键微生物，开发富含磷高效利用微生物的菌剂（如解磷细菌、菌根真菌等）或者防磷固定、活化难溶性化合物的新材料（如有机酸、高分子材料等），靶向调控根际微生态环境，促进磷的生物活化与吸收利用，实现植物与微生物的协同增效，并有效调控磷肥供给与作物磷需求的精准匹配，维持土壤磷库的动态平衡，确保作物持续、稳定地获取磷素。在农业应用过程中，利用智能传感器实时监测土壤磷含量及其形态分布，结合作物生长模型和气象数据，评估作物磷需求及土壤磷供应潜力，通过大数据分析，建立土壤磷素动态变化模型，根据作物生长阶段和磷需求特性，制定磷肥供给方案，包括种类、用量、施用时间和方式，构建智能施肥控制系统，自动调节施肥量、施肥时间和施肥方式，为精准施肥提供依据。

面向绿色发展的肥料产品不仅具备提供作物养分、增加作物产量、改善作物品质的基本功能，还需充分发挥作物生物学潜力，精准调控根系周围养分供应，做到养分智能释放，满足作物养分实时需求。需要充分挖掘作物生物学过程、土壤养分供应能力、新材料 / 新物质载体调控能力（养分释放能力、活化土壤养分能力、调控根系生长能力等）、智能匹配当地气候与生产条件，能够有效增强作物抗逆能力，最大化养分利用效率，实现资源利用最大化、环境排放最小化等目标，充分满足农业绿色发展的战略目标需求[77]。已有不少研究者提出，利用新材料制成能够智能响应环境变化的高效肥料产品。中国农业大学研究团队利用滴施激发碳能够强化土壤微生物磷活化能力，提高土壤水溶性磷浓度，从而促进作物生长的原理，在田间建立了“激发碳”技术，通过滴施激发碳溶液可获得与施磷肥相同的作物产量，每滴施 1kg 激发碳可节省 0.67kg 磷肥（P_2O_5），相应成果已实现产业化转化与应用[78]。在产业化上，目前已经利用生物工程技术充分发挥微生物挖掘和利用养分的潜力，推出了能高效溶解土壤磷养分的微生物产品，并进行了农业应用，说明了微生物在现代肥料产品创新上的应用潜力巨大。上述创新探索充分证明，未来肥料产品创新需要立足于多学科交叉，构建工农融合创新平台，从磷资源全链条来创新创制绿色高效产品，利用化学工程、生物工程、高分子材料学、微生物学、植物营养学、土壤学等原理知识与技术，面向区域土壤-作物系统的生产与营养特点，设计高效的磷肥产品，以减少土壤磷固定、增强根系磷吸收、提高磷资源利用效率为出发点，形成具备充分挖掘土壤养分供应能力，有效发挥作物生物学潜力，高效智能调控并供应作物根系养分能力的创新型智能肥料产品。

总体而言，目前绿色智能磷肥创制处于前沿开发阶段。为推动工业化规模生产与应用，我们需要深入系统地理解植物-根系-土壤及其微生物的互作过程及调控机制，并建立生物学调控技术途径，旨在形成能够智能响应土壤-作物系统的肥料产品。这将从原理调控层面大幅提升土壤-作物系统的养分效率，从而确保粮食安全、资源高效、营养健康和环境保护等多目标的协同实现，为磷肥产品创新、产业绿色发展及农业可持续发展开辟新途径。并需要充分利用好数字智能设计、智能决策、智能制造、智能施用等技术，打破传统工厂和研发范围的限制，实现创新驱动的产品设计、生产过程和农业应用，引领行业向更高效、更环保、更智能的方向迈进，推动行业向绿色化、数字化、智能化快速转型发展，为工业与农业现代化和粮食安全提供更加坚实的支持。

参考文献

[1] El Mazlouzi M, Morel C, Chesseron C, et al. Contribution of external and internal phosphorus sources to grain P loading in Durum Wheat (*Triticum durum* L.) grown under contrasting P levels. Frontiers in Plant Science, 2020, 11: 870-880.

[2] El Mazlouzi M, Morel C, Robert T, et al. Phosphorus uptake and partitioning in two durum wheat cultivars with contrasting biomass allocation as affected by different P supply during grain filling. Plant and Soil, 2020, 449: 179-192.

[3] Larkins B A, Vasil I K. Cellular and molecular biology of plant seed development. Advances in Cellular and Molecular Biology of Plants. 1997.

[4] Chien P S, Chiang C P, Leong S J, et al. Sensing and signaling of phosphate starvation: from local to long distance. Plant and cell physiology, 2018, 59(9): 1714-1722.

[5] Péret B, Clément M. Nussaume L, et al. Root developmental adaptation to phosphate starvation: better safe than sorry. Trends in Plant Science, 2011, 16(8): 442-450.

[6] López-Bucio J, Cruz-Ramırez A, Herrera-Estrella L. The role of nutrient availability in regulating root architecture. Current Opinion in Plant Biology, 2003, 6(3): 280-287.

[7] Wang X, Shen J, Liao H. Acquisition or utilization, which is more critical for enhancing phosphorus efficiency in modern crops? Plant Science, 2010, 179: 302-306.

[8] Sakano K. Proton/Phosphate stoichiometry in uptake of inorganic phosphate by cultured cells of *Catharanthus roseus* (L.) G. Don. Plant Physiology, 1990, 93(2): 479-483.

[9] Karandashov V, Bucher M. Symbiotic phosphate transport in arbuscular mycorrhizas. Trends in Plant Science, 2004, 10(1): 22-29.

[10] Gross K L, Pregitzer K S, Burton A J. Spatial variation in nitrogen availability in three successional plant communities. Journal of Ecology, 1995, 83(3): 357-367.

[11] Marschner H, Marschner P. Marschner's mineral nutrition of higher plants. 3rd ed. New York: Academic Press, 2012.

[12] Lamont B. Root hair dimensions and surface/volume/weight ratios of roots with the aid of scanning electron microscopy. Plant and Soil, 1983, 74: 149-152.

[13] Lamont B B. Structure, ecology and physiology of root clusters-A review. Plant and Soil, 2003, 248: 1-19.

[14] Neumann G, Massonneau A, Langlade N, et al. Physiological aspects of cluster root function and development in phosphorus-deficient white lupin (*Lupinus albus* L.). Annals of Botany, 2000, 85: 909-919.

[15] Sas L, Rengel Z, Tang C. The effect of nitrogen nutrition on cluster root formation and proton extrusion by *Lupinus albus*. Annals of Botany, 2002, 89(4): 435-442.

[16] Gilbert G, Knight J, Vance C, et al. Acid phosphatase activity in phosphorus-deficient white lupin roots. Plant, Cell & Environment, 1999, 22: 801-810.

[17] Lynch J P, Brown K M. Topsoil foraging-an architectural adaptation of plants to low phosphorus availability. Plant and Soil, 2001, 237: 225-237.

[18] Bates T, Lynch J. Stimulation of root hair elongation in Arabidopsis thaliana by low phosphorus availability. Plant, Cell & Environment, 1996, 19: 529-538.

[19] Ohwaki Y, Hirata H. Differences in carboxylic acid exudation among P-starved leguminous crops in relation to carboxylic acid contents in plant tissues and phospholipid level in roots. Soil Science and Plant Nutrition, 1992, 38(2): 235-243.

[20] Johnson J F, Allan D L, Vance C P. Phosphorus stress-induced proteoid roots show altered metabolism in *Lupinus albus*. Plant Physiology, 1994, 104: 657-665.

[21] Watt M, Evans J R. Proteoid roots. Physiology and development. Plant Physiology, 1999, 121: 317-323.

[22] Hoffland E. Quantitative evaluation of the role of organic acid exudation in the mobilization of rock phosphate by rape. Plant and Soil, 1992, 140: 279-289.

[23] Jones D L. Organic acids in the rhizosphere-a critical review. Plant and Soil, 1998, 205: 25-44.

[24] Ae N, Arihara J, Okada K, et al. Uptake mechanism of iron-associated phosphorus in pigeonpea growing on India Alfisol and its significance to phosphorus availability in cropping systems. Agricultural and Food Sciences, 1990.

[25] Gerke J, Beißner L, Römer W. The quantitative effect of chemical phosphate mobilization by carboxylate anions on p uptake by a single root. I. The basic concept and determination of soil parameters. Journal of Plant Nutrition and Soil Science, 2000, 163: 207-212.
[26] Hedley M, White R, Nye P. Plant-induced changes in the rhizosphere of rape (*Brassica napus* Var. Emerald) seedlings. New Phytologist, 1982, 91: 45-56.
[27] Hinsinger P, Plassard C, Tang C, et al. Origins of root-mediated pH changes in the rhizosphere and their responses to environmental constraints: A review. Plant and soil, 2003, 248: 43-59
[28] Peek C, Robson A D, Kuo J. The formation, morphology and anatomy of cluster root of *Lupinus albus* L. as dependent on soil type and phosphorus supply. Plant and Soil, 2003, 248(1/2): 237-246.
[29] Logsdon S D, Reneau R B, Parker J C. Corn seedling root-growth as influenced by soil physical properties. Agronomy Journal, 1987, 79(2): 221-224.
[30] Parsons R. Handbook of Electrochemical Constants. New York: Academic Press, 1959.
[31] Ponnamperuma F N. The chemistry of submerged soils. Advances in Agronomy, 1972, 24: 29-96.
[32] Holford I C R, Patric J W H. Effect of reduction and pH changes on phosphate sorption and mobility in an acid soil. Soil Science Society of America Journal, 1979, 43: 292-297.
[33] Fageria N K, Carvalho G D, Santos A B, et al. Chemistry of lowland rice soils and nutrient availability. Communications in Soil Science and Plant Analysis, 2011 42: 1913-1933.
[34] Fageria N K, Mores O P, Vasconcelos M J. Upland rice genotypes evaluation for phosphorus use efficiency. Journal of Plant Nutrition, 2013, 36: 1868-1880.
[35] Sanchez C A. Phosphorus. Florida: CRC Press, 2007.
[36] Sutton C D. Effects of low temperature on phosphate nutrition of plants: A review. Journal of the Science of Food and Agriculture, 1969, 20: 1-3.
[37] 唐小梅．根际中磷肥转化过程及驱动因素解析．北京：中国农业大学，2020.
[38] Hesterberg D. Developments in Soil Science. Elsevier, 2010, 34: 313-356.
[39] 金亮，周健民，王火焰，等．石灰性土壤肥际磷酸一钙的转化及肥料磷的迁移．土壤学报，2009(41): 72-78.
[40] Wang L, Nancollas G H. Calcium orthophosphates: crystallization and dissolution. Chemical Reviews, 2008, 108(11): 4628-4669.
[41] Sato S, Solomon D, Hyland C, et al. Phosphorus speciation in manure and manure-amended soils using XANES spectroscopy. Environmental Science and Technology, 2005, 39(19): 7485-7491.
[42] Liu J, Hu Y, Yang J, et al. Investigation of soil legacy phosphorus transformation in long term agricultural fields using sequential fractionation, P K-edge XANES and solution P NMR spectroscopy. Environmental Science and Technology, 2015, 49(1): 168-176.
[43] Xie R J, Mackenzie A F. Effects of sorbed orthophosphate on zinc status in three soils of eastern Canada. Journal of Soil Science, 1989, 40(1): 49-58.
[44] Saeed M, Fox R L. Influence of phosphate fertilization on zinc adsorption by tropical soils. Soil Science Society of America Journal, 1979, 43(4): 683-686.
[45] Geebelen W, Ruttens A, Carleer R, et al. Evaluation of cyclonic ash, commercial Na-silicates, lime and phosphoric acid for metal immobilisation purposes in contaminated soils in Flanders (Belgium). Environmental Pollution, 2006, 144(1): 32-39.
[46] Zhang F, Shen J, Zhang J, et al. Rhizosphere processes and management for improving nutrient use efficiency and crop productivity: implications for China. Advances in Agronomy, 2010, 107: 1-32.
[47] Wang L, Rengel Z, Zhang K, et al. Ensuring future food security and resource sustainability: insights into the rhizosphere world beneath our feet. iScience, 2022, 25(4): 104-168.
[48] Wang X, Yan X, Liao H. Genetic improvement for phosphorus efficiency in soybean: a radical approach. Annals of Botany, 2010, 106(1): 215-222.
[49] Rose T J, Rose M T, Pariasca-Tanaka J, et al. The frustration with utilization: why have improvements in internal phosphorus utilization efficiency in crops remained so elusive?. Frontiers in Plant Science, 2011, 2: 73-78.
[50] Veneklaas E J, Lambers H, Bragg J, et al. Opportunities for improving phosphorus-use efficiency in crop plants. New Phytologist, 2012, 195(2): 306-320.
[51] Deng Y, Chen K, Teng W, et al. Is the inherent potential of maize roots efficient for soil phosphorus acquisition?. PLoS One, 2014, 9(3): e90287-e90296.
[52] Shen J, Wang L, Wang X, et al. The root systems in sustainable agricultural intensification. Chichester: John Wiley & Sons Ltd, 2021, 121-157.
[53] Wang L, Rengel Z, Cheng L, et al. Coupling phosphate type and placement promotes maize growth and phosphorus uptake by altering root properties and rhizosphere processes. Field Crops Research, 2024, 306(1): 109225-109234.
[54] Wang L, Shen J. Root/rhizosphere management for improving phosphorus use efficiency and crop productivity. Better Crops with Plant Food, 2019, 103(1): 36-39.
[55] Jing J, Rui Y, Zhang F, et al. Localized application of phosphorus and ammonium improves growth of maize seedlings by stimulating root proliferation and rhizosphere acidification. Field Crops Research, 2010, 119(2/3): 355-364.
[56] Totsche K U, Amelung W, Gerzabek M H, et al. Microaggregates in soils. Journal of Plant Nutrition and Soil Science, 2018, 181(1): 104-136.
[57] 申建波，白洋，韦中，等．根际生命共同体：协调资源、环境和粮食安全的学术思路与交叉创新．土壤学报，2021, 58(4): 805-813.
[58] Bünemann E K, Keller B, Hoop D, et al. Increased availability of phosphorus after drying and rewetting of a grassland soil: processes and plant use. Plant and Soil, 2013, 370: 511-526.
[59] Jin K, Li H, Li X, et al. Rhizosphere bacteria containing ACC deaminase decrease root ethylene emission and improve maize root

growth with localized nutrient supply. Food Energy Security, 2021, 10: 275-284.
[60] 王钰，温倩，尚建壮，等. 传统化工行业“十三五”回顾和“十四五”发展展望（二）. 化学工业，2021, 39(1): 9-16.
[61] Jaggi R C, Aulakh, M S, Sharma R. Impacts of elemental S applied under various temperature and moisture regimes on pH and available P in acidic, neutral and alkaline soils. Biology Fertility of Soils, 2004, 41: 52-58.
[62] Zheng D, Lyu Y, Ros G H, et al. Heterogeneous co-supplies of phosphorus, sulfur and carbon enhance phosphorus availability by improving rhizosphere processes in a calcareous soil. Plant and Soil, 2024, 502: 195-210.
[63] 冯尚善. 新型肥料产业现状分析与发展展望. 磷肥与复肥，2022, 37(7): 9-11.
[64] 候杰，雷琼. 我国磷矿资源开发利用现状分析. 磷肥与复肥，2024, 39(5): 29-31, 34.
[65] 胡敏. 我国磷矿产业现状与发展趋势. 磷肥与复肥，2023, 38(11): 1-5.
[66] 李维，高辉，罗英杰，等. 国内外磷矿资源利用现状、趋势分析及对策建议. 中国矿业，2015, 24(6): 6-10.
[67] 苗俊艳，齐帅亮，侯翠红，等. 磷矿资源绿色全量利用技术研究现状及突破思路. 化学与生物工程，2024, 41(5): 1-8.
[68] 张汉泉，许鑫，胡超杰，等. 磷化工固体废弃物综合利用技术现状. 中国矿业，2021, 30(4): 50-55, 63.
[69] 崔荣政，白海丹，高永峰，等. 磷石膏综合利用现状及“十四五”发展趋势. 无机盐工业，2022, 54(5): 1-7.
[70] 姜国庆，田华，高璐阳. 工业固废磷石膏综合治理现状及对策. 云南化工，2024, 51(7): 4-7.
[71] 欧志兵，杨文娟，何宾宾. 国内外磷石膏综合利用现状. 云南化工，2021, 48(11): 6-9.
[72] 苗林平，许淼，王辛龙，等. 聚磷酸钙镁的制备研究. 无机盐工业，2022, 54(9): 63-68.
[73] 张福锁，黄成东，申建波，等. 绿色智能肥料：矿产资源养分全量利用的创新思路与产业化途径. 土壤学报，2023, 60(5): 1203-1212.
[74] 郑建国，于南树，刘永秀，等. 利用磷尾矿合成新型缓释肥料聚磷酸钙镁的试验研究. 化工矿物与加工，2019, 48(7): 64-67, 71.
[75] 董倩倩，赵鑫，倪书邦，等. 澳洲坚果的营养特性与施肥管理途径. 中国南方果树，2020, 49(1): 149-154.
[76] 许德军，钟本和，张志业，等. 水溶性聚磷酸铵的制备及应用研究进展. 化工进展，2021, 40(1): 378-385.
[77] 张福锁，申建波，危常州，等. 绿色智能肥料：从原理创新到产业化实现. 土壤学报，2022, 59(4): 873-887.
[78] Zhang L, Peng Y, Zhou J, et al. Addition of fructose to the maize hyphosphere increases phosphatase activity by changing bacterial community structure. Soil Biology and Biochemistry, 2020, 142: 107724-107733.

中国肥料研究与应用全书

Books of Fertilizer Research and Application in China

FERTILIZER

第5章

钾营养与钾肥创新

随着生产发展和社会进步，人民对美好生活的需求不断增长，对农产品的需求逐渐向多样化、优质化和高端化演变，农产品提质增效已成为我国现代农业发展的新需求和新目标。作为重要的“品质”和“抗逆”元素，钾肥的施用能明显改善作物品质，增强对生物和非生物胁迫的抗性，合理施用钾肥成为当前农业“绿色-高产-优质-高效”生产新形势的关键技术。然而由于可溶性钾矿资源短缺，我国钾肥的自给率仅为50%，国际钾肥价格的波动严重影响了我国农业生产和粮食安全。在农业提质增效的新形势下，如何用好钾肥直接关系到国家粮食安全以及人民的美好生活。

与氮磷肥相比，钾肥种类少、施肥技术相对简单，但钾肥成本高，钾高效肥料产品的创制以及精准化、智能化施用是肥料行业和农业绿色可持续发展的迫切需求。绿色智能肥料的理念为解决新时期钾肥创新提供了重要研究范式和解决方案，本章系统梳理了植物钾素营养功能和钾素需求、土壤钾素转化过程及影响因素，讨论了作物钾肥高效施用技术，为构建匹配土壤、作物和气候环境的绿色智能钾肥创制提供参考和实践指导。

5.1 植物钾营养特性

绿色智能肥料创制首先要深入理解作物生长特性和营养元素的功能，在时间和空间上实现肥料供应与作物需求的匹配。钾在促进作物增产方面的功能是其高效施用的基础，但在当前新的挑战下（气候多变导致作物生产中逆境胁迫增加以及人们对作物品质要求的提高），钾在改善作物品质和增强抗逆性方面的作用变得尤为关键。

5.1.1 钾的主要营养功能

钾是植物生长发育所必需的矿质元素，也是植物细胞中含量最多的阳离子，主要分布在液泡和细胞质中。K^+ 在细胞内所处位置的不同，其功能也存在明显差异[1]。液泡中的 K^+ 主要影响细胞生物物理功能，如细胞水分状况、叶片细胞生长和运动、电荷平衡等；细胞质中的 K^+ 则主要影响其生化代谢功能，如酶活性和有机物合成、光合作用和呼吸作用、同化物的运输等。

5.1.1.1 保障酶类活性

目前已知大约有60多种酶需要钾离子作为活化剂，主要涉及蛋白质和糖类物质合成与代谢等过程[2]。K^+ 通过诱导酶蛋白构象的变化来提高催化反应的最大速率（V_{max}），还可能提高酶与底物的亲和力（K_m）。严重缺钾或者长时间缺钾导致细胞质 K^+ 下降，细胞质内酶类活性的降低除缺乏激活因子（K^+）外，还和细胞质最佳 pH 值的改变有关。钾能活化的酶包括合成酶类、氧化还原酶类和转移酶类，其中对缺钾胁迫最为敏感的是丙酮酸激酶和磷酸丙糖激酶，缺钾胁迫下丙酮酸激酶活性的降低是导致拟南芥根系代谢紊乱的主要原因[3]。研究表明，一价阳离子能激活淀粉合成酶，而 K^+ 的活化能力最强（最佳浓度为50～100mmol/L），促进淀粉合成的效果最好[4]。此外，K^+ 的另一个重要作用是激活膜结合质子泵 H^+-ATPases，从而促进根系对环境介质中 K^+ 的跨膜吸收。

钾对酶类活性的影响最终会改变细胞内代谢过程，如缺钾植物体内大分子物质（蛋白质、淀粉和纤维素）的合成酶受损，导致植株体内主要代谢过程随之改变，可溶性碳水化合物（尤其是还原糖）和可溶性有机氮化合物（尤其是低碳氮比带正电的氨基酸）显著增加，而硝酸盐、有机酸、带负电荷氨基酸和丙酮酸等的含量显著降低[3]。

5.1.1.2 促进蛋白质合成

K^+ 一方面通过与蛋白质折叠区域的羰基和核糖体上的羟基相互作用来维持核糖体功能稳定，另一方面激活蛋白质合成相关的酶类活性来加速蛋白质合成[5]。植物细胞质内蛋白质合成所需的最佳 K^+ 浓度在 100 ～ 200mmol/L，略高于最大酶类活性所需的浓度。当供钾不足时，细胞质内 K^+ 浓度降低，影响氮代谢和蛋白质合成相关酶类的活性，如钾是氨酰tRNA合成酶和多肽合成酶的活化剂，充足钾供应能促进蛋白质和谷胱甘肽的合成。缺钾胁迫植株体内氨基酸聚合作用减弱，蛋白质合成减少，可溶性氨基酸（尤其是高氮碳比值的氨基酸）含量显著增加。不仅如此，有时植物组织中原有的蛋白质也会分解，导致氨中毒，即在局部组织中出现大量异常的含氮化合物，如腐胺和鲱精胺等。

植物体内高 K^+ 显著抑制腐胺的合成，而缺钾时细胞内 pH 值下降激活腐胺合成相关酶类活性，腐胺合成显著增加，甚至可达到正常供钾的 150 倍，因此腐胺被认为是植物缺钾的生物标志物[6]，建议可用作物体内含胺量作为判断土壤供钾能力和确定钾肥用量的参考指标。一定浓度腐胺的累积有助于细胞内电荷平衡，并对 H^+-ATPase 产生刺激作用，从而影响离子的吸收和分配，实现细胞离子的内稳态；但当腐胺等多胺类物质在细胞内浓度达到 0.15% ～ 0.20% 时，会对细胞产生毒害，从而导致叶片出现斑块状坏死组织。

5.1.1.3 调节植株水分平衡

钾是植物体内重要的渗透调节物质，对植株整体、器官以及细胞的水分平衡有重要的调节作用。对于植物而言，钾素供应充足能提高根系水通道蛋白活性，增强根系的吸水能力[7]；也能提高木质部汁液中 K^+ 浓度，促使木质部导管壁纹孔膜的果胶体积变小，减小木质部水分运输阻力[8]；中长期缺钾胁迫还会降低双子叶叶脉密度以及单子叶叶脉维管束大小，从而影响水分在叶片内的运输[9]。可见钾在保障植株体内水分供需平衡上具有重要意义。

钾在调控植物器官运动上具有重要作用。叶片运动有利于提高植株光能截获或降低高光对叶片的损伤，该过程主要受运动器官（如叶枕）细胞膨压大小的影响。液泡内离子（包含 K^+、Cl^- 和苹果酸根等）浓度的增加或降低导致运动器官对侧细胞膨压的改变，从而诱发叶片的运动。有研究表明在菜豆叶片向上运动的过程中，叶枕细胞质外体 K^+ 浓度从 50mmol/L 下降到 10mmol/L，pH 值则从 6.7 降低至 5.9；而在叶片向下运动的过程中，叶枕细胞质外体 K^+ 和 pH 值均有所恢复[10]。

K^+ 主要以离子状态存在于细胞质溶胶和液泡中，它的累积能调节胶体状态，也能调节细胞水势。细胞内 K^+ 浓度较高时，渗透势增加，促进细胞从外界吸收水分，使细胞充水膨胀。只有当渗透势和压力势达到平衡时，细胞才停止吸收水分。缺钾时，细胞吸水能力差，胶体保持水分的能力也小，细胞失去弹性，植株和叶片易萎蔫。植物细胞的扩展也和细胞内 K^+ 的累积所引起的细胞膨压增加密切相关。缺钾显著降低叶片面积、细胞大小及细胞膨压，降低叶片的扩展速率，而供钾充足的植株，叶片和植株的生长速度均较快。

5.1.1.4 维持阴阳离子平衡

K^+ 在叶绿体、细胞质和液泡的离子平衡以及木质部和韧皮部中移动物质的电荷平衡上均发挥着主导作用。叶片内有机酸阴离子的累积通常是因为其未能与 K^+ 一起被转运到库器官（如根系）。钾在阴阳离子平衡上的功能也反映在 NO_3^- 的代谢上，因为 K^+ 是 NO_3^- 在木质部长距离运输以及细胞存储时最重要的陪伴离子。当 NO_3^--N 在植物体内被还原成氨后，为维持电荷平衡，植物必须增加有机酸代谢，所形成的苹果酸根代替了 NO_3^-，与钾离子结合成为苹果酸钾，并重新转移到根部，苹果酸脱羧后以 HCO_3^- 的形式排出体外，促进植物对 NO_3^- 的吸收。K^+ 重新利用促进了植株持续吸收 NO_3^-（图 5-1）。

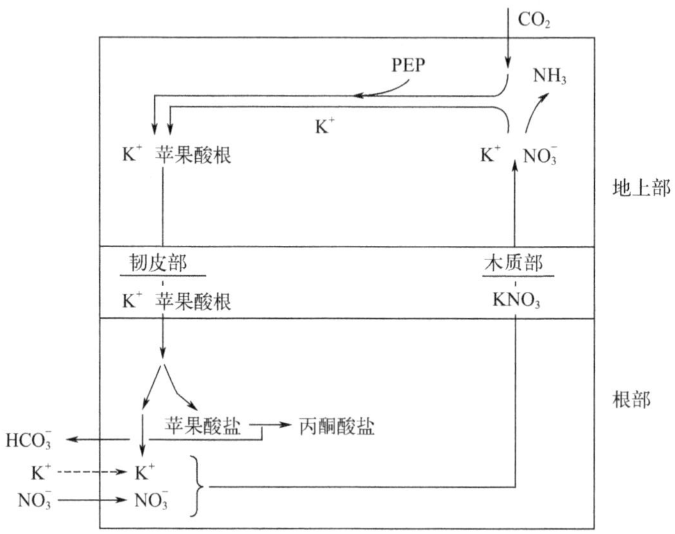

图 5-1 植物体内 K^+ 循环与 NO_3^- 及苹果酸根离子运输间的关系 [11]

5.1.1.5 改善光合作用

在缺钾环境下，植株体内钾素不足及器官、细胞和亚细胞间钾素的转移和再分配降低了细胞微区 K^+ 浓度，导致 K^+ 参与调节的物理和生化功能减弱，进而驱动光合面积（光能截获）和净光合速率的降低，影响碳的固定。

（1）钾调控光合面积

与正常植株相比，缺钾植株往往较为矮小，其叶片伸展速率和功能持续期受到影响，导致叶片数目、单叶叶面积和冠层叶面积均明显降低 [12]。钾主要通过调节细胞膨压和细胞壁的机械性能来改变细胞体积大小，细胞膨压越大，细胞壁扩张性能越强，越有利于细胞的伸长和面积的扩充。从植株整体水平来看，光合面积不仅由单个叶片的大小决定，还受到叶片数量和叶片功能持续期的影响。钾缺乏会降低出叶速度，减少叶片数，同时会降低叶片的生理活性，导致叶片提前衰老。单叶面积的降低、叶片数的下降以及叶片的提前衰老均能降低绿色光合面积，减少光能的截获和 CO_2 总同化量，从而影响植物的生长。

（2）充足的钾促进叶片对 CO_2 的吸收和同化

钾通过调节气孔形状和功能来影响气孔导度。长期缺钾胁迫会降低气孔的长、宽和孔径面积，但钾对不同作物气孔分布密度的影响不尽相同，如缺钾胁迫可增加桉树叶片上下表皮气孔密度，但对油菜叶片下表皮气孔密度无显著影响[13]。除气孔形状外，钾对气孔功能的影响是其调节气孔导度的关键。保卫细胞对 K^+ 以及其他有机和无机离子的快速吸收和释放决定着气孔的开放状态，也因此影响着叶片的光合作用和水分蒸腾。气孔开放的前提是保卫细胞细胞膜上 H^+-ATPases 的激活，并由此引起细胞膜超极化，从而促进 K^+ 通过内向整流型钾离子通道进入保卫细胞。进入保卫细胞的 K^+ 和陪伴阴离子（Cl^-、NO_3^-、SO_4^{2-}）以及苹果酸盐和糖类物质的生成提高了保卫细胞的膨压，从而促进气孔的开放。叶片 K^+ 浓度的提高有利于保卫细胞吸水膨胀，促进气孔开放以及叶片对 CO_2 的吸收。

CO_2 在叶肉层的传输主要受叶片结构（如细胞空隙占叶片的体积、细胞壁厚度、叶绿体面向细胞空隙的面积等）的影响。钾充足可增加细胞空隙占叶片的体积，从而降低 CO_2 在叶肉层传输的气相阻力。钾缺乏叶片细胞内叶绿体数目降低，叶绿体结构的稳定性较差，容易由梭形变为椭球形，导致单位叶面积叶绿体面向细胞空隙面积的降低从而减少叶绿体吸收 CO_2 的有效面积；同时叶绿体结构的改变也增加了 CO_2 在细胞质内的传输距离（图 5-2）。除叶片结构特征外，细胞内的碳酸酐酶影响着 CO_2 向 HCO_3^- 的转变，pH 值越高其活性越大，钾缺乏显著降低细胞质 pH 值，从而影响碳酸酐酶活性，降低叶肉导度；缺钾胁迫同样可通过降低水通道蛋白活性及相关基因的表达来影响 CO_2 跨膜运输过程。

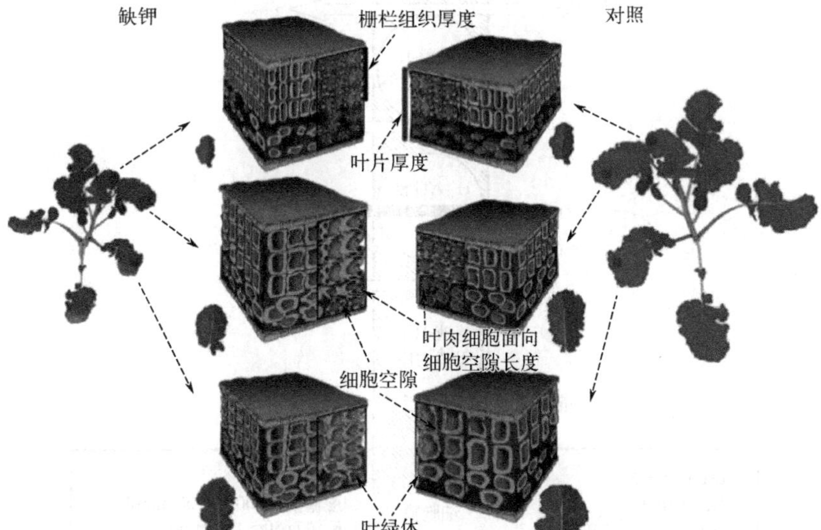

图 5-2　钾缺乏对油菜不同叶位叶片结构的影响[14]

钾对 CO_2 同化能力的影响主要在于其对 Rubisco 酶特性以及光合作用还原力（ATP 和 NADPH）的作用。缺钾胁迫显著降低 Rubisco 以及 Rubisco 活化酶的含量，从而限制 Rubisco 的活化和 Rubisco 总活性，降低 Rubisco 的初始活性，最终导致 CO_2 的固定速率下降。在还原力合成上，缺钾胁迫叶片叶绿体类囊体膜结构和功能受损，不仅减小了离体类囊体的铁氰化物还原速率和光合磷酸化活力，而且也降低了单位面积叶片环式和非环式电子传递活力，并最终下调了叶片总电子传递速率。除上述原因外，细胞质中 K^+ 的缺乏还降低了叶绿体膜内外 H^+/K^+ 交换，从而无法维持叶绿体基质较高的 pH 值以及类囊体膜内外的 pH 值梯度，限制了电子传递过程的进行和还原力的生成。同时缺钾时叶片将更多的电子分配给氧气（即氧化反应），降低了碳同化速率；并且氧气在得到电子后会形成超氧自由基离子，对细胞膜造成不利影响。

5.1.1.6 促进光合产物的运输

钾能促进光合产物向储藏器官的运输，增加“库”的储存量。对于没有光合作用功能的器官来说，它们的生长及养分的储存，主要靠同化产物从地上部向根或果实中转运。这一过程包括蔗糖由叶肉细胞扩散到组织细胞内，然后被泵入韧皮部，并在韧皮部筛管中运输。

钾在调节蔗糖的韧皮部装载以及韧皮部筛分子溶质的运输速率上有重要作用，这主要包括两个方面原因：一是 K^+ 有利于维持筛管高 pH 值，促进蔗糖在韧皮部的装载；二是 K^+ 参与调节筛分子中源库端溶质势的大小，从而对渗透压力驱动的韧皮部转运产生影响。在蔗糖装载到筛分子-半胞复合体共质体的共转运模型中，质膜上的 ATP 酶把质子从细胞泵入质外体，从而在质外体形成高的质子浓度。然后，利用质子梯度的能力驱动蔗糖通过蔗糖-H^+ 同向转运体进入筛分子-半胞复合体的共质体（图 5-3）。钾离子通过活化 ATP 酶，使 ATP 分解

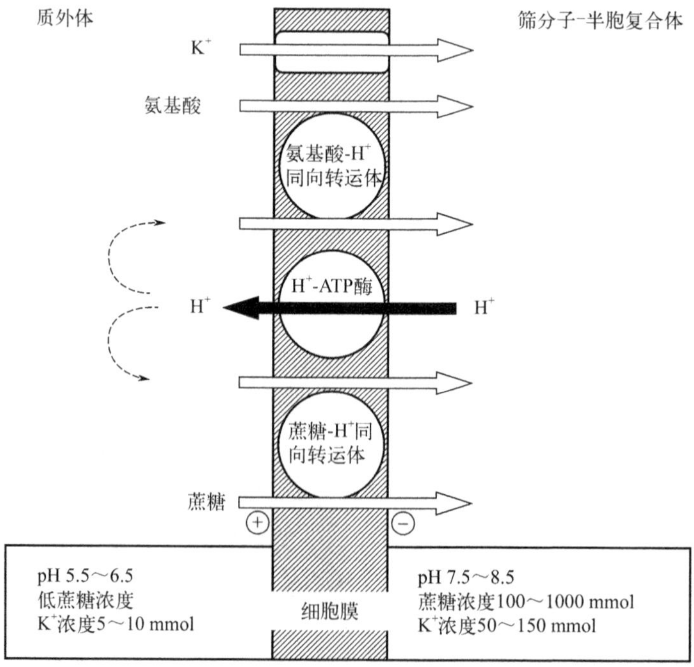

图 5-3 质外体途径的韧皮部蔗糖装载模型 [15-16]

并释放出能量，从而促进氢离子由细胞质泵入质外体，由此产生 pH 值梯度（pH 值由 8.5 降到 5.5），膜外的钾离子则与氢离子交换进入膜内。为维持蔗糖转运的继续进行，氢离子又再次进入质外体，蔗糖运输又可顺利地连续进行。

通常钾离子装载进入韧皮部后随着蒸腾流被运送到植株体各部位，而其中一部分 K^+ 会被重新运输回根部。初看之下，K^+ 的这种循环不仅耗能且无效，但却被认为是移动的能量存储器。韧皮部外渗蔗糖的再装载过程依赖 H^+-ATPases，且受到可利用 ATP 能量（来源于细胞的呼吸作用）多少的限制，而 K^+ 的循环恰恰有效地促进了韧皮部外渗蔗糖的重新装载过程[17]。筛分子-半胞复合体细胞内的 K^+ 通过 AKT2 离子通道进入质外体（从韧皮部到木质部），在该过程中，细胞内膜膜电位显著降低，诱导质外体空间正电荷离子内流，而活化的 H^+/ 蔗糖转运体能够利用这种电位差，将质外体的 H^+ 泵进细胞内，同时完成糖类物质的重新装载。

5.1.1.7 促进作物产量形成和品质提升

大量研究表明，充足的钾供应能显著提高粮食类、油料类、水果和蔬菜等作物的产量[18]，其中水稻、小麦和玉米的平均增产率分别为 8.7%、14.2% 和 8.0%；薯类作物增产率变幅较大，平均值为 17.8%。施钾对油料类作物的平均增产效果为 11.6%。水果和蔬菜上施用钾肥的增产效果较为一致，增产率分别为 13.5% 和 28.7%。

钾营养对作物产量的提升源于其对营养生长和结实器官形成的改善。充足的钾营养有利于构建生育前期理想的植株群体，增加群体生物量，保证植株在进入生殖生长后有更多的源物质用于结实器官的形成。在油菜上的研究表明，施钾显著提高了各生育时期结实器官数量，且生育时期越靠后，增幅越显著。钾肥施用有效降低结实器官败育比例，提高成角率（表 5-1）。同样，钾营养充足有利于提高水稻和小麦的穗粒数和结实率、玉米的穗粒数和百粒重，从而提高产量。

表5-1 施钾对不同品种油菜各生育时期结实器官数量的影响

品种	不施钾						施钾 [120kg (K_2O) /hm^2]					
	蕾薹期	初花期	盛花期	角果期	收获期	成角率/%	蕾薹期	初花期	盛花期	角果期	收获期	成角率/%
华油杂 9 号	142	204	203	177	141	69.1	128	245	231	194	189	77.1
华双 5 号	73	195	194	119	117	60.0	131	222	190	174	144	64.9
中油杂 12 号	125	255	243	180	154	60.4	162	271	270	240	190	70.1
中双 11 号	124	237	187	165	110	46.4	124	242	226	175	176	72.7
丰油 701	130	324	228	173	165	50.9	133	275	223	190	182	66.2
新蓉油 11 号	131	242	214	154	155	64.0	146	255	219	161	162	63.5

除促进产量形成外，施用钾肥能显著提高作物的品质。通过对施用钾肥对不同作物共性品质影响的分析[18]，发现与不施钾处理相比，施用钾肥后作物共性品质效应值均大于 0，且

其95%置信区间均不包含0，说明施用钾肥对作物共性品质影响效应显著。施用钾肥后，可溶性糖的增加率最高为19.3%（15.6%～23.1%），淀粉的增加率最低为5.2%（2.7%～7.7%）。其他品质指标，包括维生素C、可溶性固形物和蛋白质的增加率分别为18.6%（15.5%～27.1%）、8.7%（6.2%～11.4%）和7.3%（5.2%～9.5%）。钾之所以能提高作物的含糖量，改善品质，与其能加速碳水化合物的合成、运输和转化有关。钾是植物体内同化产物和营养物质运转的重要驱动力，一方面能提高作物光合能力，另一方面能抑制酸性转化酶活性，提高蔗糖磷酸合成酶活性，使光合产物主要以蔗糖和氨基酸的形式从韧皮部向库器官运输，从而提高作物的含糖量。此外，钾能提高氨基酸转化为蛋白质的速度，进而提高作物蛋白质含量。除提升作物可食用部分的品质外，钾肥施用还可提高粮食作物的茎秆抗折力，这与钾肥能够促进茎秆厚壁细胞的木质化，增加茎秆基部节间壁厚，促进维管束发育，提高茎秆强度有关。

5.1.1.8　增强植物抗逆性

（1）非生物胁迫

植物的生长发育通常伴随着干旱、盐害、高温等非生物胁迫。钾有多方面的抗逆功能，它能增强作物对环境胁迫的抵抗力（表5-2），从而提高生存能力，对作物稳产、高产有重要意义。不同胁迫影响植物生长的过程不尽相同，如干旱导致根系生长受限和植株水分失衡、盐害则抑制种子萌发和生化代谢过程等；但钾缓解植物胁迫伤害的功能有类似的特点，如充足钾离子能提高细胞渗透势，改善叶片保水性能的同时降低冰点，提高植物应对胁迫的能力。此外，钾在调控气孔运动、改善植株水分运输能力、增强抗氧化系统酶类上的功能对于植株抵抗干旱、高温等胁迫均具有重要意义。

表5-2　钾营养增强植物抵抗非生物胁迫的功能

胁迫种类	钾增强胁迫的功能
干旱	● 提高根冠比和根系水通道蛋白活性，增强根系吸水能力 ● 植株体内水分运输通畅，确保供需平衡 ● 气孔调节自如，有效减少蒸腾耗散 ● 提高细胞渗透势，改善持水性能 ● 增强抗氧化系统酶类活性，降低活性氧含量
盐害	● 提高组织K^+/Na^+比及细胞质酶类活性，保障氮代谢，促进植株生长 ● 高K^+/Na^+比能有效降低盐害导致的细胞程序性死亡 ● 提高细胞渗透势，缓解吸水障碍 ● 增强抗氧化系统酶类活性，降低活性氧含量
高温	● 改善细胞渗透调节功能，增加叶片水势和膨压 ● 优化气孔运动，减少高温下叶片水分散失，并一定程度上降低植株温度以保证正常代谢的进行 ● 增强抗氧化系统酶类活性，降低活性氧含量
冷害或冻害	● 提高细胞和组织中渗透调节物质浓度（淀粉、糖分、可溶性蛋白质以及各种阳离子）含量，降低冰点，提高抗寒性 ● 提高低温胁迫下细胞膜的稳定性和流动性，增强抗氧化系统酶类的活性，减少低温诱导所产生的活性氧，降低细胞膜受伤程度

（2）生物胁迫

施钾可降低 70% 左右的细菌和真菌性病害，但能促进大多数线虫的侵染（图 5-4）。钾主要通过两条途径提升植株的抗病性。一是通过调节植株的生育期，如促进禾本科作物提前开花成熟，避开特定时期病害的侵染；二是钾通过调节植株生理代谢和形态学特征以增强植株的抗病性，如充足的钾营养利于植株形成坚韧的角质层和坚固的细胞壁，促进木质化和硅质化作用，增强植株对病原菌侵染的物理抗性。此外，充足的钾营养促进了蛋白质、果胶、木质素等的合成，缺钾易导致低分子量的碳水化合物以及可溶性氮的积累，从而增加了植株对病原菌的敏感性。

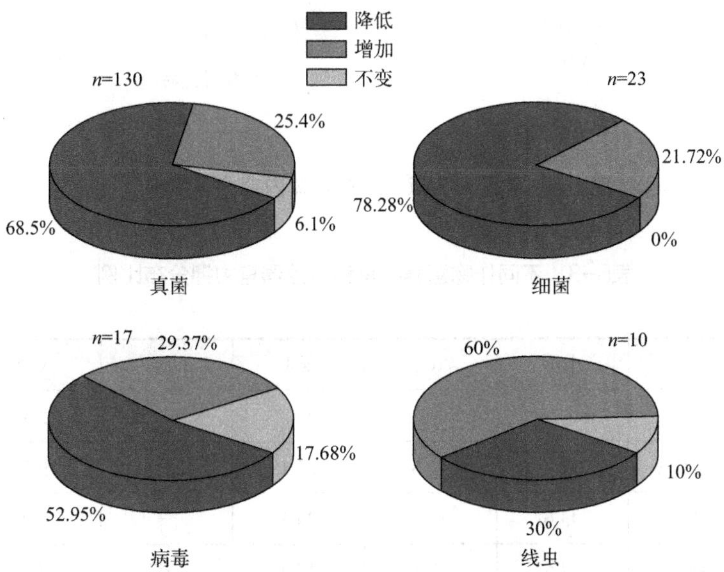

图 5-4　施钾对不同病害发病率的影响[19]

钾可以通过影响苯丙氨酸解氨酶、多酚氧化酶和过氧化物酶等酚类代谢过程中的关键酶活性，从而调节苯丙烷代谢途径，促进木质素、黄酮等终产物的合成，抑制病原菌的定殖过程。同时，钾能够促进光合作用合成的糖以蔗糖的形式运往籽实器官，从而减少植株体内可溶性氨基酸和小分子糖的积累，提高抗病性。

5.1.2　钾在植物体内分布与农作物对钾的吸收途径

5.1.2.1　植物体内钾的含量与分布

钾是植物生长发育所必需的矿质元素，其在植物体内的含量随着作物种类、土壤钾供应量、钾肥施用量等的不同而差异巨大，占干物质的 0.3% ～ 5%。植株体内不同部位和器官含钾量变幅较大（图 5-5），以叶片、茎秆和结实器官（非籽粒部分）含量较高，籽粒和根系相对较低；薯类作物块根、块茎中钾的含量较高，幼嫩组织中钾的含量比老化组织高。单子叶作物叶片的钾素在叶肉细胞中的含量相对较高，而双子叶叶片则在维管束鞘和表皮中的含量略高。总体而言，粮食作物吸收的钾素主要累积在营养器官中，如成熟期水稻、小麦、玉米的茎秆和叶片钾累积量占总累积量的 70% 以上；大豆和油菜植株较多的钾素分布在生殖器官中（表 5-3）。

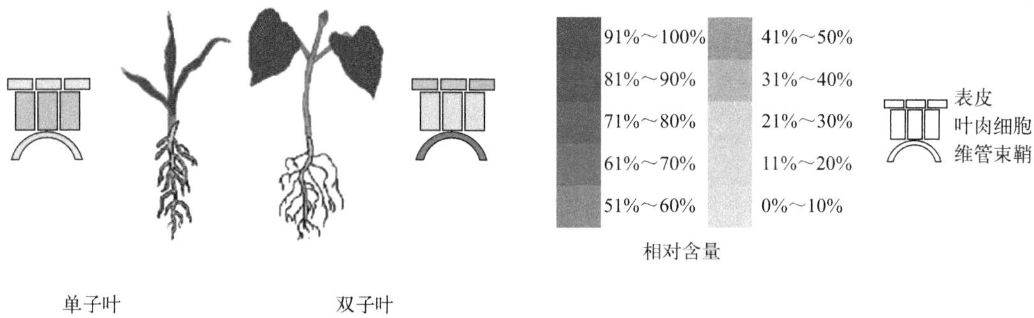

图 5-5　单子叶和双子叶植物体内钾分布图示[20]

表5-3　不同作物营养器官和生殖器官中钾分布比例

单位：%

器官		水稻	小麦	玉米	油菜	大豆	马铃薯
营养器官	根	1.7	4.2	9.0	5.0	2.3	2.2
	茎 / 块茎	40.2	41.6	52.1	29.9	9.0	21.9/54.8
	叶	43.6	31.4	24.3	—	4.0	21.1
生殖器官	籽粒	14.5	22.8	14.6	12.7	59.6	—
	角壳	—	—	—	52.4	25.1	—

钾在植物体内流动性很强，并且具有随着植物生长中心转移而转移的特点。当植物体内钾不足时，钾优先分配到幼嫩的组织中。如杂交水稻，在其不同生育时期中，低钾处理的稻株，从上层叶到下层叶，其钾含量都存在明显梯度；而适量施钾处理，稻株各层叶片之间的含钾量则较为接近。因此植株从上到下，各叶片之间含钾量的差异（叶位差）也可作为钾素营养诊断的一种方法。

K^+ 是植物细胞内含量最多的一价阳离子，主要分布在液泡和细胞质中。液泡中的 K^+ 浓度与植物种类及其生长环境关系密切，可从 10mmol/L 变化到 500mmol/L，而细胞质中 K^+ 浓度则十分稳定，在 100 ～ 150mmol/L。植物遭遇缺钾胁迫时，液泡内 K^+ 会通过位于液泡膜上的 H^+-K^+ 协同转运子（HAK/KUP）以及钾离子通道（TPK）释放进入细胞质，以确保细胞质内 K^+ 浓度的恒定，进而保障细胞内正常生化代谢过程的顺利进行[21]。在该过程中，液泡内 K^+ 浓度的降低会导致细胞吸水能力减弱，膨压下降，进而直接影响叶片生长和叶面积的扩展。液泡中 K^+ 的功能一定程度上能够被其他离子（Na^+，Mg^{2+}，Ca^{2+}）或有机化合物（如糖类物质）替代。随着缺钾胁迫程度的进一步增加，当液泡往细胞质转移的 K^+ 无法维持

细胞质 K^+ 浓度稳定时，则会进一步影响细胞内的生化代谢过程，如核酸和蛋白质合成受阻、碳同化代谢酶类活性降低和光合磷酸化过程受限等，最终导致叶片光合性能以及代谢活性下降，影响物质合成。K^+ 在细胞质外体的含量通常较低，但在气孔和叶枕等特殊部位细胞质外体中 K^+ 浓度能瞬间增加到 100mmol/L。

5.1.2.2 农作物对钾的吸收途径

对于整个土壤空间而言，根系分布只占了约 3% 的体积，因此只有很小一部分土壤与根系直接接触。扩散是作物吸收 K^+ 的主要方式，它主要受到土壤溶液中 K^+ 的浓度梯度以及作物根系表面 K^+ 吸收能力的影响。一般而言，土壤溶液中 K^+ 浓度在 0.1 ～ 10mmol/L 范围内；当细胞外钾离子浓度小于 1mmol/L 时，根系对钾离子的吸收符合 Michaelis-Menten 方程，进而可以评估出钾离子的最大吸收速率（V_{max}）和半饱和浓度（K_M）（图 5-6）。

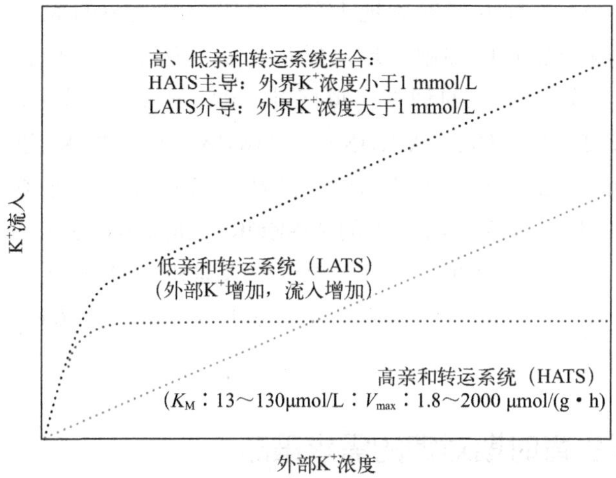

图 5-6 K^+ 吸收动力学特征[22]

根据 V_{max} 和 K_M 的不同，可将根系对 K^+ 的吸收分为两种转运机制：高亲和转运系统（HATS）和低亲和转运系统（LATS）。在细胞外 K^+ 浓度处于微摩尔级浓度时，HATS 消耗能量使细胞外 K^+ 内流进入细胞，在转运的过程中，K^+ 和 H^+ 按照 1∶1 的比例跨膜通过转运蛋白同向运输，之后细胞内多余的 H^+ 会通过细胞膜上质子泵输出进入细胞质外体，以维持细胞 pH 值和电化学势的平衡（图 5-7）。当细胞外 K^+ 浓度较高时（大于 1mmol/L），K^+ 主要通过离子通道进行运输，该过程属被动吸收，同时细胞质内 H^+ 外流以保证自身的电荷平衡。植物钾高亲和性转运蛋白包括三个家族：KT/HAK/KUP（K^+/H^+ 共转运蛋白）、HKT/Trk（H^+ 和 Na^+ 共转运蛋白）和 CHX（阳离子-质子反向转运蛋白家族，如 AtCHX13）。钾低亲和性转运蛋白也包括三个家族：Shaker 家族、TPK 家族和 Kir-like 家族（KCO3）。在 KT/HAK/KUP 家族中，AtHAK5 是决定高亲和性钾吸收的主要蛋白，而在 Shaker 家族中 AKT1 则是低亲和性钾吸收的主要贡献者，两者分别贡献了高低亲和性钾吸收的 84% 和 78%。

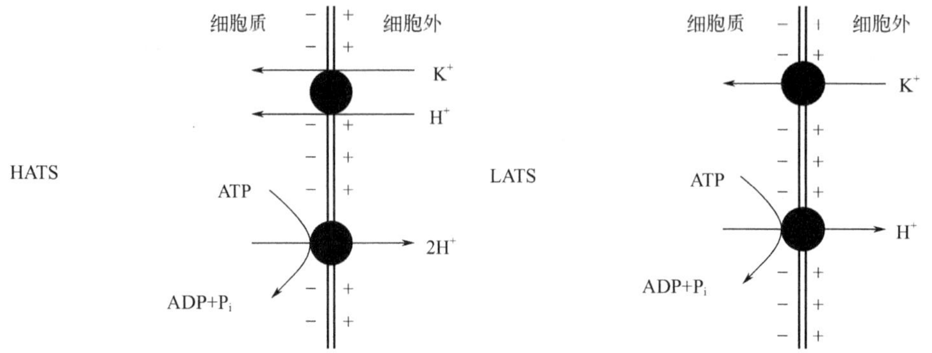

图 5-7 K^+ 进入细胞的两种方式（HATS 和 LATS）[23]

土壤溶液中的 K^+ 被植物根系细胞吸收后通过共质体运输过程经内胚层细胞到达中柱，随后被输送进入木质部并运输到地上部。木质部汁液中的 K^+ 被运送到薄壁细胞后再次通过共质体运输到达叶肉细胞，最后经韧皮部到达生殖器官和茎。植物体内 K^+ 运输受多种离子通道和转运蛋白的调控，拟南芥 CPA2 阳离子-质子反向转运蛋白家族中 AtCHX17、AtCHX20、AtNHX1、AtNHX5 和 AtKEA1 可调控 K^+ 进入根系细胞液泡；TPK/KCO 和 Kir-like（KCO_3）家族基因的表达能够调控钾离子通道并影响液泡内 K^+ 的释放；拟南芥根系中柱鞘和薄壁组织中的 AtSKOR（Shaker-like 家族）参与调控 K^+ 在木质部的装载功能；叶片中 K^+ 往生殖器官等部位输送需要 Shaker-like 通道家族中 AtAKT2/AKT3 的作用。此外，地上部 K^+ 的运输很大程度上受到植株蒸腾速率和木质部卸载端质外体中 K^+ 浓度的影响。

5.1.3 植物不同生育时期对钾的需求策略

植物的钾素需求具有明显的阶段特征，如禾谷类作物营养生长阶段吸收的钾素占全生育期吸收总量的 1/3 ～ 2/3，其中水稻在拔节前吸收了全生育期总量的 60%，小麦和玉米在拔节前则吸收了全生育期 30% 左右的钾。一般从以营养生长为主转为以生殖生长为主的过渡阶段是钾素吸收速率最大的时期，如水稻钾素吸收速率最大时期为分蘖盛期-抽穗期，玉米为大喇叭口-抽雄期，小麦为孕穗-开花期。块茎类作物钾素吸收的最大效益期一般在块茎生成阶段，如马铃薯类作物在块茎形成期和膨大期吸收的钾素总量占全生育期的 80% 左右。除作物钾素需求的阶段性差异外，各器官对钾素的需求在生育过程中也表现出明显的波动特征。以油菜为例（图 5-8），钾累积量在第 185 天（花期）达最大值 263.7kg/hm^2，其中累积比例最大的时期是苗期（占总累积量的 53%），其次是蕾薹期和花期，成熟期的累积量最小。并且植株不同部位钾素需求的阶段特性有所差别，根、茎、叶中的钾积累量分别在第 150 天（蕾薹期）、第 185 天（花期）、第 135 天（苗后期）达到最高值，之后逐渐往生殖器官中转移，转移效率以叶片最高，茎秆次之，根系最小。生殖器官中的钾则大部分积累在角壳中，最终分配到籽粒中的仅为 19.5%。另外，植株绿叶中 63.0% 的钾随落叶归还土壤，占植株总积累量的 18.4%。

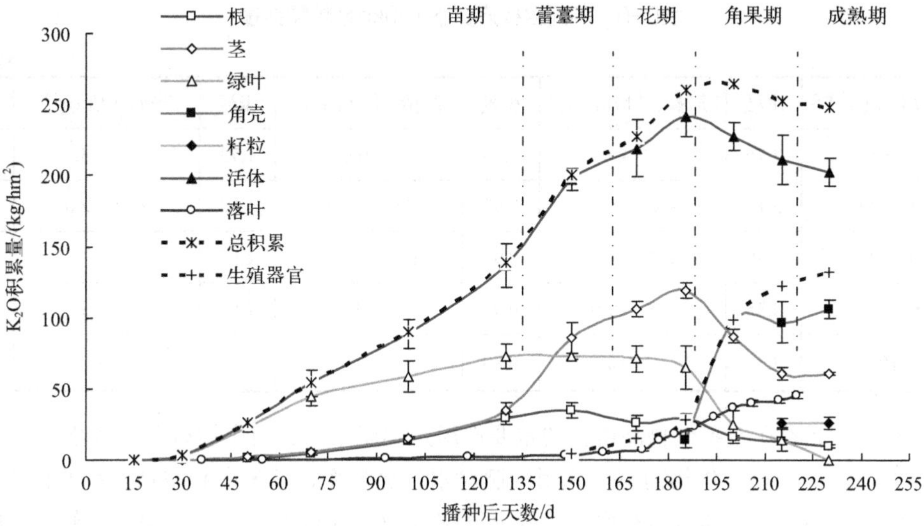

图 5-8　油菜钾积累量动态[24]

5.1.4　不同类型植物及不同目标产品植物对钾的需求特性

不同植物对钾需求差异非常大，喜钾的植物比如烟草、马铃薯、白菜、西瓜等碳水化合物含量高的作物钾含量往往比水稻、小麦、玉米等禾谷类作物和油料作物高（表 5-4）。在同一作物中，不同品种对钾需求也不同，如水稻中，需钾量总体表现为：矮秆＞高秆，粳稻＞籼稻，杂交稻＞常规稻。除作物种类差异外，作物生长环境中土壤钾含量、不同目标产量或产品追求更是影响生产中钾肥管理的重要因素。一般而言，土壤有效钾含量越低、目标产量越高或者以块根、茎叶等为收获产品的作物，其钾肥需求量越高。随着目标产量的提高，小麦、玉米和油菜的 100kg 籽粒需钾量有所降低，但钾素需求总量增加，而水稻的 100kg 籽粒需钾量随目标产量的增加略有增加（表 5-5）。

表5-4　不同作物施钾量与钾素吸收量

单位：kg/hm^2

作物种类	钾肥用量	钾吸收量
水稻	53 ～ 79	75 ～ 276
小麦	75 ～ 113	65 ～ 233
玉米	135 ～ 180	91 ～ 220
油菜	67 ～ 116	75 ～ 248
大豆	45 ～ 90	52 ～ 90
烟草	240 ～ 360	225 ～ 270
马铃薯	180 ～ 225	180 ～ 350
白菜	120 ～ 210	127 ～ 207
西瓜	270 ～ 300	226 ～ 410
棉花	150 ～ 180	110 ～ 226

表5-5　不同目标产量下100kg籽粒需钾量

单位：kg/100kg

产量 / (t/hm²)	水稻	产量 / (t/hm²)	小麦	产量 / (t/hm²)	玉米	产量 / (t/hm²)	油菜
≤ 5.5	2.76	＜ 4.5	1.06	＜ 9.0	1.73	＜ 1.5	7.21
5.5 ～ 7.0	3.15	4.6 ～ 6.0	0.97	9.0 ～ 10.0	1.62	1.5 ～ 2.0	7.49
7.0 ～ 8.5	3.40	6.0 ～ 7.5	0.95	10.0 ～ 11.0	1.65	2.0 ～ 2.5	6.76
8.5 ～ 10.0	3.35	7.5 ～ 9.0	0.91	＞ 11.0	1.64	2.5 ～ 3.0	6.90
＞ 10.0	3.30	＞ 9.0	0.89			＞ 3.0	6.24

此外，钾元素在改善作物品质上的重要作用是实现不同类别作物高产和高经济价值需求的重要保障。对于粮食作物而言，施用钾肥对水稻糙米率、精米率和整精米率的作用较小，但会降低水稻的垩白度和垩白粒率，降低率分别为16.7%和12.5%（图5-9）。施钾显著提高

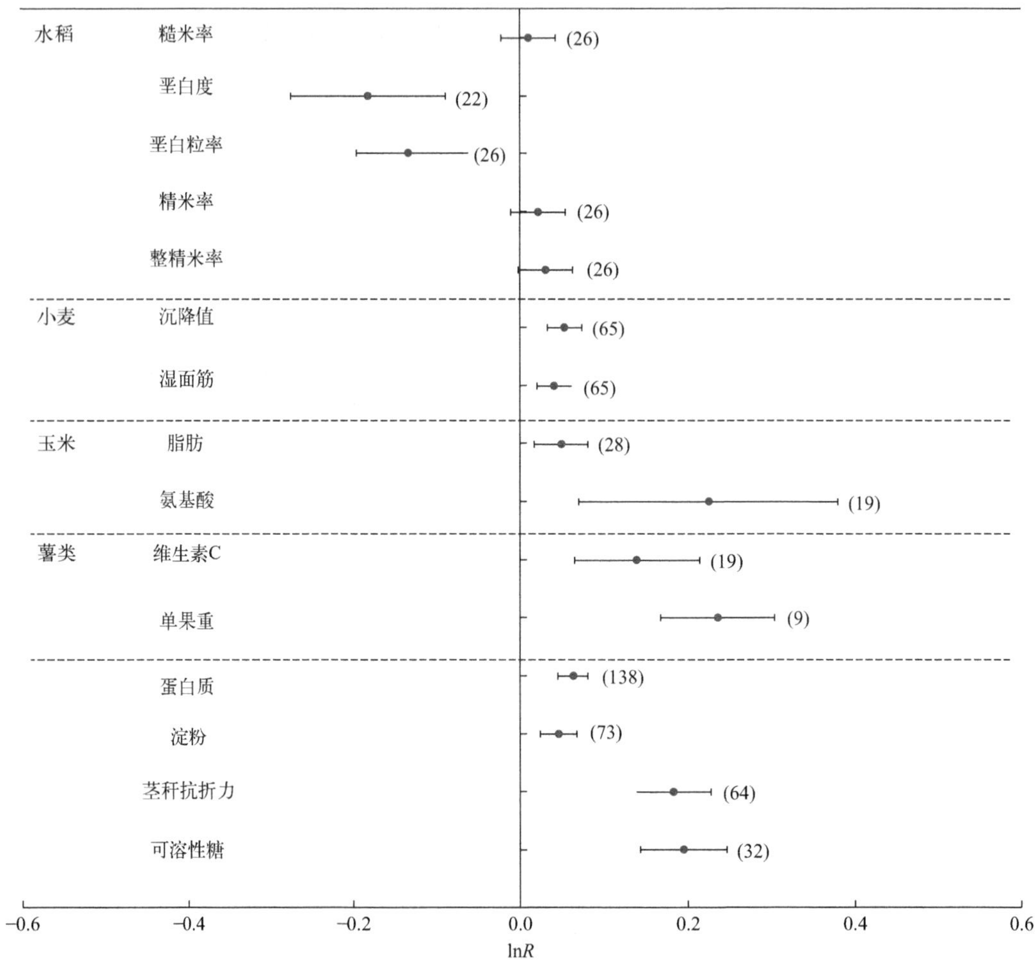

图5-9　钾肥施用对粮食作物品质的影响[18]

了小麦的沉降值和湿面筋含量以及玉米氨基酸和脂肪含量。对于薯类作物，施钾提高了单果重和维生素 C 含量。总的来说，施用钾肥对粮食作物可溶性糖、蛋白质、淀粉含量和茎秆抗折力均有不同程度的提升，增加率分别为 21.6%、6.5%、4.7% 和 20.1%。施钾显著增加了蔬菜类作物蛋白质、可溶性固形物、维生素 C 和可溶性糖含量，但降低了蔬菜硝酸盐含量（图 5-10）。施用钾肥显著增加了水果类作物果实单果重、可溶性糖含量、糖酸比、维生素 C，降低可滴定酸含量。充足的钾素供应有助于提高油料作物含油率（平均增幅为 3.7%），增加纤维作物纤维长度、纺纱均匀度、纤维伸长率、断裂比强度和马克隆值。

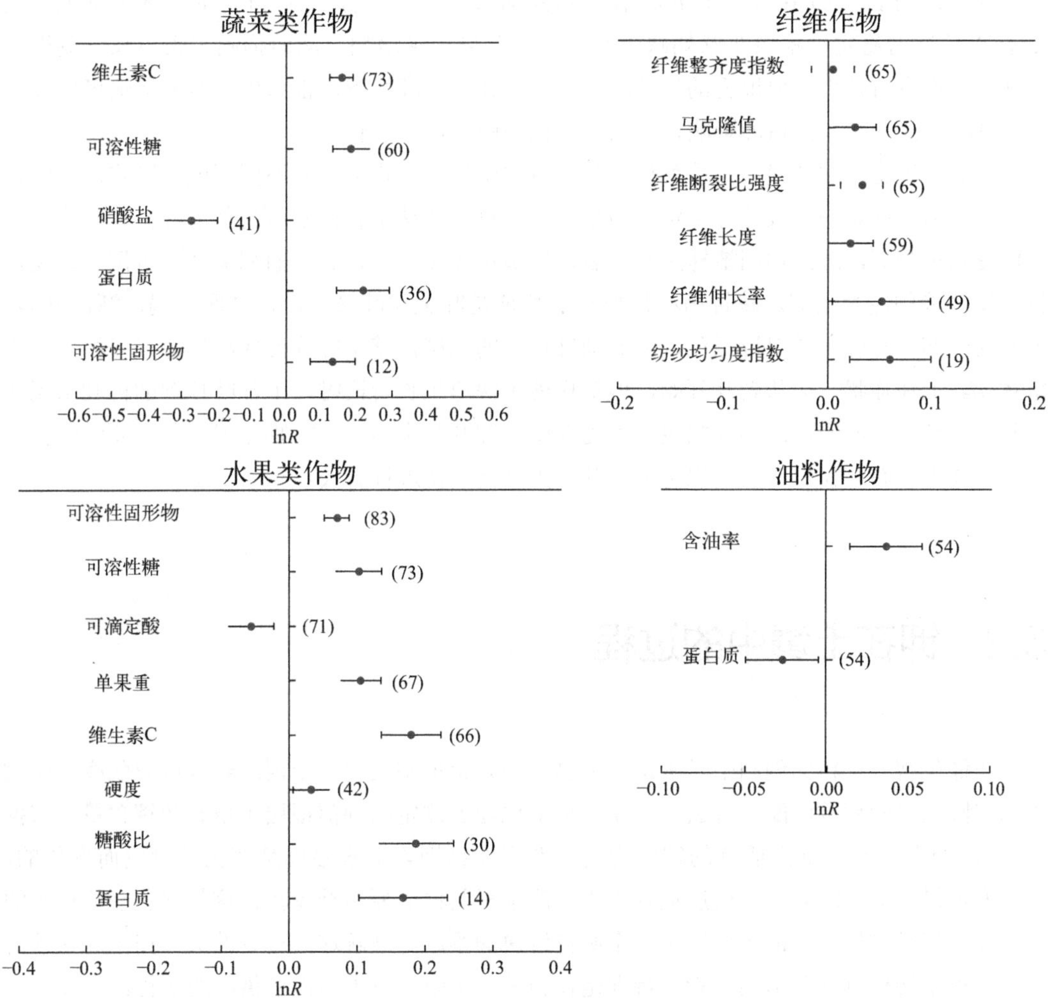

图 5-10 钾肥施用对蔬菜、水果、油料和纤维作物品质的影响 [18]

5.1.5 植物对钾信号的感知及响应

根系（尤其是根表皮和根毛细胞）是吸收钾的主要部位，被认为是植物感受缺钾胁迫的起始位置。当根系周围 K^+ 浓度降低时，细胞膜上的 H^+-ATPase 活性增加，使 H^+ 外排进入质外体，引起细胞膜超极化和质外体酸化[27]。超极化电位激活 AKT1 和 Ca^{2+} 通道，酸化的细胞质外体则能够激活 HAK5 等钾离子通道以促进胞外 K^+ 和 Ca^{2+} 的吸收。K^+ 缺乏通过介导 RHD2 和 RCI3 使根系积累活性氧，并进一步调控 HAK5 的转录表达。ROS 浓度增加也能激活质膜上 Ca^{2+} 通道（ANN1），从而促进 Ca^{2+} 吸收。细胞质中增加的 Ca^{2+} 信号能被特定的 Ca^{2+} 感受器（如 CBL 蛋白）感知并传导到下游，也能介导细胞膜上的 CBL1 或 CBL9 蛋白利用 CIPK23 激酶通过磷酸化作用活化 AKT1 以促进 K^+ 的吸收。除此之外，Ca^{2+} 也能介导 CBL10 并激活 AKT1，而 CBL4-CIPK6 复合体通过增加 AKT2 促进根系对 K^+ 的吸收。在液泡膜上，CBL2 或 CBL3 与 CIPK9 作用后激活 K^+ 外排通道，用以维持缺钾环境下细胞质 K^+ 浓度的相对稳定。根系在感知缺钾胁迫后，乙烯含量增加，从而抑制主根生长，侧根长度和数量也有所减少，但根毛的生长增加[25-26]。在缺钾环境下，根系生长素的运输可能会受到 TRH1 钾离子转运蛋白的影响，从而减弱根系的向地性生长。

随着缺钾胁迫的持续，植株整体生长和生理生化功能均会受到不同程度的影响，如叶片内渗透调节物质累积、成熟叶中钾往新生组织转移、植株维管束木质化程度降低、叶片气孔功能受到影响等，最终抑制植株生长，表现出植株矮化、群体绿叶面积降低，抗倒伏以及抵抗逆境胁迫的能力减弱。缺钾植株最典型的特征是叶尖和叶缘变黄，进而变褐，渐次枯萎，但叶的中部、叶脉仍然保持绿色，随着缺钾程度的加剧，整个叶片变成红棕色或干枯状，脱落坏死。上述症状一般从老叶开始，但植株处于快速生长阶段时，下部叶片钾的再利用无法弥补中上部叶片所需，缺钾症状也可能先在中上部叶片中出现。植物出现褐色坏死组织可能与缺钾体内有腐胺积累有关，也可能与叶片光氧化损伤过程有关。

5.2 钾在土壤中的过程

在绿色智能肥料的创制中，确定养分总量和元素形态关键在于根层养分供应强度与作物根系根际效率的精准匹配。过去二十年，更多地通过测定播种前根层土壤有效钾含量，依据“恒量监控”的原则确定适宜的钾肥用量。然而作物钾素需求强度是随生长阶段而变化的，要想发挥最大的根际效率，根层适宜钾素供应水平同样需要精准调控，这是绿色智能钾肥的创制和钾肥精准化、智能化施用中一个亟待解决的难题。破解这一难题的关键在于深入理解钾在土壤中转化过程及影响因素，特别是在秸秆还田条件下土壤钾素供应的变化。

5.2.1 钾在土壤中的分布与形态

5.2.1.1 钾在土壤中的分布

钾素在地壳中的平均含量为 2.59%[28]，在岩石圈所包含的矿质营养元素中居第四位，也是土壤中含量最高的大量营养元素。土壤中的钾绝大部分（95% ～ 99%）存在于土壤矿物的晶格中或晶层间。

我国土壤中全钾（K）的含量一般为 16.6g/kg 左右，高值可达 24.9 ～ 33.2g/kg，低值可至 0.83 ～ 3.3g/kg。不同区域、不同土壤类型和气候条件下，全钾含量相差很大。华北平原除盐渍化土壤外，全钾含量为 18.2 ～ 21.6g/kg；西北黄土性土壤为 14.9 ～ 18.3g/kg；淮河以南，土壤全钾含量变化较大，安徽南部山地含量为 9.9 ～ 33.2g/kg，广西为 5.0 ～ 24.9g/kg，海南为 0.83 ～ 32.4g/kg。华北、西北地区全钾的含量变幅较小，而淮河长江以南则较大，这与华北和西北地区成土母质均一、气候干旱，而淮河长江以南成土母质不均一、气候多雨有关。土壤全钾含量也与黏土矿物类型有密切关系。一般来说 2∶1 型黏土矿物比 1∶1 型黏土矿物全钾含量高，特别是伊利石含量高的土壤，钾的含量较高。

5.2.1.2 钾在土壤中的形态

土壤钾素形态分级研究始于 20 世纪 50 年代。Attoe 和 Truog 根据土壤钾素对作物的有效性将土壤钾素划分为矿物钾（长石、白云母中不易被植物吸收利用的钾）、缓效钾（黑云母、黏土矿物中的钾）和速效钾（交换性钾及一部分有机钾）[29]。1951 年，Reitemeier 按照钾的化学形态把土壤钾划分为矿物钾、非交换性钾（缓效钾）、交换性钾和水溶性钾[28]。Wieklander 把除矿物晶格中的钾定义为土壤溶液中的钾、交换性钾和固定态钾，土壤溶液中的钾与交换性钾处于动态平衡且很难以区分，交换性钾是指土壤胶体表面吸附的钾，固定态钾是指某些矿物孔穴和层间固定的钾[30]。李庆逵在系统研究我国红壤地区某些土壤钾的含量、形态及含钾矿物的转化规律基础上，提出了将土壤钾素划分为速效钾（交换性钾，1mol/L 醋酸铵浸提）、有效钾（包括黑云母、伊利石类、水化云母等黏土矿物和蒙脱石类层间固定的钾，1mol/L 热 HNO_3 土∶液 =1∶10）、迟效钾（白云母类矿物中的钾，23% 盐酸消煮 6h 浸提）和无效钾（长石类矿物中的钾，23% 盐酸消煮 6h 不能溶解）[31]。李庆逵的分级方法将不易被植物吸收的钾划分为迟效钾和无效钾，将缓效钾定义为有效钾，并提出用 1mol/L 热 HNO_3 煮沸 10min 的浸提方法。后来陆续有人提出类似或补充性的划分[32]，目前应用最为广泛的是按化学形态划分土壤钾素。

土壤矿物钾是指以共价键结合于矿物晶格中或深受晶格结构束缚的钾，主要包括长石族和云母族矿物，它们经过风化后的产物构成土壤黏土矿物的主体。土壤矿物钾一般占全钾的 92% ～ 98%，矿物钾的释放非常缓慢，难以被植物吸收利用。然而也有研究表明，矿物钾在某些特殊情况下能够被作物吸收利用。Spark 研究发现在交换性钾含量较低的砂质土壤上施用钾肥无增产效应，原因是这些土壤的砂粒中含有大量风化程度较高的长石，经过风化作用后释放出来的钾可以成为植物可吸收利用的钾素形态，能够满足玉米的生长需要[33-34]。由于该转化过程相当缓慢，因而对速效钾的贡献是微不足道的。矿物钾只能反映土壤钾的总储量，对作物的有效性甚小。

非交换性钾是指强烈地吸附于土壤黏土矿物层间的吸附位上，很难通过溶液里的阳离子在短时间内交换和移走的钾组分。我国土壤非交换性钾含量一般为 40 ～ 1400mg/kg，是土壤供钾潜力的主要指标。非交换性钾在一定条件下可以释放出来，供植物吸收利用，被称为速效钾的贮备库。

交换性钾一般指那些由于静电引力而吸附在土壤胶体表面并能被溶液中的阳离子在短时间内代换的钾。矿物吸附交换性钾的位点有三种类型，分别在矿物晶面的外表面、边缘的楔形带和层间，不同位点对钾的吸附选择性程度有所不同。交换性钾包括两类：一类是土壤胶体表面吸附的能被钙、镁等离子交换的钾，称为非特殊性吸附钾；另一类是2∶1型黏土矿物楔形位上特殊吸附，不能被钙、镁等离子交换，但却能被铵离子交换的或通过水分子之间形成的氢键进行的电子传递过程而释放的钾，称为特殊吸附的钾。土壤交换性钾含量一般为40～600mg/kg，占土壤全钾量的0.1%～2.0%。交换性钾和水溶性钾通常合称为土壤速效钾，是当季作物吸钾的主要来源，一般认为是土壤供钾能力的容量因子，是土壤钾素肥力的重要指标之一。

水溶性钾是指以离子形态存在于土壤溶液中的钾，是土壤中活性最高的钾。土壤水溶性钾含量一般为1～20mg/kg[32]，占全钾量的比例很低。由于水溶性钾含量较低，很容易因施肥和作物吸收利用而发生快速、大幅度变化。水溶性钾可以被植物直接吸收利用，是植物钾素营养的直接来源，常被认为是土壤供钾能力的强度因子。

5.2.2 土壤钾的形态转化与有效性

5.2.2.1 土壤钾的形态转化

土壤不同形态钾之间存在动态平衡（图5-11）。土壤水溶性钾被植物根系吸收后快速耗竭，此时交换性钾作为首要的钾源补充以满足作物吸钾需求，在淹水条件下，这种补充更加迅速，进而使得土壤中被植物吸收的钾离子维持在较稳定的水平[35]。有报道称，在水稻连续种植条件下植物钾的60%～80%来自非交换性钾[36]。史建文和鲍士旦研究发现，在连续种植条件下，随着土壤钾的逐渐耗竭，土壤的动态平衡在水溶性钾、交换性钾和非交换性钾之间达到平衡并稳定在“最低值”，从而促进了结构性钾的释放[37]。范钦桢和谢建昌通过长期定位试验表明，在长期不施钾肥的条件下，作物通过吸收土壤中的钾素而导致土壤钾耗竭，从而使水云母向蛭石转化，通过施用适量的钾肥可以延缓或阻止该转化过程[38]。

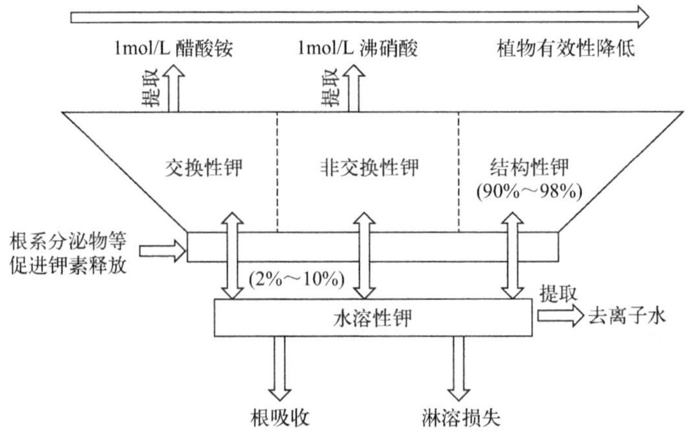

图5-11 土壤钾素形态及相互转化[36]

5.2.2.2　土壤钾的有效性

土壤水溶性钾和交换性钾是大多数作物当季能够吸收和利用的主要钾形态，统称为易吸收利用的钾。其中，水溶性钾是植物钾素营养的直接来源，但含量很少，易因施肥和作物吸收而发生快速、大幅度的变化。交换性钾是水溶性钾的重要补充，与水溶性钾处于动态平衡状态。当植物从土壤溶液中吸收钾时，一些交换性钾和土壤非交换性钾（缓效钾）相对较难被植物直接吸收和利用，当交换性钾被植物吸收利用后，非交换性钾便可释出补充交换性钾。在土壤钾素耗竭情况下，土壤非交换性钾是作物吸收钾素的主要来源[39]。

评价土壤钾素有效性的方法主要包括生物方法（田间试验、盆栽试验）、化学方法（如醋酸铵法、硝酸煮沸法、四苯硼钠法）、物理化学方法（如阳离子交换树脂法）和电化学方法（如电超滤法）。其中，田间试验是了解土壤供钾能力及作物对钾肥反应的最为直接和可靠的生物试验方法。速效钾含量是评价土壤钾对作物有效性的重要指标，土壤缓效钾含量能反映土壤的供钾潜力，速效钾和缓效钾的含量、矿物钾的储量及其释放速率均是评价土壤钾素长期有效性的重要指标。此外，土壤溶液中钾的有效性和土壤缓冲这种钾的能力也是评判其对植物的营养发育是否有效的重要参数[40]，有研究表明，土壤的供钾能力可以从土壤钾素的供应强度、钾素的供应容量、钾素的释放速率等方面进行研究。自 1964 年土壤钾容量和强度（Q/I 曲线）评价土壤供钾能力被提出以来，就受到许多专家学者的青睐，国内外众多研究者纷纷开始用 Q/I 曲线及其相关参数来评价土壤的供钾能力[41]。

（1）土壤有效钾库

NH_4OAc 溶液常被用来提取土壤的速效钾[42]。此法简单快速，被许多研究作为施钾肥的依据。在测土施肥中，一般以醋酸铵法提取的速效钾作为配方施肥的依据。1mol/L NH_4OAc 法提取的土壤速效钾是评价当季土壤钾素有效性的重要指标，然而 NH_4OAc 法提取的钾是水溶性钾和交换性钾，不能提取非交换性钾，忽略了对作物生长具有巨大贡献的非交换钾的影响，无法准确判断土壤的供钾能力。

Pratt 和 Morse 提出以 1 mol/L 沸 HNO_3 法提取土壤缓效钾，后经改进作为测定土壤缓效钾的常用方法[43]。范钦桢和谢建昌等研究指出，当土壤交换性钾含量较低时，1 mol/L 沸 HNO_3 法提取的土壤钾素与水稻产量和吸钾量间相关性显著，而当土壤交换性钾含量高时，1 mol/L 沸 HNO_3 法提取的土壤钾素与水稻产量和吸钾量间相关性不显著[44]。Islam 等通过水稻盆栽实验研究表明，1 mol/L 沸 HNO_3 提取的土壤钾素与生物量和作物吸钾量的相关性相对较高，可能与土壤类型和矿物组成不同有关[45]。结合粉末 X-射线衍射技术（PXRD）、差分 X-射线衍射技术（DXRD）和定量 X-射线衍射技术（QXRD）等定量矿物学技术[46]，硝酸法可提取伊利石、蛭石和蒙脱石的有效钾，也可将云母（包括白云母）中的部分晶格钾释放。硝酸提取法过程烦琐，且对土壤矿物晶格有较大破坏作用，不作为测定土壤有效钾的推荐方法。

鲍士旦和史瑞和提出用 2mol/L 冷 HNO_3 法作为测定水稻土有效钾的快速而简便的方法，并指出 2mol/L 冷 HNO_3 法提取的土壤钾包括了土壤交换性钾和非交换性钾，能更好地反映土壤非交换态钾对作物的供应能力。戴自强和李明德通过生物实验用 7 种化学浸提方法研究旱地土壤有效钾的测定方法发现，2mol/L 冷 HNO_3 法和阳离子树脂袋法与参比标准的相关性最好，均达极显著水平，能较好反映旱地土壤供钾状况，都是测定旱地土壤有效钾的较好方法，而 2mol/L 冷 HNO_3 法在操作上比阳离子树脂袋法更为简便[47]。张洋洋采用 5 种化学浸提剂对 55 个长江流域水旱轮作区旱季和水稻季土壤进行土壤钾的提取，发现 2mol/L 冷硝酸、0.2mol/L 四苯硼钠和 1mol/L NH_4OAc 提取的土壤钾素含量不仅能准确反映作物的增产效果，还可很好地表征土壤供钾能力，是评价土壤钾素有效性的较好方法[48]，其中稻田土壤采用 2mol/L 冷硝酸法较好，旱季土壤采用四苯硼钠法更优。

（2）钾素容量-强度 Q/I 曲线

钾素容量-强度 Q/I 曲线是土壤的固有属性，可从释钾特征和固钾能力两个方面综合评价土壤的供钾能力[49]。容量（Q）代表土壤中可供植物吸收的有效钾总量，与土壤的钾素缓冲容量相关。强度（I）代表土壤溶液中的 K^+ 浓度，是判定土壤供钾强度的指标。从“容量”到“强度”的转化，钾素 Q/I 曲线反映了土壤钾素释放的动力学过程。通过改进，土壤钾素 Q/I 曲线能将交换钾和非交换钾的贡献区分，从而准确预测土壤的供钾能力。

Q/I 曲线中，主要参数有平衡钾活度（CRK^0）和钾的缓冲性能（PBK^t）（图 5-12）。当土壤中 K^+ 被植物根系消耗时，不同的土壤维持 CRK^0 的能力不同[50]。CRK^0 越大，表明能释放到土壤溶液中的 K^+ 越多。而 PBK^t 值越高，说明土壤中固相钾库的有效性越高，当 PBK^t 值较低时，表明土壤需要钾肥的补充。Q/I 曲线已被广泛应用于土壤的钾素有效性研究中，可作为钾肥施用的依据[51]。

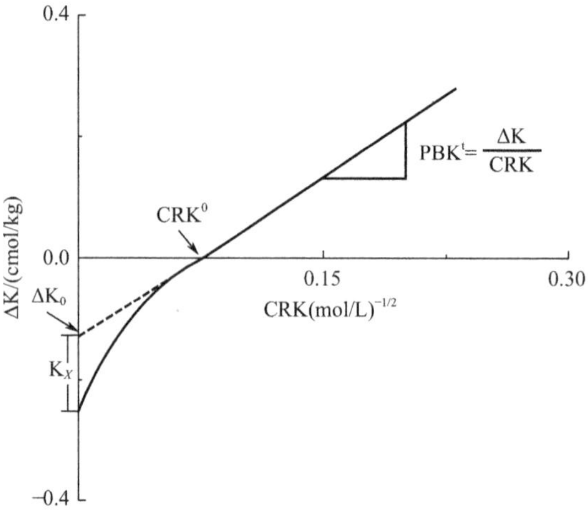

图 5-12 典型土壤钾素 *Q/I* 曲线[52]

5.2.2.3 土壤有效钾的分布

通过对全国九大一级农业区 2428 个农田耕层土样进行分析，整体而言土壤高效钾含量（不施肥下，可维持＞ 70% 相对生物量）呈现西高东低、北高南低的特点，大部分样点土壤高效钾含量低于 300mg/kg，其中以 100 ～ 200mg/kg 含量的分布较多，且集中分布于我国中部和东部地区及东北和华北部分地区。利用灰色关联度分析气候因子（年均温、年降雨量、无霜期和日照时数）、海拔高度、土壤物理性质（土壤颗粒组成、pH 值、有机质、阳离子交换量）、土壤化学性质（全氮、全磷、全钾、沸硝酸钾、速效钾）和土壤矿物组成（伊利石、绿泥石、高岭石），对土壤钾素有效性的影响[53]，发现高效态、中效态和低效态的钾素含量除受土壤钾素本底值高低的影响之外，土壤中黏土矿物类型和含量是其主控因子，其次是土壤中黏粒含量的高低，区域的水热条件影响最小。

5.2.3 还田秸秆钾的数量与有效性

我国钾肥资源紧缺，现有基础钾矿储量（以 K_2O 计）约为 3.5 亿吨，仅占世界钾矿总储量的 9.5%。我国农业钾肥用量从 2000 年的 347 万吨增加到 2022 年 898 万吨，2019—2022 年有 50% 钾肥依赖于进口。因此，探寻钾肥高效利用和替减技术，从而减少我国对化学钾肥，特别是进口钾肥的依赖是保障国家粮食安全的重要途径[54]。作物吸收的钾，80% 以上分布于秸秆内，其以离子态存在，淹水条件下，很容易被淋洗释放。秸秆还田是重要的钾素补充途径，长期秸秆还田能够提高土壤水溶性钾、交换性钾和缓效钾含量[55]，促进矿物钾的释放[56]。

5.2.3.1 还田秸秆钾的数量

（1）主要农作物秸秆钾含量

不同作物秸秆钾含量差异明显（图 5-13）。农作物秸秆以香蕉假茎钾含量最高（5.23%），麻类和芝麻秸秆钾含量最低（0.48% ~ 0.50%）。主要农作物中，大豆、玉米秸秆钾含量较

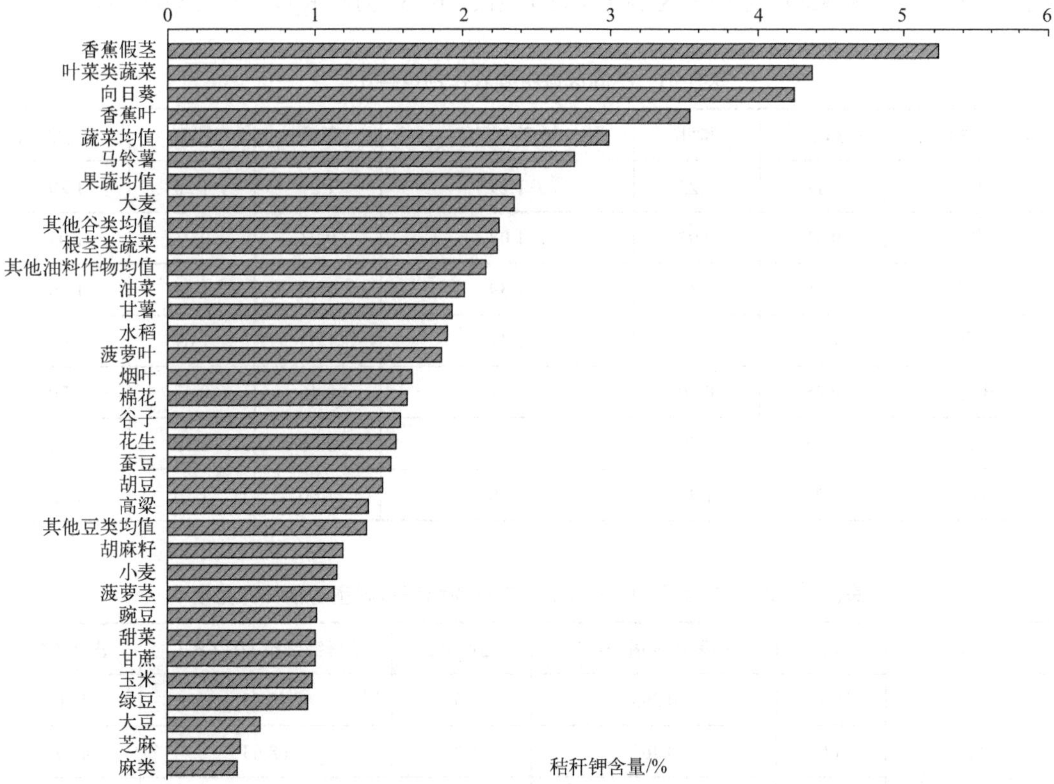

图 5-13 我国主要农作物秸秆钾含量[57]

低（0.64%、0.99%），小麦秸秆钾含量平均为 1.16%，水稻、油菜、马铃薯秸秆钾含量较高，分别为 1.90%、2.01% 和 2.76%[57]。

（2）我国主要农作物秸秆钾储量

① 主要农作物秸秆资源量与秸秆钾储量　2019 年我国主要的农作物（玉米、水稻、小麦、油菜、花生、大豆、马铃薯）秸秆资源量为 8.10 亿吨，占全国秸秆资源总量（8.65 亿吨）的 93.6%。其中玉米、水稻、小麦秸秆资源量为 6.70 亿吨，占全国秸秆资源总量的 77.5%。我国主要农作物秸秆钾储量为 1382.11 万吨 K_2O，其中玉米、水稻、小麦秸秆钾储量 1031.89 万吨 K_2O，占比 74.7%，与我国 2019 年的农业钾肥消费量（1025 万吨）持平。按照不同地区主要农作物秸秆还田率 60% ～ 80% 计算，还田秸秆钾储量可达到 691.13 万～ 825.51 万吨 K_2O。

② 不同区域主要农作物秸秆资源量与秸秆钾储量　根据不同区域作物产量及作物草谷比（表 5-6），计算得到 2019 年不同区域主要农作物秸秆资源量和秸秆钾储量（表 5-7）。2019 年全国主要农作物秸秆资源量 8.09 亿吨，秸秆钾储量 1382.08 万吨 K_2O。华北地区和长江中下游地区秸秆资源量丰富，分别达到 2.127 亿吨和 1.942 亿吨，占全国主要农作物秸秆资源量的 26.3% 和 24.0%；其次是东北地区，秸秆资源量 1.636 亿吨，占比 20.21%；西南和西北地区秸秆资源量为 1.020 亿～ 1.022 亿吨，占比 12.59% ～ 12.63%；而东南地区秸秆资源量最低（0.350 亿吨），占比 4.32%。从秸秆钾储量来看，长江中下游秸秆钾储量最高（359.54 万吨 K_2O），占全国主要农作物秸秆钾储量的 26.01%；其次是华北、东北和西南地区，秸秆钾储量为 230.32 万～ 290.88 万吨 K_2O，占比 16.66% ～ 21.05%；西北地区秸秆钾储量为 179.45 万吨 K_2O，东南地区秸秆钾处理最低（69.35 万吨 K_2O，占比 5.02%）。

表5-6　不同区域主要农作物草谷比[57]

作物	东北	华北	长江中下游	东南	西南	西北
玉米	1.11	1.23	1.29	1.27	1.28	1.29
水稻	0.91	0.97	1.08	0.93	0.95	1.03
小麦	1.56	1.34	1.39	1.36	1.49	1.10
大豆	1.29	1.53	1.41	1.53	1.69	1.63
马铃薯	0.48	0.50	0.47	0.46	0.47	0.70
油菜	2.75	2.20	2.64	2.75	2.55	2.34
花生	1.24	1.41	1.18	1.60	1.20	1.33

表5-7　2019年我国不同区域主要农作物秸秆资源量与秸秆钾储量

区域	省份	秸秆资源量 /10^8t	占比 /%	秸秆钾储量 /10^4t K_2O	占比 /%
东北	辽宁	0.293	3.62	43.75	3.16
	吉林	0.462	5.71	68.63	4.97
	黑龙江	0.881	10.88	140.16	10.14

续表

区域	省份	秸秆资源量 /10^8t	占比 /%	秸秆钾储量 /10^4t K_2O	占比 /%
东北	小计	1.636	20.21	252.54	18.27
华北	北京	0.003	0.04	0.44	0.03
	天津	0.025	0.31	3.60	0.26
	河北	0.449	5.55	66.07	4.78
	河南	0.848	10.47	112.58	8.15
	山东	0.647	7.99	83.70	6.06
	山西	0.155	1.91	24.49	1.77
	小计	2.127	26.27	290.88	21.05
长江中下游	上海	0.010	0.12	1.96	0.14
	江苏	0.408	5.04	68.39	4.95
	浙江	0.069	0.85	14.12	1.02
	安徽	0.475	5.87	75.55	5.47
	湖北	0.368	4.54	73.25	5.30
	湖南	0.367	4.53	75.45	5.46
	江西	0.245	3.03	50.82	3.68
	小计	1.942	23.98	359.54	26.01
东南	福建	0.051	0.63	11.10	0.80
	广东	0.138	1.70	27.86	2.02
	广西	0.147	1.82	27.62	2.00
	海南	0.014	0.17	2.77	0.20
	小计	0.350	4.32	69.35	5.02
西南	重庆	0.129	1.59	30.83	2.23
	四川	0.487	6.01	104.40	7.55
	贵州	0.165	2.04	46.15	3.34
	云南	0.235	2.90	48.23	3.49
	西藏	0.004	0.05	0.71	0.05
	小计	1.020	12.59	230.32	16.66
西北	内蒙古	0.444	5.48	71.30	5.16
	陕西	0.161	2.00	28.76	2.08
	宁夏	0.047	0.58	9.62	0.70

续表

区域	省份	秸秆资源量 /10^8t	占比 /%	秸秆钾储量 /10^4t K_2O	占比 /%
西北	甘肃	0.166	2.05	38.23	2.78
	青海	0.023	0.28	6.25	0.45
	新疆	0.181	2.24	25.29	1.83
	小计	1.022	12.63	179.45	12.99
合计		8.097	100.00	1382.08	100.00

从全国各省份秸秆资源量和秸秆钾储量（图 5-14）来看，秸秆资源量超过 5000 万吨的省份包括黑龙江、河南和山东，其秸秆钾储量为 83.70 万～ 140.16 万吨 K_2O；秸秆资源量 3000 万～ 5000 万吨的省份包括四川、安徽、吉林、河北、内蒙古、江苏、湖北和湖南，秸秆钾储量为 75.45 万～ 104.40 万吨 K_2O；秸秆资源量 1000 万～ 3000 万吨的省份包括辽宁、江西、云南、新疆、甘肃、贵州、陕西、山西、广西、广东、重庆、福建、宁夏、天津、青海、海南和上海，秸秆钾储量为 1.96 万～ 50.82 万吨 K_2O；秸秆资源量低于 1000 万吨的省份为北京、西藏，秸秆钾储量分别为 0.44 万吨和 0.71 万吨 K_2O。

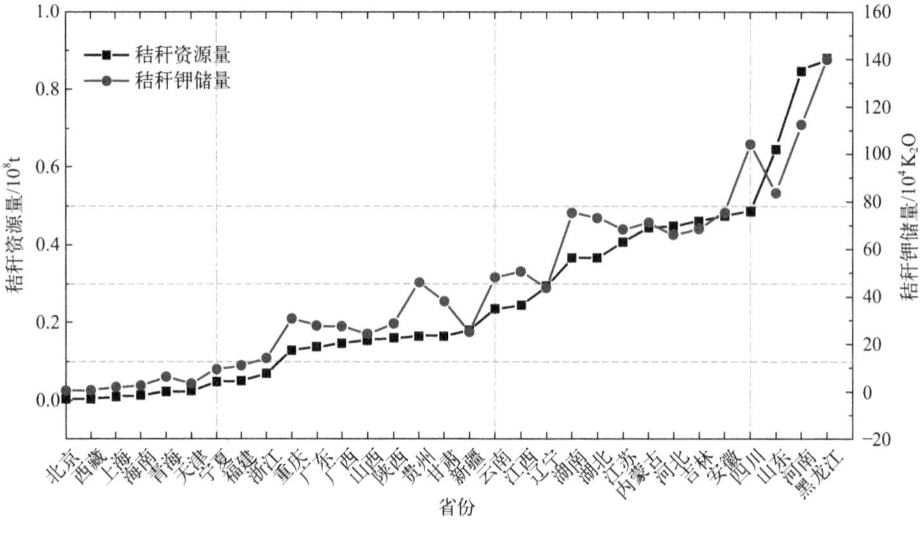

图 5-14　2019 年我国各省份主要农作物秸秆资源量与秸秆钾储量

5.2.3.2　还田秸秆钾的有效性

作物秸秆中有 70% ～ 80% 来自作物吸收所贮存的钾，其主要以钾离子形式存在，极易溶于水释放出来。大量研究表明，秸秆直接还田后，秸秆钾的释放率高于磷和氮 [58]。不同作物在水田和旱地腐解特征和养分规律差异明显。不同作物秸秆在水田和旱地的当季腐解率分别为 45.0% ～ 62.1%[59] 和 52.9% ～ 75.8%[60]，其钾素释放率分别为 77.5% ～ 99.0%[61] 和

68.7% ～ 97.0%[62]。

秸秆还田对土壤速效钾的影响主要取决于秸秆腐解自身钾的释放，但同时也受秸秆腐解时所产生的有机酸对矿物钾释放的影响[63]。秸秆泡水后不仅会释放钾素，也会释放碱性金属、阴离子和有机成分，秸秆腐解的前期有机酸释放使表层水溶液 pH 值出现一个弱酸化过程，随着腐解时间的推移、微生物活动以及有机酸被分解，又出现一个碱化的过程，导致 pH 值最终升高[59]。

秸秆在适宜的水分和温度条件下，前期腐解速率较快[59]，过程较为复杂，翻压 10 天内土壤有机酸累积水平较高，对矿物钾的释放具有一定的促进作用[64]。通过原子力显微镜原位观察硅酸盐矿物在有机酸作用下的界面反应，发现有机酸对矿物溶解能够明显地促进矿物中钾的释放，浓度越高，释放钾素作用越明显，并且钾素释放能力还与有机酸的种类、矿物类型密切相关[65]。同时，秸秆腐解过程中产生的小分子有机酸很容易与矿物结构中的金属离子形成金属-有机复合体，加速矿物分解，从而促进钾素的释放。当根系接触到黑云母时，根系提供的 H_3O^+ 可以与黑云母晶片边缘的层间钾离子发生交换，从而促进云母层间钾释放[66]。此外，秸秆自身的性质会导致微生物代谢活动及其群落多样性的变化[67]。可见，秸秆释放出的有机酸有助于土壤中钾素的分解、转化与释放，并提高和补充土壤中钾素，对提高土壤供钾能力起到重要作用。

5.2.4　影响钾在土壤中有效性的重要因素

土壤中的钾能否被植株吸收利用由土壤中钾素的位置和形态共同决定。植物根系可延伸到很远的土壤吸收钾素，但是植物根系仅占土壤体积的 3% 左右，仅从这部分土壤中吸收钾素远远不足以供给植株生长，所以需要钾素在土壤中的移动来及时补充植株根部的钾。当钾移动到植物根周围时，植物可以直接吸收这部分钾，植株根部钾含量降低，土壤其他部位的钾便会继续向这一位置移动进行补充，但当移动到植株根部的钾素过多时，就会造成钾素的富集，而过少时，便会形成钾素的短缺[31]。土壤钾素的运移受多种因素影响，如土壤含水量、质地、容重和温度等物理指标[36]，钾离子浓度、土壤酸碱性、土壤陪伴离子等化学指标，植物根系以及根系表面积等生物指标[68]。

（1）影响土壤钾形态有效性的重要因素

影响土壤钾形态有效性的重要因素包括黏土矿物类型和数量、土壤质地和钾饱和度、土壤水分和温度、土壤 pH 值和施肥。

① 黏土矿物类型和数量　土壤中黏土矿物类型和数量对土壤交换性钾的保持力有很大影响，它控制着土壤溶液中钾的浓度及再补充钾的能力。土壤中的黏土矿物如高岭石、伊利石和蛭石等对钾的吸附和固定能力不同，这种区别主要归因于黏粒矿物楔形区域电荷点位的不同。一般而言，2∶1 型黏土矿物的固钾能力大于 1∶1 型黏土矿物，土壤 2∶1 型胀缩性黏土矿物的固钾能力大小为蛭石＞拜来石＞水云母＞蒙脱石[69]，也有研究表明黑云母的释钾能力比白云母和正长石要高[70]。黄绍文和金继运研究我国北方主要土壤的固钾能力时发现土壤固钾量与土壤理化性质和矿物学性质（非交换性钾和速效钾含量、黏粒含量、CEC）有关[71]。研究发现同一母质类型中，质地黏重土壤的钾素含量一般较高。土壤中黏粒含量

越多，吸附钾的能力越强。

② 土壤水分　水分是影响土壤钾素释放和固定的重要因素。干燥的土壤为满足蒸腾的需要到达植株的水中含钾量很少，同时增加了钾素向根的移动途径，从而降低土壤钾素的有效性。土壤水分含量增加，钾素的扩散速率增加，进而增加通过扩散方式运移的钾素含量[72]。在稻田淹水情况下，土壤溶液中有大量的可溶性 Fe^{2+}、Mn^{2+}，它们能从黏土复合体中取代出交换性钾，使交换性钾保持在较高的水平，因而淹水后可溶性钾的增加量与土壤溶液中 Fe^{2+} 的含量有密切关系。

正常的土壤持水量范围内，不同含水量对土壤速效钾含量测定结果影响不大。土样风干后测定，土壤速效钾含量与鲜样相比均有所减少。除潮土外，不同含水量间，土壤缓效钾含量也无显著变化，说明取样时土壤含水量对缓效钾含量测定结果影响不大；土样风干后，不同含水量间，土壤速效钾含量与鲜样相比减少了 8.7% ～ 22.8%，说明土样在风干的过程中，发生了缓效钾的转化，导致测定结果偏小（表 5-8）。旱作条件下，作物对土壤养分的消耗比水作大，把旱地改作水田时，或水旱轮作条件下，作物一般能获得增产，其中土壤有效钾含量的变化就是影响因素之一。

表5-8　土壤鲜样和干样速效钾含量的比较

单位：mg/kg

处理	土样		红壤	黄褐土	潮土	灰潮土
不施钾	鲜样	25%	211.1±3.4 ab	125.6±2.2 a	145.8±0.0 ab	77.9±2.2 a
		40%	223.2±11.3 a	121.8±0.0 ab	151.0±4.9 a	76.7±0.0 a
		55%	215.1±5.5 ab	113.5±5.6 ab	143.2±19.1 ab	77.0±0.0 a
	干样	25%	187.0±13.2 c	110.6±14.4 b	122.1±11.9 c	74.3±5.7 ab
		40%	194.7±15.2 bc	116.3±3.3 ab	128.8±5.0 bc	70.5±3.3 b
		55%	192.8±18.4 bc	119.2±6.0 ab	135.5±3.3 abc	75.3±1.7 ab
施钾	鲜样	25%	426.0±7.6 b	219.9±4.5 a	283.7±0.0 a	195.6±0.0 a
		40%	437.6±8.6 a	220.3±5.0 a	281.8±8.5 a	195.4±5.5 a
		55%	433.2±5.5 ab	217.0±5.6 a	284.6±7.3 a	195.4±5.5 a
	干样	25%	366.7±2.9 c	195.6±1.7 b	215.7±3.3 d	149.8±1.7 c
		40%	365.7±4.4 c	196.6±6.6 b	223.4±5.7 c	156.5±3.3 b
		55%	368.6±3.3 c	202.3±3.3 b	232.9±1.7 b	160.3±0.0 b

注：各栏中不同字母表明在 $p < 0.05$ 水平上有显著差异。

③ 土壤温度　土壤温度影响离子交换。在描述交换反应自由能变化的公式中，钾的变化与绝对温度（T）同向，说明温度升高会增加土壤溶液中的钾含量。研究发现，在 0 ～ 4℃范围内，增加温度能使土壤交换性钾离子减少，并使溶液钾离子浓度相应增加。此外，贮存温度对风干土样钾素测定值亦有影响（表 5-9）。在 25℃恒温条件下，土壤水

溶性钾和交换性钾含量的测定值相对稳定，而在 4℃低温培养条件下，土壤非交换性钾含量测定值相对稳定 [73]。

表5-9　温度对土壤钾含量的影响

单位：mg/kg

钾素形态	土壤类型	室温	25℃	4℃	60℃
水溶性钾	红壤	10.4±0.5 c	12.6±0.5 b	11.2±1.0 bc	19.2±1.2 a
	黄褐土	14.9±0.7 c	14.9±0.7 c	17.8±0.7 b	19.6±0.6 a
	潮土	40.7±3.0 a	34.8±0.3 b	36.5±1.0 b	41.9±2.5 a
交换性钾	红壤	58.9±0.5 b	56.7±0.5 b	58.1±1.0 b	62.7±3.5 a
	黄褐土	83.8±3.6 c	97.4±3.3 b	120.7±0.6 a	89.7±3.2 c
	潮土	57.1±2.2 b	63.7±4.3 a	66.4±1.0 a	23.7±2.0 c
非交换性钾	红壤	38.0±0.0 a	38.0±0.0 a	38.0±0.0 a	25.9±4.3 b
	黄褐土	566.2±17.0 a	558.1±18.9 a	569.4±3.6 b	582.7±4.3 a
	潮土	433.7±17.4 c	483.8±16.9 b	520.8±27.7 a	502.6±0.7 b

注：各栏中不同字母表明在 $p < 0.05$ 水平上有显著差异。

④ 土壤 pH 值　土壤 pH 值影响钾的吸附。研究表明，在 K^+ 吸附过程中，土壤表面会释放 H^+，体系的 pH 值明显下降，可见 K^+ 的吸附是离子交换与离子吸附同时进行的结果 [74]。一般认为，提高土壤 pH 值可以提高土壤固钾能力。因为 pH 值＞ 5.5 时，Al^{3+} 以羟基聚合阳离子沉淀，随 pH 值增加，羟基聚合物的 OH^- 数量增多，可降低钾固定的 $Al(OH)_x$ 的数量，直至转变成类似三水铝石的形态 [75]。酸性土壤的平均吸钾量明显高于中性土，原因是土壤 pH 值影响离子选择性，当 pH 值＜ 5.5 时，Al^{3+} 和 $Al(OH)_x$ 占优势，使溶液中的钾更易被土壤吸附。相对较高的 pH 值有利于土壤钾素的固定，固定能力强的土壤几乎都是钙质土。

我国南方地区土壤通过施用石灰增强保钾能力，减少钾的淋失。其作用机制是：pH 值增加，恒电位表面胶体产生新电荷，导致 K^+ 吸附量随之增加；pH 值较高，K^+ 代换 Ca^{2+} 较之代换 H^+ 或 Al^{3+} 更为容易。另一解释是在云母类矿物边缘和楔形区的交换位上，K^+ 被 H_3O^+ 置换，在溶液 pH 值较低时，H_3O^+ 能有效地与 K^+ 竞争，从而占据这些交换位，并将 K^+ 置换到液相中去。在较高 pH 值时，则会大大有利于 K^+ 竞争这些特定的交换位 [76-77]。

⑤ NH_4^+ 的影响　氮肥中的 NH_4^+ 具有和 K^+ 离子相似的离子半径和水化能，很容易脱去水化层而进入矿物层间，因而对土壤钾素的有效性产生影响。铵、钾施用次序对钾素释放、固定有影响，其影响程度与黏土矿物类型有关。

土壤中 2∶1 型黏土矿物的晶片中，由于同晶置换而带有负电荷。这些负电荷由晶层间和晶层外包括 NH_4^+ 和 K^+ 在内的阳离子来平衡。NH_4^+ 与 K^+ 具有几乎相同的离子直径，其数值与 2∶1 型黏土矿物中氧原子形成的六角形空穴直径（0.14nm）相似。由于静电引力作用，NH_4^+、K^+ 会脱去水膜进入层间并嵌入六角形孔穴中而形成固定态。

施用铵态氮肥会对钾素的固定和释放产生影响。土壤溶液的 pH 值不但影响阳离子的形态，而且 H^+ 也会与 K^+ 争夺吸附位置。K^+ 与其他离子之间的相互作用有拮抗作用和协同作用，如 NH_4^+、Rb^+、Cs^+ 与 K^+ 之间，Fe^{2+} 与 K^+ 之间存在拮抗作用。而 NO_3^-、$H_2PO_4^-$、MoO_4^- 等一些阴离子与 K^+ 之间存在协同作用。

土壤是一个动态而又复杂的系统，研究土壤钾素的有效性必须将土壤-作物系统视为一个整体，植物的根系形态和生理特性等对土壤钾素的吸收利用有十分重要的影响。腐殖质与金属氧化物和氢氧化物可以聚集或沉淀在层状黏土矿物表面，或以包膜的形式将黏土矿物表面的一部分掩蔽。有机酸的释钾作用主要是有机溶液中解离的 H^+ 和有螯合能力的有机配位体的作用结果。

（2）影响土壤钾空间有效性的重要因素

土壤钾的空间有效性指的是植物根系能够接触到的可吸收利用钾。土壤钾的空间有效性主要受到作物根系结构、根表吸钾能力和根系分泌物对非交换性钾活化能力的影响。

① 作物根系结构与根表吸钾能力　对于以扩散为主的钾来说，钾是否能被植物吸收主要取决于根系和土壤之间的接触面积。与钾低效基因型植株相比，钾高效基因型植株细根占整个根系的比例相对较大[78]。因此，植物根系的形态特征，如根系的体积、几何形状、长度、分布深度、分枝状况、根毛数量等和根系的结构特征对钾的吸收都有明显的影响。在低钾胁迫下，植物可以改变根系构型，使根系在土壤中钾含量较高的区域分布，提高植物对钾的有效吸收。研究发现，在低钾土壤中，黑麦草与三叶草混作时，三叶草几乎被黑麦草所替代，因为在缺钾条件下，黑麦草能够利用土壤中的非交换态钾，根量、根长、根系阳离子代换量以及根吸收面积均大大超过三叶草。黑麦草的根长是三叶草的 6 倍之多，但三叶草单位根长吸钾速率却大于黑麦草，因此，要满足正常生长的需要，三叶草所需求的土壤溶液中钾浓度是黑麦草的 3 倍[79]。

同一作物的不同品种对钾的吸收也存在显著差异。对来自 25 个国家和地区的 200 多份水稻基因型研究发现，水稻不同基因型的吸钾速率可相差 1 倍以上，生物产量相差 1.0 ～ 3.6 倍，钾利用效率相差 30% ～ 50%，钾素经济利用效率（收获指数）差异极为显著[80]。Jiang 等研究了两个钾素效率不同的棉花基因型的生长状况和营养特性，发现钾低效品种吸收的钾素较多地分配到主茎和叶柄等器官，而钾高效品种吸收的钾素则较多地分配到形成产量的器官（棉桃）中，棉桃钾素积累量是钾低效品种的 1.98 倍[81]。

② 根系分泌物活化非交换性钾的能力　非交换性钾的利用是影响作物钾吸收效率的一个重要因素[78]。植物种类间或物种内基因型利用根系分泌物活化钾的能力不同[82]。例如甜菜每单位根长吸收的钾比生长在固钾土壤上的小麦和大麦多 3 ～ 6 倍[83]。

作物吸收钾的差异不仅与钾吸收效率有关，还与根系分泌物对非交换性钾的活化有关。根系分泌的主要化合物是有机酸，例如玉米根系分泌柠檬酸和草酸[84]，油菜根系分泌苹果酸[85]。此外，在小麦和甜菜的根系分泌物中检测到的氨基酸可以增加黏土矿物中钾的释放[86]。研究表明，当根际土壤溶液中钾在阈值水平（10 ～ 20μmol/L）以下时，根分泌机制被激活[87]。已知有机酸通过形成金属-有机复合物和通过加强 H^+ 对 K^+ 的交换而促进土壤矿物的风化[88]。有研究表明，植物根系吸收钾的能力和耐低钾胁迫能力与根系分泌质子能力有关。Glass 等对 24 个大麦品种活体根系吸收钾与 H^+ 溢泌作用的关系进行研究发现，无论在短时间（15min）还是在较长时间（24h）内，大麦品种之间根系 K^+ 的吸收速率与 H^+ 的溢泌速率呈极显著正相关；在生长试验中，平衡液 pH 值与 K^+ 吸收速率密切相关；吸钾速率较快的基因型，使营养液中 pH 值降低的能力较强[89]。

不同植物种类对土壤钾供应的临界值也不相同。国际上的钾素临界值标准也因作物而异（表 5-10）。国内的一些试验中也发现当土壤速效钾为 120mg/kg 时，棉花施用钾肥有效，而某些作物在土壤含钾量为 80mg/kg 时，施用钾肥也不会出现效果。

表5-10　不同作物在不同土壤钾水平下的施钾推荐量[90]

作物	钾肥推荐用量 / [kg（K_2O）/hm^2]				
	很低	低	足够	高	很高
禾谷类作物	130	110	90	50	—
籽粒用玉米	250	220	180	90	—
糖用甜菜	420	360	300	150	—
马铃薯	250	220	180	90	—
牧草（刈割）	250	230	210	110	—
葡萄园	100	80	70	40	—

通常认为，凡作物在短期内需钾较多而吸收能力相对较弱的作物，如块根（甘薯）、块茎（马铃薯）、甜菜、棉花、大豆等作物，种植在土壤交换性钾含量较低的土壤上，一般靠土壤缓效性钾的释放不能满足它的需要，所以对这些作物而言，土壤交换性钾含量可作为钾素的诊断指标；禾谷类作物吸钾能力很强，许多试验证明，缓效钾是这些作物钾素的主要来源。由此可见，对禾本科作物稻麦等来说，单凭交换性钾的指标来衡量土壤供钾状况是不够的。根据禾本科作物（稻、麦）的吸钾特点，除吸收土壤速效钾以外，非交换性缓效钾在补给交换性钾方面起了重要作用。

5.3　钾肥创制与施用

我国钾肥产业发展迅速，钾肥的施用在各作物种植中变得日益重要。然而，钾肥价格的剧烈波动给肥料企业的利润和农民生产的积极性带来了巨大的影响。因此，充分利用国内现有的各种钾肥资源，明确未来钾肥高效利用的绿色智能肥料研发方向，以及探究钾肥精准智能施用的关键技术，对于保障肥料行业的可持续发展和推动农业绿色提质增效具有重要意义。

5.3.1　钾肥现状及存在主要问题

据美国地质调查局数据，截至 2022 年全球探明的钾盐储量为 40 亿吨以上（以 K_2O 计，下同），加拿大、白俄罗斯和俄罗斯储量位居前三，中国的钾盐储量约为 1.7 亿吨[91]。联合国粮农组织（FAO）评估全球2022年的钾肥产量为4291.4万吨，其中农用钾肥消费量为3545万吨，占到82.6%。国际肥料协会（IFA）预测自2020/2021年之后全球钾肥需求将保持1.5%年增长率，在2025/2026年将达到4120万吨。从我国国内钾肥生产和消费情况来看（图5-15），我国农业钾肥用量从2000年347万吨增加到2022年898万吨，二十年的时间全国农业钾肥用量增加了2倍多。2019—2022年我国钾肥年产量维持在450万吨左右，每年进口钾肥500万吨左右，对外依存度依然长期保持在50%以上[92]。

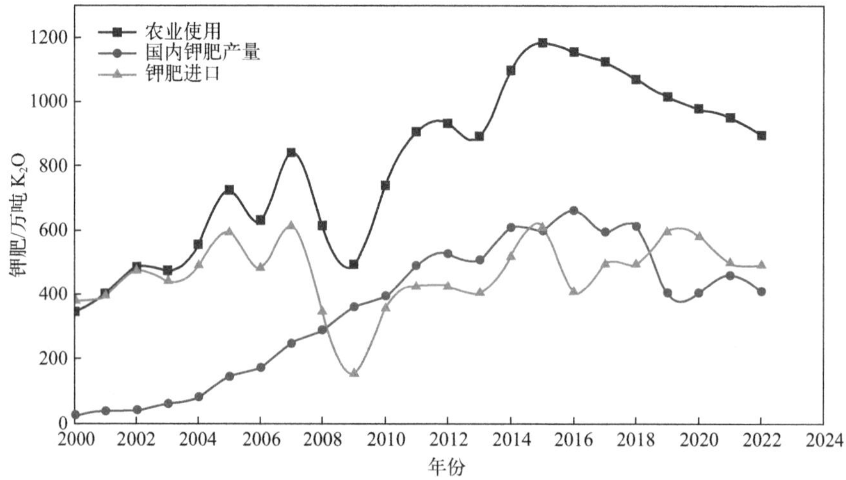

图5-15 我国历年的钾肥生产和消费情况

（数据来源于FAO数据库）

从全国主要作物钾肥施用来看（表5-11），我国农作物平均的钾肥用量为78kg（K_2O）/hm^2。主要农作物钾肥用量呈现缓慢增加的趋势，农业生产也更加重视钾肥的施用。整体而言，经济作物，包括果树、蔬菜、甘蔗、烟草等钾肥用量明显高于粮食作物，大豆、油菜、棉花和甜菜生产中钾肥投入略显不足。三大粮食作物中，水稻生产中钾肥用量高于小麦和玉米。从不同地区钾肥投入来看（图5-16），在水稻生产上，山东、河北和广西的平均钾肥用量最高，云南、重庆和陕西钾肥用量最低；在小麦生产上，安徽、江苏和山东的钾肥用量最高，新疆、内蒙古和云南的钾肥用量最低；在玉米生产上，吉林、山东和河南的钾肥用量最高，新疆、陕西和甘肃钾肥用量最低。

表5-11 我国主要作物的钾肥投入情况

单位：kg（K_2O）/hm^2

作物	2013年	2014年	2015年	2016年	2017年	2018年
水稻	54	57	60	63	61	61
小麦	49	52	50	57	56	53
玉米	40	42	44	41	40	42

续表

作物	2013 年	2014 年	2015 年	2016 年	2017 年	2018 年
大豆	20	18	23	23	22	20
花生	51	56	59	62	63	64
油菜	23	24	24	26	25	30
棉花	25	22	31	17	14	12
烟草	154	160	155	167	160	166
甘蔗	170	167	160	179	188	176
甜菜	27	18	22	20	24	30
桑蚕茧	71	65	57	65	81	56
苹果	155	170	153	145	132	140
蔬菜	100	95	89	246	210	230
平均	72	73	71	85	83	83

资料来源：《全国农产品成本收益资料汇编 2019》。

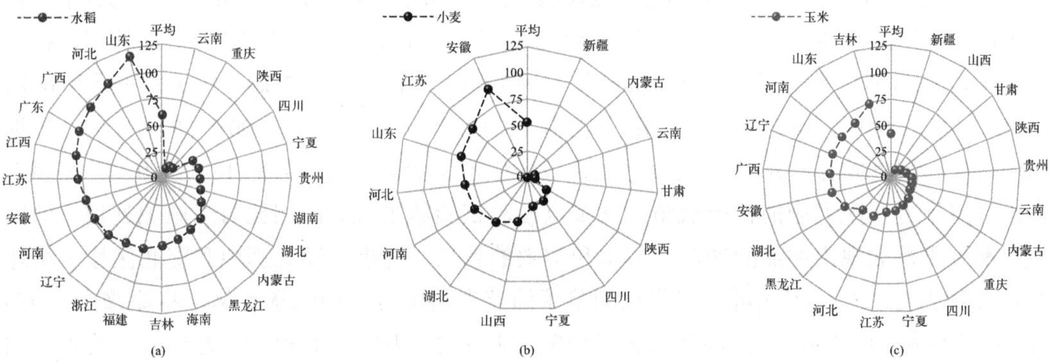

图 5-16 我国不同地区主要粮食作物的钾肥投入情况

5.3.2 基于植物钾营养特性和土壤钾特征提出钾肥的创制

整体而言，目前市场上钾肥品种相对单一，主要钾肥品种包括氯化钾、硫酸钾、硝酸钾、硫酸钾镁肥、磷酸二氢钾和其他含钾矿物，其中我国农业对氯化钾、硫酸钾肥依赖程度很高，氯化钾用量就占钾肥总用量的 90% 以上，硫酸钾占总量 4% ～ 5%。硝酸钾、磷酸二氢钾多以叶面肥形式施用，而硫酸钾镁肥、钾硅肥等新钾肥品种应用量非常有限 [93]。据统计，2020 年我国资源型钾肥（实物量）总产量 967 万吨（折 K_2O 量约 553 万吨），其中氯化钾、硫酸钾和硫酸钾镁肥产量分别为 732 万吨、220 万吨和 15 万吨，占到钾肥总产量的 76%、23% 和 1%。另据中国海关统计数据，2020 年我国钾肥（实物量）进口 881.56

万吨，其中，氯化钾进口 873.98 万吨，硫酸钾进口 7.53 万吨。因此在钾肥资源有限，国际钾肥价格不断攀升的形势下，基于植物钾营养特性和土壤钾特征的新型钾肥产品和技术创制和创新至关重要。本节重点从现有钾肥产品创新，尤其是作物高效专用肥配方的再优化、新钾肥品种的创制和应用以及以作物秸秆、绿肥为代表的生物钾肥资源的再利用三个角度阐述。

在现有钾肥产品创新上，应重点关注以氯化钾等为原料的作物高效专用肥产品的创制，通过氮磷钾大量元素和中微量元素的配比挖掘钾肥高效的潜力。近几年作物专用肥的发展非常迅速，但 15-15-15、16-16-16 和 17-17-17 复合肥仍占据了肥料销售市场很大的份额。1∶1∶1 的氮磷钾配比看似是“均衡”配方，恰恰忽略了作物的养分需求和土壤养分供应特征。以钾为例，大多数作物对钾的需求甚至超过了氮，但由于土壤供钾能力强以及秸秆还田等原因，生产中并不需要施用大量的钾肥。尽管过量的钾投入并不会限制作物产量和产生明显的环境问题，但在钾资源有限和钾肥价格偏高的情况下，复合肥中高浓度的钾一方面造成了资源的浪费，另一方面也加重了肥料企业生产成本以及农民施用的成本。同样，过量的钾肥投入会促进土壤中速效钾的积累，从而抑制作物对镁的吸收，在镁含量较高的土壤上仍出现生理性缺镁的现象，这在设施蔬菜、集约化果园生产中非常普遍。因此根据作物养分需求和区域土壤养分供应特征，创制钾高效专用肥产品是未来钾肥设计的重点方向。以油菜钾高效专用肥为例，根据测土配方施肥数据，结合磷钾恒量监控技术以及区域油菜的目标产量，确定了湖北整个区域氮、磷肥推荐量为 210kg（N）/hm^2、75kg（P_2O_5）/hm^2，考虑到水稻秸秆还田，适当降低钾肥投入，推荐用量为 60kg（K_2O）/hm^2[94]。考虑到氮肥分次施用，按照基追比为 1∶1 计，确定了油菜基肥养分投入为 105kg（N）/hm^2、75kg（P_2O_5）/hm^2 和 60kg（K_2O）/hm^2，因此，确定油菜专用配方肥中 N∶P_2O_5∶K_2O 比例为 1.00∶0.71∶0.57，依据当地习惯，配置成总养分 40% 的复合肥，设计生产了油菜专用配方肥 18-12-10，并在湖北多地开展了专用配方肥的校验试验。从多点校验试验结果来看，相比习惯施肥处理，油菜专用配方肥均表现出明显的增产、节本和增效的效果。考虑到湖北鄂中和鄂北区域土壤速效钾含量相对较高，因此进一步优化调整了油菜专用配方肥中钾素比例，将原来配方 18-12-10 调整为 18-12-9。以全国年销售专用配方肥 112.5 万吨（面积 150 万公顷，约占我国油菜种植面积的 1/4），可累计节省钾肥（K_2O）约 1.125 万吨，在保证油菜高产的同时有利于实现养分资源的高效利用。此外，现有的作物高效专用肥配方的设计是以高产和养分高效为目标，钾是重要的品质和抗逆元素，合理施用钾肥能明显改善作物的品质，提高作物的抗逆性。设计针对不同目标情景的作物钾高效专用肥产品将是未来钾肥产品创新的重要环节。

在钾肥品种的创新和应用上，尽管我国具有经济价值的可溶性钾盐短缺，但暂时未被利用的难溶性固体钾盐占总量的 81%[95]。开发价值低和生产技术不成熟是固体钾盐开发的重要限制因子，近几年以杂卤石为代表的难溶性钾盐的开发利用重新引起了人们的兴趣。杂卤石除含钾外，同时含有钙镁硫等矿质养分。通过直接研磨、添加浸提剂—过滤—结晶、焙烧-热浸等方法将杂卤石提纯为 K_2O 超过 20% 具有商品价值的硫酸钾盐。杂卤石[96]、枸溶性钾肥[97]、硫酸钾钙镁肥[98]等以难溶性固体钾盐为原料生产的新型钾肥在生产中均表现出良好的效果。因此在钾肥资源有限和国际钾肥价格持续走高的情况下，充分开发国内难溶性钾肥资源，有利于降低农资生产成本以及国内农业生产对国际钾肥市场的依赖，同时难溶性钾肥资源往往包含了多种矿质养分，在保证土壤钾素供应的同时，补充了钙、镁、硅等其他元素，进一步提高了作物产量、品质和抗逆性。除难溶性固体钾盐的利用外，腐植酸钾是国内农资市场上近几年非常流行的新型钾肥。我国腐植酸的来源非常广泛，农用腐植酸钾的含钾（K_2O）量可达 8% ～ 12%，2019 年国内 160 家农用腐植酸钾生产和销售企业累计生产和销售农用腐植酸钾 310 万吨，具有广阔的市场前景[99]。尽管将腐植酸钾划为新型的钾肥，但目前关于腐植酸钾在农业生产上研究和应用更多地关注其在改善生长、提高作物产量方面的作用，腐植酸钾中钾的功效、腐植酸钾的适宜用量、施用后是否具有化学钾肥减施潜力等很多技术问题仍不明确，限制了腐植酸钾产品的创新和应用。尽管现在农资市场上腐植酸钾的复合肥产品越来越多，但其功能定位并不明确，更多的关注点在腐植酸原料的添加，以及腐植酸钾复合氮、磷大量元素以及中微量元素和有益元素，而钾如何在其中发挥更大的效能仍需深入研究，这也是未来以腐植酸钾为代表的新型钾肥需要突破的技术瓶颈。

此外，以作物秸秆、绿肥为代表的生物钾肥资源的再利用是有效缓解我国国内钾肥资源短缺的重要手段。据估算，我国主要农作物秸秆钾储量为 1382.11 万吨 K_2O，其中玉米、水稻和小麦秸秆钾储量占到 74.7%，这与我国 2019 年农业钾肥消费量（1025 万吨）基本持平。按照不同地区主要农作物秸秆还田率 60% ～ 80% 计算，还田秸秆储量可达 691.1 万～ 825.5 万吨 K_2O。柴如山等研究同样指出，我国单位耕地面积水稻、小麦和玉米秸秆还田当季钾肥替代潜力分别为 152.6kg/hm^2、82.4kg/hm^2 和 124.4kg/hm^2 K_2O，充分利用秸秆资源，可基本满足我国粮食生产的钾素需求，维持土壤钾素平衡[100]。由于作物地上部吸收的钾主要集中在秸秆，因此从理论上推算，秸秆还田替代化学钾肥具有巨大的潜力。但很多田间定位试验的结果仍表明，在秸秆还田条件下，施钾仍有显著的增产效果[101]，秸秆还田并不能完全替代化学钾肥。秸秆还田替代化学钾肥潜力和土壤钾素供应是密切相关的。李继福等研究指出，在秸秆还田条件下，高钾（速效钾＞ 150mg/kg）和中钾（100 ～ 150mg/kg）土壤上水稻化学钾肥替减潜力分别为 49.1% 和 20.0%，低钾（＜ 100mg/kg）田块在秸秆还田条件下增施钾肥仍有很大的增产空间[102]。准确地量化不同区域秸秆还田后化学钾肥的减施潜力需要大量的基础性研究工作，因此提出了在秸秆还田情况下，配施前季作物籽粒带走的钾肥，维持周年轮作作物的高产稳产以及土壤钾素平衡的钾肥管理策略[103]。秸秆还田在我国主要粮食作物体系中表现出巨大的减肥潜力，但经济作物，尤其是蔬菜、果树才是我国农用钾肥的消费大户，而秸秆还田在蔬菜、果树生产上应用却非常有限，畜禽粪肥、绿肥则具有广阔的空间。经济作物生产中往往施用了大量的有机肥，果园生产中通过套种绿肥同样可以实现化学钾肥替减增效。因此在未来钾肥的创新中同样需要关注以绿肥、有机肥为代表的生物性钾资源的高效利用。

5.3.3 基于植物钾营养特性和土壤钾特征提出合理施用钾肥的建议

5.3.3.1 合理施钾原则

基于作物养分需求和土壤养分供应的“钾素恒量监控技术”是确定作物钾肥合理施用的

重要原则。根据《测土配方施肥土壤基础养分数据集（2005—2014）》统计结果（表5-12），全国土壤速效钾平均含量为120.6mg/kg，变幅为43.0 ～ 237.0mg/kg。不同区域土壤速效钾含量略有差别，其中以华南地区土壤速效钾含量最低，平均仅为90.1mg/kg；西北地区土壤速效钾含量最高，达到161.5mg/kg。参考第二次土壤普查通用的土壤速效钾分级指标（土壤速效钾含量100 ～ 150mg/kg，属于适宜水平），目前我国土壤有效钾平均处于“适宜”状态，部分区域处于潜在缺乏状态。

表5-12　我国不同区域土壤速效钾含量

地区	平均值 /（mg/kg）	标准差	变异系数 /%	变幅 /（mg/kg）
华北地区	127.7	52.0	40.7	62.0 ～ 224.0
东北地区	148.9	65.1	43.7	68.0 ～ 270.0
华东地区	102.5	55.7	54.4	38.0 ～ 202.0
华南地区	90.1	50.9	56.5	32.0 ～ 185.0
西南地区	108.9	62.7	57.6	40.0 ～ 233.0
西北地区	161.5	70.4	43.6	71.0 ～ 300.0
全国	120.6	62.5	51.8	43.0 ～ 237.0

资料来源：《测土配方施肥土壤基础养分数据集（2005—2014）》。

秸秆还田是影响钾肥合理施用的重要因素。通过整理各省、市政府网站的数据，当前我国农业生产中秸秆直接还田比例达64%。作物钾素收获系数一般在0.2 ～ 0.3之间，也就意味着70% ～ 80%钾留在秸秆中。秸秆中的钾与化肥钾具有等效性，因此秸秆还田可进一步减少化学钾肥的投入。研究表明不同供钾能力土壤上，秸秆全量还田可替减25% ～ 100%化学钾肥用量[104]。因此当前季作物全量还田时，“钾素恒量监控技术”则主要考虑作物籽粒/果实带走的钾素。当土壤速效钾含量处于丰富状态时，施钾量等于作物籽粒/果实钾素带走量的0.6 ～ 0.8倍；当土壤速效钾含量处于适宜状态时，只需施用与作物籽粒/果实钾素带走量相当的钾肥用量即可；当土壤速效钾含量处于缺乏或潜在缺乏状态时，钾肥用量等于作物籽粒/果实钾素带走量的1.5 ～ 2.0倍。

除“钾素恒量监控技术”外，基于作物钾肥肥效反应方法仍是确定不同区域主要作物适宜钾肥用量的重要方法。它以作物施钾的田间试验为基础，通过钾肥用量与作物产量反应的函数关系，计算最佳经济钾肥用量，这样既能保证作物产量，又能有效地将肥料用量控制在合理的范围内，达到节肥、稳产的目的。吴良泉等利用2005—2010年在全国玉米产区进行的5134组钾肥用量田间试验，确定了我国玉米钾肥推荐用量平均为54kg（K_2O）/hm^2，其中西北绿洲灌溉春玉米区最低，为30kg（K_2O）/hm^2，华北南部夏玉米区钾肥推荐用量最高，为64kg（K_2O）/hm^2[105]。王伟妮利用在湖北省7个稻作区布置的626组水稻钾肥用量田间试验，明确了湖北省早、中和晚稻最佳经济钾肥用量分别为71kg（K_2O）/hm^2、74kg（K_2O）/hm^2和78kg（K_2O）/hm^2，不同稻区最佳经济钾肥用量存在明显差异[106]。李慧利用在冬油菜种植区开展的1787组钾肥田间试验，确定了我国旱旱轮作区、长江上游水旱两季区、长江中下游水旱两季区和水旱三季轮作区区域油菜最佳钾肥用量分别为64kg（K_2O）/hm^2、73kg（K_2O）/hm^2、90kg（K_2O）/hm^{2}和107kg（K_2O）/hm^2[107]。

“钾素恒量监控技术”和“钾肥肥效反应”均是基于作物产量效应的钾肥推荐方法。钾作为最重要的品质元素，合理施钾能明显改善作物的品质，提高作物的抗逆性[18]。当施钾量超过作物适宜钾肥用量时，作物的产量往往不再继续增加，但其品质和抗逆性仍有进一步提升的空间，因此基于不同作物品质和抗逆性需求的钾肥施用是未来绿色优质高效农业生产中必须要考虑的重要因素。

5.3.3.2　合理施钾方法

不同于氮、磷的高移动性和潜在的环境风险，施入土壤中的钾极易被土壤胶体吸附固定，因此钾肥的施用方式相对简单，可采用一次性基施的方式。但一次性基施时同样要考虑钾肥的施用方式和施用位置。尽管钾肥损失极低，但集中施用仍是钾肥高效施用的关键。在棉花上的研究表明，钾肥施在水平距离10～20cm，垂直距离10～20cm时有利于增加棉桃数，降低脱落率和提高棉花产量[108]。在油菜上的研究发现，肥料施在10cm处能明显促进油菜根系生长，提高油菜的产量和肥料利用率。通过机械化深施，实现钾肥的集中施用有利于进一步提升作物钾肥利用率[109]。

钾的营养生理功能包括了调控作物的光合能力[12]，促进光合产物从源器官向库器官的转运。研究表明缺钾胁迫时，作物光合面积的下降先于光合能力的降低，这也就意味着当钾素供应不足时，初期并不表现典型的缺钾症状，而叶片生长则受到明显抑制。因此苗期充足的钾素供应，能保证作物营养生长阶段构建大的叶面积群体；进入生殖生长阶段，前期光合产物的转移，对于最终产量形成非常关键。在小麦、水稻、玉米和棉花等作物上的多项研究均表明，在营养生长转为生殖生长阶段，适当的钾肥追施能明显提高作物的产量潜力[110]。因此对于主要作物而言，钾肥一般分两次施用，其中基肥占60%～80%，营养生长转为生殖生长阶段适当追施20%～40%。若施用控释钾肥，则可以实现钾肥的一次性基施，满足整个生育期不同阶段的钾素需求。

钾与其他营养元素的配合施用也是提高作物产量和肥料利用率的关键。研究发现，随着氮肥用量的增加，由于钾肥投入不足引起的油菜叶缘黄化、焦枯的典型缺钾症状更加明显，氮钾不平衡施用会掩盖作物缺钾症状。氮钾合理配施维持了叶片适宜氮、钾含量以及氮钾比，协调CO_2的传导和同化，增强了叶片的光合能力[111]。钾与氮、磷、硼、锌和镁配合施用能明显提高作物产量和肥料利用率[112-113]。

此外，周年轮作中钾肥的合理分配同样非常重要。在钾肥数量有限的情况下，将钾肥用在轮作中最需要钾肥的作物上，可获得最大的经济效益。水稻-油菜轮作的田间试验发现，油菜施用钾肥增产效果高于水稻，而水稻钾肥农学和吸收利用率均高于油菜。对于轮作系统而言，K_{90-45}处理［水稻季和油菜季各施用90kg（K_2O）/hm^{2}和45kg（K_2O）/hm^2］和K_{90-90}［水稻季和油菜季均施用90kg（K_2O）/hm^2］处理的作物产量、农学利用率和吸收利用率均较高；然而K_{90-45}处理相比K_{90-90}处理，可适当减少轮作系统中钾肥的施用量。在钾肥资源紧缺的情况下，稻-油轮作系统中钾肥施用可以遵循水稻季偏施，油菜季减量的原则，以维持较高的作物产量和系统钾肥利用率，并节约钾肥资源[114]。同样在水稻-小麦[115]轮作上的研究结果也表明，尽管冬季作物钾肥施用效果优于夏季作物，但由于夏季作物钾肥需求量较高，对土壤钾素耗竭大，因此建议在周年轮作条件下，将更多的钾肥施用在夏季作物。

绿色智能肥料的开发基于土壤-植物-微生物-肥料-环境之间的协同原理，旨在调节和调动根系生长的能力，实现根际生命共同体养分高效的应答与生物互作级联放大效应，从而最充分发挥作物的生物学潜力。整体而言，钾营养和钾肥创新关注了土壤-植物-肥料-环境之间的匹配，但钾在生物互作级联放大效应的研究尚显不足。未来，深入探究钾元素及其与其他元素配合在生物互作级联方法效应中的功能，对于创制新的钾高效肥料产品、绿色智能肥料至关重要。在此基础上，结合农业智能化数字化技术，针对具体生产场景，对绿色智能肥料中钾总量和原料进行精准设计，同时配合现代化肥料施用机械与装备，钾肥的智能施用将为农业绿色优质生产提供物化肥料产品和关键技术支撑。

参考文献

[1] Marschner H. Rhizosphere pH effects on phosphorus nutrition. Proceedings of an FAO/ICRISAT Expert Consultary Workshop, 1995, 107-115.

[2] Mengel K, Kirkby E A. Principles of Plant Nutrition. [S.l.]: Kluwer Academic Publishers, 2001.

[3] Armengaud P, Sulpice R, Miller A J. et al. Multilevel analysis of primary metabolism provides new insights into the role of potassium nutrition for glycolysis and nitrogen assimilation in *Arabidopsis* roots. Plant Physiology, 2009, 150(2): 772-785.

[4] Nitsos R E, Evans H J. Effects of univalent cations on the activity of particulate starch synthetase. Plant Physiology, 1969, 44(9): 1260-1266.

[5] Rozov A, Khusainov I, Omari K E, et al. Importance of potassium ions for ribosome structure and function revealed by long-wavelength X-ray diffraction. Nature Communications, 2019, 10(1): 2519.

[6] Cui J, Pottosin I, Lamade E, et al. What is the role of putrescine accumulated under potassium deficiency?. Plant Cell & Environment, 2020, 43(6): 1331-1347.

[7] Wang M, Zheng Q S, Shen Q R, et al. The critical role of potassium in plant stress response. International Journal of Molecular Science, 2013, 14(4): 7370-7390.

[8] Oddo E, Inzerillo S, Bella F L, et al. Short-term effects of potassium fertilization on the hydraulic conductance of *Laurus nobilis* L. Tree Physiology, 2011, 31(2): 131-138.

[9] Lu Z F, Lu J W, Pan Y H, et al. Anatomical variation of mesophyll conductance under potassium deficiency has a vital role in determining leaf photosynthesis. Plant Cell & Environment, 2016, 39(11): 2428-2439.

[10] Starrach N, Flach D, Mayer W E. Activity of fixed negative charges of isolates extensor cell walls of the laminar pulvinus of primary leaves of *Phaseolus*. Journal of Plant Physiology, 1985, 120: 441-455.

[11] Marschner. Marschner's mineral nutrition of Higher Plants. 3ed. London: Academic Press Elsevier Ltd, 2012.

[12] 陆志峰，鲁剑巍，潘勇辉，等．钾素调控植物光合作用的生理机制．植物生理学报，2016, 52: 1773-1784.

[13] Battie-Laclau P, Laclau J P, Beri C, et al. Photosynthetic and anatomical responses of *Eucalyptus grandis* leaves to potassium and sodium supply in a field experiment. Plant Cell & Environment, 2014, 37(1): 70-81.

[14] Hu W S, Lu Z F, Meng F J, et al. The reduction in leaf area precedes that in photosynthesis under potassium deficiency: the importance of leaf anatomy. New Phytologist, 2020, 227(6): 1749-1763.

[15] Giaquinta R T. Phloem loading of sucrose. Plant Physiology, 1977, 59: 750-755.

[16] Baker D A, Malek F, Dehvar F D. Phloem loading of amino acids from the petioles of ricinus leaves. Berichte der Deutschen Botanischen Gesellschaft, 1980, 93: 203-209.

[17] Dreyer I, Gomez-Porras J L, Riedelsberger J. The potassium battery: a mobile energy source for transport processes in plant vascular tissues. New Phytologist, 2017, 216(4): 1049-1053.

[18] 谷贺贺，李静，张洋洋，等．钾肥与我国主要作物品质关系整合分析．植物营养与肥料学报，2020, 26(10): 1749-1757.

[19] Prabhu A S, Fageria N K, Huber D M. Potassium Nutrition and Plant Diseases. American Phytopathological Society, 2007: 57-78.

[20] Conn S, Gilliham M. Comparative physiology of elemental distributions in plants. Annals of Botany,2010, 105(7): 1081-1102.

[21] Jordan-Meille L, Pellerin S. Shoot and root growth of hydroponic maize (*Zea mays* L.) as influenced by K deficiency. Plant and Soil, 2008, 304(1/2): 157-168.

[22] Szczerba M W. Physiology of potassium nutrition in cereals: fluxes, compartmentation, and ionic interactions. Toronto: University of Toronto, 2008.

[23] Britto D T, Kronzucker H J. Cellular mechanisms of potassium transport in plants. Physiologia Plantarum, 2008, 133(4): 637-650

[24] 刘晓伟，鲁剑巍，李小坤，等．直播冬油菜干物质积累及氮磷钾养分的吸收利用．中国农业科学，2011, 44(23): 4823-4832.

[25] Jung J Y, Shin R, Schachtman D P. Ethylene mediates response and tolerance to potassium deprivation in Arabidopsis. Plant Cell, 2009,

21(2): 607-621.
[26] Shin R, Schachtman D P. Hydrogen peroxide mediates plant root cell response to nutrient deprivation. Proceedings of the National Academy of Sciences of the United States of America, 2004, 101(23): 8827-8832.
[27] Wang Y, Wu W H. Potassium transport and signaling in higher plants. Annual Review of Plant Biology, 2013, 64: 451-476.
[28] Reitemeier R F. The chemistry of soil potassium. Advance in Agronomy, 1951, 3: 113-164.
[29] Attoe O J, Truog E. Exchangeable and acid-soluble potassium as regards availability and reciprocal relationships. Soil Science Society of America Journal, 1946, 10: 81-86.
[30] Wieklander L. Forms of potassium in the soil. Potassium Symposium, 1954, 1: 100-112.
[31] 李庆逵．从土壤钾素含量和状态来看我国钾肥问题．科学通报，1964(9): 780-786.
[32] 金继运．土壤钾素研究进展．土壤学报，1993(1): 94-101.
[33] Sparks D L, Huang P M. Physical chemistry of soil potassium. Potassium in agriculture, 1985: 201-207.
[34] Huang P M, Zhou J M, Xie J C, et al. Potassium in soils. Encyclopedia of soils in the environment, 2005, 303-314.
[35] Eagle D J. Potassium availability to plants. Nature, 1963, 198: 558-560.
[36] Sparks, D. L. Potassium dynamics in soils. In Advances in Soil Science. New York: Springer, 1987.
[37] 史建文，鲍士旦．不同水稻和大麦品种对土壤层间钾的利用．南京农业大学学报，1992, 15(1): 65-70.
[38] 范钦桢，谢建昌．长期肥料定位试验中土壤钾素肥力的演变．土壤学报，2005, 42(4): 591-599.
[39] 谢建昌，杜承林．土壤钾素的有效性及其评定方法的研究．土壤学报，1988, 25(3): 269-280.
[40] Raheb A, Heidari A. Effects of clay mineralogy and physico-chemical properties on potassium availability under soil aquic conditions. Journal of Soil Science and Plant Nutrition, 2012(12): 747-776.
[41] Beckett T P H. Studies on soil potassium. The immediate Q/I relation of labile potassium in the soil. Journal of Soil Science, 1964, 15(1): 9-23.
[42] 谢建昌，周健民．我国土壤钾素研究和钾肥使用的进展．土壤，1999(5): 244-254.
[43] Pratt P F, Morse H H. Potassium release from exchangeable and nonexchangeable forms in Ohio soils. Ohio Agricultural Experiment Station, 1954.
[44] 范钦桢，谢建昌．电超滤法在土壤钾素研究中的初步应用．土壤，1985, (2): 69-74.
[45] Islam A, Saha R C. Effects of silicon on the chemical composition of rice plants. Plant and Soil, 1969, 30: 446-458.
[46] Falk Øgaard A, Krogstad T. Release of interlayer potassium in Norwegian grassland soils. Journal of Plant Nutrition and Soil Science, 2005, 168(1): 80-88.
[47] 戴自强，李明德．旱地土壤有效钾测定方法的研究．土壤学报，1997, 34(3): 336-343.
[48] 张洋洋．土壤有效钾提取方法筛选与水稻及油菜钾素丰缺指标研究．武汉：华中农业大学，2014.
[49] Beckett P H T. Studies on soil potassium. The immediate Q/I relation of labile potassium in the soil. Journal of Soil Science, 1964, 15(1):9-23.
[50] Diatta J B, Kocialkowski Z W, Grzebisz W. Evaluation of potassium quantity intensity parameters of selected Polish agricultural soils. Electronic Journal of Polish Agricultural Universities, 2006, 9: 1-13.
[51] Panda R, Patrab S K. Quantity-intensity relations of potassium in representative coastal soils of eastern India. Geoderma, 2018, 332: 198-206.
[52] 朱永官，罗家贤．我国南方一些土壤的钾素 Q/I 特性．热带亚热带土壤科学，1993(2): 75-80.
[53] 李婷．我国典型农田土壤有效钾库构成及其生物有效性研究．北京：中国科学院大学，2015.
[54] 白由路．高价格下我国钾肥的应变策略．中国土壤与肥料，2009, 3: 1-4.
[55] 谭德水，金继运，黄绍文，等，长期施钾与秸秆还田对华北潮土和褐土区作物产量及土壤钾素的影响．植物营养与肥料学报，2008, 1: 106-112.
[56] 李继福，鲁剑巍，任涛，等，稻田不同供钾能力条件下秸秆还田替代钾肥效果．中国农业科学，2014, 47(2): 292-302.
[57] 刘晓永，李书田．中国秸秆养分资源及还田的时空分布特征．农业工程学报，2017, 33(21): 1-19.
[58] 戴志刚，鲁剑巍，李小坤，等，不同作物还田秸秆的养分释放特征试验．农业工程学报，2010, 26(6): 272-276.
[59] 戴志刚．秸秆养分释放规律及秸秆还田对作物产量和土壤肥力的影响．武汉：华中农业大学，2009.
[60] 侯召仿．松嫩平原还田玉米秸秆腐解规律和细菌群落特征的研究．哈尔滨：东北农业大学，2020.
[61] 武际，郭熙盛，王允青，等，不同水稻栽培模式和秸秆还田方式下的油菜、小麦秸秆腐解特征．中国农业科学，2011, 44(16): 3351-3360.
[62] 曾莉，张鑫，张水清，等．不同施氮量下潮土中小麦秸秆腐解特性及其养分释放和结构变化特征．植物营养与肥料学报，2020, 26(9): 1565-1577.
[63] 李继福．秸秆还田供钾效果与调控土壤供钾的机制研究．武汉：华中农业大学，2015.
[64] Song S K, Huang P M. Dynamics of potassium release from potassium-bearing minerals as influenced by oxalic and citric acids. Soil Science Society of America Journal, 1988, 52(2): 383-390.
[65] Li J, Zhang W, Li S, et al. Effects of citrate on the dissolution and transformation of biotite, analyzed by chemical and atomic force microscopy. Applied Geochemistry, 2014, 51: 101-108.
[66] Keerthisinghe G, Mengel K, De Datta S K. The release of nonexchangeable ammonium (^{15}N Labelled) in wetland rice soils. Soil Science Society of America Journal, 1984, 48(2): 291-294.
[67] Liu L, Liu D, Ding X, et al. Straw incorporation and nitrogen fertilization enhance soil carbon sequestration by altering soil aggregate and microbial community composition in saline-alkali soil. Plant and Soil, 2024, 498(1/2): 341-356.
[68] 李小坤，鲁剑巍，吴礼树，等．油菜-水稻轮作下根区与非根区红壤性水稻土钾素变化研究．土壤学报，2010, 47(3): 508-514.
[69] 蒋梅茵，罗家贤，熊毅，等．土壤中钾的固定与释放．土壤胶体．北京：科学出版社，1990: 442-486.

[70] 梁成华，魏丽萍，罗磊．土壤固钾与释钾机制研究进展．地球科学进展，2002, 17(5): 679-684.

[71] 黄绍文，金继运．我国北方一些土壤对外源钾的固定．植物营养与肥料学报，1996, 2(2): 131-138.

[72] Kuckeubuch R, Claassen N, Jungk A. Potassium availability in relation to soil moisture II. Calculations by means of a mathematical simulation model. Plant and Soil, 1986, 95(2): 233-243.

[73] 朱丹丹，张江林，占丽平，等．贮存温度和时间对风干土壤钾素测定值的影响．中国农业科技导报，2019, 21(2): 155-162.

[74] 王代长，蒋新，卞永荣，等．酸沉降下红壤对 K^+ 吸附特征及反应动力学．中国环境科学，2003(2): 60-64.

[75] 郭建华，韩宝文，邢竹．耗竭土壤钾素的固定及对棉花钾素营养的作用．华北农学报，2003(1): 94-96.

[76] Coleman N T, Harward M E. The heats of neutralization of acid clays and cation-exchange resins. Journal of the American Chemical Society, 1953(75): 6045-6046.

[77] Rich C I. The role of potassium in agriculture. Mineralogy of Soil Potassium, 1968: 79-108.

[78] Steingrobe B, Claassen N. Potassium dynamics in the rhizosphere and K efficiency of crops. Journal of Plant Nutrition and Soil Science, 2000, 163(1): 101-106.

[79] Mengel K, Steffens D. Potassium uptake of rye-grass (*Lolium perenne*) and red clover (*Trifolium pratense*) as related to root parameters. Biology and Fertility of Soils, 1985, 1: 53-58.

[80] 刘国栋，刘更另．水稻耐低钾基因型筛选方法的研究．土壤学报，1996, 33(2): 113-120.

[81] Jiang C C, Chen F, Gao X Z, et al. Study on the nutrition characteristics of different K use efficiency cotton genotypes to K deficiency stress. Agricultural Sciences in China, 2008, 7(6):740-745.

[82] Wang H Y, Shen Q H, Zhou J M, et al. Plants use alternative strategies to utilize nonexchangeable potassium in minerals. Plant and Soil, 2011, 343: 209-220.

[83] El Dessougi H, Claassen N, Steingrobe B. Potassium efficiency mechanisms of wheat, barley, and sugar beet grown on a K fixing soil under controlled conditions. Journal of Plant Nutrition and Soil Science, 2002, 165(6): 732-737.

[84] Kraffczyk I, Trolldenier G, Beringer H. Soluble root exudates of maize: influence of potassium supply and rhizosphere microorganisms. Soil Biology and Biochemistry, 1984, 16(4): 315-322.

[85] Hoffland E, Van Den Boogaard R, Nelemans J, et al. Biosynthesis and root exudation of citric and malic acids in phosphate-starved rape plants. New Phytologist, 1992, 122: 675-680

[86] Rengel Z, Damon P M. Crops and genotypes differ in efficiency of potassium uptake and use. Physiologia Plantarum, 2008, 133(4): 624-636.

[87] Hosseinpur A R, Motaghian H R, Salehi M H. Potassium release kinetics and its correlation with pinto bean (*Phaseolus vulgaris*) plant indices. Plant Soil and Environment, 2012, 58(7): 328-333.

[88] Hinsinger P, Jaillard B. Root - induced release of interlayer potassium and vermiculitization of phlogopite as related to potassium depletion in the rhizosphere of ryegrass. Journal of Soil Science, 1993, 44(3): 525-534.

[89] Glass A D M, Siddiqi M Y, Giles K I. Correlations between potassium uptake and hydrogen efflux in barley varieties: A potential screening method for the isolation of nutrient efficient lines. Plant Physiology, 1981, 68(2): 457-459.

[90] Gruber P. Methodology of potash fertilizer recommendations. 1987, 409-421.

[91] U.S. Geological Survey, Mineral commodity summaries 2023: U.S. Geological Survey, 2023, 200.

[92] 伊跃军，张秀峰，张利珍，等．中国钾盐资源开发利用现状及建议．无机盐工业，2024: 1-13.

[93] 谭慧婷，孙伟，崔玉照，等．钾矿资源现状与杂卤石的开发应用分析．无机盐工业，2021: 1-9.

[94] 邓中华．湖北省沙洋县油菜专用配方肥施用效果及配方优化研究．武汉：华中农业大学，2015.

[95] 郭明强，牛之建，田兆雪．浅析我国钾盐现状与存在问题及应对措施．中国矿业，2011, 20(S1): 37-40.

[96] 王一柳，李冬雪，卢殿君，等．根区施用杂卤石对昆明烤烟产质量及养分吸收的影响．中国土壤与肥料，2021(3): 199-206.

[97] 张洋洋，任涛，薛欣欣，等．枸溶性钾肥对油菜生长及土壤钾素的影响．华中农业大学学报，2013, 32(6): 86-90.

[98] 田贵生，高洁，孟凡金，等．不同硫酸钾钙镁肥用量对油菜产量和经济效益的影响．湖北农业科学，2019, 58(6): 26-29.

[99] 曾宪成，李双．我国腐植酸肥料胜利走过化肥零（负）增长五年光辉历程．腐植酸，2020, (6): 15-26.

[100] 柴如山，安之冬，马超，等．我国主要粮食作物秸秆钾养分资源量及还田替代钾肥潜力．植物营养与肥料学报，2020, 26(2): 201-211.

[101] 侯云鹏，刘志全，尹彩侠，等．长期秸秆还田下基于东北水稻高产和钾素平衡的钾肥用量研究．植物营养与肥料学报，2020, 26(11): 2020-2031.

[102] 李继福，鲁剑巍，任涛，等．稻田不同供钾能力条件下秸秆还田替代钾肥效果．中国农业科学，2014, 47(2): 292-302.

[103] 朱丹丹．钾素管理措施对稻油轮作体系土壤钾素肥力的影响及其机制．武汉：华中农业大学，2022.

[104] 张磊，张维乐，鲁剑巍，等．秸秆还田条件下不同供钾能力土壤水稻、油菜、小麦钾肥减量研究．中国农业科学，2017, 50(19): 3745-3756.

[105] 吴良泉，武良，崔振岭，等．中国玉米区域氮磷钾肥推荐用量及肥料配方研究．土壤学报，2015, 52(4): 802-817.

[106] 王伟妮．基于区域尺度的水稻氮磷钾肥料效应及推荐施肥量研究．武汉：华中农业大学，2014.

[107] 李慧．中国冬油菜氮磷钾肥施用效果与推荐用量研究．武汉：华中农业大学，2015.

[108] 夏颖，刘冬碧，范先鹏，等．不同钾肥施用位置对棉花产量和生长性状的影响．湖北农业科学，2017, 56(24): 4740-4743.

[109] Su W, Liu B, Liu X W, et al. Effect of depth of fertilizer banded-placement on growth, nutrient uptake and yield of oilseed rape (*Brassica napus* L.). European Journal of Agronomy, 2015, 62: 38-45.

[110] 李书田，邢素丽，张炎，等．钾肥用量和施用时期对棉花产量品质和棉田钾素平衡的影响．植物营养与肥料学报，2016, 22(1): 111-121.

[111] Hu W, Ren T, Meng F, et al. Leaf photosynthetic capacity is regulated by the interaction of nitrogen and potassium through coordination of CO_2 diffusion and carboxylation. Physiologia Plantarum, 2019, 167(3): 418-432.

[112] 李静，闫金垚，胡文诗，等．氮钾配施对油菜产量及氮素利用的影响．作物学报，2019, 45(6): 941-948.
[113] 武际，郭熙盛，王允青，等．氮钾配施对弱筋小麦氮、钾养分吸收利用及产量和品质的影响．植物营养与肥料学报，2007(6): 1054-1061.
[114] 薛欣欣．水稻钾素营养特性及钾肥高效施用技术研究．武汉：华中农业大学，2016.
[115] 郭九信，冯绪猛，胡香玉，等．氮肥用量及钾肥施用对稻麦周年产量及效益的影响 . 2013, 39(12): 2262-2271.

中国肥料研究与应用全书

Books of Fertilizer Research and Application in China

FERTILIZER

第6章

钙、镁、硫营养及其肥料创新

尽管植物对钙、镁、硫的需求量很大，至少与对磷的需求量相当，但与大量施用氮、磷、钾肥相比，在生产中钙、镁、硫肥的施用没有得到应有的重视。随着土壤储藏养分的不断耗竭，以及国家对工业生产企业污染物排放标准的不断提高导致的大气硫沉降的快速减少，生产中农作物缺乏钙、镁、硫元素的现象不断发生。这一方面导致施入土壤的氮、磷、钾肥无法发挥应有的作用，另一方面导致作物的产量和品质不断下降。了解和掌握钙、镁、硫在植物体内的营养特性以及在土壤中的转化过程及与其他元素的相互作用，有益于生产和创制能够满足作物生长需求的新型钙、镁、硫肥料。

6.1 钙营养与钙肥

6.1.1 钙的生理功能

植物体中的钙（Ca）含量通常为干重的 0.1% ～ 5%。不同植物种类、部位和器官的含钙量差别很大。钙的主要功能包括参与细胞壁的结构构成，维持细胞膜的稳定性，在细胞中以游离态钙形态作为第二信使传递外界环境信息，如生物胁迫和非生物胁迫信息，以及调节细胞中酶活性或代谢过程等。较高比例的钙存在于细胞壁和液泡中，细胞质中的浓度极低（图 6-1）。钙在细胞之间的共质体及在韧皮部中的移动性都很小。钙的浓度可以很高，例如在成熟叶片中可达干重的 10%，在如此高浓度的条件下也不会出现中毒症状或严重抑制植物生长的现象，至少在喜钙植物中是如此。

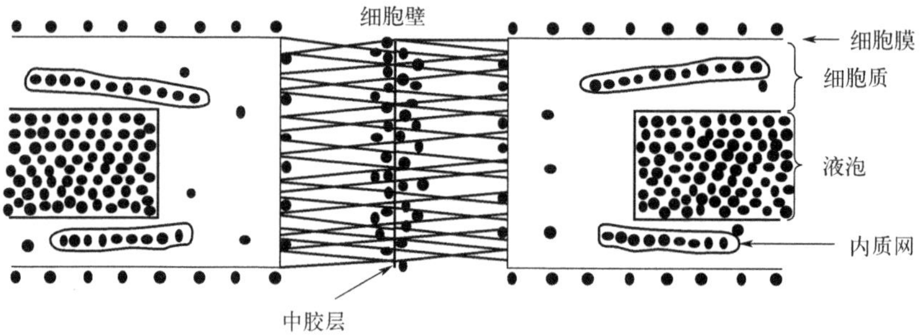

图 6-1　钙（●）在两个相邻细胞中的典型分布图示 [1]

6.1.1.1　稳定细胞壁结构

钙在细胞质外体中的含量最高。在细胞壁的中胶层，钙以易交换态形式与多聚半乳糖醛酸（果胶）的 R · COO$^-$ 基团结合，维持细胞壁的结构稳定性。在供钙较高的植株叶片中，大量果胶物质以果胶酸钙的形式存在，这使组织抵抗多聚半乳糖醛酸酶降解作用的能力大大提高。以果胶酸盐的形式结合在中胶层中的钙，对加固细胞壁和植物组织是十分必要的。对于阳离子交换量较大的双子叶植物如甜菜来说，特别是在供钙水平较低时，全钙含量中有50%是以果胶酸盐的形态存在。在苹果的贮存组织中，细胞壁结合的钙可达总钙量的90%。细胞壁的阳离子交换量与植物组织最适生长所需的含钙量之间呈很好的正相关，这种关系也充分说明了钙的这种功能。果胶酸盐的降解是由多聚半乳糖醛酸酶催化的，较高浓度的钙能显著抑制该酶的活性。缺钙组织中多聚半乳糖醛酸酶的活性明显升高。细胞壁中果胶酸钙的含量对于果实成熟以及组织抵抗真菌和细菌侵染非常重要[1-2]。

由于钙主要与细胞壁中的果胶物质结合，双子叶植物细胞壁中的果胶物质含量高于单子叶植物，所以通常双子叶植物的含钙量高于单子叶植物。在地上部，茎、叶等营养器官中的钙含量较高，果实、籽粒中的含钙量较少。

由于钙在韧皮部中的移动性很低，植物体中钙的分布与需求往往在空间上不能匹配。成熟叶片的蒸腾旺盛，所以这些叶片中的钙含量最高，甚至可达干重的10%以上。由于成熟叶片不再生长，叶片中过多吸收的钙大多以草酸钙或草酸钙结晶的形式积累在叶片的质外体、胞间空隙或液泡中，并不具有功能性。所以成熟叶片的含钙量高不意味着需求高。相反，真正需要大量钙的幼嫩组织，包括茎尖、根尖和果实等生长旺盛的部位，由于蒸腾微弱，对钙的需求常常无法得到满足。所以缺钙症状往往首先表现在这些部位，如茎尖或根尖停止生长或坏死，茎秆变弱、萎蔫，叶片开裂，组织畸形，果实和块茎坏死，以及果实的耐储藏性下降等（图6-2）。

图6-2　植物缺钙症状

上左—大白菜干烧心；上右—茎尖坏死；下左—苹果苦痘病；下右—番茄脐腐病

6.1.1.2 参与细胞伸长、分泌过程

缺钙时，几小时内根系伸长就会停止。虽然钙也参与细胞分裂，但无外源钙供应时根系停止生长主要是缺钙抑制了细胞伸长的结果。钙是细胞壁的组成成分，钙通过与中胶层果胶酸链交联使细胞壁具有稳固性。另外，细胞伸长需要松弛的细胞壁，此过程涉及生长素诱导质外体酸化以及果胶链上交联钙的取代作用。植物生长素也能活化质膜上的钙通道，导致细胞质中的游离 Ca^{2+} 浓度暂时上升。花粉管的生长也依赖于基质中钙的存在，且生长方向为胞外钙梯度所控制的趋化性生长。

根冠黏胶质的分泌取决于胞外钙的浓度。去除胞外（质外体）的钙会显著地降低根冠细胞的分泌活性。

6.1.1.3 稳定细胞膜

钙稳定细胞膜是通过桥接磷酸盐与磷脂及蛋白质的羟基来实现的，尤其是在细胞膜表面。钙在这些结合位点上可能与其他阳离子（如 K^+、Na^+ 或 H^+）交换。钙在维持细胞膜稳定性以及细胞完整性方面的重要作用表现在诸多方面。缺钙组织细胞中低分子量溶质渗漏增多，在严重缺钙植株中质膜结构普遍解体，细胞分室化作用消失。

为行使钙在质膜上的功能，要求外部溶液中含有一定数量的钙，以调节离子吸收的选择性以及细胞质中溶质的渗漏。Ca^{2+} 对膜的这种保护作用在各种胁迫条件下，如低温和厌氧条件时，表现得最为突出。Ca^{2+} 也能减轻冻融胁迫引起的组织损伤。在如洋葱等冰冻组织的解冻过程中，低分子量溶质，尤其是 K^+ 的渗漏增加。在这种外渗过程中，质膜结合态钙也被取代，导致膜通透性以及溶质外流的进一步增加。因此外部钙离子浓度升高能显著减轻溶质外渗以及冰冻伤害。

6.1.1.4 作为第二信使

钙在传递外界环境信息方面起着重要作用。其中很多都是胁迫信息，包括生物胁迫和非生物胁迫。细胞质中游离 Ca^{2+} 的浓度非常低，为 0.1 ～ 0.2μmol/L，这是钙作为第二信使的基础（图 6-3）。各种胁迫信号都会激活各个钙库膜上的钙通道，导致细胞质中的游离 Ca^{2+} 浓度增加。相反，刺激结束后，细胞质中的游离 Ca^{2+} 浓度又会回落到正常水平。

细胞是通过以下途径将细胞质内的游离 Ca^{2+} 浓度维持在很低水平：第一，通过液泡膜上的运输载体将钙隔离在液泡中；第二，钙结合在钙结合蛋白，特别是钙调蛋白上，以及细胞内的线粒体、细胞核、内质网和叶绿体中，使得大部分细胞质中的钙不能以游离状态存在；第三，钙被主动从细胞质跨膜排出，进入液泡或质外体（图 6-4）。

细胞质中钙信号的靶位点通常是钙调蛋白类的钙结合蛋白。钙直接刺激钙依赖的蛋白激酶，这些酶对其他酶进行磷酸化作用。这些酶定位在质膜等部位，质子泵 ATP 酶就是这样一种酶，它被依赖于钙的蛋白激酶磷酸化。在其他情况下，钙高度选择并可逆地结合在具有 4 个 Ca^{2+} 结合位点的多肽——钙调蛋白上。与钙的结合改变了钙调蛋白的构象和活性。依赖于钙调蛋白的酶相对较多，包括催化 NAD^+ 转化为 NADP 的 NAD 激酶，NADP 是叶绿体中的最终电子受体。ATP 酶是转运 Ca^{2+} 并保持胞质中钙平衡的重要组分，它也能被钙调蛋白激活。

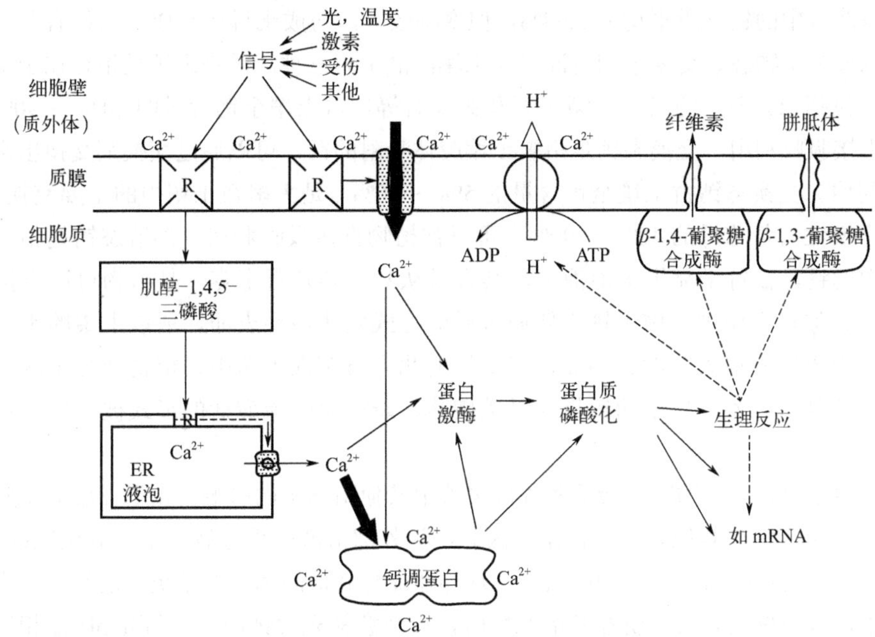

图 6-3 钙作为第二信使在植物细胞中的信号传导作用模式[1]

R—受体位置，如光敏色素或激素（如 ABA 或 IAA）的结合位点；ER—内质网；mRNA—信使核糖核酸

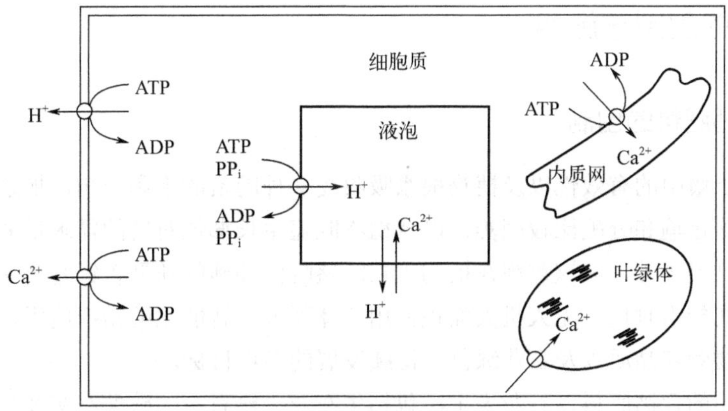

图 6-4 细胞中钙运输的过程[1]

6.1.2 钙在土壤中的过程

在土壤中，钙主要通过质流的方式到达根系表面被植物吸收。当外界浓度较高时，钙主要以被动方式被根系吸收，根系对钙离子的吸收与外界环境中的钙浓度成正比，吸收动力是蒸腾拉力。被根系吸收后，钙通过木质部向地上部运输。由于钙在韧皮部的移动性很低，钙在植物地上部的分布特点是由下向上不断减少，即在蒸腾最为旺盛的下部成熟叶片中分布最多。

土壤溶液中的钙含量平均为3.64%，但变幅较大，与成土母质和成土条件有关。土壤中的钙可以分为矿物态、交换态和溶液态（土壤溶液中）三种。矿物态钙是指存在于矿物晶格中的钙，包括白云石、方解石、磷矿石和钙长石等，占土壤全钙含量的40%～90%，难以被植物直接吸收利用。交换态钙是指被土壤胶体吸附的钙，可以通过交换剂交换出来后被植物吸收利用。交换态钙占土壤全钙含量的5%～60%，是大多数土壤中的主要交换性离子，占土壤交换性盐基总量的40%～90%，可以被植物直接吸收利用。溶液态钙是指存在于土壤溶液中的钙，在每千克土壤溶液中，其含量从几十到几百毫克，是植物可以直接吸收利用的形态。但在土壤中，由于钙主要通过质流方式到达根系表面，所以土壤的水分含量对植物根系吸收钙有很大影响。因此，在干旱的北方石灰性土壤中，植物会由于缺水出现缺钙症状。此外，施入土壤中的钙极易以碳酸盐、磷酸盐或硫酸盐的形式被土壤固定，导致植物缺钙。

植物根系对钙离子的吸收会受到外部溶液中其他阳离子的影响。由于在细胞质膜外表面上钙的结合位点常被其他阳离子占据，因此，随外部溶液中重金属、铝、氯化钠或H^+浓度的增加，植物对钙的需求量也相应增加，这样才能与其他阳离子竞争更多的结合位点。所以在生产中，大量施用含有一价盐基的肥料时，应注意补充含钙肥料。与高pH值相比，在低pH值条件下，外部溶液中Ca^{2+}的浓度必须高出几倍才能抵消高浓度H^+对钙吸收和根系伸长的抑制作用。为了保证植物能够得到充足的钙营养，土壤溶液中的钙浓度要远远高于流动培养的平衡营养液中的钙浓度。

6.1.3 钙肥的创制与施用

6.1.3.1 含钙肥料的创制

鉴于钙在土壤中的有效性以及植物根系吸收受多种因素的不利影响，加之钙在植物体内通过韧皮部再次运输和分配比较困难，以及植物旺盛生长部位对钙的需求量大等特点，除常见的土施含钙肥料之外，应该重视在植物生长旺盛阶段补施的新型含钙肥料和产品的生产和创制，并考虑在施用时便于无人机大面积使用，体现人工智能化的精准施用，实现保证作物产量、提升作物营养品质以及农业绿色可持续发展的多重目标。

生产中常用的含钙肥料以石灰为主，包括生石灰、熟石灰、碳酸石灰及含钙的工业废渣等。由于这些含钙肥料的pH值较高，更适合在南方pH值较低且缺钙的土壤上施用，不适合在北方pH值较高的土壤上施用。近年来，含钙叶面肥得到了广泛使用。含钙叶面肥适用于北方pH值较高的土壤，可以避免北方土壤高pH值以及缺水对钙肥有效性的影响；也广泛用于产值较高的果树和蔬菜生产中。常见的含钙叶面肥包括硝酸钙、氯化钙以及螯合态钙肥，如柠檬酸钙、氨基酸钙、腐植酸钙、EDAT螯合钙、糖醇钙、乳酸钙等。但叶面肥的缺点是施用后容易从叶面滑落，或被雨水淋失，高温及大风会导致喷在叶面的液滴很快干燥，缩短液滴的有效时间[3]。在创制新型含钙肥料时应注意克服以上缺点。以下为主要钙肥：

① 生石灰（CaO） 又称烧石灰，以石灰石、白云石及含碳酸钙丰富的贝壳等为原料，经过煅烧而成。具有强碱性，中和土壤酸性能力最强。但当用量过多时，导致土壤pH值上

升，会影响植物对锰、铁、锌、硼等微量元素的吸收。

② 熟石灰［$Ca(OH)_2$］ 又称消石灰，由生石灰加水或堆放时吸水而成，吸水时释放出大量的热。中和酸度的能力比生石灰弱，极易吸湿和吸收 CO_2 后变成碳酸钙形态。

③ 碳酸石灰（$CaCO_3$） 由石灰石、白云石或贝壳类直接磨细而成，主要成分是碳酸钙。中和土壤酸度的能力较弱，但作用持久。

④ 含钙叶面肥　现有的含钙叶面肥包括硝酸钙、氯化钙以及螯合态钙肥，如柠檬酸钙、氨基酸钙、腐植酸钙、EDAT 螯合钙、糖醇钙、乳酸钙等。几种螯合态钙肥使用螯合剂络合钙养分，可以促进钙吸收，避免钙被角质层固定。今后应该重视新型含钙肥料的生产和创制，新型含钙肥料应该溶解性好，应用新型肥料可增强叶面附着能力，利于无人机大面积使用，并能实现人工智能化的精准施用。

6.1.3.2　含钙肥料的施用

施用钙肥需要考虑土壤条件、作物种类和环境条件等因素。在酸性强、质地黏重、耕作后的土壤，可以选择中和酸度强的生石灰来补充钙营养。对喜欢酸性土壤的作物，如茶树、菠萝等，不能施用石灰。对生长在北方石灰性土壤上的果树，果实缺钙不是由于土壤中缺钙，而是由于土壤缺水，钙的有效性低以及钙向果实中运输困难，可以选择叶片喷施氯化钙或螯合钙以及未来创制的新型含钙肥料。

土施钙肥时要尽量保证均匀撒施，与土壤充分接触、混匀。施用石灰有一定的后效，一般不需要年年施用，避免过量施用石灰导致土壤有机质分解过快，以及土壤 pH 值上升导致的锰、铁、锌、硼等元素有效性下降，或过量钙投入导致抑制根系对钾、镁等阳离子的吸收。

总之，未来的新型含钙肥料的创制应充分考虑钙在土壤中的有效性特点和植物体内韧皮部运输和营养特性，全面利用矿产资源中的养分，推动绿色低碳生产，开发绿色智能钙肥，减少资源浪费。开发具备多功能性的钙肥，不仅提供钙营养，还应包含其他营养元素或具备土壤改良、抗逆、提质等功能，以满足不同作物和土壤的需求，并考虑使用方法的人工智能化，提高钙肥的利用效率，实现农业生产的绿色可持续发展。

6.2　镁营养与镁肥

6.2.1　镁的生理功能

镁（Mg）是植物生长发育必需的矿质元素，参与植物体内叶绿素合成及光合作用、同化产物运输、蛋白质合成及能量代谢、活性氧（ROS）产生和清除，并参与多种酶促反应或激活酶的活性。缺镁抑制植物光合作用等生化过程，影响体内光合产物由源到库的运输，影响植物的生长发育、产量和品质。

6.2.1.1 光合作用及叶绿素代谢

植物生长所需的最佳镁浓度（干重）为 1.5 ～ 3.5g/kg [1]。镁在绿色叶片中主要作为叶绿素分子的中心原子。结合到叶绿素分子中的镁占叶片全镁含量的比例取决于供镁状况。在三叶草中，这一比例的变化幅度在 6%（高供镁）到 35%（缺镁）之间 [4]。在弱光条件下，叶绿素镁与全镁含量的比值甚至可达 50% 以上 [5]。根据镁营养状况的不同，与叶绿素结合的镁可占全镁含量的 6% ～ 25%。通常在叶片尤其在针叶中，另有 5% ～ 10% 的镁与细胞壁中的果胶酸牢固结合，或者在液泡中沉淀为难溶性盐类（如磷酸盐），剩余部分可被水浸提出来。在大多数情况下，当叶绿素中的镁占整个叶片中镁的比例超过 20% 时，植物生长就会受到抑制，并出现缺镁症状。叶片黄化的原因是缺镁会导致持绿基因 *SGR/NYE1* 的表达量提高，使老叶中的叶绿素降解，将叶绿素转变成脱镁叶绿素，释放出来的镁离子就可以转移到新叶再利用，最终导致老叶衰老、失绿黄化 [6-7]。

镁属于在韧皮部移动性强的矿质元素，在体内能够进行二次分配。正常供镁时，在中下部完全展开叶中积累的镁能够向生长旺盛的器官中转移；缺镁时，中下部完全展开叶中结合在叶绿素中的镁可以分解出来，经韧皮部向生长旺盛的器官转移，保障这些器官的生长。但老叶出现失绿现象，叶片的光合能力下降（图 6-5）。

图 6-5 缺镁植株叶片

上左—柑橘；上右—桑树；下左—辣椒；下右—甘蔗

6.2.1.2 碳水化合物的积累与分配

镁的另一个重要作用是促进光合产物运输和分配。叶片中光合作用产生的碳水化合物有

80% 是经由维管组织输送至其他器官，蔗糖是光合作用碳代谢最主要的终产物，也是大多数植物中同化物运输的主要形式。镁在叶片中的光合产物向韧皮部装载中发挥重要作用。缺镁会抑制光合产物向韧皮部中装载，导致叶片中的光合产物积累。非结构碳水化合物（如淀粉、蔗糖）在源叶中的积累是缺镁植株的典型特征 [8]，也是造成这些叶片干物质含量高的主要原因（图 6-6）[9]。缺镁胁迫增加甜菜最上部展开叶中的蔗糖和淀粉积累，^{14}C 蔗糖标记证实，缺镁抑制最上部展开叶中的蔗糖向外运输，而且缺镁上调 *SUT1* 基因（编码伴胞蔗糖 / H^+ 共载体）表达，抑制蔗糖向韧皮部的装载，导致蔗糖累积在叶片中 [10]。Mg-ATP 是主要的 ATP 复合体，缺镁胁迫影响 Mg-ATP 复合体的形成，抑制 H^+-ATP 酶的功能和活性，影响光合产物的外运 [11]；同时定位在韧皮部细胞质膜上的 H^+-ATP 酶和韧皮部蔗糖的装载关系密切，低镁条件抑制韧皮部伴胞细胞的 H^+-ATP 酶活性，从而减少韧皮部碳水化合物向库器官转运 [12]。另外，缺镁抑制光合产物向其他库器官的运输和分配，导致包括幼叶、花、果实、根等库器官的生长受到抑制，典型症状是根部碳水化合物供应不足，根系生长受到强烈抑制，根冠比下降，贮存组织如马铃薯块茎的淀粉含量和谷物的穗粒重均下降 [13]，作物产量和品质受到影响。

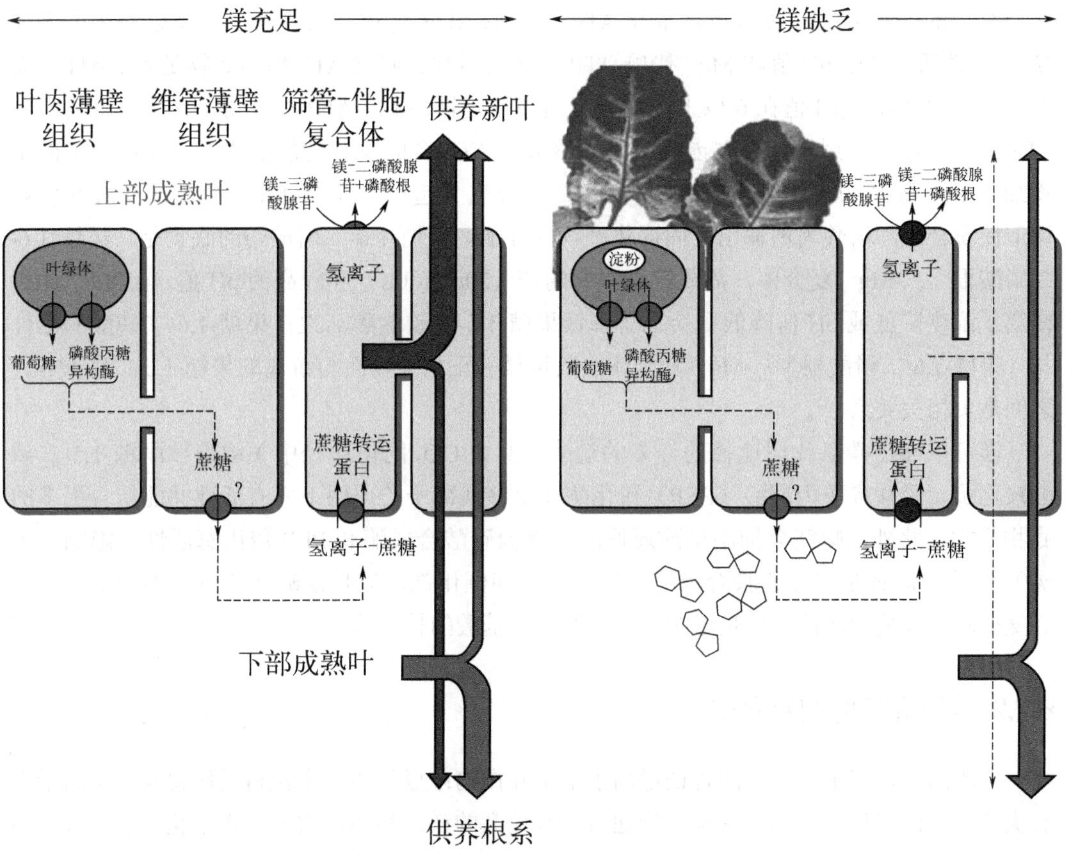

图 6-6　缺镁胁迫对甜菜叶片中碳水化合物积累与分配的影响

（改自 Verbruggen 和 Hermans [9]）

6.2.1.3 活性氧产生和抗氧化系统

缺镁时出现的叶片失绿和坏死症状一般是叶绿体超微结构受到破坏的表现，通常是活性氧（ROS）爆发造成的伤害。一方面是缺镁导致叶片中的碳水化合物积累，减少了还原当量，有利于ROS的生成；另一方面缺镁导致叶片的叶绿素含量降低，光合电子传递速率降低，积累了过剩激发能，同时非光化学猝灭降低阻碍了过剩激发能以能量耗散系统及时耗散，易造成活性自由基的爆发[2]。为了减少伤害，植物会激发一系列代谢物和抗氧化酶以减少甚至清除ROS[12]。缺镁胁迫提高了植物过氧化氢、抗坏血酸和丙二醛含量及其抗氧化酶活性[14]。

非生物胁迫特别是高温高光强往往加剧植株的缺镁症状，适量补充镁可以缓解高温高光强等非生物胁迫的伤害。高温加剧玉米和小麦的缺镁症状，高温缺镁显著提高叶片中超氧化物歧化酶、过氧化氢酶、谷胱甘肽还原酶、抗坏血酸过氧化物酶的活性，可能是ROS增加的原因，适量的镁可以缓解高温胁迫[15]。

6.2.1.4 酶的活化或激活

镁是多种酶的辅因子，许多酶的酶促反应需要镁的存在。如ATP酶是植物中最丰富和普遍存在的蛋白之一，负责可逆催化ATP转变成ADP和Pi。ATP酶受光介导的跨类囊体膜ΔpH激活，其中pH值和Mg^{2+}影响ATP合成酶活性。同时ATP酶的底物是Mg-ATP，而不是游离的ATP，pH值在6以上形成具有适当稳定性的Mg-ATP复合物，这个复合物能被ATP酶的活性位点用于转移高能磷酰基。核酸和ATP合成及其功能需要镁，在镁充足的植物细胞中，高达90%的细胞质ATP与Mg^{2+}结合在一起[16]。果糖-1,6-二磷酸酶在叶绿体内调节淀粉合成和磷酸丙糖输出之间同化产物的分配。果糖-1,6-二磷酸酶的底物是（果糖-1,6-二磷酸根$^{4-}$）-Mg^{2+}复合体，需要较高浓度的镁（20mmol/L）和较高的pH值（pH8），如果镁离子浓度降低或pH值降低则会显著降低果糖-1,6-二磷酸酶活性；果糖-1,6-二磷酸酶活性与（果糖-1,6-二磷酸根$^{4-}$）-Mg^{2+}复合体的数量显著正相关，而与游离的果糖-1,6-二磷酸根$^{4-}$之间是负相关关系[17]。

镁可以激活碳氮代谢途径的许多关键酶，其中CO_2同化途径中关键酶核酮糖-1,5-二磷酸羧化酶、磷酸烯醇丙酮酸（PEP）羧化酶在足够镁离子的作用下才有活性并能结合更多的底物[18-19]。此外，缺镁会抑制硝酸还原酶、蔗糖磷酸合成酶和PEP羧化酶活性，影响玉米碳氮代谢[20]。镁是谷氨酰胺合成酶的组成成分和催化剂，但是镁缺乏并没有影响玉米叶片谷氨酰胺合成酶的活性，只是影响韧皮部游离氨基酸的转运[21]。

6.2.2 不同作物对镁的需求

一般而言，双子叶作物的含镁量高于单子叶作物；豆科和十字花科类作物镁含量高于禾谷类作物；油料种子作物和块根作物通常含有较高的镁。其中，大田作物中花生、芝麻、谷子，经济作物中的棉花、甜菜、烟草、油棕、咖啡、香蕉、菠萝、柑橘以及马铃薯、番茄都是需要镁较多的作物。通常果类蔬菜需镁量在39～86kg/hm^2，玉米、油菜等略低，所需范围为 31 ～ 50kg/hm^2，禾谷类作物相对更低一些（5 ～ 28kg/hm^2）[22]。不同作物对镁的需求量如表 6-1 所示。此外，不同作物对镁的需求存在明显的阶段特征，一般在从营养生长转为生殖生长是需求量最大的时期[22]。

表6-1 不同作物对镁的需求量[23]

作物名称	产量 / (t/hm^2)	需镁量 / (kg/hm^2)	每 1000kg 产量需镁量 /kg
大豆	0.54	20.2	37.11
烟草	3.14	26.9	8.57
棉花	2.19	13.5	6.16
花生	3.36	19.1	5.68
三叶草	12	36	3.00
杧果	15	42	2.80
番茄	7.53	17.9	2.38
油棕	25	54	2.16
柑橘	6.28	13.4	2.13
香蕉	40	84	2.10
葡萄	20	36	1.80
卷心菜	20	36	1.80
菠萝	50	66	1.32
甜菜	45	48	1.07
甘薯	40	36	0.90
黄瓜	40	36	0.90
冬小麦	24.3	17.9	0.74
马铃薯	20.29	11.2	0.55
苜蓿	15.1	3.4	0.23

为了避免田间出现缺镁状况，需要准确了解植物组织中镁的临界阈值。叶片中临界养分阈值定义为特定植物生长指标损失 5% ～ 10% 时的养分浓度[24]。然而，确定临界镁浓度具有难度，因为特定物种叶片中的镁浓度可能因生长条件、生长阶段、基因型 / 品种、拮抗离子（主要是钙和钾）的存在 / 缺乏而变化[25]。化学分析结果表明，一般植物叶片的含镁量应高于 0.2%(干重）以上，低于该值就有可能出现缺乏的症状。镁临界浓度因植物种类、品种、器官和发育时期不同而有很大差异（表 6-2）[26-27]。与需求量相一致，单子叶植物叶片的镁浓度临界值普遍低于双子叶植物。

表6-2　不同作物的镁素营养诊断指标

作物名称	分析样品	缺乏 /%	正常 /%
水稻	茎叶	0.06	0.096 ~ 0.108
	分蘖期植株	0.07 ~ 0.14	> 0.14
	拔节期植株	0.098 ~ 0.173	> 0.173
	整株	—	0.15 ~ 0.30
小麦	叶片	0.102 ~ 0.126	0.156 ~ 0.168
	幼苗	0.078	0.3
	整株	—	0.15 ~ 1.00
玉米	叶片	0.13	0.23 ~ 0.35
	抽穗期叶耳	< 0.15	—
	抽穗期叶耳	< 0.25	—
	整株	—	0.13 ~ 1.00
大豆	叶片	0.18	0.36
	叶片	0.3	0.59
	整株	—	0.25 ~ 1.00
蚕豆	叶片	0.08	—
油菜	叶片	0.11	0.36
番茄	叶片	0.132	0.48
	叶片	0.18	0.30
	叶片	< 0.30	—
	整株	—	0.30 ~ 2.50
甜菜	叶片	0.096	0.55
	叶片	0.08 ~ 0.02	0.21 ~ 0.70
	叶柄	0.01 ~ 0.30	0.10 ~ 0.70
	叶片	0.025 ~ 0.05	0.10 ~ 2.50
	整株	—	0.25 ~ 1.70
马铃薯	上部叶片	0.132	0.48
	上部叶片	0.122 ~ 0.218	0.231 ~ 0.296
	整株	—	0.50 ~ 2.5
卷心菜	整株	—	0.17 ~ 1.08

续表

作物名称	分析样品	缺乏 /%	正常 /%
甘薯	叶片	0.08	—
	整株	—	0.35 ～ 1.00
烟草	叶片	0.08 ～ 0.20	0.18 ～ 0.65
	茎	0.15 ～ 0.24	0.11 ～ 0.31
	整株	—	0.20 ～ 0.86
茶叶	整株	—	0.12 ～ 0.33
咖啡	叶片	0.3	—
	整株	—	0.25 ～ 0.50
苜蓿	叶片	012 ～ 0.20	0.21 ～ 0.50
	整株	—	0.30 ～ 1.00
桃树	叶片	0.14 ～ 0.18	0.19 ～ 0.29
	整株	—	0.25 ～ 1.20
苹果	叶片	0.06 ～ 0.15	0.21 ～ 0.53
	整株	0.01 ～ 0.47	0.12 ～ 0.72
柑橘	4 ～ 7 月龄春叶	0.12 ～ 0.20	—
	整株	—	0.17 ～ 1.00
沙田柚	春梢营养枝顶端第 3 叶	0.20 ～ 0.38	—
	整株	—	0.17 ～ 1.00

注：引自 Barker 和 Pilbeam[26]，汪洪和褚天铎 [27]。

6.2.3　镁对作物产量和品质的影响

2020 年 Wang 等通过整合分析方法对我国田间镁肥增产效果和镁肥农学效率进行了报道 [28]。这一研究通过中国知网收集了 1960 年到 2019 年之间发表的我国田间镁肥试验文献，建立了田间镁肥试验效果数据库（样本量 n=382），试验分布在全国 18 个省份，所有结果均为田间试验数据，不包括室内试验。根据作物的类型和特点分为 8 组：粮食类、水果类、蔬菜类、块茎类、油料类、甘蔗、烤烟、茶叶。结果表明，我国在田间土壤施用镁肥提高了大多数作物的产量，增加幅度取决于作物品种、土壤条件、镁肥的施用量和其他因素。分析结果表明，通过施镁肥可使作物产量平均提高 9.6%，显著增加了甘蔗（15.2%）、块茎类（12.8%）、水果类（11.5%）、烤烟（9.9%）、蔬菜类（9.8%）、油料类（8.8%）、粮食类（7.7%）和茶叶（6.7%）等作物的产量（图 6-7）。

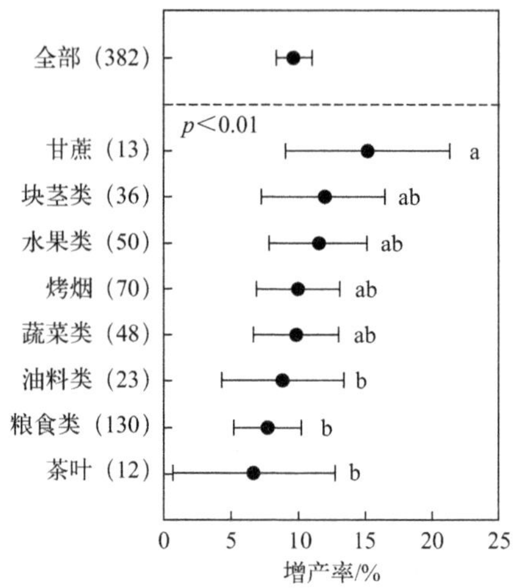

图 6-7　施用镁肥对不同作物产量的影响

黑色圆点表示产量变化的平均值 ±95% 置信区间，纵坐标括号内数字表示研究观测值，小写字母不同表示不同作物之间增产率存在显著差异

施用镁肥不仅能够提高作物产量，而且能够提高品质。已有研究表明，镁作为营养元素经植物吸收利用，对作物品质产生多方面影响。镁肥对于不同作物品质的影响也不尽相同[29]，因具体作物或指标而异（表 6-3）。

表6-3　施用镁肥对不同粮食作物、蔬菜和水果等经济作物品质的影响

作物		品质及相关表型
粮食作物	小麦	促进碳水化合物在植物体内分配，降低源叶中蔗糖和淀粉含量；增加穗数、千粒重、产量、籽粒中淀粉含量、粗蛋白质含量及粗面筋含量
	水稻	增加有效穗数、千粒重、结实率、产量；提高籽粒中淀粉、粗蛋白质、维生素 C 及游离氨基酸含量
	玉米	增加叶片 SPAD 值和 CO_2 净同化速率，提高光合速率，提高植株产量；增加籽粒容重以及可溶性糖、粗蛋白质、脂肪和淀粉含量
	马铃薯	提高产量、块茎硬度、淀粉含量、蛋白质含量、存储品质以及块茎中的氮浓度
	大豆	促进根瘤生长，增加根瘤固氮量，改善植株氮营养状态；提高产量、蛋白质含量、油含量
蔬菜	番茄	增加坐果数，减少果实腐烂；提高外观品质、果实硬度、可溶性固形物、还原糖、维生素 C 和淀粉含量
	白菜	降低叶片硝酸盐含量，增加叶片开展度以及叶绿素、可溶性糖、可溶性蛋白质、类胡萝卜素及维生素 C 含量
	黄瓜	增大茎粗和叶面积，提高产量；降低果实中硝酸盐含量，提高果实中可溶性蛋白质、还原糖和维生素 C 的含量

续表

作物		品质及相关表型
水果	葡萄	增加单粒重，提高产量；提高果实pH值、糖酸比、可溶性固形物、总糖、维生素、总蛋白、游离氨基酸含量，降低可滴定酸含量，并显著增加果皮花色素含量，提高外观品质
	龙眼	提高坐果率和果径、果实单果重、可食率、可溶性固形物、总糖和维生素 C 含量
	西瓜	提早成熟，提高商品价值；增加果肉中可溶性固形物、类胡萝卜素、可溶性糖、可溶性蛋白质含量、维生素 C 含量和硝酸还原酶活性
	苹果	提高果实维生素 C、总糖、可溶性固形物的含量及糖酸比

注：改自张福锁，李春俭等，2021[30]。

6.2.4 土壤中的镁

土壤中的镁主要来自矿物，一些铁镁类矿物如橄榄石、辉石、角闪石以及云母等原生矿物是土壤镁的主要来源[31]。土壤次生含镁矿物如白云石［$CaMg(CO_3)_2$］、菱镁矿（$MgCO_3$）、水镁石［$Mg(OH)_2$］以及蛇纹石［$Mg_3Si_2O_5(OH)_4$］等都是由以上铁镁类原生矿物演变而来[29]。多数土壤全量镁的范围在 0.05% ～ 4% 之间。我国土壤中的全镁含量有随着气候条件变化自北而南、自西向东呈逐渐降低的趋势[32]。南方土壤全镁含量一般在 0.06% ～ 1.95%，北方土壤为 0.5% ～ 2%[33]。土壤中镁含量的地域性差异主要受母质、气候、风化程度、淋溶作用以及施肥等多重因素影响。

国际镁营养研究所及其组织的全国镁营养研究协作网成员通过调查、土壤取样及田间试验，测定了 28 个省（自治区、直辖市）（不含西藏、青海、天津、台湾）的土壤交换性镁浓度现状。结果表明全国土壤镁养分现状的分布比例为：45.4% 的土壤严重缺镁（＜ 60mg/kg），18.3% 缺乏（60 ～ 120mg/kg），16.4% 处于适宜水平（＞ 120 ～ 240mg/kg），12.9% 处于偏高水平（＞ 240 ～ 480mg/kg），处于丰富（＞ 480 ～ 720mg/kg）和极丰富（＞ 720mg/kg）的比例分别为 4.0% 和 3.0%。其中，土壤有效镁浓度较低的省份主要集中在长江以南地区，除了四川（131.8mg/kg）、江苏（283.5mg/kg）和上海（344.8mg/kg）3 个省份的土壤交换性镁浓度平均值高于 120mg/kg 以外，其他 11 个省份均低于 120mg/kg，尤其是福建、云南、海南、广西低于 60mg/kg，浙江、江西、贵州、广东、湖南、重庆、安徽平均值在 60 ～ 120mg/kg 之间[30]。

我国南方地区降雨强，气温高，土壤 pH 值低，土壤中的有效镁更易淋失，加之农业生产中忽视施用镁肥以及一年多季的种植体系，导致土壤中的有效镁被大量消耗，作物缺镁的现象更为普遍。另外，长期过量施用氮磷钾肥也会降低土壤中镁的有效性。其他阳离子，如 K^+、NH_4^+、Ca^{2+}、Mn^{2+} 以及 H^+（低 pH 值）均能显著降低根系对 Mg^{2+} 的吸收速率。因此，由竞争性阳离子引起的缺镁现象普遍存在。与 Ca^{2+} 类似，土壤中的 Mg^{2+} 主要以质流的方式到达根系表面，缺水容易导致作物 Mg^{2+} 供应不足，所以在干旱情况下作物容易出现缺镁症状。

6.2.5 镁在土壤中的过程

土壤中镁的形态主要包括矿物态、非交换态、交换态、水溶态和有机态。其中有机态镁占全镁的含量小于 1%，主要以络合态或吸附态存在。矿物态镁是土壤中镁的主要形态，包括原生含镁矿物和次生含镁黏土矿物如蒙脱石、蛙石和伊利石中的晶格镁和层间镁，占全镁量 90% ～ 98%。能被稀酸溶解的矿物态镁称为非交换态镁，是植物可以利用的潜在有效态镁。交换态镁是指被土壤胶体电荷吸附并能被其他阳离子替代的镁，是土壤镁肥力的重要衡量指标。水溶态镁是溶解在土壤溶液中的镁，其植物有效性最高。一般认为交换态镁和水溶态镁对植物是有效的，合称为土壤有效镁。植物对镁的吸收很大程度上取决于土壤中镁的含量及有效性。不同的地区土壤交换态镁含量差异很大，影响土壤中镁有效性的因素主要包括土壤母质、黏土矿物类型、pH 值、有机质含量、水分含量、阳离子交换量以及土壤 Al、K、Ca 与土壤镁的相互影响等。

土壤对镁的吸附可以决定被吸附的镁和水溶态镁之间的平衡，从而影响镁的供给。在一定条件下，土壤通过吸附作用对镁产生固定，虽然降低了其有效性，但在一定程度上减少了镁的淋洗。土壤固相组成成分原生矿物如辉石、角闪石、黑云母、橄榄石、滑石等，次生矿物如绿泥石、蛭石、伊利石、蒙脱石等，以及腐殖质都可以吸附和固定土壤溶液中的镁。从离子本性看，土壤胶体对不同价态离子的吸附能力不同，价态越高亲和力越强。在土壤胶体吸附的所有盐基离子中，对二价阳离子 Mg^{2+} 的吸附强度一般要大于对一价阳离子 K^{+}、Na^{+}、NH_4^{+} 等的吸附，小于对三价阳离子 Al^{3+}、Fe^{3+} 的吸附；在同价阳离子中，对 Mg^{2+} 的吸附强度小于 Ca^{2+}。

土壤酸碱性影响镁的固定，酸性条件下土壤对镁的固定作用减弱。随着土壤 pH 值降低，土壤溶液中的镁呈现数量级增长。低 pH 值条件下（6.0 以下）镁以交换态形式存在，而在高 pH 值条件下（6.0 以上），镁以非交换态形式存在 [39]。土壤有机质也会影响镁的吸附。有机质作为一种胶体，含有大量负电荷，可以吸附镁离子，因此有机质含量越高，交换性镁含量越高。土壤经过去有机质处理后，对镁的吸附能力会下降。

土壤镁的释放即镁的有效化，既包括矿物态镁的风化释放，也包括非交换态转化为交换态镁的过程。另外，被土壤胶体吸附的镁在一定条件下可以被解吸释放到土壤溶液中。土壤镁的释放受到矿物风化强度、土壤水分含量、pH 值、土壤生物活动等因素的影响。镁的释放是一个酸溶解过程，原生矿物和次生矿物都能在酸性条件下释放镁。有机质分解过程中产生有机酸，对土壤含镁矿物有一定溶解作用，有利于镁的释放。

土壤中的矿物态镁和交换态镁转变为水溶态镁后会在土壤中发生迁移。镁元素的离子半径相对较小而其水化半径较大 [34]，镁离子外围包有很厚的水化层，导致土壤颗粒对其吸附力不强，造成镁在土壤中容易淋失，是土壤中极易淋失的元素之一。影响镁淋失的因素主要包括气候（降水）、土壤类型、酸碱性以及与其他元素（N、K、Ca 和 Al 等）互作等。

6.2.6 镁肥的创制与施用

根据全国镁营养研究协作网成员在全国的调研结果，农户在田间养分管理相对粗放，化肥氮、磷、钾总量投入普遍过高，而施用镁肥的农户及用量很少。与大量施用氮、磷、钾相比，大部分农户在生产中没有施用镁肥。在全国 14 个省份选择 16 种作物布置的 56 个田间施用镁肥的定位试验结果表明：与优化氮、磷、钾肥的处理相比，增施镁肥可使田间作物平均增产 7.8%（n=110），表现出施用镁肥的有效性和必要性。不同种类作物间相比，施镁后一年生经济作物的增产幅度最高，多年生作物增产居中，粮食作物增产最低。更重要的是，与不施镁肥处理相比，施用镁肥增加了不同作物的品质指标，如提高了茶叶的芽头数、冬瓜果实中部的直径、葡萄单果重、小麦分蘖数及穗粒数、水稻千粒重、油菜收获密度等产量构成指标及外观品质，以及多数作物的内在品质[30]。

6.2.6.1　含镁肥料的创制

镁直接参与植物的光合作用，并调节光合产物在植物体内的运输和分配，因而在很大程度上决定着作物的产量形成。然而，在我国的农业生产中，施用镁肥并未得到应有的重视，导致作物缺镁现象普遍发生。而且，忽视镁肥的重要性不仅表现在农业生产中的肥料施用方面，同时表现在镁肥的工业生产方面，导致市场上可供农民选用的镁肥种类极为有限，因此提高镁肥的产量并创制更多的镁肥品种刻不容缓。镁肥的生产和创制重点应考虑多种土壤因素对镁肥在土壤中有效性的影响。

现有的不同种类镁肥的镁含量和性质不同（表 6-4）。镁肥的水溶性对其有效性有直接影响。按溶解度不同可分为水溶性和难溶性两类：$MgCl_2$、$Mg(NO_3)_2$ 及 $MgSO_4$ 等为水溶性镁肥，施用后见效快，对于缓解作物缺镁有较好的有效性，也可用于叶面喷施；含镁矿物、轻烧氧化镁及氢氧化镁为难溶性镁肥。这类镁肥在土壤中释放速度较慢，但能够缓慢释放，具有较长的肥效。此外，各类有机肥料中也含有镁，含镁量按干重计，厩肥为 0.1% ～ 0.6%，豆科绿肥为 0.2% ～ 1.2%，水稻秸秆为 0.16% ～ 0.35% 等。

表6-4　含镁肥料的主要成分、含量与性质[35]

名称	主要成分	镁含量（MgO）/%	主要性质
泻利盐	$MgSO_4 \cdot 7H_2O$	13 ～ 16	酸性，溶于水
硫镁矾	$MgSO_4 \cdot H_2O$	27.1	酸性，溶于水
无水硫酸镁	$MgSO_4$	33.3	酸性，溶于水
硝酸镁	$Mg(NO_3)_2 \cdot 6H_2O$	15.7	酸性，溶于水
氯化镁	$MgCl_2$	25	酸性，溶于水
无水硫酸钾镁肥	$2MgSO_4 \cdot K_2SO_4$	8	碱性，溶于水
氯化钾镁肥	$KCl \cdot MgSO_4$	19.92	酸性，溶于水
镁螯合物	Mg·EDTA	2.5 ～ 4*	酸性，溶于水
白云石	$CaCO_3 \cdot MgCO_3$	21.7	碱性，微溶于水
菱镁矿	$MgCO_3$	44.82	弱碱性，微溶于水
蛇纹石	$H_4Mg_3Si_2O_9$	43.3	中性，微溶于水
氧化镁	MgO	90 ～ 97	碱性，微溶于水
氢氧化镁	$Mg(OH)_2$	58 ～ 75	碱性，微溶于水
磷酸镁	$Mg_3(PO_4)_2$	40.6	碱性，微溶于水

续表

名称	主要成分	镁含量（MgO）/%	主要性质
磷酸铵镁	$MgNH_4PO_4 \cdot xH_2O$	21 (16.4 ～ 26)	碱性，微溶于水
光卤石	$KCl \cdot MgCl_2 \cdot 6H_2O$	14.4	中性，微溶于水
钙镁磷肥	$Ca_3(PO_4)_2$、$CaSiO_3$ 和 $MgSiO_3$	5 ～ 12	碱性，微溶于水
钢渣磷肥	$Ca_4(PO_4)_2O$、$CaSiO_3$ 和 $MgSiO_3$	3.8 (2.1 ～ 10)	碱性，微溶于水
粉煤灰	MgO	1.9 (1.7 ～ 2.0)	碱性，微溶于水

目前，除了有上述各种含镁肥料，还通过研制不同速缓效结合镁肥以更好匹配不同气候和土壤条件需求；此外，单一镁肥施用会增加农民施肥的用工量，这也是农户不愿意施用镁肥的原因之一。通过创制出针对不同作物种类、不同土壤条件且含镁量高的复合肥产品，既能在生产中有效补充镁元素，又能解决生产者施肥难和用工量大的问题，在保证作物产量的同时提高作物品质及养分利用效率，实现农业绿色可持续发展。

6.2.6.2 镁肥的施用

镁肥可作基肥、追肥和根外追肥施用。水溶性镁肥宜作追肥，微水溶性镁肥则宜作基肥。

水溶性镁肥料（$MgSO_4 \cdot H_2O$、$MgSO_4 \cdot 7H_2O$）通常可在相对短的时间内释放出更多的植物可利用的镁，能够更有效地补充缺镁土壤中生长的作物对镁的需求。但需要注意的是，水溶性镁肥具有淋失风险，尤其是在砂性土壤或较低阳离子交换量的土壤上。水溶性镁肥料也可以用作叶面喷施，优点是见效快，能避免镁与土壤阳离子拮抗，减少镁淋洗损失，提高镁肥吸收利用效率，但缺点是时效短。难溶性镁肥缓慢释放，可以减少淋失的风险，但其有效性较低，并与肥料颗粒的细度有关，颗粒越粗释放更缓慢，有效性越低[36]。

施用镁肥时，要考虑土壤性质。强酸性土壤施用氧化镁、氢氧化镁、白云石灰、蛇纹石粉、钙镁磷肥等缓效性镁肥效果好，既能增加镁肥的溶解度，提高镁的有效性，减少淋失的风险，又能中和土壤的酸性，消除 H^+、Al^{3+}、Mn^{2+} 毒害。对弱酸性和中性土壤施用硫酸镁和硫镁矾效果好。

近 10 年来，我国镁肥生产与应用取得了快速的发展，成为全球研究和应用的中心，同时也积累了大量的土壤镁供应状况、镁肥施用现状及农学效果等相关数据。镁肥生产过程通常伴随较高能耗和废弃物的产生，因此在生产端应研发更加绿色低碳、环保的镁肥生产工艺，降低能源消耗和污染排放，根据气候-土壤-作物特征科学设计速缓效结合比例，提高镁肥在土壤中的保持能力和有效利用率，通过工艺创新利用磷矿中镁资源实现全量利用，以及实现不同复合肥工艺中的高效添加。在应用端可以借助大数据分析和人工智能算法精确定量镁肥用量、与氮磷钾合理配比以精准匹配气候-土壤-作物系统需求，并实现智能化布局产品销售与应用区域。

可喜的是，目前国内的一些肥料生产企业，已经开始创制并生产出用于不同作物和不同土壤环境的绿色智能含镁复合肥料，并用于农业生产。这些肥料在生产端体现了绿色环保的理念，在施用时考虑到了智能化，并充分考虑到植物的需求特性以及根系的主动摄取能力，展现出绿色智能含镁肥料生产和施用的广阔前景。

6.3 硫营养与硫肥

6.3.1 植物硫营养特性

6.3.1.1 硫的营养功能

植物主要通过根系吸收无机硫酸盐，将其还原并合成多种多样的含硫化合物，这些含硫化合物对植物的代谢、生长、发育和抵抗生物或非生物胁迫起重要作用。

6.3.1.1.1 含硫氨基酸及其代谢产物

在 20 种合成蛋白质所必需的氨基酸中，有 2 种是含硫的氨基酸，即半胱氨酸和甲硫氨酸（也称蛋氨酸）（图 6-8）。因此，硫是合成蛋白质必需的营养元素。半胱氨酸的巯基（—SH）官能团容易氧化，可与另一个半胱氨酸的巯基形成二硫键（—S—S—），二硫键的形成是许多蛋白质正确折叠中的限速步骤，在稳定蛋白质构象和保持蛋白质活性方面起重要作用。半胱氨酸的巯基还对许多酶的催化活性起关键作用。半胱氨酸是谷胱甘肽（glutathione）的关键组成部分。谷胱甘肽是一种三肽，由谷氨酸、半胱氨酸和甘氨酸合成而来（*γ*-Glu-Cys-Gly）。谷胱甘肽是细胞内重要的抗氧化剂，起到清除活性氧的作用，对植物抵抗环境胁迫至关重要。谷胱甘肽对维持细胞内氧化还原状态的稳态起关键作用，并通过该功能影响细胞内信号转导，参与调控分生组织细胞分裂过程、胚的发育和种子的成熟。谷胱甘肽合成完全缺失的拟南芥突变体无法完成其生命周期，充分说明了谷胱甘肽的重要性[37-38]。植物螯合素（phytochelatins）是一类由谷胱甘肽合成而来的多肽，其分子式通常为 $(\gamma\text{-Glu-Cys})_n\text{-Gly}$, 其中 n 为2～11，但大多数为2～5。植物在受重金属（如镉、汞、铅、锌）和类金属（砷）胁迫时合成大量植物螯合素，起到螯合和解毒重金属 / 类金属的作用[39]。在重金属镉的胁迫条件下，植物对硫的吸收和同化加强，反映了硫在重金属解毒中的重要作用[40]。近期的研究表明，土壤干旱会诱发植物根系向地上部输送更多的硫酸根，促进叶片中半胱氨酸合成，进一步促进脱落酸（ABA）合成，起到关闭气孔、减少蒸腾的作用[41]。

甲硫氨酸不但是合成蛋白质必需的氨基酸，而且是合成甲基供体 *S*-腺苷甲硫氨酸（*S*-adenosylmethionine，SAM）的底物，后者参与多种代谢合成途径。同位素标记实验结果表明，水生植物浮萍中大约 80% 甲硫氨酸用于 *S*-腺苷甲硫氨酸的合成，而用于蛋白质合成的甲硫氨酸只占 20%，可见 *S*-腺苷甲硫氨酸的重要性[42]。*S*-腺苷甲硫氨酸为 DNA、RNA 和组蛋白甲基化提供甲基，DNA 和组蛋白甲基化影响基因表达，是表观遗传的主要机制。*S*-腺苷甲硫氨酸是合成木质素前体和果胶的底物，这些物质是细胞壁的主要成分。*S*-腺苷甲硫氨酸还是合成植物激素乙烯的前体。乙烯对水果成熟、植物耐受低氧环境起重要作用。*S*-腺苷甲硫氨酸也是合成精胺、亚精胺等多胺所必需的，这些多胺在植物中浓度较高（毫摩尔级别），以带多个正电荷的有机阳离子形式存在，容易与带负电荷的有机大分子如DNA、RNA、磷脂、酸性蛋白质以及细胞膜和细胞壁中的阴离子基团通过静电吸引而结合，参与细胞分化、胚体形成、器官发育、果实成熟、抵抗环境胁迫等多种生理过程[42]。动物本身不能合成甲硫氨酸，必须从食品中获取，因此，甲硫氨酸是动物必需的氨基酸。

6.3.1.1.2　含硫辅酶

除了半胱氨酸、甲硫氨酸和它们的衍生物，硫还是植物中多种辅酶和维生素的成分，如辅酶A、维生素B_1（焦磷酸硫胺素）、维生素B_7（生物素）、硫辛酸等，这些化合物作为辅酶参与多种代谢过程，是生命过程必不可少的物质。例如，糖酵解途径中丙酮酸转化生成乙酰CoA的反应需要辅酶A、焦磷酸硫胺素和硫辛酸的参与，乙酰CoA是进入三羧酸循环的底物，可见含硫辅酶对细胞能量代谢的重要性。此外，硫脂是叶绿体膜的重要组成，参与光合作用。铁硫簇以2Fe-2S、4Fe-4S或3Fe-4S的形式存在，是很多氧化还原酶进行电子传递的核心部件，含有铁硫簇的蛋白分布在叶绿体、线粒体、细胞质和细胞核中。

6.3.1.1.3　含硫次生代谢产物

植物还合成多种含硫的次生代谢产物，如十字花科芸薹属植物的硫代葡萄糖苷（glucosinolate）。硫代葡萄糖苷种类很多，目前已知有120多种，其核心的分子结构如图6-8所示，根据其侧链类型可分为脂肪族、芳香族和吲哚族[43]。油菜叶片中硫代葡萄糖苷所含的硫占总硫的1%～6%[44]，在一些其他器官中占比可高达30%[45]。油菜籽中硫代葡萄糖苷所含的硫占总硫的比例因品种而异，低硫代葡萄糖苷品种占比15%～36%，高硫代葡萄糖苷品种占比50%～55%[46]。在植物细胞受损伤时，区隔在不同细胞的硫代葡萄糖苷与芥子酶（*β*-硫葡糖苷酶）接触，芥子酶催化硫代葡萄糖苷的水解，产生葡萄糖、异硫氰酸酯、腈等化合物，不同类型的异硫氰酸酯赋予十字花科植物如包菜、萝卜、花椰菜、辣根特殊的风味[43]。有些异硫氰酸酯对动物或人体健康有害，而另外一些异硫氰酸酯对人体健康有益[47]。例如，油菜籽中主要的硫代葡萄糖苷水解后产生噁唑烷-2-硫酮，会引起动物甲状腺肿大。通过育种培育出硫代葡萄糖苷含量低的油菜品种，其菜籽饼可以用作动物饲料。花椰菜和西蓝花中含有的主要硫代葡萄糖苷水解后产生的异硫氰酸酯是萝卜硫素（sulforaphane），萝卜硫素被认为具有很强的抗癌症功效，可抑制肿瘤细胞的生长，因此这类蔬菜常被认为是健康食品。此外，硫代葡萄糖苷还通过其水解产物起到抵抗病原菌、吸引或排斥昆虫的作用[45]，这也是油菜等十字花科植物残渣还田后具有一定的生物熏蒸（biofumigation）功效的原因[43]。

百合科葱属植物的蒜氨酸（alliin）是另一类常见的含硫次生代谢产物，蒜氨酸是半胱氨酸亚砜的衍生物，其分子结构式如图6-8所示。洋葱中蒜氨酸所含的硫可占总硫含量的80%。当植物组织受到机械损伤时（如切洋葱时），区隔在不同细胞的蒜氨酸与蒜氨酸酶混合在一起，将蒜氨酸分解成多种气味特殊的挥发性物质[48]。

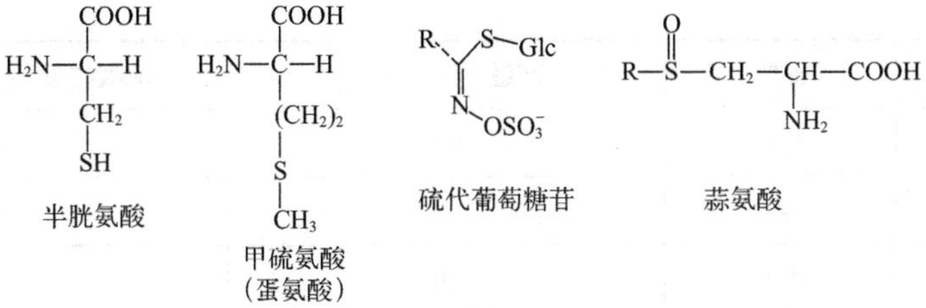

图 6-8 几种含硫氨基酸和次生代谢产物的分子结构

Glc—葡萄糖；R—侧链

6.3.1.2 作物对硫的需求量

不同作物对硫的需求量差异很大。十字花科和百合科作物需硫量大，棉花、烟草和豆科作物需硫量中等，而禾谷类作物需硫量较低[49]。在不缺硫的土壤条件下，不同作物（包括蔬菜）硫的吸收量差异高达 7 倍[50]。十字花科芸薹属的植物如油菜、白菜、花椰菜等含有较多的硫代葡萄糖苷，对硫的吸收量大，平均在 50 ～ 70kg（S）/hm^2。根据英国 McGrath 等人的研究结果，冬油菜硫的需求量与产量成正比，每生产 1t/hm^2 菜籽大约需要 16kg（S）/hm^2[51]。加拿大的研究结果表明生产 1t/hm^2 菜籽大约需要 15kg（S）/hm^2[52]，与英国的研究结果相似。百合科葱属的蔬菜如大葱、韭葱、大蒜等，由于合成含硫的次生代谢产物蒜氨酸的需要，对硫的吸收量也较大，在 30 ～ 40kg（S）/hm^2。禾谷类作物需硫量相对较低，一般硫的吸收量在 10 ～ 20kg（S）/hm^2。表 6-5 列出了一些作物的产量和收获时硫吸收量[49]。一般而言，需硫量大的作物容易缺硫，硫肥施用效果也比较大。

表6-5 一些作物收获时硫的吸收量[49]

作物	部位	产量 / (t/hm^2)	硫吸收量 / [kg(S)/hm^2]
大麦	籽粒	6	12
	秸秆		12
玉米	籽粒	9	17
	秸秆		20
水稻	籽粒	8	6
	秸秆		8
高粱	籽粒	8	22
	秸秆		16
棉花	皮棉	1.5	7.5
	秸秆		23
大豆	籽粒	4	14
	秸秆		15

续表

作物	部位	产量 / (t/hm^2)	硫吸收量 / [kg(S)/hm^2]
花生	荚果	4.5	11
	藤		12
甜菜	块根	70	12
	地上部		41
甘蔗	地上部	450	40
烟草	叶片	3.5	14
	茎秆		8

不同作物硫的分布情况不同。洋葱吸收的硫大约 80% 积累在鳞茎中，禾谷类和豆科作物籽粒积累的硫一般占总吸收量的 40% ～ 60%，而油菜籽粒中的硫仅占总吸收量的 25% 左右 [50]。低硫代葡萄糖苷的油菜品种在籽粒中积累的硫显著低于高硫代葡萄糖苷的油菜品种，但是二者在硫的吸收总量方面并无明显差别，低硫代葡萄糖苷的油菜品种果荚中含硫量较高，而高硫代葡萄糖苷的油菜品种种子中含硫量较高 [53]。由于油菜等十字花科芸薹属的作物秸秆含硫量较高，其秸秆还田可为下茬作物提供一定量的硫营养。

6.3.1.3 作物缺硫诊断

在作物营养生长旺盛阶段或生殖生长初期采集叶片或地上部进行元素含量分析，可以帮助诊断作物是否缺硫。硫含量因不同作物和不同器官而异，对作物地上部整体而言，硫含量一般在 0.1% ～ 1.0%（以干物质为基础），不同作物和果树缺硫的临界值在 0.1% ～ 0.25%（表 6-6）[54]。油菜的需硫量较高，抽薹至开花初期叶片硫含量的临界值为 0.35% ～ 0.38%[51-52]。叶片的 N∶S 比值也可以帮助诊断作物是否缺硫，当油菜叶片 N∶S 比值＞ 10、小麦叶片 N∶S 比值＞ 15 时，作物就可能缺硫 [51, 55]。

表6-6 不同作物硫营养水平需求情况[54]

单位：%，干重

作物	采样部位	生育时期	硫营养水平				
			缺乏	低	适量	高	过量
黑麦草	叶片	营养生长	＜ 0.24	—	0.27 ～ 0.32	0.35 ～ 0.70	—
玉米	穗叶	吐丝	＜ 0.10	0.10 ～ 0.12	0.12 ～ 0.25	0.26 ～ 0.50	＞ 0.50
小麦、大麦、燕麦	地上部	拔节期	—	0.15	0.15 ～ 0.40	0.40	—
苹果	树冠中部叶片	当季	＜ 0.10	0.10 ～ 0.16	0.17 ～ 0.26	＞ 0.26	—
柑橘	树冠中部叶片	夏季	＜ 0.14	0.14 ～ 0.19	0.20 ～ 0.30	0.40 ～ 0.50	＞ 0.60
葡萄	叶片	开花期	＜ 0.15	0.15 ～ 0.20	0.20 ～ 0.50	0.50	—

6.3.1.4 硫对作物产量的影响

以往，由于有些氮、磷化肥（如硫酸铵和过磷酸钙）含有较大量的硫，施用这些化肥的同时也向土壤-作物系统添加了硫，或者大气污染导致较大量的大气硫沉降，作物缺硫现象不普遍。随着高纯度氮、磷化肥的施用，并且随着空气质量改善、大气硫沉降量降低，部分地区作物缺硫现象逐渐普遍。欧洲很多地方从 20 世纪 80 年代和 90 年代开始出现作物缺硫现象，最先出现缺硫的是需硫量大的油菜等作物，然后扩展到需硫量较小的其他作物如小麦、大麦和牧草 [50]。例如，20 世纪 90 年代至 21 世纪初在英国和德国的一系列田间试验中，40% ～ 50% 的油菜试验显示了硫肥的增产效果，增产幅度为 4% ～ 415%；21% ～ 30% 的小麦试验显示了硫肥的增产效果，增产幅度为 5% ～ 32%[50]。图 6-9 显示了油菜和小麦缺硫的症状，油菜出现叶片叶脉间的黄化，小麦出现新叶黄化。

图 6-9 田间条件下油菜（上）和小麦（下）的缺硫症状
（照片来自赵方杰）

我国南方包括江苏、云南、江西、安徽、福建、广东和广西等地的部分地区缺硫比较普遍。在 1997—2002 年间开展了 572 个针对 24 种作物的硫肥田间试验，有 87% 的试验有增产效果，增产幅度为 7% ～ 30%，平均增产率为 10%[56]。

6.3.1.5 硫对作物品质的影响

硫对作物品质也有很大影响。小麦的烘烤品质与面粉中蛋白质的组成密切相关[57]。缺硫条件下，面粉中的富硫蛋白质比例减少，而低硫蛋白质比例增加[58]。面粉蛋白质中巯基含量和二硫键的形成对面筋的延展性起重要作用。在一系列的田间试验中，Zhao 等发现三个小麦品种面筋的延展性差异较大，但都与籽粒硫含量密切相关[59]。同一小麦品种中，低硫的面粉烘烤的面包体积显著小于高硫的面粉，在缺硫条件下，增施氮肥并不能改善小麦的烘烤品质[60]。Byers 等在温室沙培条件下种植小麦，发现低硫处理小麦烘烤品质极差（图 6-10）[61]。

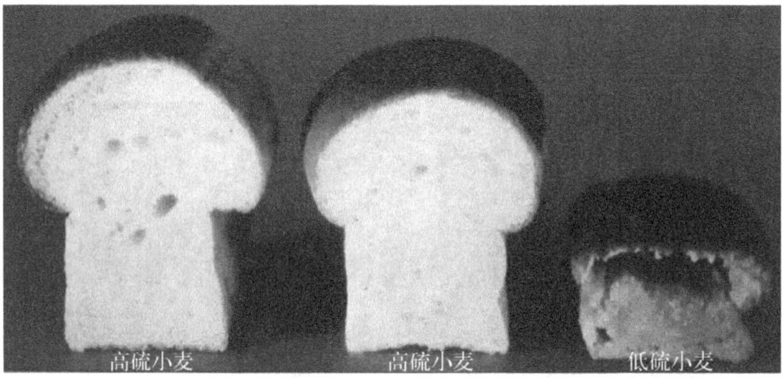

图 6-10 硫对小麦烘烤品质的影响[61]

硫也会影响酿酒大麦的品质。缺硫情况下，大麦制作麦芽过程中萌发力和淀粉酶活性下降，麦芽的易碎性和均匀度下降，麦芽浆 β-葡聚糖含量增加，不利于麦芽浆的过滤，而施用硫肥可以显著改善麦芽的品质[62]。施用硫肥还影响大麦籽粒蛋白质组成，提高麦芽可提取物的含量[63]。此外，大麦硫营养会影响麦芽中 *S*-甲基甲硫氨酸含量，该物质是啤酒中挥发性甲硫醚的前体，对啤酒的风味起重要作用[62]。

硫的供应水平对十字花科芸薹属蔬菜和作物的硫代葡萄糖苷种类和含量有重要影响。前面已经提到，硫代葡萄糖苷种类繁多，其水解产物对人体或动物营养有好有坏。对于芸薹属蔬菜，通过施用硫肥提高硫代葡萄糖苷含量有利于增进蔬菜的风味，并增加对人体健康有益的成分[64]。对于用作动物饲料的菜籽饼，则希望将硫代葡萄糖苷含量控制在较低的水平。施用硫肥可提高油菜籽硫代葡萄糖苷含量，该效应在缺硫土壤上尤其显著，在 9 个缺硫土壤的田间试验中，施用 50kg/hm^2 硫肥使得油菜籽硫代葡萄糖苷含量平均增加 1 倍，而在 20 个不缺硫的土壤施用硫肥平均仅增加硫代葡萄糖苷含量 12.5%[50]。硫素与氮素对油菜籽硫代葡萄糖苷含量的影响具有显著的交互作用。缺硫条件下，增加氮肥施用降低硫代葡萄糖苷含量，而施用硫肥时，增加氮肥施用则提高硫代葡萄糖苷含量[65-66]。

硫素供应水平会影响植物的氨基酸组成与含量。与低硫处理相比，高硫处理条件下白羽扇豆籽粒精氨酸和天冬氨酸含量下降，而其他氨基酸含量均有所增加，尤其是含硫氨基酸半胱氨酸增加了 3 倍左右[67]。甲硫氨酸是动物必需的氨基酸。豆科植物种子的蛋白质一般含

1% 左右的甲硫氨酸，低于动物对甲硫氨酸的需求（即饲料蛋白质的 3% ～ 5%）[68]。因此，提高豆科植物籽粒甲硫氨酸含量对动物营养有重要意义。缺硫条件下，施用硫肥可提高白羽扇豆籽粒甲硫氨酸的含量[67]，从而提升其对动物的营养价值。

含硫氨基酸含量还受供氮和供硫水平影响。在一个春小麦的盆栽试验中，不供硫情况下提高供氮水平显著降低籽粒半胱氨酸和甲硫氨酸的含量，在供氮水平低时，施用硫肥并不增加半胱氨酸和甲硫氨酸的含量，只有在供氮中等和高水平处理时施用硫肥才有显著效果[69]，说明了氮与硫营养平衡供应的重要性。

6.3.2　硫在土壤中的过程

6.3.2.1　土壤-作物系统硫的输入与输出

土壤-作物系统硫循环包括两个方面，一是系统内部与外部的交换，即硫的输入与输出途径及通量，二是系统内部的循环。图 6-11 显示了土壤-作物硫循环的主要途径和大致通量范围。系统外部向土壤-作物系统输入的硫主要包括大气沉降、灌溉、肥料（包括有机肥）、含硫农业化学品的使用等。大气硫沉降因地区而异，受不同地区硫排放量及气流方向和强度等影响。燃煤是硫的主要排放源，以煤为燃料的火力发电站是硫的重要排放源。此外，来自海洋的气溶胶硫含量也比较高。在远离排放源的地区，大气硫沉降一般每年每公顷只有几千克，而靠近排放源的地区大气硫沉降每年每公顷可达几十至一百多千克。以英国洛桑试验站的 Woburn 农场长期监测数据为例，1960—1970 年间大气硫年沉降量高达 70kg/hm^2，之后随着环境保护措施的实施，大气硫沉降量逐渐降低，到 20 世纪末期已经降低到 10kg/hm^2 左右[70]。

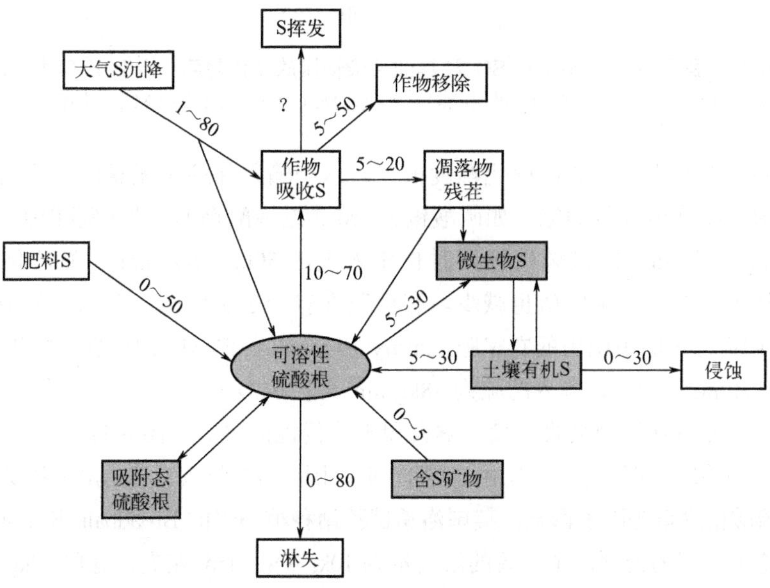

图 6-11　土壤-作物系统硫循环

数值为每年硫通量［kg（S）/hm^2］，灰色背景为土壤内部硫循环根据 Wang 等人[71]的模型估算，我国 1995 年排放 2450 万吨 SO_2，其中 75.7% 沉降到我国境内，其余部分输送到境外。1995 年我国硫总沉降量为 927 万吨，干沉降和湿沉降占比分别为 54% 和 46%[71]。根据模型计算，1995 年我国大气硫沉降的平均值为 6kg/hm^2，最大值为 149kg/hm^2。从区域各省份年硫沉降量平均值上看，东北为 2 ～ 12kg（S）/hm^2，华北为 12 ～ 32kg（S）/hm^2，华东为 7 ～ 43kg（S）/hm^2，华南为 1 ～ 10kg（S）/hm^2，西南为 1 ～ 25kg（S）/hm^2，西北为 1 ～ 13kg（S）/hm^2[71]。另外，根据 Wang 等[72]的估算，我国 20 世纪末大气硫沉降到农田的总量为每年 109 万吨，占全国总沉降量 11% 左右。1997—1998 年在江西鹰潭红壤试验站实测的年硫沉降量高达 103kg/hm^2，其中 83% 是干沉降[72]。2013 年，我国颁布了《大气污染防治行动计划》，加大污染综合治理力度，减少多种污染物排放，SO_2 的排放量从 2010 年的 2780 万吨降低到 2017 年的 1050 万吨，7 年间下降了 62%，跟其他污染物相比，SO_2 的排放量下降幅度最大（图 6-12）[73]。因此，我国当前的大气硫沉降量也会显著低于 20 世纪末的水平。

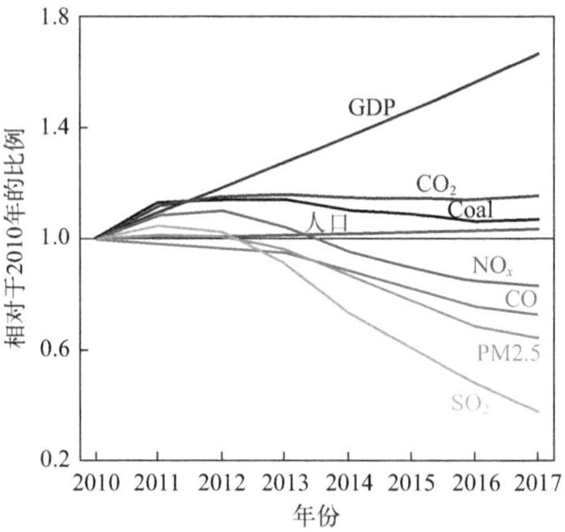

图 6-12 我国 2010—2017 年 SO_2 和其他污染物排放变化趋势（以 2010 年为 1）[73]

GDP—国内生产总值；CO_2—二氧化碳；Coal—煤炭；NO_x—氮氧化物；CO—一氧化碳；PM2.5—细颗粒物；SO_2—二氧化硫

通过肥料输入农田系统的硫变化幅度很大，这个输入往往是无意的，目的是满足作物氮磷钾的需求，如施用含硫的氮（如硫酸铵）、磷（过磷酸钙）、钾（硫酸钾）等肥料。例如，施用 30kg（P）/hm^2 的过磷酸钙同时也施入大约 50kg（S）/hm^2。随着化肥的纯度提高，通过氮磷钾肥施入土壤的硫也减少。有机肥含有一定量的硫，例如，英国洛桑试验站 Broadbalk 长期定位试验中施用的农家肥（farmyard manure, FYM）的处理，每年施用 35t/hm^2 新鲜农家肥（7t/hm^2 干重），施入的硫为 38kg/hm^2（表 6-7）[74]。

硫的输出主要包括作物吸收移除、淋失和土壤侵蚀流失等（图 6-11）。作物吸收和移除量已经在上一节讨论。硫酸根在土壤中的吸附较弱，因此容易淋失，硫的淋失量受降雨、灌溉、土壤性质和硫酸根含量等因子影响。英国洛桑试验站种植小麦的 Broadbalk 长期定位试验结果表明，在不施用硫肥的处理，全年硫的淋失量为 10kg（S）/hm^2 左右，施用 52kg（S）/hm^2 的硫肥处理淋失量达 60.2kg（S）/hm^2，施用农家肥的处理的淋失量为 13.5kg（S）/hm^2[74]（表 6-7）。该长期定位试验的对照和施用无机肥处理硫的输入量与输出量基本平衡，而施用农家肥处理土壤硫的盈余为每年 28.3kg（S）/hm^2 左右 [74]（表 6-7）。

表6-7 英国洛桑试验站种植小麦的Broadbalk长期定位试验硫的年输入与输出量[74]

处理	输入 /[kg（S）/hm^2]		输出 /[kg（S）/hm^2]		硫平衡 /[kg（S）/hm^2]
	大气沉降	肥料	作物移除	淋失	
对照	15	0	2.0	9.3	+3.7
N	15	0	5.2	8.6	+1.2
NPKSMg	15	52	9.4	60.2	−2.6
农家肥（FYM）	15	38	11.2	13.5	+28.3

根据孟赐福和曹志洪 [75] 的估算，1995 年我国作物吸收硫量总和为 198 万吨，而施用化肥、农家肥和秸秆加入硫的总量为 466 万吨，其中 300 万吨来自普通过磷酸钙，15 万吨来自硫酸铵，119 万吨来自农家肥，32 万吨来自作物秸秆。通过对几种主要农田生态系统作物硫吸收和残茬归还的盈亏状况计算，硫的亏缺量（即作物移除量）为：小麦 6kg/hm^2、玉米 8.5kg/hm^2、油菜 24kg/hm^2、水稻 7.1kg/hm^2 [75]。考虑到大气硫沉降和上述含硫肥料的施用，20 世纪 90 年代我国大多数农田硫平衡应该有较大的盈余，大气硫沉降量低并且不施用含硫肥料的地区除外。20 世纪末，我国浙江省衢州和金华两个 9 年的水稻长期定位试验结果表明，硫的年输入量为 78.9 ～ 87.8kg（S）/hm^2，而输出量为 48.4 ～ 50.9kg（S）/hm^2，两个稻田系统的硫平衡均出现盈余（表 6-8）[76]。过去很多年来，含硫肥料施用和大气沉降情况已经发生了很大变化，我国农田目前的硫平衡情况与 20 世纪 90 年代可能很不相同。

表6-8 浙江省两个水稻长期定位试验硫的年输入与输出量[76]

地点	输入 /[kg（S）/hm^2]						输出 /[kg（S）/hm^2]			
	有机硫	无机硫	降水	灌溉	沉降	总和	籽粒	秸秆	渗漏	总和
衢州	11.0	37.8	12.6	12.5	5.0	78.9	21.5	25.2	4.2	50.9
金华	10.8	46.9	12.6	12.5	5.0	87.8	20.3	23.9	4.2	48.4

土壤-作物系统内部硫的循环包括硫酸根的吸附与解吸、作物凋落物和残茬的分解、微生物对无机硫的同化固定和对有机硫的分解矿化等方面（图 6-11）。其中，微生物对硫的固定和矿化将在后文讨论。

6.3.2.2 土壤硫的含量、形态与转化

土壤硫全量变化幅度很大，一般在 20 ～ 2000mg/kg 之间，对于湿润和半湿润地区的农业土壤，硫含量一般在 100 ～ 500mg/kg[77-78]。土壤中的硫大部分（> 90%）是与有机质结合的有机硫，只有一小部分是无机硫，如吸附态或土壤溶液中的硫酸根。盐土、酸性硫酸盐土和旱区的石膏性土壤例外，这些土壤中无机硫（硫酸根或硫化物）可占土壤全硫很大的比例 [78]。我国长江以北土壤全硫含量一般高于长江以南的土壤，质地黏重的土壤高于质地轻

的土壤，水稻土高于同一地区的旱地土壤。例如，南方 8 省 126 个稻田表土全硫含量平均值比当地旱地土壤高 44.5%[76]。

土壤硫含量与碳、氮含量密切相关，世界各地不同土壤平均的 C∶N∶S 比值为 100∶7.7∶1[84]。不同土壤 C∶N∶S 比值仍有较大的变幅，一般而言，森林土壤和草原土壤 C∶S 和 N∶S 比值较高，而农业土壤的比值较低[78]。森林土壤或草原土壤开垦为农业土壤后，C∶S 和 N : S 比值会下降，反之，将耕地抛荒变成草地或林地后，C∶S 和 N∶S 比值上升[74]。英国洛桑试验站的 Broadbalk 长期定位试验表明，在连续种植小麦的耕地，尽管有些处理每年施用了大量硫肥（过磷酸钙、硫酸钾、硫酸镁等），并且大气沉降也输入了相当数量的硫，土壤硫含量一直稳定在 180mg/kg 左右，与不施用硫肥的处理相差无几，在 1843—2000 年的近 160 年间未呈现明显变化，而施用农家肥的处理土壤 C、N 和 S 含量均显著增加，耕地抛荒变成草地或林地后，土壤 C、N 和 S 含量增加速度和幅度更大。这些结果说明，土壤硫含量的变化主要取决于有机碳含量的变化，有机碳含量增加会驱动硫含量的相应增加，而在有机碳含量不变的情况下，输入到土壤中的无机硫绝大部分通过植物吸收和淋溶等输出过程损失，未能在土壤中积累[74]。鉴于硫酸根的淋失是湿润地区硫的主要损失途径，淋失强度往往与作物缺硫现象相关联，在硫酸根容易淋失的土壤种植的作物往往比较容易缺硫[54]。因此，减少硫酸根的淋失是硫肥施用的一个重要原则。

土壤中的有机硫化学形态多样，其化学价态可从 −2 价到 +6 价。硫可与 C、N、O 或 S 原子形成共价键，形成 C—S、C—O—S、C—N—S 和 C—S—S 等形态。传统上，土壤中的 S 根据是否可以被碘酸（HI）还原分为两种类型：一种是可以被 HI 还原的 S，包括 C—O—S*、C—N—S* 和 C—S—S*（* 表示可被还原的 S），其中以硫酯（C—O—S）为主；另一种是不能被 HI 还原的 S，即 C—S[79]。HI 可还原的 S 一般占土壤全硫的 30% ～ 70%，其余部分为 C—S[86]。同步辐射 X-射线吸收光谱为准确测定土壤硫的化学形态（价态）提供了先进的方法。该方法分析结果表明，土壤硫以不同化学价态存在，不同价态 S 的比例受土壤利用方式、大气硫沉降等多方面因素影响，土壤耕作（翻耕）增加了高价态 S（即氧化态）的比例，长期的大气硫沉降也增加高价态 S 的比例，而未扰动的草地和林地土壤及常处于淹水状态的水稻土低价态（即还原态）的 S 比例较高[80-81]。

6.3.2.3 土壤硫的转化与有效性

有机硫的矿化有两条主要途径：一是所谓的生物化学途径，即微生物分泌的胞外酶将硫酯（C—O—S）水解，释放出硫酸根；二是所谓的生物学途径，即微生物生长代谢过程对 C—S 的分解[82]。以往认为硫酯比较容易被分解，因此其有效性比 C—S 高，在有机硫的矿化（mineralization）过程中生物化学途径比生物学途径重要[82]。但是后来的一些研究并未支持该假说，反而是 C—S 更容易被微生物矿化[81, 83-84]。土壤中的无机硫酸根也会被微生物同化并进一步转化为有机硫，这个过程称为硫的固定（immobilization）。土壤中无机硫的微生物固定与有机硫的矿化是同时进行的，其通量受土壤中 C、S 状况和微生物生物量影响，二者的平衡决定了微生物过程是增加或减少土壤中无机硫酸根的含量[85-87]。添加易降解的有机碳对硫的矿化和固定均起促进作用[86]。

植物根系从土壤中吸收硫的主要形态是硫酸根。水稻是否吸收淹水土壤中产生的还原态硫化物，目前尚不清楚。旱地土壤中，土壤溶液和吸附态的硫酸根反映了植物有效态的硫，通常用磷酸盐（如0.016mol/L磷酸钾或0.01mol/L磷酸钙）提取[54, 88-89]。土壤固相对磷酸根的吸附比硫酸根强得多，因此磷酸根可置换吸附态的硫酸根。磷酸盐提取的硫除了硫酸根之外，还包括一部分可溶性的有机硫，有些测定方法（如离子色谱）只定量硫酸根，另外一些测定方法（如ICP-OES或ICP-MS）测定可溶性硫，因此所测得的可提取态硫含量高于硫酸根含量。温室试验中，用0.016mol/L磷酸钾提取的硫酸根或可溶性硫与小麦硫吸收量均有较好的相关性[89]。Blair等的研究表明，用0.25mol/L KCl在40℃条件下提取硫较好地反映土壤硫对作物的有效性，其临界值为6.5mg/kg[90]。

对我国大多数作物而言，采用的土壤有效硫的临界值为16mg/kg[91]。对我国2万多份土壤样品分析表明，有30%样品有效硫含量低于临界值[76]。与此相比，国际上其他地区常用的土壤有效硫临界值较低，一般为8mg/kg[54]。例如，美国采用磷酸钙提取土壤有效硫（SO_4^{2-}-S），按耕作层有效硫总量进行分级，0～12.2kg/hm^{2}为低级，按每公顷耕层2600t土壤计算，相当于土壤有效硫浓度0～4.3mg/kg；耕作层有效硫总量12.2～22.4kg/hm^{2}为中级，相当于土壤有效硫浓度4.3～8.6mg/kg；耕作层有效硫总量＞22.4kg/hm^{2}为高级，相当于土壤有效硫浓度＞8.6mg/kg[91]。

在作物生长季中，土壤硫酸根含量受微生物固定、有机硫矿化、植物吸收、淋失等影响变化幅度较大，因此用土壤可提取的硫酸根或可溶性硫预测作物对硫肥的响应可靠性往往不高，而采用简单的硫输入输出平衡方法能够较好地指导硫肥推荐[92-93]。例如，英国采用作物需硫量、大气硫沉降量、土壤有机质含量、年渗漏水等参数综合计算作物缺硫风险指数，较好地预测需要施用硫肥的地区[93]。又如，美国威斯康星大学推广实验室采用包括土壤有机质硫、有机肥硫、降水硫、下层土和耕层土可提取SO_4^{2-}-S的有效硫指标来计算有效硫指数，指导硫肥施用，而不是依赖土壤可提取有效硫单一指标[91]。

6.3.3　硫肥创制与施用

我国坚定不移地走生态优先、绿色低碳发展道路，相比之前大气SO_2排放量已经显著降低，将来还会继续下降，这意味着大气硫沉降量将继续降低，通过施肥向农作物补充硫也将变得越来越重要。硫肥施用的基本原则是弥补土壤供硫的不足、满足作物生长对硫的需求和对氮、硫平衡的需求，同时减少土壤中硫酸根的淋失以提高肥料利用率。由于作物对氮、硫的需求是同步的，并且硫酸根在土壤中的迁移行为与硝酸根相似，因此氮肥施用的一些原则也适用于硫肥。硫肥的种类很多，按照硫化学形态可分为硫酸盐、元素硫（单质硫）和硫代硫酸盐等几类。硫酸盐肥料有效性高，但容易淋失。元素硫需要在土壤中先经过微生物氧化为硫酸盐，是一种缓释肥料，合理施用可以减少淋失。未来硫肥的创新要体现绿色与智能化，充分回收和利用天然气开采和燃煤过程产生的硫，硫肥形态和配方要考虑不同土壤类型的供肥特征并与作物需求相匹配，与NPK肥料合理复配，实现智能调控植物-微生物对硫的吸收利用，满足作物产量和品质对硫的需求，最大幅度地减少硫的损失。

6.3.3.1 硫酸盐肥料

硫酸盐肥料如硫酸铵、硫酸钾、硫酸镁、石膏（硫酸钙）和过磷酸钙等。硫酸铵含氮20% ～ 21%，含硫 24%，是最常见的硫酸盐肥料。硫酸铵、硫酸钾和硫酸镁是可溶性肥料。石膏是微溶性肥料，溶解度为 2.1g/L，施入土壤后需要一定量的降雨或灌溉水才能将其溶解。过磷酸钙是磷酸一钙和石膏的混合物，含磷 6% ～ 9.5%，含硫 10% ～ 14%，含钙18% ～ 21%。

通常，采用硫酸铵或硫酸钾与其他肥料混合配制成不同比例的 NS 或 NPKS 复合肥，主要的技术难点在于如何根据不同作物对不同养分的需求进行配制并造粒。硫酸铵的吸水性低，可以和大多数的其他材料混合，但是不能与碱性材料混合。尿素硫铵是一种常见的氮硫复合肥，制作工艺上，可以将尿素涂抹在硫酸铵颗粒上，或者使用颗粒流体技术，在熔化的尿素中加入硫酸铵细颗粒制成混合物，或者在熔化的尿素中加入一些硫酸钙，形成硬度更大的颗粒。常见的尿素硫铵规格有 35-0-0-10S、40-0-0-14S 和 31-0-0-13S 几种。尿素硫铵施入土壤中，硫铵的酸性可部分中和尿素水解产生的碱性，缓解 pH 值上升，从而减少氨挥发。

硫酸盐肥料对作物的有效性高，在土壤中的移动性强，与硝酸根相似，因此容易随渗漏水淋失，提高氮肥利用效率的一些措施一般对硫肥也适用。英国的冬油菜大田试验结果表明，秋季基施硫酸铵的硫肥效果远低于春季施用，主要原因是冬季硫酸根的淋失。硫肥施用量可参照作物需求量和硫的输入输出平衡加以考虑。一般而言，油菜等需硫量高的作物可施用 20 ～ 40kg(S)/hm^2，对禾谷类作物可施用 10 ～ 20kg/hm^2[50, 52]。

6.3.3.2 元素硫肥料

硫黄是常见的元素硫肥料，是一种高纯度（最高达 100%）的单质硫。国际上，大约90% 的硫黄是来自石油提炼和天然气开采的副产物，硫黄也是制造硫酸和硫酸盐肥料的主要原料。硫黄不溶于水，不能被作物吸收，必须先通过土壤微生物将零价元素硫氧化为硫酸根才能被作物吸收。硫黄氧化为硫酸根是一个产酸的过程，因此硫黄也常用于碱土的改良。硫黄的氧化速率与土壤微生物组成、硫黄颗粒大小、温度、土壤性质、水分含量等因子相关 [94-96]。植物生长通过促进根际微生物也会促进硫黄的氧化 [96]。参与硫黄氧化的土壤微生物有化能自养的硫氧化菌，如硫杆菌（*Thiobacillus*），也有非专性的异养微生物 [97]。通常，施入土壤后硫黄的氧化过程会有一个起始的滞后期。另外，曾经施用过硫黄的土壤氧化硫黄的能力较强，这些现象与土壤中参与硫黄氧化的微生物受诱导和富集有关 [94]。影响硫黄氧化的最关键参数是颗粒大小和温度，采用包含这两个参数的数理模型可以较好地预测硫黄在土壤中的氧化速率 [94, 98-99]，运用这些模型可帮助确定适合特定气候条件和作物硫需求的硫黄颗粒大小和用量。

粉末状的硫黄不方便施用，为了解决这一技术难题，有些硫肥生产者将硫黄加热溶解后加入到 2∶1 型吸水可膨胀的黏土矿物（如膨润土）中，混合后造成半球形颗粒，膨润土的比例一般为 10% 左右，Tiger 90 是这类肥料的代表。膨润土吸水后膨胀可将颗粒胀裂，从而有利于硫黄在土壤中的氧化。温室和田间试验表明，Tiger 90 肥料硫黄的氧化释放速率受颗粒胀裂程度制约，往往肥效较低，不能满足当季作物对硫的需求 [50, 99-100]。总体而言，由于硫黄施入土壤后需要一个氧化过程，其肥效往往较慢，具有缓释肥的特征，不适合生长季较短的农作物，更适合草地和多年生作物[50, 98]。

6.3.3.3　特效硫肥

硫代硫酸铵（ammonium thiosulfate, ATS）是一种含 60% 水的液态肥料，含 12% 铵态氮和 26% 硫。硫代硫酸铵有不同的生产方法。一种是将二氧化硫和氨置于水溶液中发生化学反应，首先生成亚硫酸铵，然后将其进一步与硫元素发生反应，形成了硫代硫酸铵溶剂。另一种方法是将氨吸入硫代硫酸铵溶剂，使其与二氧化硫发生反应，然后与硫化氢反应，从而形成硫代硫酸铵和硫。硫代硫酸铵与中性到微酸性含磷酸盐的溶液或悬胶液相容，也能像硝酸铵和尿素一样，溶于含水的铵氮溶剂。因此，可以用硫代硫酸铵与不同的氮磷钾肥料配制成各式各样氮磷钾硫制剂。硫代硫酸铵在土壤中分解为大致等量的硫酸盐和单元素硫，从而提供速效（硫酸盐）和需要通过氧化释放的缓释硫。此外，硫代硫酸铵能抑制土壤里的脲酶活性，削减铵的硝化作用，从而减少尿素的水解作用和铵的氧化，减少氨挥发和氮的损失[101-102]。

涂硫尿素（sulfur coated urea, SCU）是一种用元素硫包裹尿素颗粒的控释肥料，含有 77% ～ 82% 尿素（含氮 36% ～ 38%），14% ～ 18% 的硫。表层元素硫通过土壤微生物的氧化，控制硫和尿素的释放。控释涂硫尿素可减少氨挥发，提高氮肥使用效率，降低氨对作物的毒性，减少施肥次数，还可以提供缓效的硫营养。

参考文献

[1] Marschner P. Marschner's Mineral Nutrition of Higher Plants. 3rd ed. New York: Academic Press, 2012.

[2] 李春俭. 高级植物营养学. 2 版. 北京：中国农业大学出版社，2015.

[3] 张俊伶. 植物营养学. 北京：中国农业大学出版社，2021.

[4] Scott B J, Robson A D. Changes in the content and form of magnesium in the first trifoliate leaf of subterranean clover under altered or constant root supply. Australian Journal of Agricultural Research, 1990, 41: 511-519.

[5] Dorenstouter H, Pieters G A, Findenegg G R. Distribution of magnesium between chlorophyll and other photosynthetic functions in magnesium deficient "sun" and "shade" leaves of poplar. Journal of Plant Nutrition, 1985, 8: 1088-1101.

[6] Hermans C, Vuylsteke M, Coppens F, et al. Systems analysis of the responses to long - term magnesium deficiency and restoration in *Arabidopsis thaliana*. New Phytologist, 2010, 187(1): 132-144.

[7] Peng Y Y, Liao L L, Liu S, et al. Magnesium deficiency triggers SGR-mediated chlorophyll degradation for magnesium remobilization. Plant Physiology, 2019, 181(1): 262-275.

[8] Fischer E S, Bussler W. Effects of magnesium deficiency on carbohydrates in *Phaseolus vulgaris*. Zeitschrift fuer Pflanzenernaehrung und Bodenkungde, 1988, 151: 295-298.

[9] Verbruggen N, Hermans C. Physiological and molecular responses to magnesium nutritional imbalance in plants. Plant and Soil, 2013, 368(1/2): 87-99.

[10] Hermans C, Bourgis F, Faucher M, et al. Magnesium deficiency in sugar beets alters sugar partitioning and phloem loading in young mature leaves. Planta, 2005, 220(4): 541-549.

[11] Hanstein S, Wang X, Qian X, et al. Changes in cytosolic Mg^{2+} levels can regulate the activity of the plasma membrane H^+-ATPase in maize. Biochemical Journal, 2011, 435(1): 93-101.

[12] Farhat N, Elkhouni A, Zorrig W, et al. Effects of magnesium deficiency on photosynthesis and carbohydrate partitioning. Acta Physiologiae Plantarum, 2016, 38(6): 145.

[13] Beringer H, Forster H. Einfluss variierter Mg-Ernaehrung auf Tausendkorngewicht und P-Fraktionen des Gerstenkorns. Zeitschrift fuer Pflanzenernaehrung und Bodenkungde, 1981, 144: 8-15.

[14] Huang Y, Jiao Y, Nawaz M A, et al. Improving magnesium uptake, photosynthesis and antioxidant enzyme activities of watermelon by grafting onto pumpkin rootstock under low magnesium. Plant and Soil, 2016,409(1/2): 229-246.

[15] Mengutay M, Ceylan Y, Kutman U B, et al. Adequate magnesium nutrition mitigates adverse effects of heat stress on maize and wheat. Plant and Soil, 2013, 368(1/2): 57-72.

[16] Yazaki Y, Asukagawa N, Ishikawa Y, et al. Estimation of cytoplasmic free Mg^{2+} levels and phosphorylation potentials in mung bean root tips by in vivo ^{31}P NMR spectroscopy. Plant and Cell Physiology, 1988, 29(6): 919-924.

[17] Gardemann A, Schimkat D, Heldt H W. Control of CO_2 fixation regulation of stromal fructose-1,6-bisphosphatase in spinach by pH and

Mg^{2+} concentration. Planta, 1986, 168(4): 536-545.
[18] Mcnevin D, Von Caemmerer S, Farquhar G. Determining rubisco activation kinetics and other rate and equilibrium constants by simultaneous multiple non-linear regression of a kinetic model. Journal of Experimental Botany, 2006, 57(14): 3883-3900.
[19] Chen Z C, Peng W T, Li J, et al. Functional dissection and transport mechanism of magnesium in plants. Seminars in Cell and Developmental Biology, 2018, 74: 142-152.
[20] Zhao H, Zhou Q, Zhou M, et al. Magnesium deficiency results in damage of nitrogen and carbon cross-talk of maize and improvement by cerium addition. Biological Trace Element Research, 2012,148(1): 102-109.
[21] Jezek M, Geilfus C M, Mühling K H. Glutamine synthetase activity in leaves of *Zea mays* L. as influenced by magnesium status. Planta, 2015, 242(6): 1309-1319.
[22] 陆景陵．植物营养学：上．2 版．北京：中国农业大学出版社，2007.
[23] 郭如新．镁肥肥源及其应用．磷肥与复肥，2011, 26: 51-54.
[24] Ulrich A, Hills F J. Principles and practices of plant analysis. Soil Testing and Plant Analysis Part Ⅱ Madison: Soil Science Society of America Inc., 1967.
[25] Gransee A, Führs H. Magnesium mobility in soils as a challenge for soil and plant analysis, magnesium fertilization and root uptake under adverse growth conditions. Plant and Soil, 2013, 368: 5-21.
[26] Barker A V, Pilbeam D J. Handbook of Plant Nutrition. Florida: CRC Press, 2007.
[27] 汪洪，褚天铎．植物镁素营养诊断及镁肥施用．土壤肥料，2000, 4: 4-8.
[28] Wang Z, Hassan U M, Nadeem F, et al. Magnesium fertilization improves crop yield in most production systems: a meta-analysis. Frontiers in Plant Science, 2020, 10: 1727.
[29] Gerendás J, Führs H. The significance of magnesium for crop quality. Plant and Soil, 2013, 368(1/2): 101-128.
[30] 张福锁，李春俭，等．镁营养及其对作物产量和品质的影响．北京：中国农业大学出版社，2021.
[31] 谢建昌，陈际型，朱月珍，等．红坡区几种主要土壤的镁素供应状况及镁肥肥效的初步研究．土壤学报，1963, 11: 294-305.
[32] 金昆．土壤对镁的吸附解吸特性研究．重庆：西南大学，2008.
[33] 中国农科院土肥所．中国肥料．上海：上海科学技术出版社，1994.
[34] Gardner R C. Genes for magnesium transport. Current Opinion in Plant Biology, 2003, 6: 263-267.
[35] 胡霭堂．植物营养学：下．2 版．北京：中国农业大学出版社，2003.
[36] Loganathan P, Hanly J A, Currie L D. Effect of serpentine rock and its acidulated products as magnesium fertilizers for pasture, compared with magnesium oxide and epsom salts, on a pumice soil. Dissolution and estimated leaching loss of fertilizer magnesium. New Zealand Journal of Agricultural Research, 2005, 48: 461-471.
[37] Cairns N G, Pasternak M, Wachter A, et al. Maturation of Arabidopsis seeds is dependent on glutathione biosynthesis within the embryo. Plant Physiology, 2006, 141: 446-455.
[38] Foyer C H , Noctor G. Ascorbate and glutathione: The heart of the redox hub. Plant Physiology, 2011, 155: 2-18.
[39] Cobbett C , Goldsbrough P. Phytochelatins and metallothioneins: Roles in heavy metal detoxification and homeostasis. Annual Review of Plant Biology, 2002, 53: 159-182.
[40] Nocito F F, Pirovano L, Cocucci M, et al. Cadmium-induced sulfate uptake in maize roots. Plant Physiology, 2002, 129: 1872-1879.
[41] Batool S, Uslu V V, Rajab H, et al. Sulfate is incorporated into cysteine to trigger ABA production and stomatal closure. Plant Cell, 2018, 30: 2973-2987.
[42] Buchanan B B, Gruissem W, Jones R L. Biochemistry and Molecular Biology of Plants. 2nd ed. New Jersey: John Wiley & Sons, 2015.
[43] Halkier B A , Gershenzon J. Biology and biochemistry of glucosinolates. Annual Review of Plant Biology, 2006, 57: 303-333.
[44] Blake-Kalff M M A, Harrison K R, Hawkesford M J, et al. Distribution of sulfur within oilseed rape leaves in response to sulfur deficiency during vegetative growth. Plant Physiology, 1998, 118: 1337-1344.
[45] Mitreiter S ,Gigolashvili T. Regulation of glucosinolate biosynthesis. Journal of Experimental Botany, 2021, 72: 70-91.
[46] Zhao F J, Bilsborrow P E, Evans E J, et al. Nitrogen to sulphur ratio in rapeseed and in rapeseed protein and its use in diagnosing sulphur deficiency. Journal of Plant Nutrition, 1997, 20: 549-558.
[47] Fahey J W, Zalcmann A T, Talalay P. The chemical diversity and distribution of glucosinolates and isothiocyanates among plants. Phytochemistry, 2001, 56: 5-51.
[48] Hawkesford M, Horst W, Kichey T, et al. Functions of Macronutrients //Marschner's Mineral Nutrition of Higher Plants. 3rd ed. New York: Academic Press, 2012, 135-189.
[49] Duke S H, Reisenauer H M. Sulfur in Agriculture. American Society of Agronomy, 1986.
[50] Zhao F J, McGrath S P, Blake-Kalff M M A, et al. Crop responses to sulphur fertilisation in Europe. International Fertiliser Society, 2002.
[51] McGrath S P , Zhao F J. Sulphur uptake, yield responses and the interactions between nitrogen and sulphur in winter oilseed rape (*Brassica napus*). Journal of Agricultural Science, 1996, 126: 53-62.
[52] Grant C A, Mahli S S ,Karamanos R E. Sulfur management for rapeseed. Field Crops Research, 2012, 128: 119-128.
[53] Zhao F J, Evans E J, Bilsborrow P E, et al. Sulphur uptake and distribution In double and single low varieties of oilseed rape (*Brassica napus* L.). Plant and Soil, 1993, 150: 69-76.
[54] Jones M B. Sulfur in Agriculture. American Society of Agronomy, 1986
[55] Zhao F J, Hawkesford M J, Warrilow A G S, et al. Responses of two wheat varieties to sulphur addition and diagnosis of sulphur deficiency. Plant and Soil, 1996, 181: 317-327.
[56] 孟赐福，曹志洪．中国农业与环境中的硫．北京：科学出版社，2011: 257-270.
[57] Zhao F J, Hawkesford M J , McGrath S P. Sulphur assimilation and effects on yield and quality of wheat. Journal of Cereal Science,

1999, 30: 1-17.
[58] Wrigley C W, Ducros D L, Fullington J G, et al. Changes in polypeptide composition and grain quality due to sulfur deficiency in wheat. Journal of Cereal Science, 1984, 2: 15-24.
[59] Zhao F J, Salmon S E, Withers P J A, et al. Responses of breadmaking quality to sulphur in three wheat varieties. Journal of the Science of Food and Agriculture, 1999, 79: 1865-1874.
[60] Zhao F J, Salmon S E, Withers P J A, et al. Variation in the breadmaking quality and rheological properties of wheat in relation to sulphur nutrition under field conditions. Journal of Cereal Science, 1999, 30: 19-31.
[61] Byers M, Franklin J , Smith S J.The nitrogen and sulphur nutrition of wheat and its effect on the composition and baking quality of the grain. Aspects of Applied Biology, Cereal Quality, 1987, 15: 337-344.
[62] Zhao F J, Fortune S, Barbosa V L, et al. Effects of sulphur on yield and malting quality of barley. Journal of Cereal Science, 2006, 43: 369-377.
[63] Prystupa P, Peton A, Pagano E, et al. Sulphur fertilization of barley crops improves malt extract and fermentability. Journal of Cereal Science, 2019, 85: 228-235.
[64] Omirou M D, Papadopoulou K K, Papastylianou I, et al. Impact of nitrogen and sulfur fertilization on the composition of glucosinolates in relation to sulfur assimilation in different plant organs of broccoli. Journal of Agricultural and Food Chemistry, 2009, 57: 9408-9417.
[65] Zhao F J, Evans E J, Bilsborrow P E, et al. Influence of sulphur and nitrogen on seed yield and quality of low glucosinolate oilseed rape (*Brassica napus* L.). Journal of the Science of Food and Agriculture, 1993, 63: 29-37.
[66] Zhao F J, Evans E J, Bilsborrow P E, et al. Influence of nitrogen and sulphur on the glucosinolate profile of rapeseed (*Brassica napus* L.). Journal of the Science of Food and Agriculture, 1994, 64: 295-304.
[67] Blagrove R J, Gillespie J M, Randall P J. Effect of sulphur supply on the seed globulin composition of *Lupinus angustifolius*. Australian Journal of Plant Physiology, 1976, 3: 173-184.
[68] Tabe L , Higgins T J V. Engineering plant protein composition for improved nutrition. Trends in Plant Science, 1998, 3: 282-286.
[69] Byers M ,Bolton J. Effects of nitrogen and sulphur fertilisers on the yield, N and S content, and amino acid composition of the grain of spring wheat. Journal of the Science of Food and Agriculture, 1979, 30: 251-263.
[70] McGrath S P, Zhao F J , Blake-Kalff M M A. History and outlook for sulphur fertilisers in Europe. International Fertiliser Society, 2002.
[71] Wang T J, Jin L S, Li Z K, et al. A modeling study on acid rain and recommended emission control strategies in China. Atmospheric Environment, 2000, 34: 4467-4477.
[72] Wang T J, Hu Z Y, Xie M, et al. Atmospheric sulfur deposition onto different ecosystems over China. Environmental Geochemistry and Health, 2004, 26: 169-177.
[73] Zheng B, Tong D, Li M, et al. Trends in China's anthropogenic emissions since 2010 as the consequence of clean air actions. Atmospheric Chemistry and Physics, 2018, 18: 14095-14111.
[74] Knights J S, Zhao F J, Spiro B, et al. Long-term effects of land use and fertilizer treatments on sulfur cycling. Journal of Environmental Quality, 2000, 29: 1867-1874.
[75] 孟赐福，曹志洪．硫在生态系统中的循环、转化和平衡 // 中国农业与环境中的硫．北京：科学出版社，2011: 3-22.
[76] 孟赐福，曹志洪．中国土壤中的硫素状况 // 中国农业与环境中的硫．北京：科学出版社，2011: 23-41.
[77] Freney J R , Williams C H. The sulphur cycle in soil //The Global Biogeochemical Sulphur Cycle, SCOPE 19. New Jersey: John Wiley & Sons, 1983, 129-201.
[78] Zhao F J, Wu J, McGrath S P . Humic Substances in Terrestrial Ecosystems. Elsevier, 1996.
[79] Freney J R. Sulfur in Agriculture. Crop Science Society of America, Soil Science Society of America, 1986.
[80] Lehmann J, Solomon D, Zhao F J, et al. Atmospheric SO_2 emissions since the late 1800s change organic sulfur forms in humic substance extracts of soils. Environmental Science & Technology, 2008, 42: 3550-3555.
[81] Zhao F J, Lehmann J, Solomon D, et al. Sulphur speciation and turnover in soils: evidence from sulphur K-edge XANES spectroscopy and isotope dilution studies. Soil Biology & Biochemistry, 2006, 38: 1000-1007.
[82] McGill W B and Cole C V. Comparative aspects of cycling of organic C, N, S and P through soil organic matter. Geoderma, 1981, 26: 267-286.
[83] Ghani A, McLaren R G, Swift R S. Sulphur mineralization in some New Zealand soils. Biology and Fertility of Soils, 1991, 11: 68-74.
[84] Ghani A, McLaren R G, Swift R S. Sulphur mineralization and transformations in soils as influenced by additions of carbon, nitrogen and sulphur. Soil Biology & Biochemistry, 1992, 24: 331-341.
[85] Ghani A, McLaren R G , Swift R S.The incorporation and transformations of S-35 in soil - effects of soil conditioning and glucose or sulfate additions. Soil Biology & Biochemistry, 1993, 25: 327-335.
[86] Knights J S, Zhao F J, McGrath S P, et al. Long-term effects of land use and fertiliser treatments on sulphur transformations in soils from the Broadbalk experiment. Soil Biology & Biochemistry, 2001, 33: 1797-1804.
[87] Vermeiren C, Smolders E, McLaughlin M J, et al. Model-based rationalization of sulphur mineralization in soils using S-35 isotope dilution. Soil Biology & Biochemistry, 2018, 120: 1-11.
[88] Ensminger L E. Some factors affecting the adsorption of sulfate by Alabama soils. Soil Science Society of America Proceedings, 1954, 18: 259-264.
[89] Zhao F, McGrath S P . Extractable sulphate and organic sulphur in soils and their availability to plants. Plant and Soil, 1994, 164: 243-250.
[90] Blair G J, Chinoim N, Lefroy R D B, et al. A soil sulfur test for pastures and crops. Australian Journal of Soil Research, 1991, 29: 619-626.
[91] 孟赐福，曹志洪．植物缺硫诊断 .// 中国农业与环境中的硫．北京：科学出版社，2011: 201-221.
[92] Eriksen J. Soil sulfur cycling in temperate agricultural systems. Advances in Agronomy, 2009, 102: 55-89.
[93] McGrath S P , Zhao F J. A risk assessment of sulfur deficiency in cereals using soil and atmospheric deposition data.Soil Use and

Management, 1995, 11: 110-114.

[94] Chapman S J. Powdered elemental sulphur: Oxidation rate, temperature dependence and modelling. Nutrient Cycling in Agroecosystems, 1997, 47: 19-28.

[95] Germida J J , Janzen H H. Factors affecting the oxidation of elemental sulfur in soils. Fertilizer Research, 1993, 35: 101-114.

[96] Zhou W, Wan M, He P, et al. Oxidation of elemental sulfur in paddy soils as influenced by flooded condition and plant growth in pot experiment. Biology and Fertility of Soils, 2002, 36: 384-389.

[97] Lawrence J R , Germida J J. Relationship between microbial biomass and elemental sulfur oxidation in agricultural soils. Soil Science Society of America Journal, 1988, 52: 672-677.

[98] Blair G J, Lefroy R D B, Dana M, et al. Modeling of sulfur oxidation from elemental sulfur. Plant and Soil, 1993, 156: 379-382.

[99] Degryse F, Ajiboye B, Baird R, et al. Oxidation of elemental sulfur in granular fertilizers depends on the soil-exposed surface area. Soil Science Society of America Journal, 2016, 80: 294-305.

[100] Riley N G, Zhao F J, McGrath S P . Availability of different forms of sulphur fertilisers to wheat and oilseed rape. Plant and Soil, 2000, 222: 139-147.

[101] Goos R J , Fairlie T E.Effect of ammonium thiosulfate and liquid fertilizer droplet size on urea hydrolysis. Soil Science Society of America Journal, 1988, 52: 522-524.

[102] Sullivan D M, Havlin J L. Soil and environmental-effects on urease inhibition by ammonium thiosulfate. Soil Science Society of America Journal, 1992, 56: 950-956.

中国肥料研究与应用全书

Books of Fertilizer Research and Application in China

FERTILIZER

第7章

微量元素营养及其肥料创新

当今，在农业生物学、地学、环境学等学科中微量元素的研究已成为热点之一，不论在深度与广度上都达到前所未有的程度。加之随着作物产量的不断提高，有机肥料在肥料总构成中的比例逐年下降，以及商品性肥料中大量营养元素的浓度与纯度不断加大，微量元素的肥效也越来越明显，如增施微量元素肥料可明显增产、增收与改善产品品质。随着科学技术的发展，农产品中微量元素贫乏或过多对人类和动物的健康、生态环境的影响已逐步为人们所认识和重视。据报道，全球发展中国家有35亿人缺铁，几亿人缺锌。微量元素肥料的施用已不仅仅是农作物生产所必需，还与畜牧业的发展、人类健康和生态环境保护密切相关。

在20世纪50年代，我国老一辈科学家在黑龙江发现大豆白叶，经研究确定由缺钼引起，这是我国微量元素应用研究的起步。20世纪70年代在云南土地平整时，施用钙镁磷肥后发现玉米白苗。此后，在安徽、湖北、北京等地陆续发现水稻稻缩苗，经研究发现是由缺锌所致。与此同时，在湖北浠水发现甘蓝型油菜开花不结实，在湖北新洲发现棉花现蕾不开花。油菜“花而不实”和棉花“蕾而不花”均由缺硼引起[1]。当前，我国农业生产中，随着氮磷钾肥料的大量施用，锌、硼、钼、铁等微量元素缺乏和养分失衡问题日渐突出。同时，部分果蔬基地中微量元素的不合理输入造成的铜和锌等累积也成为威胁土壤和果蔬产品安全的重要因素。中微量元素的不用或滥用正在严重威胁土壤和人体健康，因此，创制绿色智能微量元素肥料产品，实施绿色高效安全利用技术创新已成为国家重大需求和亟待解决的问题。

高等植物必需微量营养元素的发现主要集中在20世纪（表7-1），与分析化学的发展，尤其是化合物的纯化和分析技术的提高密切相关。植物必需的微量营养元素，有时也称微量养分（micronutrient）。与大量元素养分相比，植物体内的微量元素养分含量相对较低（表7-2）。微量元素对维持植物正常生长发育必不可少，缺少其中任何一种，植物的生长发育就会受到抑制，甚至死亡。例如，锌在蛋白质和植物激素（特别是生长素）的合成中发挥作用，锰是植物放氧反应的中心，铜与木质素的合成有关，锌、锰和铜均是多种酶的活化剂，能清除超氧自由基。植物光合和呼吸电子传递链需要铁，铜蛋白也与细胞内电子传递有关，铁和铜既可以是电子受体，也可以是电子供体。钼是固氮酶和硝酸还原酶的金属成分，在氮的代谢中很重要。镍作为脲酶的金属成分也与植物氮的代谢密切相关。硼是细胞壁的主要组成成分，与植物的生殖生长密切相关。而氯在植物渗透调节和气孔运动中发挥作用。表7-2对植物微量元素的吸收形态、吸收方式、含量范围和分布进行了总结。

表7-1　高等植物必需微量营养元素发现时间序列表

营养元素	中文名称	英文名称	发现年份	发现人
Fe	铁	iron	1843	Gris E[2]
Mn	锰	manganese	1922	McHargue J S[3]
B	硼	boron	1923	Warington K[4]
Zn	锌	zinc	1926	Sommer A L 和 Lipman C B [5]
Cu	铜	copper	1931	Lipman C B 和 Mackinney G[6]
Mo	钼	molybdenum	1939	Arnon D I 和 Stout P R[7-8]
Cl	氯	chlorine	1954	Broyer T C 等[9]
Ni	镍	nickel	1987	Brown P H 等[10]

表7-2　植物微量元素的吸收形态，吸收方式、含量范围和分布

元素	吸收形态	吸收方式	含量范围 /（mg/kg）	分布
硼	H_3BO_3/ $B(OH)_4^-$	被动吸收 主动吸收	2 ～ 100	生殖器官＞营养器官
锌	Zn^{2+}	主动吸收	20 ～ 100	营养器官（茎尖、幼嫩叶片）
钼	MoO_4^{2-} /$HMoO_4^-$	主动吸收	0.2 ～ 20	营养器官（根系多）
铁	Fe^{2+}/Fe^{3+}	主动吸收	50 ～ 250	营养器官（叶绿体）
锰	Mn^{2+}	主动吸收	20 ～ 100	营养器官（叶片）
铜	Cu^{2+}	主动吸收 被动吸收	5 ～ 30	前期：叶片 后期：生殖 / 贮藏器官
镍	Ni^{2+}	主动吸收 被动吸收	0.01 ～ 10	地上部、种子
氯	Cl^-	被动吸收	1000 ～ 20000	营养器官

7.1　植物微量元素的营养特性

7.1.1　植物必需微量元素的营养功能及缺乏症状

7.1.1.1　硼营养功能及其缺乏症状

硼是植物生长发育必需的微量元素。植物缺硼时茎尖生长点生长受抑制，严重时枯萎，甚至死亡；老叶叶片变厚变脆、畸形，枝条节间短，出现木栓化现象；根的生长发育明显受影响，根短粗兼有褐色；生殖器官的发育受阻，结实率低，果实小，畸形，种子和果实减产，严重时有可能绝收。此外，植物缺硼不仅影响作物产量，还影响品质。一些作物缺硼会出现特有的症状，如油菜（甘蓝型油菜）“花而不实”，棉花“蕾而不花”，花生“有壳无仁”，小麦（春小麦）“穗而不实（不稔症）”，大豆“花而不荚”。玉米缺硼抑制花粉发育，正常雄蕊不能产生花粉。果树缺硼影响花芽分化，致使结果率低，果肉组织坏死，果实畸形（缩果病）。缺硼时植物积累酚是一个典型的特征。田间长期缺硼情况下容易发生醌的积累，对植物产生毒害，导致组织坏死，如甜菜的“腐心病”、萝卜的“褐腐病”、花椰菜的“褐心病”等都是醌类聚合物积累所引起的[11-12]。

硼参与细胞壁物质的合成。硼与二元醇（diol）和多元醇（polyol），特别是顺式二元醇

结合形成复合物（硼酸酯）。许多糖及其衍生物如糖醇、糖醛酸，以及甘露醇、甘露聚糖和多聚甘露糖醛酸等均属于这类化合物，它们可作为细胞壁果胶的组分。细胞壁中硼主要与鼠李糖半乳糖醛酸聚糖（rhamnogalacturonan II）形成 B-RG-II 复合物（图 7-1）[13]。植物对硼的需求与植物基因型、细胞壁果胶和 RG-II 的含量密切相关。一般而言，禾本科植物细胞壁硼浓度远低于双子叶植物。例如，小麦（禾本科植物）根细胞壁硼浓度（以干重计）为 3 ～ 5μg/g，而向日葵（双子叶植物）（以干重计）则为 30μg/g。缺硼条件下，植物细胞壁增厚，细胞壁占植物总干重的比例增加。硼可能并不直接参与植物细胞壁的合成，但细胞缺硼不能形成具有合适孔径的果胶网络，破坏细胞壁的完整性，一些重要的生理过程受到干扰包括将多聚物整合到细胞壁、将细胞壁修饰酶或蛋白质运输到基质，以及将聚合物从原生质体运输到细胞壁。此外，硼对细胞膜与细胞壁黏附可能具有促进作用。

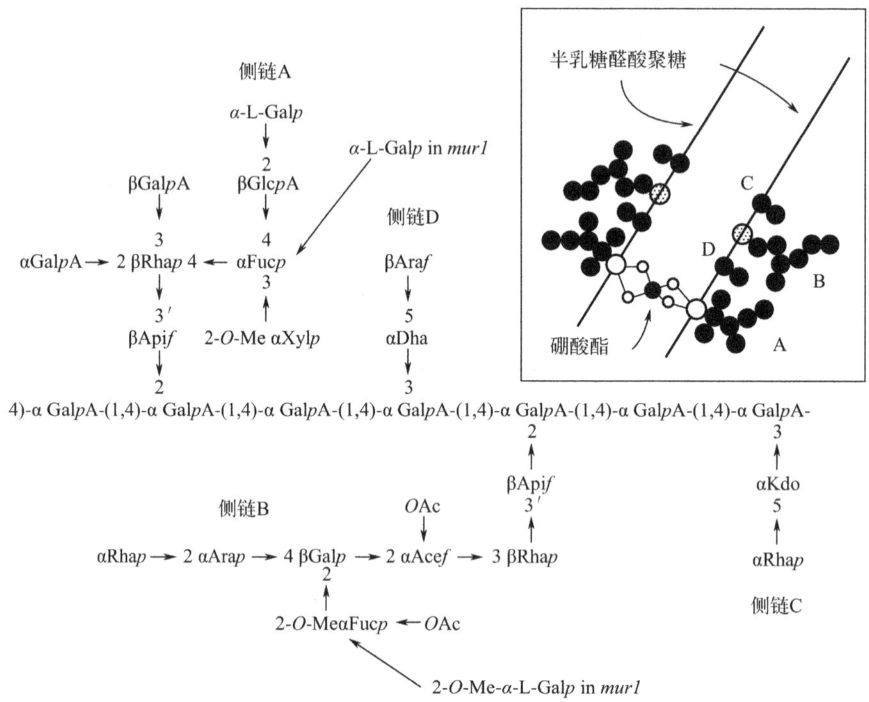

图 7-1　RG-II 的结构 [13]

硼对细胞膜的完整性和功能发挥起着重要作用。缺硼时大豆和玉米根尖磷吸收速率显著降低，但如果提前用硼处理根尖 1 小时，可显著提高根系对磷的吸收，恢复缺硼根系对磷的吸收速率。硼可能通过在细胞壁-细胞膜界面上结合质膜完整性和膜功能性所需的结构因子，如糖蛋白或糖脂来间接地参与调控质膜结合的 H^+-ATPase。缺硼对质膜的其他影响还包括脂质体的膨胀、微粒体的流动性增加以及膜转运过程的破坏。

硼在葡萄糖代谢中具有调控作用。当供硼充足时，葡萄糖主要进入糖酵解途径进行代谢；当供硼不足时，葡萄糖则容易进入磷酸戊糖途径进行代谢，形成酚类物质。供硼充足时，糖在体内运输就顺利；供硼不足时，叶绿体退化，光合作用及光合产物的合成和运输受阻，叶片中淀粉大量积累，使叶片变厚、变脆，甚至畸形。糖运输受阻，造成分生组织中糖分明显不足，致使新生组织难以形成，往往表现为植株顶部生长停滞，出现“多头症”，甚至生长点死亡；主根和侧根的根长受抑制，甚至停止生长，使根系呈短粗丛枝状。植物缺硼首先导致RNA含量减少，随后植物停止生长，这可能是缺硼时根茎生长点停止生长和坏死的直接原因。

硼对生殖器官的建成和发育起着重要作用。植物的生殖器官，尤其是花的柱头和子房中硼的含量很高。生殖器官生长快，细胞壁富含果胶，需硼多。负责果胶中RG-Ⅱ和硼交联的果胶糖醛酸转移酶1基因*NpGUT1*在花药绒毡层、花粉、花粉管尖端和雌蕊组织中均有特异性表达，表明该基因对植物生殖器官的发育和受精是必需的。花粉管的生长和发育充分体现了硼在细胞壁结构和细胞膜完整性中发挥的作用。有硼存在时百合花粉萌发快，使花粉管迅速进入子房，减少花粉中糖的外渗，有利于受精和种子的形成。相反，缺硼时花药和花丝萎缩，妨碍受精，从而影响种子和果实的形成和发育。此外，缺硼影响糖向生殖器官的运输，也会导致落蕾、落花、落果[14]。

豆科作物与根瘤菌互作共生也需要硼。硼可以提高豆科作物根瘤的固氮能力并增加固氮量。硼能保持根瘤细胞壁和细胞膜的结构，为根瘤菌侵染、根瘤细胞的侵入、共生体发育以及类杆菌的成熟创造条件。豆科作物缺硼时，其根部维管束的形成和分化受到影响，碳水化合物的运输也受到阻碍，根瘤菌得不到充分的碳源和能源，固氮作用也受到抑制，根瘤不发达。缺硼严重时甚至丧失固氮能力。硼充足时能改善碳水化合物的运输，为根瘤提供更多的能源物质。

硼还能增强作物的抗逆性如抗寒、抗旱等，这可能是由于硼能够促进碳水化合物的合成和运输，提高原生质的黏滞性，降低原生质的透性，增加胶体结合水的含量。植物缺硼，碳水化合物的代谢受阻，葡萄糖积累，容易吸引蚜虫。此外，硼还促进了细胞壁的合成，调控木质化作用和酚的代谢等植物防御系统，因而能增强植物对一些病虫害的抗性。

植物硼中毒的症状多表现在成熟叶片的尖端和边缘，先失绿黄化，后焦枯坏死，这是由于硼在植物体内的运输明显受蒸腾作用的影响。过多的硼进入细胞核结合染色体，导致DNA双链断裂和复制停滞。当植物幼苗含硼过多时，可通过吐水方式向体外排出部分硼。

7.1.1.2 锌营养功能及其缺乏症状

在植物和其他生物系统中，锌仅以Zn^{2+}形式存在，不参与氧化还原反应。锌非常容易与含氮、氧、硫的配体形成四面体配合物，使得锌在多种酶中具有结构功能，在酶促反应中发挥催化作用，从而影响生物代谢过程。高等植物体内含锌的酶主要有乙醇脱氢酶、碳酸酐酶、铜锌超氧化物歧化酶、碱性磷酸酶、磷酸酯酶、羧肽酶和RNA聚合酶等。含锌酶中锌行使的主要功能为催化反应、作为辅因子或组成成分。在锌起催化作用的酶中，锌具有四个配位基；其中三个与氨基酸结合，最常见的氨基酸为组氨酸（His），其次为谷氨酸（Glu）和天冬氨酸（Asp）。而在锌作为组分的酶中，锌主要与四个半胱氨酸（Cys）的含硫组分结合形成稳定性较高的三级结构。高等植物体内，乙醇主要在分生组织（如根尖）合成，乙醇脱氢酶催化乙醛还原为乙醇。碳酸酐酶主要存在于叶绿体和原生质体中，是催化CO_2水解反应的酶。碳酸酐酶对缺锌比较敏感，其活性下降可以作为判定植物缺锌的指标。碳酸酐酶与光合作用关系密切，对C4植物光合作用的影响远大于C3植物。在C4植物中，碳酸酐酶在CO_2（RuBP羧化酶的底物）和HCO_3^-（PEP羧化酶的底物）之间的转化起着十分重要的作用。铜锌超氧化物歧化酶（Cu/Zn-SOD）能促进超氧化物自由基（O_2^-）的分解，保护有机体不受 O_2^- 的危害。此外，植物体内许多酶都需要锌来活化。例如，液泡膜质子泵的重要组成成分——焦磷酸酶（PPi 酶）包含由 Mg^{2+} 和 Zn^{2+} 活化的两个同工酶。水稻叶片中 Mg^{2+}-PPi 酶和 Zn^{2+}-PPi 酶的活性比例为 3∶1[11]。

锌对 DNA 复制、RNA 转录和基因的表达调控都具有十分重要的作用。锌是一些转录调节蛋白的重要结构基元（structural motif），简称蛋白元，如锌指结构（Zn finger）、锌簇（Zn cluster）和环指结构（ring finger）的组成成分。对转录因子而言，锌是形成这些蛋白元的必需元素。锌还是蛋白质合成中多种酶的组分，如 RNA 聚合酶、谷氨酸脱氢酶等。缺锌植物中，RNA 转录和运输受阻，并且 RNA 酶活性提高，造成氨基酸含量较高而蛋白质含量较低。在微量元素中，锌是影响蛋白质合成最突出的元素[11]。

锌对碳水化合物的代谢十分重要。许多参与碳水化合物代谢的酶都需要锌的存在才能正常催化相应的反应。碳酸酐酶可催化植物光合作用过程中 CO_2 的水合作用，而锌是碳酸酐酶专性活化离子。锌也是醛缩酶的激活剂，而醛缩酶则是光合作用碳代谢过程中的关键酶之一。在缺锌的植物叶片，1,6-二磷酸果糖磷酸酶活性下降较大，造成糖和淀粉等碳水化合物的累积。缺锌造成碳水化合物累积的程度还随着光强度的增加而提高[11,15]。

锌参与色氨酸和吲哚乙酸的合成。锌能促进吲哚和丝氨酸合成色氨酸，而色氨酸是合成生长素（IAA）的前体物质（图 7-2）。缺锌 IAA 浓度低可能是因为 IAA 的合成受到抑制，或者 IAA 的降解加快。缺锌植物叶片，由于蛋白质合成受阻，色氨酸和其他氨基酸浓度增加。因此，缺锌植物叶片 IAA 浓度较低表明锌可能影响色氨酸合成 IAA，但更可能是缺锌诱导 IAA 氧化酶活性提高导致。此外，充足的锌能提高体内赤霉素（GA）的浓度。缺锌时，玉米和水稻矮缩病（节间缩短）、果树小叶病和簇叶病可能与 IAA 和 GA 的降低有关[11]。

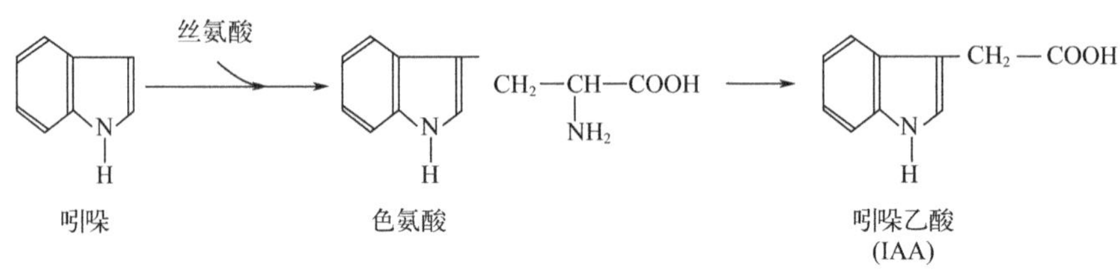

图 7-2　吲哚乙酸的合成示意图

此外，锌对生殖器官发育和受精作用都有影响；锌还可提高植物的抗旱性、抗热性、抗低温和抗霜冻的能力。

植物缺锌时植株矮小、节间缩短、叶片扩展和伸长受抑制，出现小叶，叶缘常呈扭曲和褶皱状。中脉附近首先失绿，并出现褐斑，组织坏死。一般症状先在新生组织出现，新叶失绿呈灰绿或黄白色。生长发育推迟，果实小，根系生长差。水稻缺锌出现“矮缩病”，玉米出现“白苗病”“白芽病”或结实不饱满，小麦缺锌出现“死穗病”，大豆和果树出现“小叶病”。一般认为植物锌浓度＞400μg/g 时，就会出现锌的毒害。锌中毒时新叶失绿发黄，甚至呈灰白色，发皱卷曲，继而产生褐斑[12]。

7.1.1.3　钼营养功能及其缺乏症状

到目前为止，植物中的含钼酶共有 5 种，分别为硝酸还原酶、醛氧化酶、亚硫酸盐氧化酶、黄嘌呤脱氢酶和线粒体氨肟还原酶。钼在植物体内的生理功能主要是通过含钼酶实现的，如调控碳氮硫代谢、嘌呤代谢和植物激素脱落酸、生长素的合成和信号分子一氧化氮的合成等生理过程。缺钼表现出典型的缺钼症状“鞭尾症”可能与含钼酶不能发挥功能有关，如缺钼引起植物生长激素脱落酸和生长素的合成受阻。此外，钼作为根瘤菌中固氮酶的组分参与调控豆科植物的根瘤固氮 [13]。

钼在钼酶中并不是直接发挥作用的，钼只有和蛋白质或者蝶呤结合形成钼辅因子才能产生生物活性。一旦形成辅基，钼辅因子就成了钼酶的活性中心，钼的化合价态有 +4、+5 和 +6 价，因此能够转移电子，参与氧化还原反应。自然界中存在 2 种钼辅因子：以铁硫簇为基础的铁钼辅因子（FeMoco）和以钼蝶呤为基础的钼辅因子（MPT/Moco）[16]。

以铁硫簇为基础的铁钼辅因子（FeMoco）存在于根瘤菌中的固氮酶中。固氮酶是由钼铁蛋白和铁蛋白两个组分构成的，其中钼铁蛋白包含两个独立的金属中心，P 簇（P cluster，8Fe7S）和铁钼辅因子（FeMoco，Mo-7Fe-9S-X-homocitrate cluster，这里 X 可以是 C、O 或 N）（图 7-3）。缺钼时固氮酶不能合成，根瘤形成减少，影响结瘤固氮，植株体内氮含量降低（图 7-4）[16]。在根瘤中含钼量最高，例如豌豆根瘤中钼的含量为叶的 10 倍。因此，一般豆科植物需钼量较多 [17]。

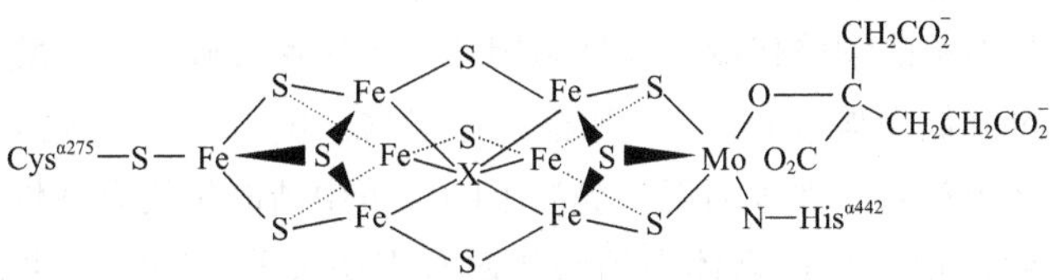

图 7-3　固氮酶中钼铁蛋白和铁蛋白

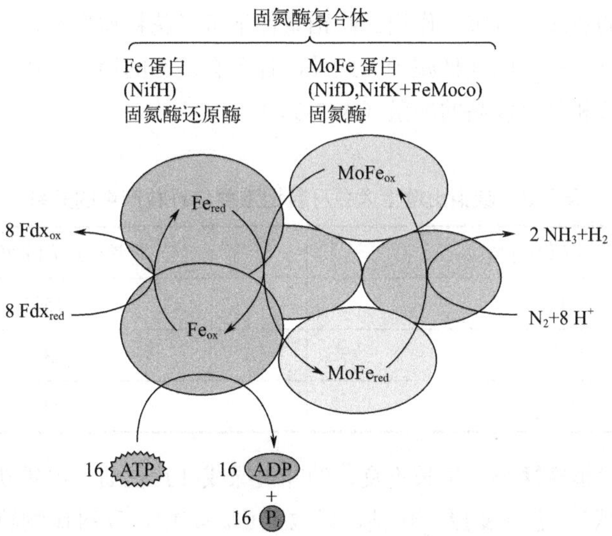

图 7-4　固氮酶反应过程中还原能和底物的流向 [16]

钼增强植物的光合作用。钼是维持叶绿体结构必不可少的，缺钼使冬小麦叶绿素含量明显减少，结构异常，基粒发育不良，导致叶片黄化，光合强度降低；钼促进光合膜脂单半乳糖甘油二酯和双半乳糖甘油二酯的合成，维持叶绿体类囊体光合膜脂的稳定，促进光合作用；钼增加植物光系统 I 和 II 蛋白质表达来影响植物光合作用[12]。

钼促进氮固定、同化和蛋白合成。施钼通过影响固氮酶的活性促进大豆结瘤和根瘤固氮。硝酸还原酶是氮素同化过程中的限速酶，钼促进无机态氮（NO_3^--N）向有机态氮（蛋白质）的转化。以 NO_3^--N 为氮源的植物，在不提供钼的条件下生长较差，氨基酸、蛋白质、抗坏血酸等物质含量较低。生产实践证明，植株缺钼时 NO_3^--N 因不能被同化而积累，可能会出现硝酸盐中毒的现象，其中柑橘缺钼的“黄斑症”就是由于硝酸盐同化受阻引起的[15]。

钼促进植物激素的合成。含钼酶中醛氧化酶催化脱落醛向脱落酸以及吲哚乙醛向吲哚乙酸的转化，在脱落酸间接合成途径中，C_{40} 类胡萝卜素裂解也需要黄嘌呤脱氢酶。缺钼将会影响两种含钼酶的活性，降低脱落酸和生长素的合成，不利于植物的生长和抗逆能力的形成。

钼增强植物的抗逆能力。施钼能够增强植物的干旱、低温和抗盐胁迫的能力。施钼通过醛氧化酶和硝酸还原酶促进信号分子脱落酸和一氧化氮的合成，进而调控植物的抗氧化耐性、水分利用能力、抗性基因的表达和根系的生长等过程。如缺钼使硝酸还原酶的活性降低导致一氧化氮的合成受阻，冬小麦的根系生长尤其是侧根的发育受到抑制，降低冬小麦的根系吸水；缺钼抑制醛氧化酶的活性导致脱落酸的合成受阻，冬小麦叶片气孔打开，增加植物的蒸腾失水，降低水分的利用效率。

钼活化土壤磷及影响植物磷代谢。长期施钼增加土壤速效磷、正磷酸盐、磷酸单脂和总磷的含量，可能通过降低土壤 pH 值、增加根系分泌物含量、改变根际微生物的结构及多样性、增强土壤磷转化相关酶活性等因素来提高根际土壤中磷的生物有效性，且对豆科作物的影响大于禾本科作物。钼还与植物体中的磷代谢有密切关系，钼对能水解磷酸酯的磷酸酶有抑制作用，有利于体内无机磷向有机磷转化。缺钼时磷酸酶活性提高，致使磷脂、RNA、DNA 等水解而含量下降。

钼对生殖器官的建成具有重要作用。缺钼条件下玉米花粉粒变小，花粉活性下降，开花数减少。缺钼条件下冬小麦的抽穗减少。此外，种子有足够的钼，可以保证生长在缺钼土壤上的幼苗能正常生长和具有较高的产量（表 7-3）[12]。

表7-3　缺钼土壤上大豆籽粒钼浓度与籽粒产量的关系

籽粒钼浓度 /（mg/kg）	籽粒产量 /（kg/hm^2）
0.05	1505
19.0	2332
48.4	2755

植物缺钼时通常植株矮小，生长不良，幼叶失绿或叶片扭曲；严重缺钼时叶缘萎蔫，有时叶片扭曲呈“杯状”；老叶变厚、焦枯，以致死亡。其中，豆科作物缺钼时叶色褪淡，症状与缺氮相似，但严重缺钼的叶片，叶缘出现坏死组织，变厚发皱，向上卷曲呈“杯状”，

且症状最先出现在老叶或茎中部的叶片，逐渐向新叶扩展，根瘤发育不良；花椰菜、苤蓝等十字花科植物缺钼时新叶中端叶柄基部的叶肉组织退化，前端局部保持正常生长，整个叶片扭曲形成鞭尾状叶（鞭尾病），叶缘发褐焦枯，生长点枯死。柑橘缺钼时叶片叶脉间失绿变黄或出现大小不一的黄色和橙黄色斑点（黄斑病）；叶缘卷曲，萎蔫而枯死，症状由老叶向嫩叶扩展，严重时植物死亡。甘蓝和菠菜严重缺钼形成“杯状叶”，小麦缺钼则会“黄化死苗”[12]。

一般大田作物钼中毒的现象较少，大豆含钼 300mg/kg 时还看不出毒害症状，小麦在 1000mg/kg 的施钼量也未出现明显的中毒症状，但马铃薯、番茄等茄科作物对钼毒较为敏感。钼的毒害往往表现为叶片黄化或花青素含量增加、地上部生长受到抑制。对于牧草，要注意钼过多对家畜的危害，如牛等反刍动物如果吃了钼含量超过 15mg/kg 的牧草便会中毒。

7.1.1.4　铁营养功能及其缺乏症状

铁是植物体内氧化还原系统的组成成分。血红素蛋白是含有以血红素铁卟啉复合体为辅基的细胞色素。血红素蛋白是叶绿体和线粒体内氧化还原系统的组分，也是硝酸还原酶中氧化还原链的组成成分。其他类型的血红素蛋白酶有过氧化氢酶和过氧化物酶。在缺铁植物根系中，过氧化物酶的活性显著下降，会造成酚类物质在植物根表皮细胞中累积。与供铁植物的根系相比，缺铁植物根系向外分泌酚类物质的速率较高，有些酚类化合物如咖啡酸，在螯合和还原无机 Fe^{3+} 方面非常有效。在非血红素蛋白质中，铁和半胱氨酸的硫醇基或无机硫或两者相结合，形成铁硫蛋白。铁氧还蛋白是一种重要的铁硫蛋白，是许多基本代谢过程中的电子传递体（图 7-5）[11]。超氧化物歧化酶（SOD）中有一些同工酶也是铁硫蛋白，这些同工酶中所含有的铁作为辅基中的金属离子（Fe-SOD）。乌头酸酶是三羧酸循环中催化柠檬酸转换为异柠檬酸的一个铁硫蛋白。铁作为辅基金属组分，在保持该酶的稳定性和活性上是必需的，也负责底物（柠檬酸与异柠檬酸）的空间定位，这一反应并不涉及化合价的变化。在缺铁植物体内，乌头酸酶的活性很低，三羧酸循环的正常进行受到影响，有机酸特别是柠檬酸和苹果酸的合成增加。

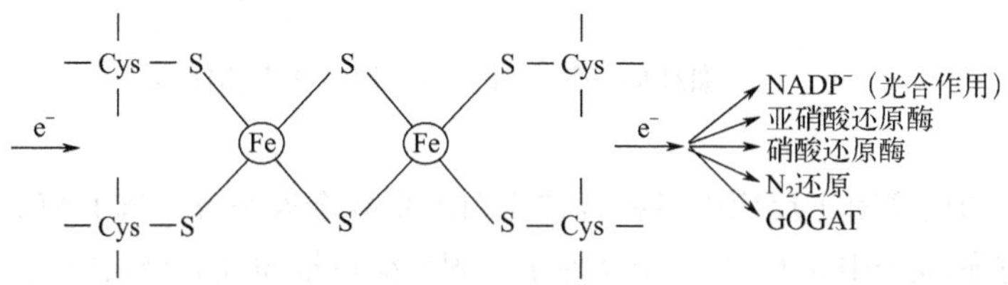

图 7-5　铁氧还蛋白传递电子的示意图

铁是一些与呼吸作用有关的酶的成分，参与植物细胞的呼吸作用，如细胞色素氧化酶、过氧化氢酶、过氧化物酶等都含有铁。铁常处于酶结构的活性部位上，当植物缺铁时，这些酶的活性都会受到影响，并进一步使植物体内的一系列氧化还原作用减弱，电子不能正常传递，呼吸作用受阻，ATP 合成减弱，导致植物生长发育及产量受到明显影响。铁也是磷酸蔗糖合成酶最好的活化剂。植物缺铁会导致体内蔗糖合成减少。

叶绿体发育和光合作用需要铁。幼叶黄化（叶绿素含量降低）是植物缺铁最常见的症状。叶绿素含量的下降是多种因素共同作用的结果，但最直接的原因是由于铁在叶绿素合成中的重要作用（图 7-6）[11]。叶绿素和血红素蛋白合成的共同前体是 δ-氨基乙酰丙酸（ALA），而 ALA 的合成速率受铁控制。铁也是镁-原卟啉合成亚铁原卟啉所必需的。向缺铁叶片组织供给 ALA，能使镁-原卟啉含量增加，但与供铁充足的叶片组织相比，亚铁原卟啉和叶绿素的含量仍维持较低水平。类卟啉原氧化酶也是一种铁蛋白。通常来说，缺铁时叶绿体超微结构发生明显变化，主要表现为：叶绿体类囊体数量减少、基粒片层和淀粉粒的数量降低、叶绿体面积减小等。在叶绿体类囊体膜上，每单位 PS Ⅱ 和 PS Ⅰ 有大约 20 个铁原子直接参与了电子传递链。类囊体膜维持结构和功能的完整性对铁的需求高，铁氧还蛋白及叶绿素的生物合成增加了对铁的需求，因此叶绿体特别是类囊体对缺铁高度敏感。无论铁的营养状况如何，快速生长的叶片中约有 80% 的铁都位于叶绿体中。缺铁时，在叶绿体中出现了铁分布的变化，即降低基质中铁的含量而提高片层中铁的含量。

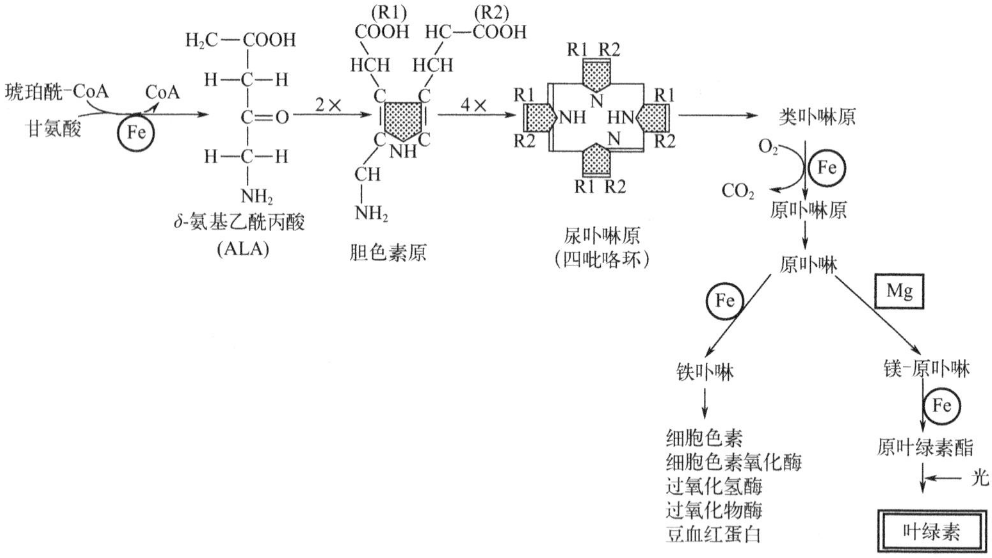

图 7-6　铁在血红素辅酶和叶绿素生物合成中的作用 [11]

铁是豆科作物根瘤固氮反应中多种含铁蛋白的重要金属组分。固氮酶的铁蛋白和钼铁蛋白中 Fe-S 原子簇成分中含有 30 多个铁原子，固氮酶占根瘤细胞全蛋白质的 10% ～ 12%，铁氧还蛋白是固氮酶主要的电子供体。铁也是豆血红蛋白合成的必需元素，豆血红蛋白占侵染植物可溶性蛋白的 25% ～ 30%。共生固氮体系对铁的相对需求程度高于豆科植物自身生长发育的需铁量。铁也与根瘤固氮功能密切相关，固氮酶合成有关基因受细胞原生质中铁浓度的调控，因此，铁对固氮酶活性影响很大。

缺铁会导致叶绿素的合成受阻，典型的可见症状是幼叶脉间失绿，而叶脉仍保持绿色，严重缺乏时叶片变黄变白，如不及时纠正会导致叶片黄化死亡。只有在极端情况下，缺铁才能抑制叶片发育，使其变卷、变小、簇生，甚至死亡。

植物铁中毒一般只会发生在通气不良的土壤上，土壤氧化还原电位较低时，高价铁离子被还原成易吸收的低价铁离子，土壤中铁离子浓度大大增加，容易发生吸铁过多，产生铁中毒症状，其中毒症状因植物种类而异。亚麻表现为叶片为暗绿色，地上部及根系生长受阻，根变粗并且组织中大量积累无机磷酸盐；烟草叶片脆弱，呈暗褐色至紫色，品质差；水稻下部老叶叶尖、叶缘脉间出现褐斑，叶色深暗，称为“青铜病”。

7.1.1.5 锰营养功能及其缺乏症状

锰是许多酶的组分和催化成分。目前了解得比较清楚的含锰酶类为光系统Ⅱ（PS Ⅱ）中的锰蛋白和含锰的超氧化物歧化酶（Mn-SOD)。光系统Ⅱ（PS Ⅱ）中的锰蛋白是33kDa的多肽蛋白，与裂解水分子有关。Mn-SOD能够稳定叶绿素及保护光合系统免遭活性氧毒害。Mn-SOD主要存在于厌氧组织中，能清除氧自由基（O_2^-）。在清除氧自由基的整个反应中，还需要过氧化物酶或过氧化氢酶将 H_2O_2 转化为 H_2O 和 O_2[11,15-16]。

锰是多种酶的活化剂。锰活化磷酸激酶和磷酸化酶的作用与 Mg^{2+} 类似，能作为酶与ATP的桥梁，如锰活化己糖激酶等。在三羧酸循环中，Mn^{2+} 可以活化许多脱氢酶，如柠檬酸脱氢酶、草酰乙酸脱氢酶、α-酮戊二酸脱氢酶、苹果酸脱氢酶和柠檬酸合成酶（缩合酶）。锰作为羟胺还原酶的组分，参与硝态氮的还原过程。锰是RNA聚合酶、DNA聚合酶、二肽酶、精氨酸酶等的活化剂。锰还能在吲哚乙酸（IAA）氧化反应中提高吲哚乙酸氧化酶的活性。缺锰时番茄离体主根伸长受到抑制，侧根生长完全停止。

锰参与光合作用。缺锰的叶绿体基粒不能形成片层，说明锰是维持叶绿体结构所必需的。在光合作用的光反应中，光系统II反应中心叶绿素被激发，发射出2个电子后，将电子转移给质醌；叶绿素本身同时变为氧化型，需要获得电子来补充，但叶绿素不能从水中获得电子，需要含锰蛋白把水氧化分解成质子和氧，释放出电子，并通过电子传递体将电子传给叶绿素。电子传递体y1和y2将电子传给反应中心叶绿素后，分别变为氧化型 $y1^+$ 和 $y2^+$，进而再从锰蛋白夺取电子。要把水氧化分解需要一个较强的氧化势，而 Mn^{2+}、Mn^{3+} 系统的氧化还原电位可高达1500mV，因而有较强的氧化能力（图7-7）。在光合作用中，缺锰时光还原过程不受影响，但放氧则明显受阻，证明锰参与光系统II放氧和电子传递反应。在这个水裂解系统中，4个锰离子组合成簇，起着贮存和传递电子的功能（图7-7）[11]。

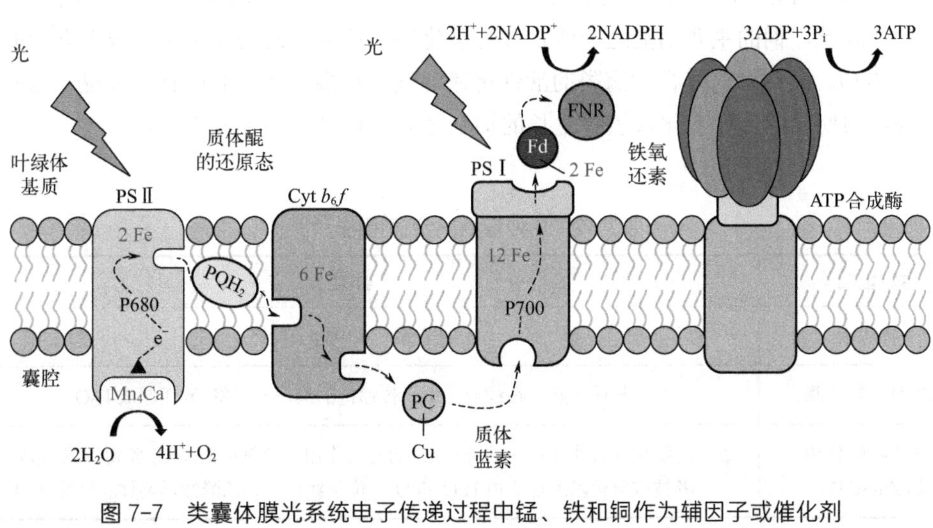

图7-7 类囊体膜光系统电子传递过程中锰、铁和铜作为辅因子或催化剂

锰参与蛋白质、脂类和木质素的合成。虽然锰能激活 RNA 聚合酶，但缺锰植株蛋白质的合成并没有明显降低。缺锰植株根系受到抑制可能主要是因为碳水化合物浓度显著降低造成的。锰能影响种子中脂类的组成和浓度。在缺锰大豆植株中（叶片 Mn ＜ 20mg/kg 干重），叶片锰浓度、种子产量和含油量呈显著正相关。随着叶片锰浓度降低，大豆种子油酸浓度降低，亚油酸浓度增加。种子缺锰含油量降低可能是因为锰直接参与脂肪酸的合成，或者是缺锰光合作用速率降低，导致脂肪酸的合成生物碳骨架减少，或者两者都是。木质素在植物体内广泛存在，是植物抗真菌感染的重要物质。锰通过激活过氧化物酶参与肉桂醇聚合形成木质素。缺锰植物，尤其是根中木质素含量显著降低，对真菌的抗性显著降低[15-16]。

植物体内锰的变价（Mn^{2+}、Mn^{3+}、Mn^{4+}）对植物体内氧化还原起着重要的作用。当锰呈 Mn^{4+} 时，它可以使植物体内 Fe^{2+} 氧化为 Fe^{3+} 或抑制 Fe^{3+} 还原为 Fe^{2+}，减少植物体内有效铁的含量，所以植物如吸锰过多就容易引起缺铁失绿症。作物体内要求有一定的锰 / 铁浓度，小麦和大豆适宜的锰 / 铁浓度比分别为 1/2.5 和 1/1.5 ～ 1/3.5[12]。

作物缺锰幼嫩叶片首先失绿发黄，但叶脉仍保持绿色；严重缺锰，叶面出现杂色斑点，并逐步扩大增多散布于整个叶片。缺锰的植株瘦小，花发育不良，根系细弱。缺锰植株往往有硝酸盐累积。禾本科植物燕麦对缺锰最敏感，缺锰时出现灰斑病。豌豆缺锰会出现“杂斑病”。豇豆和大豆对高锰敏感。向日葵忍耐高锰的机制在于它能够通过叶毛固持锰，而白羽扇豆主要通过液泡固持锰[12]。

植物锰中毒的临界范围较广，并随植物种类和环境条件的变化而变化。植物锰浓度超过 600mg/kg 时，就可能发生毒害作用。植物锰毒害症状主要表现为老叶边缘和叶尖出现许多棕褐色焦枯的小斑，并逐渐扩大。虽然这些褐斑内含有氧化态的锰，但其褐色是来自氧化态的多酚类化合物而不是氧化态的锰。锰中毒会诱发棉花和菜豆发生缺钙（皱叶病）。锰过多也易出现缺铁症状[12]。

7.1.1.6 铜营养功能及其缺乏症状

与铁、锰一样，铜在生物体内存在不同的化合价态（Cu^{2+} 和 Cu^{+}），并在不同化合价态之间转化。因此，铜的主要功能之一就是参与氧化还原反应。植物体中含有很多含铜的蛋白或酶（表 7-4）。缺铜时这些含铜酶类的活性迅速降低，在多数（并非所有）情况下这些铜酶活性的降低与明显的代谢变化或植物生长的抑制之间有直接关系（表 7-5）。

表7-4 几种重要的含铜蛋白[17-18]

含铜蛋白	功 能
质体蓝素	光合系统 I 中电子传递
细胞色素氧化酶	与铁一起，在线粒体电子传递链的最后一步将 O_2 还原成 H_2O
超氧化物歧化酶（CuZn-SOD）	参与解除由光合作用产生的分子 O_2^- 的毒害作用。超氧自由基 O_2^- 脱毒形成 H_2O_2，后者被过氧化氢酶还原成 H_2O 和 O_2。位于线粒体、乙醛酸循环体和叶绿体内

续表

含铜蛋白	功 能
抗坏血酸氧化酶	抗坏血酸氧化。存在于细胞壁和原生质中，对植物体内铜的养分状况特别敏感，可作为缺铜的指示指标
多酚氧化酶	在线粒体和类囊体膜上氧化酚类，具体为①羟化单酚为双酚，②氧化双酚为 *o*-苯醌
二胺氧化酶	腐胺和尸胺的氧化脱氨基作用。主要存在于表皮细胞的质外体和成熟组织的木质部中，作为过氧化物酶在木质化和木栓化过程中 H_2O_2 的传递系统

表7-5 铜对豌豆叶绿体内各组分和含铜酶活性的影响[18]

Cu 浓度（以干重计）/（μg/g）	叶绿素浓度（以干重计）/(μmol/g)	质体蓝素浓度（以叶绿素计）/(nmol/μmol)	光合电子的传递（PS Ⅰ相对值）/%	酶活性（以蛋白质计）		
				二胺氧化酶/[μmol/(g·h)]	抗坏血酸氧化酶/[μmol/(g·h)]	CuZuSOD/(EU/mg)
6.9	4.9	2.4	100	0.86	730	22.9
3.8	3.9	1.1	54	0.43	470	13.5
2.2	4.4	0.3	19	0.24	220	3.6

注：EU 为酶单位。

铜参与光合作用。在叶细胞的叶绿体和线粒体中都含有铜，约有 50% 的铜结合在叶绿体中。铜在叶绿体中和蛋白质结合起到稳定叶绿素的作用。此外，铜构成铜蛋白参与光合作用。现已知含铜蛋白质有三种：质体蓝素、非蓝色蛋白质、多铜蛋白质。在光系统Ⅰ中，质体蓝素可通过铜化合价的变化传递电子；光合系统Ⅱ中质体醌的生成也需要铜（图 7-7）。

铜和植物体内氮素代谢有关。铜是亚硝酸还原酶的活化剂，促进硝酸盐的同化作用。铜对植株内氨基酸的组成有一定影响。番茄缺铜时，植株体内天冬氨酸、谷氨酸、天冬酰胺、丙氨酸、脯氨酸较多，而组氨酸、赖氨酸、苯丙氨酸较少，因而影响蛋白质的合成。铜参与豆血红蛋白的合成，影响固氮作用。

铜是细胞壁的必需组分之一，在细胞壁中 Cu^{2+} 主要与富含精氨酸的糖蛋白和多糖，如木葡聚糖（xyloglucan）和果胶（pectin）形成复合物。细胞壁上的 Cu^{2+} 可通过其还原态（Cu^{+}）参与芬顿反应，产生—OH 自由基。—OH 自由基能够直接引起细胞壁多聚体分裂，从而导致细胞壁松弛。缺铜时细胞壁干重比例下降、α-纤维素含量增加而木质素含量降低。细胞壁木质化受阻是高等植物缺铜最典型的解剖学变化。缺铜时，苯丙氨酸解氨酶、吲哚乙酸氧化酶、多酚氧化酶等含铜酶的活性降低，使木质素的合成受阻。细胞壁木质化受阻会导致幼叶畸形和茎弯曲[15]。

缺铜明显影响禾本科作物的生殖生长（表 7-6）。缺铜时麦类作物的分蘖数增加，秸秆产量高，但却不能结实。小麦孕穗期对缺铜敏感，表现为花药形成受阻而且花药和花粉发育不良，生活力差。施铜肥后，籽粒产量有明显增高[15]。

表7-6　缺铜对小麦花药和花粉发育的影响

供铜水平 /（mg/L）	花药长度 /mm	花粉粒数 /（个/花药）	花粉直径 /μm	花粉萌发率 /%
0.065	3.5	2017	52.4	53.0
0.013	2.1	2076	45.9	7.1

铜有抗真菌病害的作用。水稻组织铜含量高，能增强植株对白叶枯病等的抗性；油菜组织铜含量高，能增强植株对菌核病的抗性。铜制剂农药对常见的真菌性和细菌性病害具有良好的防治作用，主要有氢氧化铜、氧化亚铜、硫酸铜以及一些含铜的有机物等。

不同作物对缺铜的敏感性不同，作物对缺铜的敏感性还受植物器官、发育时期和氮素供应状况的影响。大多数作物的叶片铜浓度（以干重计）低于 2 ～ 5mg/kg 时就会出现产生缺乏症状。缺铜时植物生长僵化、新叶畸形、顶尖分生组织坏死、幼叶褪色。禾本科作物缺铜时，植株丛生，顶端逐渐发白，通常从叶尖开始，严重时不抽穗，或穗萎缩变形，结实率降低，或籽粒不饱满，甚至不结实。果树缺铜，顶梢上的叶片呈叶簇状，叶和果实均褪色。严重时顶梢枯死，并逐渐向下扩展。一些作物的花会褪色。对缺铜反应较敏感的作物有燕麦、大麦、小麦、苜蓿、洋葱、莴苣、菠菜、番茄等。燕麦和小麦是判断土壤是否缺铜的理想指示作物。

对大部分作物而言，叶片铜浓度（以干重计）超过 20 ～ 30mg/kg 则表现为铜中毒 [19]。铜过多可能导致缺铁，表现出新叶失绿，老叶坏死，叶柄和叶的背面出现紫红色；主根的伸长受阻，侧根变短、根毛较少等症状。铜过量还会导致抗氧化系统失衡、活性氧大量产生、脂质过氧化严重、光合能力下降、根色变褐、养分和水吸收能力下降等。玉米、菜豆和苜蓿等较易受到铜过量的毒害。

7.1.1.7　镍营养功能及其缺乏症状

镍是许多酶保持活性的辅因子。在这些酶中，镍与氧或氮（如脲酶）及硫（如脱氢酶）以共价键的形式存在。在高等植物中了解得比较清楚的酶是从菜豆分离出来的脲酶。此脲酶的分子质量为 590kDa，由 6 个亚基组成，每个亚基含 2 个镍原子。在水解反应中，其中一个 Ni-O 键可由水分子代替（图 7-8）[11]。

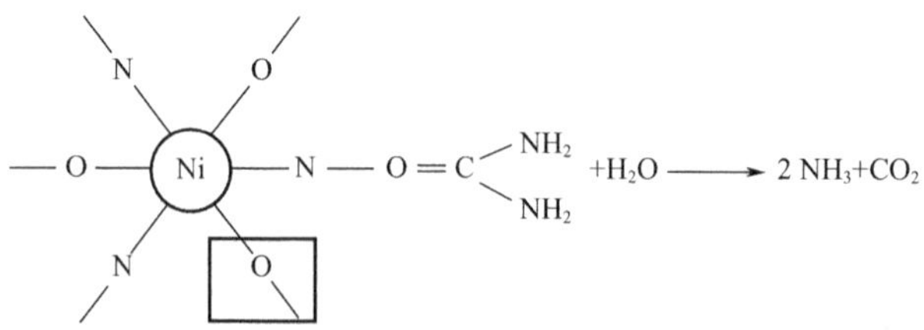

图 7-8　脲酶中镍及尿素的水解反应

由于镍是脲酶的组成成分，因此镍在高等植物，特别是豆科结瘤植物的氮代谢过程中起着十分重要的作用。在只以尿素为氮源情况下，不供镍的植物不仅对尿素的利用能力降低，而且会导致尿素中毒。叶面喷施尿素，如果浓度控制不好，也容易造成尿素中毒。以大豆叶面喷施尿素为例，植物尿素中毒的程度与镍营养有关（表7-7）。不供镍的大豆叶片脲酶活性低、尿素累积并导致叶尖严重坏死；而供镍处理下，脲酶活性增加、尿素含量降低，尿素中毒症状减轻。

表7-7　营养液中镍的供应状况对大豆叶面喷施尿素效果的影响[20]

镍供应量 /（μg/L）	叶面喷施量（以尿素计）/（mg/叶）	叶尖坏死的百分数（以干重计）/%	尿素浓度（以干重计）/（μg/g）	脲酶活性（NH_3/干重）[μmol/(h·g)]
0	0	＜0.1	64	2.2
	3	5.2	1 038	2.7
	6	13.6	6 099	2.4
100	0	0	0	11.8
	3	2.0	299	11.3
	6	3.5	1 583	9.6

此外，供镍不够时，种子萌发率显著降低，植株镍的浓度显著降低，种子产量下降。

由于植物正常生长需要的镍很少。迄今为止，仅在美国东南部阳离子交换量低灌溉差的砂土上生长的美洲山核桃树［*Carya illinoiensis* (Wangenh.) K. Koch］发现镍缺乏症状，表现为叶片如老鼠耳朵（鼠耳叶）[11]。油菜、番茄、大豆、南瓜生长的营养液如果以尿素做氮源，不添加镍，植株生长受阻，老叶变黄，表现为缺氮症状。豇豆幼苗营养液培养不添加无机氮源，缺镍处理时叶尖黄化、坏死，也表现为缺氮症状。在石灰性土壤进行的盆栽试验表明，在以尿素为氮源的情况下，镍能够明显地促进植物生长，并且地上部镍浓度（以干重计）可以上升至15～22μg/g。

目前，作物镍中毒的研究较多。不同作物对镍中毒的范围也有所不同。对镍敏感的作物，其临界值（以干重计）为＞10μg/g；中等敏感的作物，其临界值（以干重计）为＞50μg/g；某些耐镍的作物（如小麦），在施用尿素的条件下，镍中毒的临界范围（以干重计）可在63～112μg/g。镍中毒的症状主要表现为根部生长严重受阻。施用含镍量较高的污泥容易造成镍中毒。

7.1.1.8　氯营养功能及其缺乏症状

氯作为锰的辅助因子参与水的光解反应，氯的作用位点在光系统Ⅱ。在这个系统中，氯可作为锰和钙原子连接物、调节 Mn_4O_xCa 簇氧化还原电位、维持氢键网络、活化基质中的水，使光系统Ⅱ的肽免于解离，从而稳定光系统Ⅱ[21]。

氯参与植物体内酶的活性。如 Cl^- 激活 H^+-泵V型ATP酶，把原生质中的 H^+ 转运到液泡内，有助于维持微碱性胞质溶胶（pH值7.2～7.5）和酸性液泡（pH值5.0～5.5）之间的pH值梯度，从而在液泡膜上形成正膜电位，以利于阴离子的进入。缺氯时，植物根的伸长严重受阻，这可能和氯的上述功能有关。因为缺氯时，影响活性溶质渗入液泡内，从而使根的伸长受到抑制。原生质膜上的质子泵是受一价阳离子，尤其是 K^+ 激活的。与原生质膜上的质子泵不同的是，内膜上的质子泵是受阴离子激活的。氯对液泡膜上质子泵的激活作用最大，溴次之，硝酸根离子只有轻微的激活作用，而硫酸根离子则对液泡膜上的质子泵有抑制作用。*AtCLC-d* 与 V 型 ATP 酶功能具有密切的联系。*atclc-d* 突变体根的生长和细胞伸长受到抑制，该表型与 H^+-ATP 酶功能 RNAi 干涉植株表型一致。缺氯植株根的伸长受到严重抑制可能与氯激发的 V 型 ATP 酶介导的区隔酸化和生长有关。另外，Cl^- 作为变构激活剂，激活利用谷氨酰胺为底物的天冬酰胺合成酶，促进天冬酰胺和谷氨酸的合成，表明氯在氮素代谢过程中有重要作用，Cl^- 加速并稳定 α-淀粉酶的活性，从而促进马铃薯淀粉含量的增加[11]。

氯在植物气孔开闭过程中起着非常重要的作用。光、CO_2、植物激素以及 Ca^{2+}、K^+ 影响气孔的开闭，苹果酸根离子和 $C1^-$ 作为伴随离子同时进出保卫细胞，氯通过 *AtALMT9* 调节气孔孔径，激活苹果酸，苹果酸与 K^+ 的积累降低液泡中保卫细胞的水势，水的流入导致保卫细胞膨胀[22]。氯作为植物吸收的主要阴离子之一，与阳离子保持电荷平衡，维持细胞内的渗透压，从而调节气孔的开闭，并使叶片直立，延长功能时间。叶片缺氯时便失去膨压而萎蔫。适量氯能提升叶片细胞大小、降低气孔导度和诱导额外的渗透压和膨压，改善叶片水分平衡参数。此外，氯离子还通过减少植物蒸腾作用提高水分利用效率。

氯抑制病害的发生。如氯能降低小麦根腐病、颖枯病及马铃薯的空心病、褐心病等。氯是硝化作用的抑制剂，当施入铵态氮肥时，氯使土壤中大多数铵态氮不能被转化，而迫使作物吸收更多的铵态氮；在作物吸收铵态氮肥的同时，根系释放出 H^+ 离子，使根际酸度增加，从而抑制某些病菌的滋生。施含氯肥料可降低作物体内 NO_3^- 的浓度，一般认为 NO_3^- 含量低的作物很少发生严重的根腐病。另一个说法是作物吸收氯降低了叶片组织的渗透势，从而增加作物维持膨压的能力[23]。

喜氯作物需氯特别多，在缺氯时较容易出现症状。植物缺氯时根系和地上部生长受到抑制，新叶失绿、早熟型凋萎；根系可能出现鱼骨形，叶片出现叶斑病，有时呈杯状。椰子和油棕等缺氯时，树干增粗明显受阻，叶部出现黄褐色斑点，产量显著下降。甜菜缺氯时叶脉间失绿，叶片生长明显缓慢，叶面积变小，透光看时可见到斑点呈镶嵌状，根的发育也受到抑制。番茄缺氯时叶尖萎蔫，接着叶肉失绿，继而发展为青铜色，以后便坏死；坐果率低，果实变小；根细短，侧根少。柑橘缺氯植株发育减缓，根系呈褐色，侧根减少变短。缺氯三叶草新叶卷曲皱缩，老的小叶上出现局部坏死，部分叶柄脱落。莴苣缺气易发生萎蔫，缺氯甘蓝叶片萎蔫，叶缘呈环形坏死[12]。

由于氯的供应来源广，仅大气、雨水中的氯，就远远超过作物每年的需要量，即使在实验的水培条件下，由于空气的污染，也很难出现缺氯症状，因此大田生产中一般很少发现作物缺氯症状，氯过多反而是生产上的一个问题。一些对氯敏感的植物在外界氯浓度过高时会发生氯中毒现象，氯中毒会导致作物叶片褪绿变黄、坏死，叶绿体中氯离子的积累会导致叶绿体细胞膜的渗透性增加，从而破坏光系统Ⅱ，影响糖类作物的光合作用[15]。如马铃薯氯中毒时叶子变厚、卷曲，块茎中水分多而淀粉少、不耐贮藏。柑橘吸收过量氯导致叶片脉间失绿，叶尖、叶缘枯黄，甚至焦枯，根系发育受阻，根尖肿大。云杉属也对氯的毒害特别敏感，针叶中氯浓度大于 0.3% 就产生毒害，其症状是在针叶的尖端出现斑点和变褐。植物氯中毒时叶片还会出现早熟性发黄、脱落，叶缘似烧伤等症状。

综上，高等植物微量元素的主要功能有：①是植物细胞壁的组成元素（硼）；②是某些酶的组分（铁、锰、铜、锌、钼、镍）；③参与叶绿素合成，有稳定叶绿素的作用（镁、铁、锰、铜、钼）；④参与体内的氧化还原反应（硫、铁、铜、锰）；⑤参与体内碳氮代谢（硼、锰、锌、铜、钼、镍）；⑥促进生物固氮（硫、钼、铜、硼）；⑦促进生殖器官的发育（硼、铜、锌、钼）。

7.1.2　植物体内微量元素的浓度与分布

植物体内微量元素的平均浓度一般在 0.1% 以下，有的仅含 0.1mg/kg。不同植物、同一植物不同器官微量元素含量均有很大的差异。

7.1.2.1　植物体内硼的浓度和分布

不同植物硼浓度差异很大，一般在 2 ～ 100mg/kg 之间。双子叶植物比单子叶植物的硼浓度高，具有乳液系统的双子叶植物（如蒲公英、罂粟等）的硼浓度更高（表 7-8）。植物体内硼浓度一般生殖器官高于营养器官；叶片高于茎秆，茎秆高于根系。硼比较集中分布在子房、柱头等花器官中，因为它对生殖器官的形成起重要作用（表 7-9）[14]。

表7-8　主要作物的硼浓度

作物种类	硼浓度（以干重计）/（mg/kg）	作物种类	硼浓度（以干重计）/（mg/kg）	作物种类	硼浓度（以干重计）/（mg/kg）
大麦	2.3	番茄	15.6	大豆	37.2
水稻	2.7	棉花	19.6	菜豆	43.0
小麦	3.3	豌豆	21.7	芜菁	49.2
玉米	5.0	油菜	24.9	萝卜	64.5
菠菜	10.4	胡萝卜	25.0	甜菜	75.6
芹菜	11.9	烟草	25.0	向日葵	80.0
马铃薯	13.9	紫苜蓿	25.0	蒲公英	80.0
蚕豆	15.4	甘蓝	37.1	罂粟	94.0

表7-9　棉花不同器官硼浓度

棉花器官	硼浓度（以干重计）/（mg/kg）	棉花器官	硼浓度（以干重计）/（mg/kg）
根	8.6	果枝叶	26.9
茎	9.1	蕾	27.8
主茎功能叶	20.9	花	49.5
主茎其他叶	23.1	幼铃	31.4

硼主要是通过木质部向地上部运输，蒸腾作用对硼的运输和硼在植物体内的分布起决定作用，这也是硼在叶尖和叶缘积累的原因。拟南芥 *AtNIP6;1* 和水稻 *OsNIP3;1* 在地上部节间表达，能够调控硼向幼叶、穗和花等新生组织分配。硼在韧皮部的移动比较复杂，不同植物之间的区别较大。根据硼在韧皮部中的移动性将植物分为硼低移动性植物和硼高移动性植物。硼高移动性植物不多，目前能够确定的有梨（*Pyrus*）、苹果（*Malus*）和李（*Prunus*）等属的植物。硼在新老叶间、果实与叶片之间、木质部和韧皮部汁液间的分配比例，甚至硼在同一叶片不同的分布趋势均能反应植物韧皮部内硼的移动性。硼在苹果的叶片中的分配比较均匀，而在核桃的叶片各部位的分配差异较大（图 7-9）。核桃叶尖含硼量是叶脉附近细胞含硼量的 7 倍，维管细胞含硼量的 38 倍。

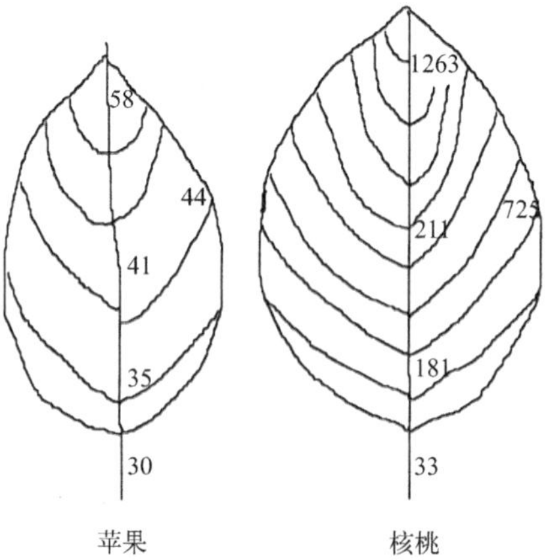

图 7-9 苹果和核桃叶片含硼量（mg/kg 干重）分布示意图[24]

由于 H_3BO_3 具有较高的膜渗透力，因此硼在韧皮部中不大可能以 H_3BO_3 的形式运输，否则，H_3BO_3 将从韧皮部重新渗漏回木质部。B-多糖复合物是硼在韧皮部移动的一种形式，不同植物产生的 B-多糖复合物也不同（表 7-10)。硼在芹菜（*Apium graveolens*）韧皮部是以甘露糖醇-B-甘露糖醇复合物移动，而在桃树韧皮部则是以山梨糖醇-B-山梨糖醇、果糖-B-果糖和山梨糖醇-B-果糖等复合物的形式运输的。

表7-10 产生多糖醇的重要作物种类[11-12]

多糖醇	属 / 种
半乳糖醇	阿拉伯茶（*Catha*）、卫矛（*Euonymus*）、美登木（*Maytenus*）、南蛇藤（*Celastrus*）
甘露糖醇	洋葱（*Allium cepa*）、小粒咖啡（*Coffea arabica*）、木樨榄（*OLea europaea*）、芹菜（*Apium graveoleus*）、胡萝卜（*Daucus carota*）、菜豆（*Phaseolus vulgaris*）、芦笋（*Asparagus*）、茴香（*Foeniculum vulgare*）、豌豆（*Pisum*）、芸薹科（*Brassica*）、白蜡树（*Fraxinus chinensis*）、石榴（*Punica granatum*）
山梨糖醇	山楂（*Crataegus monogyna*）、杏树（*Prunus armeniaca*)、李树（*Prunus salicina*）、枇杷（*Eriobotrya japonica*）、欧洲甜樱桃（*Prunus avium*）、西洋梨（*Pyrus communis*）、桃树（*Prunus persica*）、黑樱桃（*Prunus serotina*）、苹果（*Malus domestica*）、欧洲李（*Prunus domestica*）

与硼在韧皮部中的移动性一样，硼在植物体内再利用能力也因植物的不同而不同。韧皮部硼移动性强的植物硼的再利用能力也较高。如表7-11所示，硼再利用能力高的苹果，其新老叶之间硼浓度的差异较小；而硼再利用能力低的核桃，其新老叶之间硼浓度差异较大，老叶中积累的硼难以被植物再利用。

表7-11 苹果和核桃叶片硼浓度

叶片	苹果 / (μg/g)	核桃 / (μg/g)
老叶	50±2	304±11
成熟叶	57±4	225±24
新成熟叶	56±6	127±4
伸展叶	73±9	62±1
分生叶	70±12	48±8

7.1.2.2 植物体内锌的浓度和分布

植物体内锌的浓度（以干重计）一般为20～100mg/kg。锌超积累植物，如东南景天（*Sedum alfredii*），地上部锌浓度高达4134～5000mg/kg。如果锌浓度低于15～20mg/kg时，植物就可能缺锌。

锌在植株体内的分布一般为新生器官浓度较高，营养器官大于生殖器官，特别是在根系积累较多。水稻分蘖期含锌量根系＞茎叶；成熟期根系＞茎叶＞谷壳＞糠＞米（以干重计）。营养液培养试验中缺锌和正常锌处理水稻锌含量以根部最多，而过量锌处理锌较多积累在茎叶中。

锌在营养器官木质部中有两种形态，即与有机酸结合形成有机态锌或以Zn^{2+}形式存在。韧皮部中锌的浓度相对较高，主要是以含锌的有机小分子的形态存在。微量元素中锌是在韧皮部移动性较强的元素。烟草胺（NA）作为一种金属离子螯合剂，主要存在于细胞质中，负责在韧皮部装载运输金属离子。当环境pH值为6.5时NA与金属离子（如Zn^{2+}）的螯合态最稳定，这正好符合细胞质中pH值。小麦老叶中的锌能够通过韧皮部再运输至幼叶和根部，并且锌在韧皮部的这种再运输能力还与植物的锌营养状况有关。低锌处理植物再运输的锌量显著高于高锌处理。例如，在低锌条件下，从小麦老叶中再转移的锌量为26%～35%，而在高锌条件下仅为14%～18%。水稻锌在体内的再运转能力存在基因型差异，并且与植物的锌利用效率有关。

在种子或谷粒等生殖器官中，锌同其他矿质元素一样，以独立的颗粒状或球状晶体的蛋白质体形式存在，该蛋白质体主要由植素组成。植素包括以锌、锰和铁为主的多种植酸盐。锌还可以在种子内形成难溶性的蛋白质-锌-植酸复合物。

图7-10展示了锌转运蛋白在锌从土壤经过母体植物到达发育中的种子中所发挥的功能。在这个旅途中，锌从共质体到共质体需要经过多个质外体空间。每一个过程，除ZIP家族基因外，*MTP*（金属忍耐蛋白）和*HMA*（重金属ATP酶）等基因家族也发挥着重要的作用。

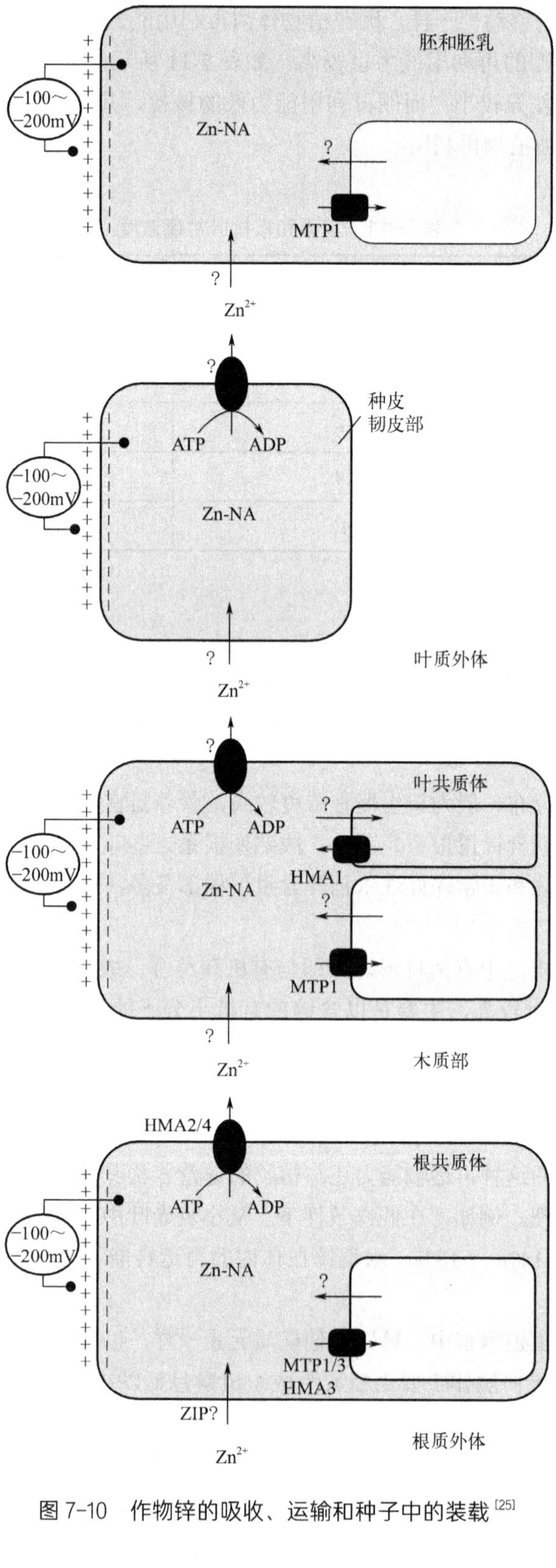

图 7-10　作物锌的吸收、运输和种子中的装载[25]

烟草胺是一种过渡金属的螯合剂，在高等植物体内金属离子（锌、铁和铜等）的运输中发挥重要作用，植物体内烟草胺合成酶催化*S*-腺苷蛋氨酸的三聚反应合成烟草胺。由于锌在中性和碱性条件下移动性比较差，因此，烟草胺不仅对细胞间锌的运输很重要，还对提高韧皮部锌的移动性，促进锌向发育中的种子进行运输也是必需的[25]。

7.1.2.3　植物体内钼的浓度和分布

植物需钼量因不同植物而异，一般需钼量较低，但变幅很大。正常植物钼浓度为0.2～20mg/kg。豆科植物和十字花科植物钼浓度较高，禾本科作物钼浓度较低。一般作物含钼量（以干重计）低于0.1mg/kg，而豆科作物低于0.4mg/kg时就可能缺钼。对钼最敏感的有豆科作物（包括豆科绿肥作物）及十字花科作物（如甘蓝、油菜、花椰菜等），此外番茄、莴苣、菠菜、棉花、甜菜、烟草、柑橘、南瓜、甜瓜也比较敏感。小麦曾被认为是钼不敏感性植物，但是在缺钼土壤上的冬小麦表现出了严重的缺钼症状，因此，小麦也是对钼比较敏感的作物[15]。

钼在同一植物不同器官的分布也不相同。在土壤有效钼严重缺乏时，冬小麦籽粒中积累的钼很少，绝大部分的钼分布在营养器官中；随着土壤有效钼水平提高，穗部及其籽粒中钼含量和积累量迅速增加，穗部积累的钼占总量的60%以上，当土壤有效钼含量高于0.136mg/kg以后，籽粒中积累的钼占总量的50%以上，穗部成为冬小麦成熟期积聚钼的中心。大豆苗期钼含量最高的部位是根系，其次是茎秆，但是随着生育期的延长，钼逐渐转移至生殖器官，到了成熟期籽粒钼含量最高，籽粒钼含量占总钼含量的40%以上。表7-12表明，菜豆中的钼优先积累在根和茎中，使钼的浓度从根到茎到叶逐渐减少，而番茄中的钼则可迅速从根转移到叶，使叶片的钼含量高于茎。因此，当环境中钼浓度过高时，番茄更容易发生钼中毒。此外，植物体内含钼量随着外界钼供应的增加而增加。

表7-12　菜豆和番茄植株各部位钼的浓度

单位：mg/g干重

植株部位	菜豆	番茄
叶	85	325
茎	210	123
根	1030	470

注：营养液含钼4mg/L。

植物根系从土壤中吸收钼的主要形态为MoO_4^{2-}[15]。钼酸根离子可通过三种途径进入植物细胞：一是通过专一性的钼酸盐转运子来运输MoO_4^{2-}，近年来已经从绿藻、拟南芥等分别分离出了钼转运蛋白基因*MOT1*和*MOT2*；二是通过硫酸盐转运蛋白来运输钼酸根；三是可能通过磷转运子来运输MoO_4^{2-}。一旦钼酸盐进入植物体内，在pH值大于4.0的环境下，可溶性的钼酸盐是主要存在形式，通过韧皮部和木质部这两套长距离运输系统进行转运。含有羟基和羧基化合物可参与钼酸盐在木质部汁液中向地上部的运输，如葡萄糖酸、糖酸、糖醛酸和醛糖酸等物质可以与钼络合。过多钼存在条件下，钼可以和花青素形成复合物存在茎秆或子叶下胚轴微管组织的表皮或皮下组织。

7.1.2.4 植物体内铁的浓度和分布

大多数植物铁浓度在 100 ～ 300mg/kg（干重）之间，并且随植物种类和植株部位的不同而有差异。某些蔬菜作物铁浓度较高，如菠菜、莴苣、绿叶甘蓝等，一般均在 100mg/kg（干重）以上，最高可达 800mg/kg（干重）；而水稻和玉米铁浓度相对较低，为 60 ～ 180mg/kg（干重）。

植物不同部位铁浓度也不相同，如禾本科作物秸秆铁浓度高于籽粒；谷粒和块茎中的铁浓度比较低。在同一植株中，铁的分布也不均匀，例如玉米茎节中常有大量铁的沉淀，而叶片中铁浓度却很低，甚至会出现缺铁症状。

表 7-13 列举了一些农作物的铁浓度范围与判断指标。应该注意的是：采用植物铁浓度总量作为缺铁诊断指标往往并不可靠，必须了解总量中有效铁浓度所占的比例。有人提出应采用植物体中“活性铁”（1mol/L HCl 提取的 Fe^{2+}）的浓度来表征，并以活性铁的浓度作为植物缺铁的诊断指标。

表7-13 主要作物铁浓度范围与判断指标

作物（生育时期，部位）	铁浓度及评价 /（mg/kg 干重）		
	缺乏	适宜	过剩
水稻（叶片）	＜ 63	＞ 90	—
燕麦，冬小麦（开始拔节，地上部）	—	50 ～ 200	—
（开始抽穗，地上部）	—	4 ～ 200	—
玉米（成熟期，叶片）	24 ～ 56	56 ～ 178	—
大豆（出苗 34d，地上部）	20 ～ 38	44 ～ 60	—
苜蓿（始花期，地上部）	—	40 ～ 200	—
（花前至花初，上部 1/3）	＜ 20	31 ～ 250	251 ～ 400
油菜（始发育前）	—	＞ 50	—
马铃薯（始花，老叶）	—	＞ 60	—
烟草（近成熟，叶片）	63 ～ 70	68 ～ 140	—
花生（新叶，活性铁）	＜ 7	8 ～ 12	—
苹果（叶片）	＜ 255	255 ～ 596	＞ 596
荔枝（果皮）	—	22 ～ 24	—
葡萄（叶片）	—	17.5 ～ 92.4	—
梨树（叶片）	—	68 ～ 126	—
柑橘（叶片）	＜ 18	18 ～ 300	＞ 300

续表

作物（生育时期，部位）	铁浓度及评价 /（mg/kg 干重）		
	缺乏	适宜	过剩
桃树（叶片）	＜170	170～315	＞315
越橘（叶片）	＜91	91～214	＞214
树莓（叶片）	—	140～320	—

由于自由铁离子对植物有毒害作用，因此铁在木质部以螯合物的形态向地上部运输（图 7-11）。在木质部汁液中存在许多化合物都能螯合铁，例如柠檬酸、烟草胺、麦根酸类和酚类物质等，其中柠檬酸是螯合并运输铁的主要物质。柠檬酸盐在弱酸性的条件下与金属离子结合的稳定性更强，而质外体木质部空腔的 pH 值为 5.5 左右，正好偏弱酸性，因此木质部中的铁主要以柠檬酸铁盐的形态存在。铁被运输到地上部之后，需要从木质部卸载，才能进入籽粒。在这个过程中，韧皮部运输是重要的组成部分。与木质部空腔不同，韧皮部主要由筛管和伴胞、筛分子韧皮纤维和韧皮薄壁细胞等组成，属于活的细胞，因此韧皮部中铁的螯合剂也会发生改变。烟草胺（NA）作为一种铁螯合剂，主要存在于细胞质中，负责在韧皮部装载运输铁。铁能利用螯合剂 NA 通过韧皮部运输，转移到叶肉细胞和籽粒（图 7-11）[26]。

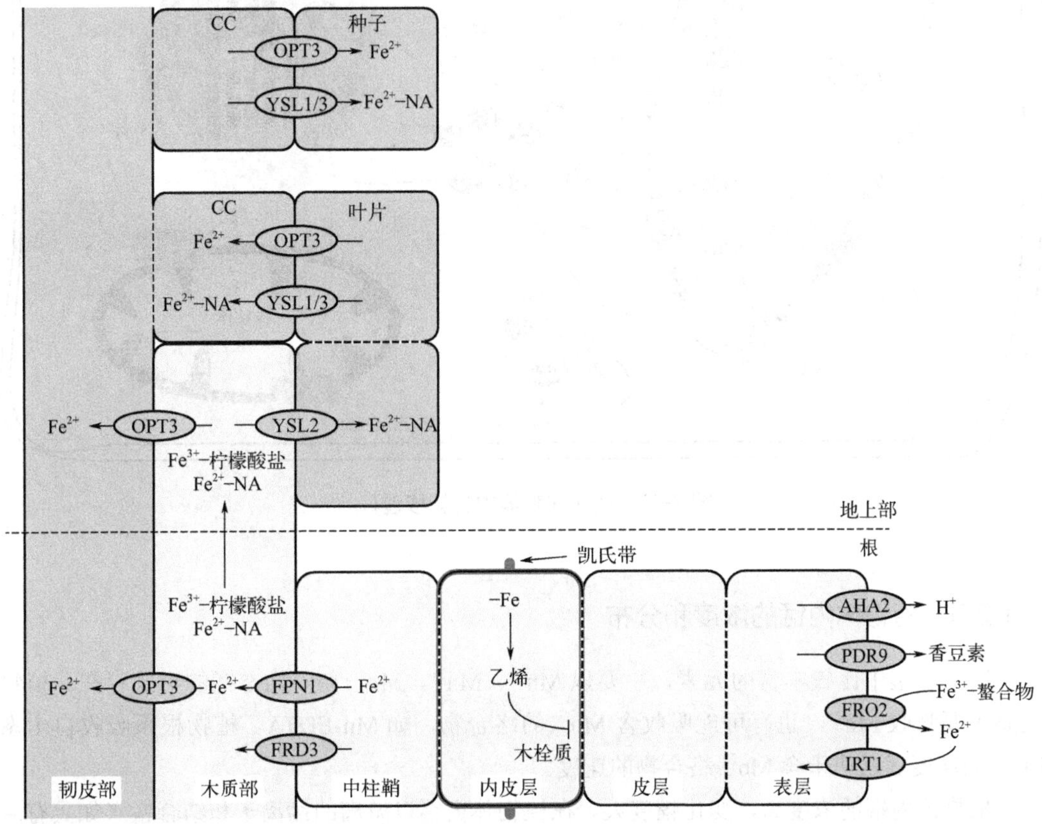

图 7-11　铁由根系向地上部的转移过程[26]

铁进入植物细胞后，会在各细胞器之间进行分配运输并发挥不同的作用，例如细胞核、叶绿体和线粒体。液泡作为细胞的储存室，能够调节细胞内金属离子的平衡。在液泡膜上存在许多的离子运输载体，参与调节细胞内稳态（图 7-12）[27]。在叶绿体中，铁是光合作用必不可少的一种元素。叶绿体含有大量铁储存蛋白（ferritin），是铁在细胞中的储存中心。位于叶绿体膜上的 Fe(Ⅲ) 还原酶（FRO7）能将 Fe(Ⅲ) 还原为 Fe(Ⅱ)，而透性酶（PIC1）则可以将铁转移到叶绿体当中。在细胞衰老过程中，叶绿体膜上的烟酰胺铁转运载体（YSL4 和 YSL6）向外运输 Fe-NA，释放铁到细胞质中从而被再利用。铁在线粒体细胞中发挥许多功能，例如合成亚铁血红素、硫辛酸辅酶因子和富集 Fe-S 簇等。Fe-S 簇对于其他细胞器具有重要的作用，参与细胞质和细胞核 Fe/S 蛋白的合成。线粒体膜上同样存在着 Fe(Ⅲ) 还原酶（FRO3 和 FRO8），能够在线粒体表面产生还原态 Fe(Ⅱ)，再被膜上的铁转移蛋白（MIT）吸收进入线粒体。

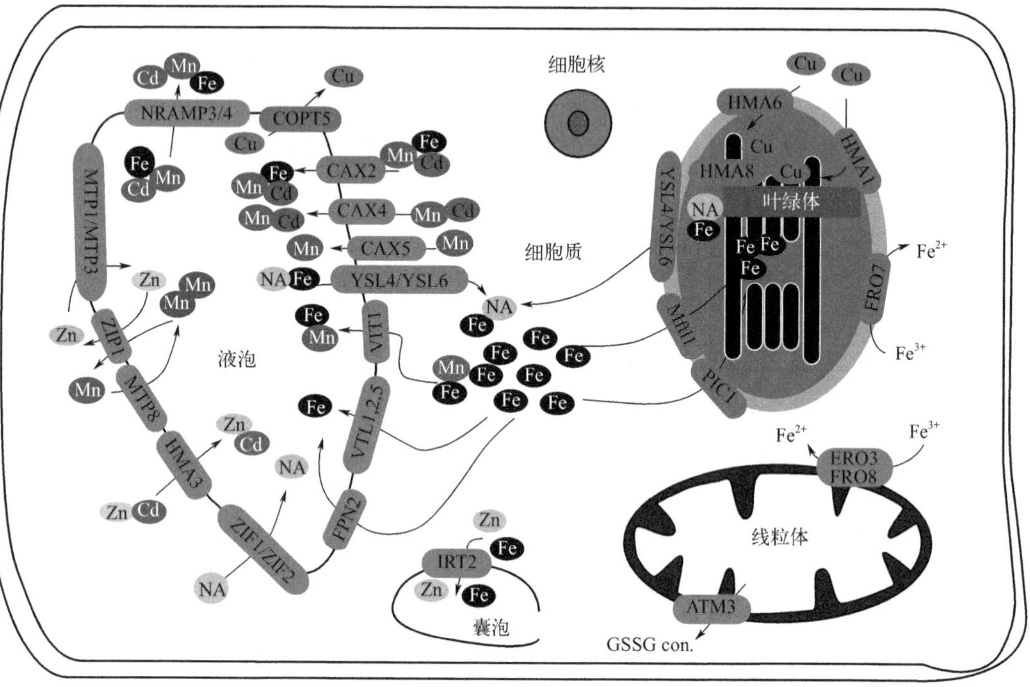

图 7-12　铁在细胞器中的转移过程[27]

7.1.2.5　植物体内锰的浓度和分布

锰是土壤中比较丰富的元素，主要以 Mn^{2+}、Mn^{3+}、Mn^{4+} 和矿物态锰的形式存在。植物根系主要吸收 Mn^{2+}，也有可能吸收含 Mn^{2+} 的络合物，如 Mn-EDTA。植物根系吸收自由态 Mn^{2+} 的速度远远快于含 Mn^{2+} 络合物的速度。

植物体内锰的浓度高，变化幅度大。在植物体内锰以游离的锰离子和结合锰（如具有生理活性的锰蛋白）的形式存在。一般植物锰浓度 20 ～ 100mg/kg（以干重计）。其中，高度敏感作物Mn浓度50～260mg/kg，主要有豌豆、大豆、荞麦、小麦、高粱、苏丹草、马铃薯、食用甜菜、菠菜、莴苣、芜菁、洋葱、柑橘、桃树、燕麦、烟草等；中度敏感作物Mn浓度30～128mg/kg，主要有苜蓿、三叶草、大麦、玉米、糖用甜菜、胡萝卜、卷心菜、芹菜、黄瓜、花椰菜、萝卜、番茄等；不敏感作物Mn浓度30～60mg/kg，主要有棉花和黑麦等[15]。

植物不同生育时期和组织部位锰浓度不同。如小麦不同生育时期锰浓度：分蘖期为55～57mg/kg（最高），拔节期为41～44mg/kg，抽穗期为23～27mg/kg，收获期为20～25mg/kg；不同器官锰浓度：叶片为71～81mg/kg，茎秆为36～42mg/kg，穗为23～25mg/kg。小麦功能叶片锰浓度＜20mg/kg时为缺乏，20～500mg/kg时为充足，＞500mg/kg时锰中毒；而大豆叶片锰浓度＜20mg/kg就会出现缺锰症状，＞40mg/kg时植株正常生长[12]。

锰能以六种氧化态的形式存在，包括：Mn、Mn^{+}、Mn^{2+}、Mn^{3+}、Mn^{4+}和Mn^{5+}。在生物系统中，锰的氧化态之间可以互相转化，如从Mn^{3+}和Mn^{4+}还原为Mn^{2+}及从Mn^{2+}氧化为Mn^{3+}和Mn^{4+}。因此，锰主要是在氧化还原系统中起作用。

7.1.2.6 植物体内铜的浓度和分布

植物对铜（Cu^{2+}）的吸收是主动吸收，只有当土壤溶液中的铜离子浓度超过毒害临界浓度时才进行被动吸收。吸收进入植物体内的铜往往在木质部与含氮的有机物，如烟草胺（NA）、组氨酸（His）、脯氨酸（Pro）等形成络合物后，再向地上部运输。缺铜时根外喷施的铜被吸收后，经韧皮部向体内各部位输送，也是与含氮的有机物形成络合物而运输的。

铜在植物根中的移动性很弱，因此植物吸收的大部分铜被滞留在根中[15]。例如玉米在添加0.01mmol、0.1mmol和1mmol的Cu^{2+}浓度时，根中的铜浓度比不添加Cu^{2+}的对照分别增加1.5倍、8倍和10倍，而地上部铜浓度的变化幅度很小；水稻在营养液铜浓度由0.4μmol提升到2μmol时，植株根部铜浓度由34.2mg/kg增加到129mg/kg，提高了约2.8倍，而地上部铜浓度从9.6mg/kg增加到11.1mg/kg，仅增加了约16%。在铜超积累植物海州香薷和竹类植物中，根部的铜被大量限制在根表皮附近；而水稻和红豆杉根中的铜主要位于根中柱的维管束，但这些铜并不能进一步通过维管系统运输至地上部，而是被细胞壁上的化合物所固定，从而限制其往地上部运输。

对地上部组织而言，一般植物铜浓度（以干重计）为5～30mg/kg。生育前期铜主要集中在节点组织和叶片中，生育后期大部分铜转移到生殖器官或贮藏器官中[12]。例如小麦成熟时叶中的铜有60%转移到籽粒去。甘蔗收获时叶中的铜大部分转移到茎中。在禾谷类作物的种子中，铜主要分布于种皮和胚中。棉花成熟时，植物各部位铜的分配分别是：茎占全株总铜量17.8%，叶占31.5%，种子占32.4%，铃壳占17.9%，纤维占0.4%。

植物体内铜的移动性与铜的营养水平有关。如铜供应充足，小麦植株的铜就容易由叶片输送到籽粒，但缺铜时它是较难移动的。

7.1.2.7 植物体内镍的浓度和分布

自然界中，镍主要以Ni^{2+}形态存在。土壤溶液中，水合镍离子[$Ni(H_2O)_6^{2+}$]最为常见。植物根系主要吸收离子态Ni^{2+}，吸收形式有被动扩散和主动运输两种，两者比例与植物种类、土壤中镍的形态和浓度有关。

镍在植物木质部和韧皮部中均具有较好的移动性。在木质部中镍可与有机酸或多种肽形成螯合物。镍在植物体内主要以 Ni^{2+} 的形式存在，部分镍是以 Ni^{+} 和 Ni^{3+} 的形式存在。镍还能与半胱氨酸和柠檬酸等形成稳定的复合物。

植物吸收镍的总量与土壤 Ni^{2+} 浓度、植物代谢、土壤 pH 值、其他金属离子、有机物的组成有关。植物体内镍的浓度一般很低，营养器官镍浓度（以干重计）一般为 0.01 ～ 10mg/g。不同植物对镍的需求也有所不同。豆科作物正常生长需要的镍一般较非豆科作物多。镍在木质部和韧皮部中均具有较好的移动性，因此某些植物，特别是豆科作物种子含镍量较高（表 7-14）[23]。

表7-14　木豆和黑麦各部分中镍和其他微量元素的浓度

作物	部位	浓度（以干重计）/（μg/g）					
		Ni	Mo	Cu	Zn	Mn	Fe
木豆	地上部	0.81	0.08	3.6	28	298	178
	种子	5.53	3.29	6.0	41	49	47
黑麦	地上部	0.62	0.17	1.6	7	16	78
	种子	0.28	0.33	4.4	25	27	26

此外，根据植物对镍的累积程度不同，可分为两类：第一类为镍超累积型，主要是野生植物，镍含量超过 1000mg/kg；第二类为镍累积型，其中包括野生的和栽培的植物，紫草科、十字花科、豆科和石竹科 [15]。

7.1.2.8　植物体内氯的浓度和分布

植物体内氯的浓度 2 ～ 20g/kg（干重），甚至高达 10% 的植物也不少见，相当于大量元素的浓度范围。但是，大部分植物正常生长发育氯需要量仅 0.2 ～ 0.4g/kg[11]。在不施氯肥的情况下，我国主要农作物含氯量在 4.0 ～ 13g/kg（干重）间，籽粒等器官含氯量在 0.3 ～ 5.0g/kg（干重）间，在施氯的情况下，茎叶含氯量成倍增加。植物奢侈吸收的氯离子主要在植物体内离子平衡中起着重要作用，当氯离子浓度降低时，其他阴离子，如硝酸根离子和苹果酸根离子能够完全替代其在离子平衡中的功能。不同植物对氯营养要求差异很大，同一种作物不同品种之间对氯的需求也有较大的差异。一些棕榈科、藜科、百合科等是喜氯植物，而大多数树木、柑橘、蔬菜、豆类和观赏植物（特别是苗期）对氯比较敏感。优质烟草氯浓度应＜ 1%，1% ～ 2% 燃烧性尚好，2% ～ 3% 燃烧性较差，＞ 3% 时燃烧性极差。

植物体内氯主要分布在营养器官中，而籽粒中浓度很低 [15]。在柑橘树体中，氯离子含量分布为叶片＞枝＞根＞茎，其中老叶氯含量是新叶的 5 倍以上。水稻不同生育时期含氯量也不同，苗期＞成熟期＞分蘖期＞抽穗期，抽穗期氯主要集中在叶片和茎节中，穗和根中含量低。下部叶片含氯量大于上部叶片，这是老叶片先受到氯毒害的原因之一。成熟期水稻中的氯大部分集中在颖壳和穗轴，籽粒中含氯量少，水稻地上部吸收的氯 90% 分布在稻草中。施用含氯化肥后，各器官的含氯量均相应提高，但氯在各器官中的分布规律仍保持不变。

植物是否缺氯主要是根据地上部含氯量来判断的。据报道油棕叶中氯的临界浓度为0.5%，椰子叶为0.5%～0.6%，棉花为3.0%。植物对氯营养具有较大的适应范围。例如猕猴桃在外界供氯350～1400μmol/L的范围内均能正常生长。在温室条件下，柑橘的成熟叶片能够耐受高达350mmol/L的氯。叶片组织中氯的临界浓度约为25mg/g干物质，此时，不会对光合系统造成永久性损害。

不同植物含氯量差异明显。在同样不施氯的情况下，不同作物成熟茎叶氯含量大小为：莴苣（1.21%）＞棉花（1.06%）＞甜菜（0.97%）＞高粱（0.78%）＞蚕豆（0.65%）＞麦类、水稻、豌豆（0.51%～0.60%）＞玉米、大豆、甘薯、油菜、红麻（0.24%～0.37%）。

7.1.3 植物对微量元素的需求

7.1.3.1 不同作物对微量元素缺乏的敏感性存在差异

需硼较多的作物有油菜、甜菜、萝卜、芜菁、甘蓝、芹菜、花椰菜、部分豆类及豆科绿肥作物、向日葵、苹果、柠檬、葡萄、油橄榄等；需硼中等的作物有棉花、烟草、甘薯、花生、莴苣、番茄、胡萝卜、桃、梨等；需硼较少的作物有大麦、小麦、水稻、玉米、大豆、豌豆、亚麻、马铃薯、柑橘等。同一作物不同品种对硼的需要也有不同，例如甘蓝型油菜需硼量大于白菜型油菜，硼低效品种需硼量大于硼高效品种。

对缺锌敏感的作物有水稻、玉米、高粱、大豆、棉花、番茄、蓖麻、柑橘、柠檬、葡萄、桃、苹果、油桐、桑等；中等敏感的作物有马铃薯、洋葱、甜菜、三叶草等；不敏感的作物有大麦、胡萝卜、苜蓿、豌豆、小麦等。禾本科作物中玉米和水稻对锌最为敏感，通常可作为判断土壤有效锌丰缺的指示植物。

对缺钼最敏感的有豆科作物（包括豆科绿肥作物）及十字花科作物（如甘蓝、油菜、花椰菜等），此外番茄、莴苣、菠菜、棉花、甜菜、烟草、柑橘、南瓜、甜瓜也比较敏感。

不同作物对铁的敏感性也不相同。对缺铁敏感的作物有高粱、玉米、大豆、黑豆、葡萄、花生、番茄、草原旱柳及果树作物等。其中黑豆常被作为土壤缺铁的指示植物。

对缺锰敏感的作物主要有燕麦、荞麦、小麦、高粱、苏丹草、豌豆、大豆、马铃薯、食用甜菜、菠菜、莴苣、芜菁、洋葱、苹果、樱桃、柑橘、桃树、烟草等；其次是苜蓿、三叶草、大麦、玉米、糖用甜菜、胡萝卜、卷心菜、芹菜、黄瓜、花椰菜、萝卜、番茄；不是很敏感的作物有棉花、黑麦和芦笋等。

各种作物对铜的敏感性差异很大，禾谷类作物大多对缺铜极为敏感，而豆类作物则大多不敏感[12,15]。

由于植物正常生长需要的镍很少，因此作物生产中很少看到镍缺乏的情况。目前，作物镍中毒的研究较多。不同作物对镍中毒的范围也有所不同。对镍敏感的作物，其临界值（以干重计）为＞10μg/g；中等敏感的作物，其临界值（以干重计）为＞50μg/g；某些耐镍的作物（如小麦），在施用尿素的条件下，镍中毒的临界范围（以干重计）可上升至

63 ～ 112μg/g。镍超累积型植物，主要是野生植物，镍含量超过 1000mg/kg。镍累积型植物主要有野生的和栽培的植物，紫草科、十字花科、豆科和石竹科等[11]。

由于氯的供应来源广，仅大气、雨水中的氯，就远远超过作物每年的需要量，在生产实践中很少发现因氯不足而影响作物生长的情况，人们倒是担心因过量的氯会影响作物生长和产量品质[12]。

7.1.3.2 作物不同时期对微量元素的需求不同

同一品种不同发育时期对硼的需要也不同，其中开花期对硼的需求量最大。在营养器官没有出现缺硼症状，甚至生长没有受阻时就可观察到硼对生殖生长的影响，这表明生殖器官对硼的需求大于营养器官对硼需求，或者硼向生殖器官的运输是受限的。因此，在植物生殖器官发育过程中喷施硼肥能促进生殖生长，提高结实率。锌在植株体内的分布一般为新生器官浓度较高，营养器官大于生殖器官，特别是在根系积累较多。大豆在花芽出现以前对钼的需求量很少，因此吸收的钼很少；之后大豆植株不同部位的钼含量会因其开始大量吸收土壤中的钼而增加；但在结荚期，根和荚壳中钼含量迅速下降，降低的这部分钼向种子中迁移导致种子钼含量增加。冬小麦吸收钼的高峰期是生殖生长期，在营养期生长期对钼的吸收较少，苗期钼的累积速率最低，而拔节期累积速率最高。在花生的生长过程中，不同部位的铁分配有着明显的差异。由开花期到结荚期，花生新生的茎叶部分铁所占地上部总铁含量的比例出现降低趋势，而在结荚期到饱果期又出现增高现象。下部铁所占的比例则会出现相反现象，并且在饱果期时，下部茎中的一部分铁会转运进入老叶。由于锰在植物中的再移动能力非常低，植物一般需要在全生育期对锰持续吸收以供新生组织或穗部的发育。相对而言，植物在营养生长期对锰的摄入量大于生殖生长期。铜在光合作用、呼吸作用等生理过程中发挥重要作用，因此植物在生长旺盛的阶段对铜有相对更大的需求。植株营养生长期的铜浓度整体上略高于生殖生长期。在生殖后期，土壤供铜充足时，籽粒发育所需的铜主要来自根际吸收；土壤供铜不足时，叶片中的铜可向籽粒转移以供发育。相较其他必需元素，植物对镍的需求量最少。植物体内的镍一般在 1 ～ 100μg/kg（干重）即可满足生长发育的需求，其需求量随物种不同存在差异，如豆科植物和葫芦科植物对镍的需求相对较多。在农业土壤中，镍的有效浓度足以满足各种作物对镍的需求，且镍在叶片中的再移动性很好，因此在田间生产上极少出现镍缺乏的问题[12,23]。

不同作物，以及同一作物不同时期对同一微量元素的需求不同，在农业生产使用端，微量元素肥料养分的供应要匹配土壤和作物，符合不同作物和不同时期营养需求规律。

7.1.4 植物对微量元素缺乏的响应策略

7.1.4.1 植物对硼缺乏的适应和调控机制

植物从外界吸收硼存在两种机制：当外界硼含量充足时，主要通过被动吸收，pH 和外界硼浓度对硼的吸收影响较大；当外界硼含量较低时，主要依赖硼酸通道和硼转运子的主动运输（图 7-13）。缺硼胁迫下，一方面植物通过限制主根生长和促进根毛密度和长度来获得更大的表面积；另一方面植物通过提高硼酸通道 *NIP5;1* 的表达来吸收更多的硼进入根尖和导管组织，维持根系形态的发育和向地上部供硼。拟南芥 NIP5;1 和 BOR1 在细胞膜上呈极性分布（NIP5;1 向外侧，BOR1 向中柱侧），这种极性定位的转运蛋白提高了硼从外界进入植物体内的径向运输效率。目前，已克隆和鉴定了水稻、油菜、大麦和小麦等作物中一些硼吸收转运相关的功能基因（表 7-15）。

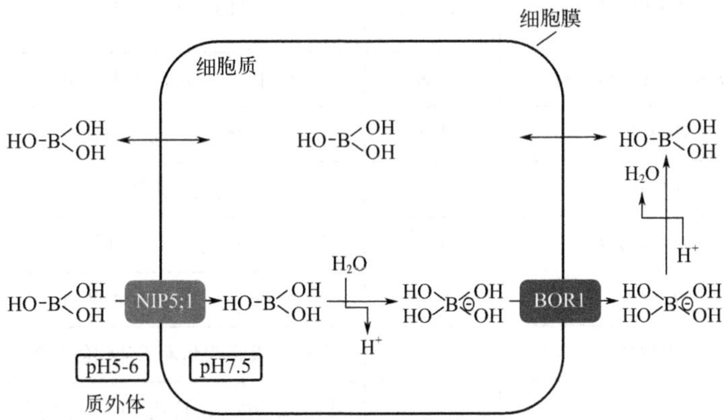

图 7-13　植物硼吸收转运模式图

表7-15　部分植物硼转运子及其功能

基因		植物种类	转运功能	表达部位
通道蛋白	*AtNIP5;1*	拟南芥	将硼从质外体泵入细胞	根
	MtNIP5;1	苜蓿	将硼从质外体泵入细胞	根瘤
	AtNIP6;1	拟南芥	地上部硼的分配（优先分配到幼叶和花等新生组织）	地上部节
	AtNIP7;1	拟南芥	硼的内向转运（微弱）	花药
	AtTIP5;1	拟南芥	液泡膜上表达，缓解硼毒	花药和下胚轴
	HvNIP2;1 (HvLsi1)	大麦	硼的内向转运，调控地上部硼累积	根
	HvPIP1;3、*HvPIP1;4*	大麦	硼的内向型通道	根
	OsNIP3;1	水稻	调节叶中硼的分配，优先分配到叶鞘和穗	根、地上部叶鞘和节
	OsNIP2;1	水稻	硼的内向转运，调控地上部叶片硼的累积	根
	OsPIP2;4、*OsPIP2;7*	水稻	在根中向外转运硼，缓解硼毒	根和地上部
	ZmNIP3;1 (TLS1)	玉米	内向转运硼（缺陷株系表现根和地上部分生组织生长受限）	根和雌蕊

续表

基因		植物种类	转运功能	表达部位
转运子	*AtBOR1*	拟南芥	将硼从内皮层薄壁细胞泵入木质部	根
	AtBOR2	拟南芥	根细胞壁 RG-Ⅱ二聚体形成过程中外向转运硼到质外体	根
	AtBOR4	拟南芥	根中硼的外向转运，缓解硼毒	根
	BnaC4.BOR1;1c	甘蓝型油菜	硼的转运与分配	根、地上部节点和花
	HvBOR2 (*HvBOT1*)	大麦	外向转运，缓解硼毒胁迫	根和旗叶
	TaBOR1.1	小麦	外向转运，高硼诱导	根和地上部
	TaBOR1.2	小麦	外向转运，高硼诱导	根和地上部
	TaBOR1.3	小麦	外向转运，高硼抑制	根
	TaBOR2	小麦	外向转运，缓解硼毒胁迫	根
	OsBOR1	水稻	在根中吸收硼和木质部硼的装载	根和少量地上部
	OsBOR4	水稻	外向转运硼，维持花粉的正常萌发和花粉管伸长	花粉
	VvBOR1	葡萄	根中硼的装载和地上部硼的分配	根和花
	CmBOR1	柑橘	木质部硼的装载	根、叶和花

研究发现，用苹果山梨糖醇合成酶基因 *S6PDH* 转化烟草后，转基因植株山梨糖醇的合成增加，促进了硼在韧皮部的运输，成熟组织中的硼能够被再利用，提高了烟草抗低硼胁迫的能力。这为创制糖醇硼等绿色智能有机硼肥提供了一个新的思路。

7.1.4.2 植物对锌缺乏的适应和调控机制

我国南方的酸性土壤有效锌含量较高，北方的石灰性土壤较低，缺锌土壤主要分布在北方。在土壤有效锌较低的地区，植物适应低锌的机制主要有：改变根系形态结构、增加根系分泌物、提高根系对锌的净吸收量、优化锌在植物体内的分配和利用，以及调控锌与其他养分间的平衡。

由于土壤溶液的锌浓度较低，锌在土壤中的移动性较小，植物主要通过截获及扩散的方式吸收土壤中的锌。因此，改变根系形态结构是植物适应低锌环境的机制之一。研究表明，植物耐缺锌能力与其根系生长特性密切相关，锌高效植物（耐缺锌植物）的根系吸收表面积大，吸收能力强。此外，菌根植物如草类、玉米和豌豆类植物可与菌根真菌共生来扩大自身根系与土壤的接触面积，从而增加对锌的吸收。

除根系形态结构外，根系分泌物的差异是造成植物锌效率高低的重要原因之一。当土壤 pH 值大于 5.5 时，土壤中锌的有效性降低，植物对锌的吸收量急剧减少。植物根系分泌的酸性物质（如质子和苹果酸、柠檬酸等有机酸），能够酸化根际土壤，提高土壤锌的溶解度。

同时，植物根系还能分泌对锌具有较强螯合能力的有机物质，活化根际土壤中的锌，增加其移动性和有效性。已有研究表明，植物根系能分泌高铁载体活化土壤中的难溶性锌。缺锌条件下，小麦根系分泌的麦根酸类高铁载体数量大幅度增加，显著提高锌在根际土壤中的移动性和在根细胞质外体中的累积量，从而提高植物对锌的吸收量。与正常锌相比，缺锌后小麦根系分泌物活化石灰性土壤中难溶性锌的能力增加了 13 ～ 14 倍。

植物根系对锌的吸收速率和吸收能力也是造成植物锌效率高低的重要原因之一。比如，锌高效玉米品种对锌的吸收速率远大于锌低效品种，锌高效番茄品种对锌的最大吸收速率是低效品种的 2 ～ 4 倍。植物根系对锌的吸收是一个主动吸收过程，主要依赖于根系细胞膜上的锌吸收转运基因。目前已经发现多个与锌吸收、转运和积累相关的基因家族，如 IRT（iron-regulated transporter，调节铁的转运子）、ZIP（ZRT-IRT-like protein，调节锌和铁的转运子）、HMA（heavy metal ATPase，重金属 ATP 酶）和 MTP（Metal Tolerance Protein，金属忍耐蛋白）等。其中，植物对锌吸收的蛋白主要有 AtIRT1、AtIRT2、AtZIP1、AtZIP2、OsZIP1、OsZIP3、OsZIP9 等（表 7-16）。

表7-16　部分植物锌转运子及其功能

基因	植物种类	功能	备注
AtIRT1	拟南芥（*Arabidopsis thaliana*）	根中锌的吸收	表达部位：根表皮细胞细胞膜
AtIRT2	拟南芥（*Arabidopsis thaliana*）	根中锌的吸收	表达部位：根表皮细胞膜间隙，间接作用
AtIRT3	拟南芥（*Arabidopsis thaliana*）	木质部卸载和 / 或韧皮部装载	
AtZIP1	拟南芥（*Arabidopsis thaliana*）	锌从根向地上部的运输	可能参与根中锌的吸收
AtZIP2	拟南芥（*Arabidopsis thaliana*）	锌从根向地上部的运输	可能参与根中锌的吸收
AtPCR2	拟南芥（*Arabidopsis thaliana*）	锌从根向地上部的运输	PCR - plant cadmium resistance family
AtMTP1	拟南芥（*Arabidopsis thaliana*）	锌向液泡内转运	
AtMTP3	拟南芥（*Arabidopsis thaliana*）	锌向液泡内转运和转出	
AtHMA2	拟南芥（*Arabidopsis thaliana*）	根木质部锌的装载	
AtHMA4	拟南芥（*Arabidopsis thaliana*）	木质部锌的装载	
AtHMA1	拟南芥（*Arabidopsis thaliana*）	叶绿体中锌的运出	
AtYSL1 *AtYSL3*	拟南芥（*Arabidopsis thaliana*）	锌向发育的种子中进行分配	YSL - yellow stripe-like (YSL) family
OsZIP1 *OsZIP9*	水稻（rice）	根中锌的吸收	
OsZIP3	水稻（rice）	根中锌的吸收；将锌优先向发育中的组织进行运输	在水稻节中扩大维管束木质部装载锌

续表

基因	植物种类	功能	备注
OsZIP4 *OsZIP5* *OsZIP8*	水稻（rice）	锌从根向地上部的运输	
OsZIP4	水稻（rice）	木质部卸载和/或韧皮部装载	
OsHMA2	水稻（rice）	锌从根向地上部的运输；将锌优先向发育中的组织进行运输	营养生长时期在根成熟区的中柱表达，生殖生长时期在水稻节中扩大维管束和发散维管束韧皮部表达
OsHMA3	水稻（rice）	根据环境中锌的浓度将锌扣押在液泡中保持植物根中锌的平衡	液泡膜
HvZIP7	大麦（barley）	锌从根向地上部的运输	表达部位：根维管组织
HvHMA1	大麦（barley）	叶绿体中锌的运出	
HvHMA2	大麦（barley）	叶绿体中锌的运出	

根系吸收的锌在不同组织和器官间高效地转运和分配也是植物适应低锌的重要机制之一。缺锌条件下，锌高效品种往往能够将根系吸收的锌更多地向地上部生长中心转运和分配，同时可将贮存在老叶中的锌分配到幼嫩组织实现锌的再利用。液泡是植物细胞储藏养分的重要细胞器，将贮存在液泡中的锌快速外排至细胞质，维持胞质内锌浓度的稳定也是植物在缺锌条件下的应对措施之一。锌是植物体内 300 多种酶的组成成分，其中，锌对碳酸酐酶和 Zn/Cu 超氧化物歧化酶的活性至关重要。缺锌后，锌高效植物会将有限的锌更多地分配给碳酸酐酶和 Zn/Cu 超氧化物歧化酶，保证它们的活性和生理功能不受影响。研究表明，缺锌条件下，锌高效小麦品种叶片中碳酸酐酶和 Zn/Cu 超氧化物歧化酶的活性显著高于低效品种。较高的碳酸酐酶活性提高了锌高效小麦品种叶片的光合速率，从而提高生物量；较高的 Zn/Cu 超氧化物歧化酶活性提高了锌高效小麦品种的抗氧化胁迫能力，有利于植物更好地适应低锌环境。

植物体内营养元素的平衡对植物生长具有重要影响。研究表明，锌低效玉米品种体内的养分含量易受外界环境影响，营养平衡失调严重；锌高效玉米品种自调控能力强，体内养分比较稳定。锌与其他营养元素间的不平衡能降低植物体内锌浓度而诱发缺锌，如 P-Zn 和 Fe-Zn 的相互作用对锌效率的影响很大。锌高效品种地上部的 Fe/Zn、Mn/Zn、P/Zn、Mg/Zn、Cu/Zn 和 Ca/Zn 的比明显低于锌低效品种，而根部则相反；表明，锌高效品种可能通过降低某些营养元素的转运以保证地上部锌营养的供应来抵抗锌缺乏胁迫。

7.1.4.3 植物对钼缺乏的适应和调控机制

酸性土壤钼有效性低，碱性土壤钼有效性高。植物为了适应缺钼环境，其形成的机制主要包括：一是诱导钼转运蛋白的表达获取更多的钼，如缺钼诱导大豆、油菜钼专一性转运蛋白 MOT1 和 MOT2、硫酸盐转运蛋白（非专一性）SULTR3;5 和 SULTR1;2 和磷酸盐转运蛋白（非专一性）PHO1 表达量的增加；二是增强钼辅因子的合成能力，植物为了利用有限的钼，增强自身钼辅因子的合成能力，如缺钼诱导冬小麦 *Cnx2* 和 *Cnx5* 的表达增加；三是活化根际土壤钼，小麦根系 NO_3^- 的吸收和 NH_4^+ 的外排导致了 H^+ 的内流，提高根际土壤的 pH 值，增加土壤钼的有效性；四是改变植物根系构型，缺钼的冬小麦具有更好的根系构型如较长的根长、较大的根表面积和根体积；五是诱导功能性蛋白和物质的合成，在长期的钼缺乏条件下，大豆通过增加氮同化、信号转导蛋白表达和谷胱甘肽等物质的合成来抵抗缺钼胁迫。

由于 MoO_4^{2-} 和 SO_4^{2-} 二者结构、大小相似，化合价相同，因此 SO_4^{2-} 转运子可能参与钼的运输和分配。已经分离克隆的钼酸盐转运子 MOT1（SULTR5;2）和 MOT2（SULTR5;1）属于硫转运子家族，但缺少硫转运子活性必需的代表性的 STAS（sulphate transporter and antisigma factor antagonist，硫酸盐转运蛋白和抗 σ 因子拮抗剂）结构域。MOT1 可能定位在内膜系统（内质网），MOT2 定位在液泡膜。MOT2 的功能是将液泡中的钼转运到细胞质，然后运输到发育中的种子。MFS-MOT 是 major facilitator superfamily（MFS）主要成员，与 SO_4^{2-} 转运子结构完全不同，与根土界面（细胞膜）钼的吸收有关（图 7-14，表 7-17）。

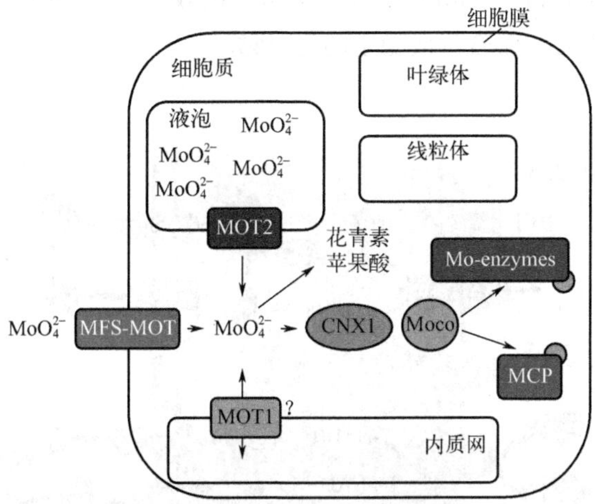

图 7-14　植物细胞中钼的平衡

CNX1—硝酸还原酶和黄嘌呤脱氢酶辅因子 1；Moco—钼辅因子；Mo-enzymes—钼酶；MCP—钼辅因子载体蛋白

表7-17　部分植物钼转运子及其功能

基因	植物种类	功能	备注
AtMOT1	拟南芥（*Arabidopsis thaliana*）	钼吸收	
AtMOT2	拟南芥（*Arabidopsis thaliana*）	细胞内钼酸盐转运	定位于液泡
LjMOT1	百脉根（*Lotus japonicus*）	根系钼吸收，但是对根瘤钼无影响	
OsMOT1;1	水稻（*Oryza sativa*）	钼吸收和种子中钼的分配	定位于线粒体
MtMOT1.1	苜蓿（*Medicago truncatula*）	钼吸收	
MtMOT1.2	苜蓿（*Medicago truncatula*）	向根瘤中转运钼	定位于内皮层细胞
MtMOT1.3	苜蓿（*Medicago truncatula*）	向根瘤中转运钼	定位于根瘤内部以及固氮区域的质膜上

7.1.4.4 植物对铁缺乏的适应和调控机制

虽然土壤中的铁含量很多，但事实上全球约三分之一以上的土壤都缺铁。植物为了适应这种铁胁迫环境，进化出了两种不同的铁吸收生理分子机制，分别是机理Ⅰ和机理Ⅱ（图 7-15）。铁吸收机理Ⅰ包括双子叶和非禾本科单子叶植物，是一种还原机制，其吸收过程可以分成三步。第一步，植物根系向外分泌质子酸化根际土壤。在根系表面，存在大量的 H^+-ATPase（HA），它能将细胞内的 ATP 分解成 ADP 和 Pi，依靠 ATP 分解产生的能量向细胞外分泌 H^+。质子的分泌有助于溶解土壤中的难溶态 Fe（Ⅲ），增加其移动性，更容易接触根系表面。第二步，Fe（Ⅲ）被还原为 Fe（Ⅱ）。根系分泌的 H^+ 能显著提高根表的三价铁还原酶（FRO）的活性，同时由 NADPH 提供能量，将土壤中的 Fe（Ⅲ）还原为 Fe（Ⅱ）供植物根系吸收。第三步，吸收土壤 Fe（Ⅱ）。经过跨膜运输，铁吸收蛋白（IRT）将还原的 Fe（Ⅱ）从细胞外运输到细胞内，最终被植物利用。铁吸收机理Ⅱ包括禾本科植物，是一种螯合机制，通过螯合态的形式吸收。植物感受到缺铁时，刺激根表的铁载体分泌蛋白（transporter of mugineic acid，TOM）向外分泌植物铁载体（phytosiderophore, PS），例如麦根酸，与土壤中的 Fe（Ⅲ）螯合形成稳定的复合物。

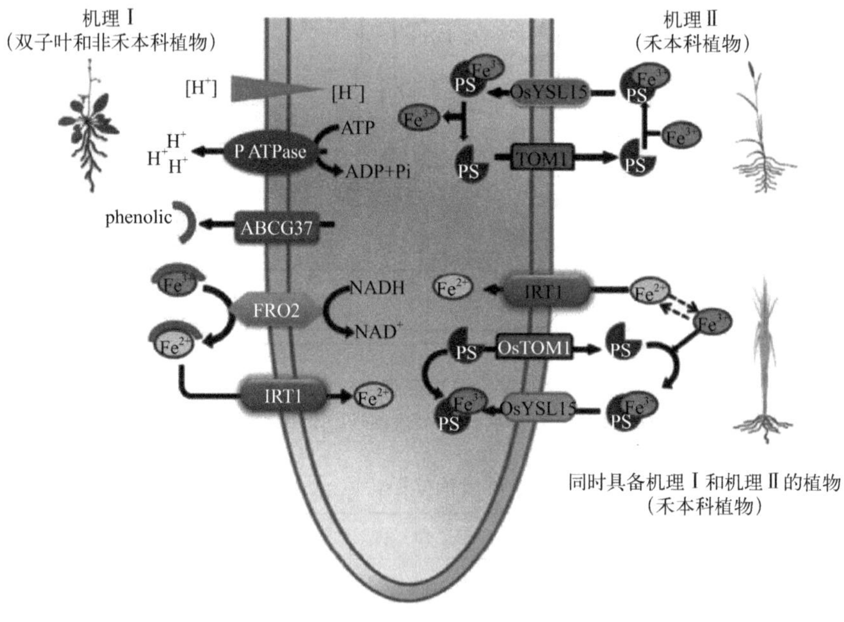

图 7-15 机理Ⅰ及机理Ⅱ植物吸收铁分子生理机制[28]

植物分泌铁载体受缺铁诱导，当恢复供铁后，铁载体的分泌快速降低。铁载体的分泌也是有规律的，例如天亮后的几个小时内大麦根系分泌的铁载体达到最大值，随后逐渐降低。然后，Fe（Ⅲ）螯合物通过根细胞表面的铁螯合物转运蛋白（YS/YSL），跨膜运输直接吸收进入根系（表 7-18）。

近年来的研究发现，水稻虽然属于禾本科，但是拥有其独特的铁吸收方式，它可以同时具备铁吸收的机理Ⅰ和机理Ⅱ机制。作为典型的禾本科作物，水稻根系也能向根际分泌植物铁载体，螯合土壤中难溶性的 Fe（Ⅲ），而水稻分泌的铁载体主要是脱氧麦根酸（DMA），由根表皮细胞细胞膜上的铁载体分泌蛋白（TOM1）调控运输。缺铁条件下，TOM1 的表达增强有助于提高水稻对缺铁胁迫的耐受能力。螯合后的麦根酸铁［Fe(Ⅲ)-DMA］再经过水稻的铁螯合物转运蛋白（YS1）运输进入细胞。然而，最近的研究发现，在水稻根系中同时还存在 Fe（Ⅱ）吸收蛋白（OsIRT1），同时受缺铁诱导表达。提供 ^{52}Fe 标记的 Fe(Ⅲ)-DMA 和 Fe（Ⅱ）离子时，在电子示踪成像系统中能明显看到两种形态的铁都能被水稻根系吸收，说明水稻也拥有机理Ⅰ的铁吸收方式[29]。

机理Ⅰ和机理Ⅱ中部分植物铁转运子及其功能见表 7-18。

表7-18 部分植物铁转运子及其功能

机理	基因	植物种类	铁形态	功能	备注
Ⅰ	*AtIRT1*	拟南芥（*Arabidopsis thaliana*）	Fe^{2+}	根系铁吸收	涉及多个金属离子的转运和感知
	AtIRT2	拟南芥（*Arabidopsis thaliana*）	Fe^{2+}	根系铁吸收	表达部位：根表皮细胞细胞膜
	AtNRAMP1	拟南芥（*Arabidopsis thaliana*）	Fe^{2+}	根系铁吸收	表达部位：根表皮细胞细胞膜
	AhNRAMP1	花生（*Arachis hypogaea*）	Fe^{2+}	根系铁吸收	根表皮
	AhIRT1	花生（*Arachis hypogaea*）	Fe^{2+}	根系铁吸收	根系细胞膜
	AhFIT	花生（*Arachis hypogaea*）	Fe^{2+}	调控铁胁迫适应性反应	根系
	AhFRDL	花生（*Arachis hypogaea*）	Fe-citrate	铁长距离运输	柠檬酸转运蛋白
	AhFRO1	花生（*Arachis hypogaea*）	Fe^{3+}-Fe^{2+}	还原难溶性铁	
	AtOPT3	拟南芥（*Arabidopsis thaliana*）	Fe^{2+}	铁长距离运输以及缺铁信号传递	韧皮部
	AtFRD3	拟南芥（*Arabidopsis thaliana*）	Fe^{3+}-citrate	铁长距离运输	
	AtELS1	拟南芥（*Arabidopsis thaliana*）		铁平衡	和 *AtFRD3* 同属 MATE 家族，影响叶片衰老
	AhYSL1	花生（*Arachis hypogaea*）	Fe^{2+}-NA, Fe^{3+}-DMA	根系铁吸收和植物体内铁稳态	
	AtYSL1/*AtYSL3*	拟南芥（*Arabidopsis thaliana*）	Fe^{2+}-NA	种子铁运载	对种子发育和微量元素起着重要作用
	AtYSL4/*AtYSL6*	拟南芥（*Arabidopsis thaliana*）		叶绿体外膜铁向外转运	
	AtMfl1	拟南芥（*Arabidopsis thaliana*）	Fe^{2+}	线粒体内膜铁向内转运	

续表

机理	基因	植物种类	铁形态	功能	备注
I	*CsMTP6*	黄瓜（*Cucumis sativus*）	Fe^{2+}	线粒体铁向外转运	
	AtPIC1	拟南芥（*Arabidopsis thaliana*）	Fe^{2+}	叶绿体内膜铁向内转运	
	AtNRAMP3/ AtNRAMP4	拟南芥（*Arabidopsis thaliana*）	Fe^{2+}	液泡膜铁转运	为种子萌发提供最初的铁源
	AtVIT1	拟南芥（*Arabidopsis thaliana*）	Fe^{2+}	液泡膜铁转运	
	AtVTL1	拟南芥（*Arabidopsis thaliana*）	Fe^{2+}	液泡膜铁转运	
	AtMTP8	拟南芥（*Arabidopsis thaliana*）	Fe^{2+}	液泡膜铁转运	
	MtVTL4/ MtVTL8	苜蓿（*Medicago truncatula*）	Fe^{2+}	液泡膜铁转运	外泌铁至根瘤，促进根瘤发育
	AtNRAMP6	拟南芥（*Arabidopsis thaliana*）	Fe^{2+}	在高尔基体上表达维持细胞内铁平衡和稳态	主要在侧根中柱和根冠以及新叶腺毛中表达
II	*OsIRT1*	水稻（*Oryza sativa*）	Fe^{2+}	根系铁吸收	
	OsYSL15	水稻（*Oryza sativa*）	Fe^{3+}-DMA	根系铁吸收和植物铁内铁稳态	根表皮和韧皮部，花和发育中的种子
	ZmYS1	玉米（*Zea mays*）	Fe^{3+}-DMA	根系铁吸收和植物铁内铁稳态	
	HvYS1	大麦（*Hordeum vulgare*）	Fe^{3+}- DMA	根系铁吸收和植物铁内铁稳态	
	HvYS2	大麦（*Hordeum vulgare*）	Fe^{3+}-DMA	根系铁吸收和植物铁内铁稳态	根表皮
	OsYSL2	水稻（*Oryza sativa*）	Fe^{2+}-NA	铁长距离运输	
	OsFRDL1	水稻（*Oryza sativa*）	Fe^{3+}-citrate	铁长距离运输	中柱细胞
	OsYSL13	水稻（*Oryza sativa*）		铁分配	主要在叶片中表达，在根和地上部均会受缺铁诱导
	OsYSL16	水稻（*Oryza sativa*）	Fe^{3+}-DMA	铁分配	主要在维管束表达
	ZmZIP5	玉米（*Zea mays*）	Fe^{2+}	铁分配	萌发的种子，新叶鞘和茎部
	OsYSL9	水稻（*Oryza sativa*）	Fe^{2+}-NA, Fe^{3+}-DMA	植株体内铁分配，尤其是种子发育中铁从胚乳到胚的转移	缺铁主要在维管组织表达

续表

机理	基因	植物种类	铁形态	功能	备注
Ⅱ	*OsYSL18*	水稻（*Oryza sativa*）	Fe^{3+}-DMA	发育器官的铁供应	生殖器官包括花粉以及节部“韧皮部节”
	OsVIT1/*OsVIT2*	水稻（*Oryza sativa*）	Fe^{2+}	液泡膜铁转运	主要在旗叶和叶鞘表达，平衡旗叶和种子之间的铁稳态
	OsVMT	水稻（*Oryza sativa*）	Fe^{3+}-DMA	液泡膜铁向外转运	在地上部基部、节和根系均有表达，但是只在根系受缺铁诱导
	TaVIT2	小麦（*Triticum aestivum*）	Fe^{2+}	液泡膜铁转运	
	OsMIT	水稻（*Oryza sativa*）	Fe^{2+}	线粒体铁转运	
	OsATM3	水稻（*Oryza sativa*）	Fe^{2+}	线粒体铁向外运输	侧根原基、根尖和茎尖分生组织

7.1.4.5　植物对锰缺乏的适应和调控机制

我国土壤含锰量总趋势是由南向北逐渐降低。虽然土壤中锰的含量较高，但植物有效性不均衡，受土壤多种性质直接影响，尤其与pH值和土壤含氧量呈显著负相关。在干旱、多孔的砂质土壤或石灰性土壤条件下，由于含氧丰富且pH值高，土壤锰有效性较低，植物容易缺锰。植物有多种机制来应对缺锰，包括增加根长、分泌有机酸、提升吸收和转运相关转运蛋白的表达等。此外，土壤还原类微生物有助于降低土壤氧化势能，从而也有助于提升土壤锰的植物有效性。

目前，已经发现多个与锰吸收、转运和积累相关的基因家族，主要有NRAMP（natural resistance-associated macrophage protein，自然抗性相关巨噬细胞蛋白）基因家族、ZIP（ZRT-IRT-like protein，调节锌和铁的转运子）基因家族、YSL（YSL - yellow stripe-like family）成员转运基因家族、助阳离子扩散（cation diffusion facilitator，CDF）基因家族、阳离子交换（exchange，CAX）基因家族和内膜型钙ATP酶（endomembrane-type Ca-ATPase，ECA）基因家族等（表7-19）。

表7-19　部分植物锰转运子及其功能

基因	植物种类	转运功能	位置
AtNRAMP1	拟南芥（*Arabidopsis thaliana*）	Mn^{2+}的吸收	根
AtNRAMP3	拟南芥（*Arabidopsis thaliana*）	叶片液泡Mn^{2+}向胞质的转运	地上部
AtNRAMP4	拟南芥（*Arabidopsis thaliana*）	液泡Mn^{2+}向胞质的转运	地上部
OsNRAMP5	水稻（*Oryza sativa*）	Mn^{2+}的吸收	根
OsNRAMP3	水稻（*Oryza sativa*）	Mn^{2+}向幼嫩发育组织的分配	地上部节点韧皮部

续表

基因	植物种类	转运功能	位置
HvNramp5	大麦（*Hordeum vulgare* L.）	Mn^{2+} 的吸收	根
TcNRAMP3	遏蓝菜（*Thlaspi caerulescens*）	Mn^{2+} 的平衡	根和地上部
TcNRAMP4	遏蓝菜（*Thlaspi caerulescens*）	Mn^{2+} 的平衡	根和地上部
LeNRAMP1	番茄（*Lycopersicon esculentum*）	Mn^{2+} 的吸收	根
LeNRAMP3	番茄（*Lycopersicon esculentum*）	Mn^{2+} 的吸收	根和地上部
MbNRAMP1	山荆子（*Malus baccata*）	Mn^{2+} 的吸收	根
HvIRT1	大麦（*Hordeum vulgare* L.）	Mn^{2+} 的吸收	根
AtIRT1	拟南芥（*Arabidopsis thaliana*）	Mn^{2+} 的吸收	根
AtZIP1，*AtZIP2*，*AtZIP3*，*AtZIP5*，*AtZIP6*，*AtZIP9*	拟南芥（*Arabidopsis thaliana*）	Mn^{2+} 吸收及平衡	根或地上部
OsYSL2	水稻（*Oryza sativa*）	Mn^{2+} 在韧皮部的转运	地上部
OsYSL6	水稻（*Oryza sativa*）	Mn^{2+} 在叶片的解毒	地上部
AtMTP11	拟南芥（*Arabidopsis thaliana*）	Mn^{2+} 对高锰的解毒	地上部
OsMTP9	水稻（*Oryza sativa*）	Mn^{2+} 的吸收（向近中柱侧外排 Mn^{2+}）	根
OsMTP8.1	水稻（*Oryza sativa*）	转 Mn^{2+} 入液泡解毒	主要在叶片
OsMTP8.2	水稻（*Oryza sativa*）	转 Mn^{2+} 入液泡解毒	主要在叶片
AtIRT1	拟南芥（*Arabidopsis thaliana*）	Mn^{2+} 的吸收	根
ShMTP1	有钩柱花草（*Stylosanthes hamata*）	转 Mn^{2+} 入液泡解毒	地上部
AtCAX2	拟南芥（*Arabidopsis thaliana*）	转 Mn^{2+} 入液泡解毒	根和地上部
OsCAX3	水稻（*Oryza sativa*）	转 Mn^{2+} 入液泡解毒	根和地上部
AtECA1	拟南芥（*Arabidopsis thaliana*）	维持内质网 Ca/Mn 平衡	根和地上部
AtECA3	拟南芥（*Arabidopsis thaliana*）	高尔基体 Ca/Mn 平衡	根和地上部

不同物种之间在缺锰时调动锰转运蛋白的机制似乎略有不同。拟南芥中 AtNRAMP1 是一个高亲和锰转运子（K_m 值为 28nmol/L），主要定位于根细胞的质膜，缺锰时表达水平增加，负责植株根部对外界锰离子的吸收。AtNRAMP3 和 AtNRAMP4 定位于细胞液泡膜，当外界供锰不足时，AtNRAMP3 和 AtNRAMP4 就将液泡中的锰转出以供应叶肉细胞的光合作用。水稻中负责锰吸收的主要转运蛋白为 OsNRAMP5，极性定位于水稻根外皮层细胞和皮层细胞远离中柱的一侧，具有由胞外向胞内运输锰离子的活性，也是高亲和转运蛋白（K_m

值为 1.08μmol）。OsMTP9 是另一个负责锰吸收的主要转运蛋白，且极性定位于水稻根外皮层细胞和皮层细胞靠近中柱的一侧，负责将胞质中的锰转移至靠近中柱一侧的质外体中，促进锰由根表向中柱的径向运输。由此可见，OsNRAMP5 和 OsMTP9 在功能上分别负责锰离子在根部细胞中的“进”与“出”，完美协作，有序促进水稻根系对锰离子的高效吸收和运输。但与拟南芥 AtNRAMP1 不同的是，OsNRAMP5 和 OsMTP9 的表达水平并不受缺锰的诱导；与之相对的是，水稻通过调控节点处负责锰分配的转运蛋白 OsNRAMP3 来应对环境中锰的变化。水稻节点是连接叶片、茎秆和穗的纽带，*OsNRAMP3* 在水稻节间组成性表达，但蛋白水平受供锰水平的调控。OsNRAMP3 是植物响应环境锰变化的一个开关，在生长介质锰浓度较低时，OsNRAMP3 优先将锰运输到新叶和穗；在生长介质锰浓度高时，OsNRAMP3 蛋白在几个小时内快速降解，锰主要向老叶中分配[30]。拟南芥的 *AtIRT1* 来自 ZIP 家族，是拟南芥中非常重要的铁转运蛋白，同时也具有 Mn^{2+}、Cd^{2+} 和 Zn^{2+} 的转运活性；该基因主要受缺铁诱导表达，在正常情况下对锰吸收的贡献并不大，一般认为该基因对锰吸收的贡献主要体现在同时缺锰缺铁的条件下，如石灰性土壤等。*HvIRT1* 是大麦中克隆的第一个具有锰转运活性的高亲和转运蛋白基因，受缺锰诱导表达，在低锰情况下对锰的吸收具有重要贡献。

除上述参与植物对锰吸收及环境应答的转运蛋白之外，植物中还存在大量负责锰运输、平衡和解毒等的锰转运蛋白（表 7-19）。水稻中 OsYSL2 主要作用于 Mn 和 Fe 的远距离运输，尤其是籽粒中 Mn 和 Fe 的积累。尽管 OsYSL6 也具有 Mn^{2+} 转运活性并同时需要烟草胺（NA）的参与，但其与 OsYSL2 的亲缘关系并不近，功能机制也完全不同。OsYSL6 主要负责水稻老叶的解毒，其功能突变能导致水稻对高 Mn 的耐受性显著下降。拟南芥中的 AtMTP11 和 AtCAX2、水稻中的 OsMTP8.1 和 OsMTP8.2 等也都负责植株体内锰的解毒。此外，拟南芥中 *AtECA1* 和 *AtECA3* 的编码蛋白分别定位于内质网和高尔基体，负责维持相应细胞器中锰的平衡。

7.1.4.6 植物对铜缺乏的适应和调控机制

虽然土壤中铜含量整体上一般较高（耕地土壤铜浓度一般在 5 ～ 30mg/kg），但其植物有效性很大程度依赖于土壤环境。铜的植物有效性主要受土壤总铜浓度、可移动性、pH 值、土壤有机质含量等的影响，其中 pH 值降低能显著提升铜的植物有效性，而土壤有机质由于与铜有很高的亲和性从而导致铜被固定而降低其有效性。因此，植物缺铜主要发生在钙质或碱性土壤，尤其是干旱或者半干旱环境或有机质丰富的土壤中。我国大部分土壤的有效铜较丰富，而红色石灰土、黑色石灰土、碳酸盐紫色土、黄土发育的土壤、花岗岩发育的赤红壤等有效铜较低。植物适应低铜环境的机制主要有促进根系发育、分泌有机酸和铜螯合物、诱导铜吸收转运系统及铜再分配系统相关转运蛋白的表达等。

植物主要利用类似于铁吸收机理 Ⅰ 的还原机制进行铜的吸收（图 7-16）。以拟南芥为例，根表的 Cu^{2+} 在铁还原氧化酶 FRO4 和 FRO5 作用下被还原为 Cu^{+}，随后在铜转运蛋白 AtCOPT1 和 AtCOPT2 的作用下跨膜吸收进根细胞内。AtCOPT1 和 AtCOPT2 属于 COPT/CTR（copper transporter）家族成员，具有高亲和的 Cu^{+} 转运活性。COPT 属于保守的铜转运蛋白家族，在人、动物、植物和微生物中广泛存在，且普遍参与铜的吸收和转运。

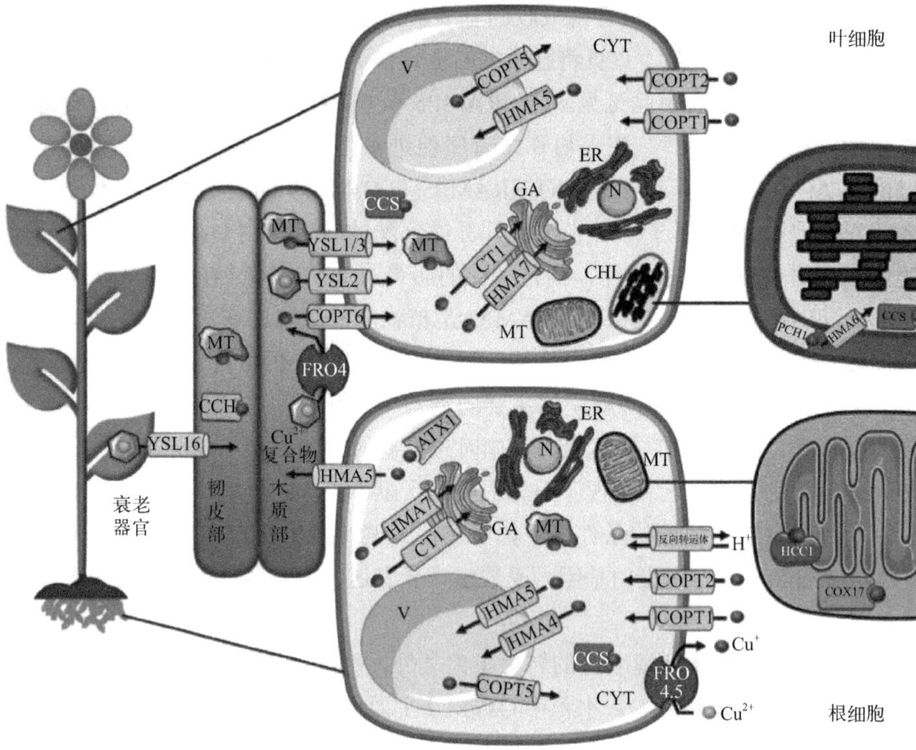

图 7-16　植物中铜的吸收和运输

箭头—铜的运输方向；ATX1—抗氧化蛋白 1；CCS、CCH—铜伴侣蛋白；CHL—叶绿体；COPT—铜转运体；CT1—MFS 型转运体；CYT—细胞质；ER—内质网；FRO—铁还原酶氧化酶；GA—高尔基体；HMA—重金属 ATP 酶；HCC1—铜伴侣 SO01 同源物；MT—金属硫蛋白；MT—线粒体；N—核；PCH1—质体的铜伴侣蛋白 1；V—液泡；YSL—类黄色条纹转运蛋白

（引自 Migocka 和 Malas, 2018）

Cu^{+} 进入细胞后不能以游离态的形式进行运输，而需要与金属硫蛋白或特异性的铜分子伴侣进行结合，然后被进一步分配至各种细胞器（如质体、高尔基体、线粒体等），或存储进液泡。在拟南芥中，目前已鉴定到的铜伴侣蛋白包括 AtPCH1、AtCOX17、AtCCS1、AtATX1 和 AtCCH 等。伴侣蛋白 AtPCH1 将细胞质中的铜传递给定位于叶绿体的铜转运蛋白 AtHMA6/AtPAA1，从而介导铜向叶绿体基质的转运；在叶绿体基质中，铜伴侣蛋白 AtCCS1 将铜传递给类囊体膜上的 AtHMA8/AtPAA2，从而介导铜向类囊体的转运；伴侣蛋白 AtATX1、AtCCH 和 AtCCS1 等将细胞质中的铜传递给定位于高尔基体膜上的 AtHMA7/RAN1，介导铜向高尔基体的转运；伴侣蛋白 AtATX1 和 AtCCH 等也能将铜传递给定位于木质部薄壁细胞质膜上的 AtHMA5，从而介导铜由根往地上部的运输；伴侣蛋白 AtCCS1 还负责将铜传递给铜锌超氧化物歧化酶（Cu/Zn-SOD）；伴侣蛋白 AtCOX17-1 则负责铜离子向线粒体的传递。这些伴侣蛋白在进化上比较保守，同源基因在不同植物物种中普遍存在。此外，重金属 ATP 酶转运蛋白（heavy metal transporting ATPase，HMA）家族在各种微生物和动植物中也广泛存在，功能上也比较保守。在水稻中，目前已证实 OsHMA4、OsHMA5 和 OsHMA9 在水稻体内铜的转运和平衡中发挥重要作用，且能够与铜伴侣蛋白 OsATX1 进行互作并接受铜的传递。

类黄色条纹转运蛋白（yellow stripe-like protein，YSL）也是一类重要的铜转运蛋白，但与铜转运蛋白COPT家族和HMA家族主要运输Cu^{+}不同的是，YSL成员主要运输Cu^{2+}。由于YSL家族主要参与金属（铁、铜、锌等）的长距离运输，因此，目前一般认为植物中铜在开始长距离运输时会由Cu^{+}氧化为Cu^{2+}。在木质部和韧皮部汁液中，Cu^{2+}会与多种螯合剂进行螯合，包括金属硫蛋白、游离组氨酸、烟草胺（NA）、脱氧麦根酸（DMA）等。这些复合物可被负责长距离运输的铜转运蛋白识别并转运。如拟南芥的AtYSL2能够识别Cu-NA，并负责铜在木质部的卸载。而水稻中OsYSL16也具有Cu-NA转运活性，它在韧皮部中表达，负责将Cu-NA复合体从老叶转移至发育组织或种子中去。

7.1.4.7 植物对镍缺乏的适应和调控机制

植物正常生长需要的镍很少，且镍在植物体内具有非常好的移动性，因此植物缺镍的现象鲜有发生。迄今为止，仅在美国东南部阳离子交换量低灌溉差的砂土上生长的美洲山核桃树［*Carya illinoiensis* (Wangenh.) K. Koch］发现镍缺乏症状。Ni^{2+}是植物吸收镍的主要形式。植物对镍的吸收主要在根部通过主动运输和被动扩散进行，二者之间的贡献比例随土壤或养分环境中镍的类型和浓度以及植株物种的不同而不同。根部吸收的镍经由木质部导管到达地上部各组织，并能够进一步经过韧皮部进行再分配（图7-17）。相较其他大多数元素而言，镍具有很强的再分配能力；研究显示，植株衰老叶片中绝大多数的镍能够转移到新生叶片中去。

目前，植物中尚未鉴定到专一性负责镍吸收或运输的转运蛋白，但由于镍与铁为同族元素，二者在理化性质上具有一定的相似性，现已证实镍能够利用铁的部分离子转运蛋白进行转运。在拟南芥中，铁转运蛋白AtIRT1参与镍的吸收，并被认为是镍吸收的主要途径之一，至少在缺铁条件下如此。AtIRT1受缺铁强烈诱导表达，有研究显示野生型拟南芥根中的镍吸收速率在缺铁情况下比供铁条件下高3倍，而*atirt1*突变体的镍吸收速率在缺铁前后无显著差异。此外，由于竞争性抑制，高镍浓度会显著降低植株对铁的积累；因此，镍中毒植株通常会表现出缺铁表型。AtIRT1在玉米中的直系同源物ZmIRT1也被认为负责镍的吸收。

根吸收的镍穿过皮层细胞时，部分会被转运至液泡进行存储。前面提到，缺铁会导致植株镍积累显著增加，而过量的镍会产生毒害；在拟南芥中已鉴定到一个在根部受缺铁诱导表达的金属转运蛋白AtIREG2具有镍转运活性，且定位于液泡膜，可将镍转运至液泡进行存储，从而减少镍的移动，降低镍的毒害。在很多镍超积累植物中，IREG同源基因也被证明具有镍转运活性，但其主要在叶片中表达且表达水平远高于同类非超积累品种，这既表明IREG基因对超积累植物耐受高镍的重要作用，也显示出IREG家族基因在不同植物物种间均参与镍脱毒的保守功能机制。

镍在由根部往地上部运输的过程中，能够与组氨酸和烟草胺（NA）等螯合从而提升运输效率。在部分镍超积累品种中，发现木质部中组氨酸或NA浓度远高于同类非超积累品种，从而增强了镍由根往地上部的转运。尽管如此，镍在木质部中主要还是以游离的Ni^{2+}形式存在，因为镍在木质部中的浓度远高于螯合底物组氨酸或NA的浓度。植物中负责镍及其螯合物远距离运输的转运蛋白尚未被证实，但有研究推测类黄色条纹转运蛋白（YSL）家族可能介导Ni-NA的远距离运输。

镍经木质部和韧皮部到达目标组织后的卸载以及在胞质中如何进入目标细胞器等过程的

转运蛋白目前还不清楚。但对植物如何应对镍的毒害机制有了一定了解。除上述液泡转运蛋白 IREG 等将镍隔离在液泡中外，目前还在水稻中鉴定到一个在叶绿体中定位的 ABC 家族转运蛋白（ATP-binding cassette transporter family），即 OsARG1，该蛋白负责将叶绿体中过量的镍（和钴）转出至胞质中，避免过量的镍由于竞争影响其他金属离子在叶绿体中的功能。因此，该基因在维持植物光合作用上发挥重要的作用，该基因突变会造成叶绿体中镍和钴浓度极显著增加，植株在镍和钴处理条件下叶片快速白化。

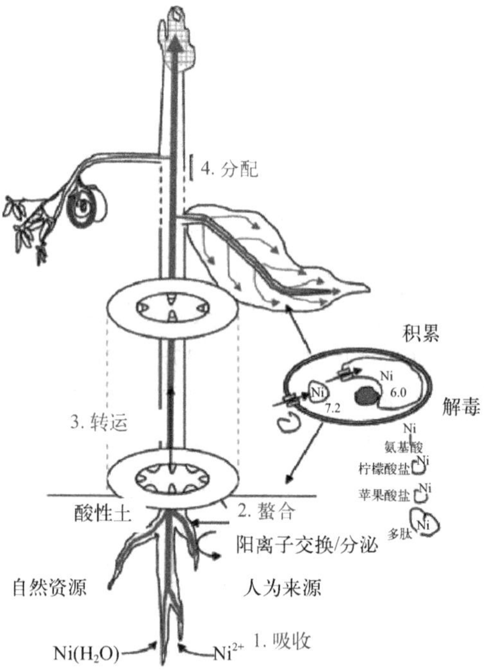

图 7-17　植物镍的吸收、转运和分配[31]

7.1.4.8　植物对氯缺乏的适应和调控机制

大田中一般很少发现作物缺氯症状，氯过多倒是生产上的一个问题。植物对氯吸收形态是 Cl^-，并且是通过氯酸盐转运子以被动吸收形式进入植物体内。植物中氯酸盐转运子包括氯通道蛋白（chloride channel，ClC）家族［Cl^- 通道和 $(Cl^-/NO_3^-)/H^+$ 反向转运子］和阳离子-氯离子共转运子（cation chloride transporters, CCC）（Na^+：K^+：Cl^-）。在拟南芥中已经分离鉴定 7 个 *ClC* 基因家族成员，其中 *AtClC-b* 在根中，*AtClC-c* 在保卫细胞表达，*AtClC-e* 位于类囊体膜上，*AtClC-f* 位于高尔基体小囊泡上，并且所有 *AtClC* 家族成员均在根和地上部的液泡组织表达，与植物体内 Cl^- 的短距离和长距离运输有关。植物对 Cl^- 的吸收均有奢侈吸收的特性，即体内 Cl^- 的浓度随外界浓度的增加而增加。植物吸收的多余 Cl^- 主要贮存在液泡内。氯在植物体内的运输以共质体途径为主，Cl^- 的移动与蒸腾作用有关。植物除从根部吸收 Cl^- 以外，叶子吸收氯的能力也很强。氯在植物体内也主要以 Cl^- 的形态存在。此外，高等植物还含有 130 多种有机氯化合物。

当氯浓度低于临界阈值时，植物的叶面积会因为细胞分裂率的降低而显著减少。在低氯离子的条件下，渗透调节和电荷平衡功能，主要发生在液泡中，应该通过划分其他分子（也参与植物细胞中的渗透调节功能）来补偿，通常是 NO_3^- 和苹果酸。氯缺乏会抑制天冬酰胺合成酶、淀粉酶和 ATP 酶的活性。氯化物在氮代谢中起作用，这是由于其对天冬酰胺合成酶的刺激作用。天冬酰胺合成酶以谷氨酸为底物，氯化物增加了这种酶与其底物的亲和力。在植物中，天冬酰胺是氮远距离运输的主要化合物，氯化物也可能在氮代谢中发挥作用。缺乏氯化物的卷心菜和花椰菜中氨基酸和酰胺的含量异常高，这是由于抑制蛋白质合成或增强蛋白质降解的结果。此外，植物更依赖氯离子来调节气孔功能，氯离子缺乏使植物的气孔开放延迟约 3 小时。

创制绿色智能微量元素肥料要充分考虑不同作物对微量元素的适应和调控机制，以及微量元素与微量元素和大中量元素的互作特性，通过改变土壤 pH 值，调控作物根层的养分形态与精准供应，有效耦合根系、根际、生物互作等过程，实现逐级放大效能和养分高效利用。

7.2　微量元素在土壤中的过程

7.2.1　土壤中硼的有效性及其影响因素

7.2.1.1　土壤中硼的形态

土壤中硼主要来源于成土母质。植物残体和火山活动也是土壤硼的重要来源。自然土壤含硼量由土壤类型和成土母质决定，有明显的地带性。如，我国土壤硼含量有由北向南、由西向东逐渐降低的趋势。土壤中硼存在于岩石和矿物，吸附在黏土或铁铝氧化物表面，与有机质络合以及存在于土壤溶液中，具有不同形态（图 7-18）。

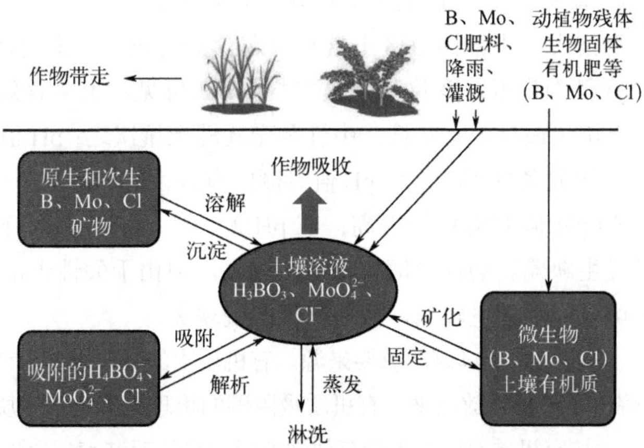

图 7-18　农田土壤中硼、钼和氯的形态及其循环

（改自 Havlin J L, et al., 2013）

土壤有机态硼包括植物残体中的硼、被有机物吸附的硼和微生物所吸收同化的硼。硼在植物体内大部分分布在叶片中，其次是茎，种子中最少，因此，植物从土壤中吸收的硼一部分可随茎叶（如秸秆还田）归还于土壤。植物残体和微生物体中的硼只有在有机物被腐解后，才能被植物吸收利用。

土壤无机态硼包括含硼矿物、吸附态硼和土壤溶液中的硼。

（1）含硼矿物　存在于含硼矿物晶格中的硼是土壤硼的主要来源。含硼矿物种类繁多，有50多种。土壤中分布最广泛的含硼矿物是电气石，其化学式为$[Na(Fe,Mg)_3Al_6(OH)_4(BO_3)_3\cdot Si_6O_8]$，含硼量为3%～4%，是火成岩中主要的含硼矿物。电气石是一种难溶的含硼硅酸盐，结构非常稳定，抗风化力强，不溶于酸，所含的硼对植物是无效的，因此，土壤溶液中硼的缓冲性能很小，这也是作物缺硼越来越普遍的原因。含硼矿物风化后，释放出的硼以H_3BO_3分子或BO_2^-、$B_4O_7^{2-}$、BO_3^{3-}、$H_2BO_3^-$、$B(OH)_4^-$等离子形态进入土壤溶液，供植物吸收利用或被土壤固相部分吸附。

（2）吸附态硼　土壤对硼的吸附-解吸能够增强土壤溶液中硼的缓冲能力，减少硼的淋失。吸附态硼包括土壤有机质和矿物质部分所吸附固定的硼。在碱性、高硼的土壤中，吸附态硼是硼存在的主要形式。

（3）土壤溶液中的硼　土壤溶液中的硼主要是水溶性硼，一般只占土壤全硼量的0.1%～5%，其与土壤吸附态硼保持着平衡关系。研究表明，80%的硼在作物生长季节转化为无效硼，而只有20%～60%的硼可以提取为热水溶性硼。水溶性硼包括硼酸分子H_3BO_3和硼酸阴离子$B(OH)_4^-$。这两种形态的硼在土壤溶液中的分布比例，取决于溶液的酸碱度。当pH值＜7时，H_3BO_3分子占优势；pH值＞7以后，H_3BO_3逐渐减少，$B(OH)_4^-$阴离子则逐渐增多；到pH值9.2时，两种形态的硼各占一半；pH值＞9.2以后，转向以$B(OH)_4^-$阴离子占优势。

7.2.1.2　影响硼肥肥效的因素

土壤有效硼是指土壤中能供当季作物吸收利用的硼。我国不同区域性土壤，甚至同一类型土壤，土壤有效硼含量不同，为作物提供硼营养的能力存在显著差异。

（1）土壤类型　我国区域性土壤有三大类型：干旱漠土、高山土区土壤有效硼含量最高，变化范围最宽；淋溶土、半淋溶土区土壤有效硼含量为较高，变化范围较宽；铁铝土、水稻土区土壤有效硼含量为最低，变化范围最窄[12,33-34]。可见，土壤有效硼含量，在pH值高、碳酸钙含量高的土壤中最高；石灰性、中性和微酸性土壤次之；pH值低的酸性土最低。

（2）土壤pH值　在田间条件下，土壤pH值对硼的有效性影响较大。在pH值为4.7～6.7条件下，硼的有效性随pH值的提高而提高；在pH值＞7的碱性条件下，硼的吸附严重，有效性显著降低，易发生缺硼。酸性土硼有效性虽较高，但由于酸性土常处于高温多雨的气候带，淋溶强烈，土壤有效硼含量较低，故易出现缺硼现象。

（3）土壤有机质　有机质是土壤硼的重要来源。有机质中的硼以硼酸酯或吸附态存在于土壤中，随着有机质的分解，硼可以释放出来。有机质吸附硼的机理为硼与有机质的分解产物形成硼二元醇复合物。此外，土壤有机质对酸性土硼有效性的影响往往超过pH值和土壤质地的影响。

（4）土壤质地　土壤溶液中硼可与土壤固相发生物理吸附和化学反应。不同的土壤因其固相组成存在差异，吸附硼的性质有一定的差别。砂质土吸附的硼较少且易于淋失；黏质土吸附的硼较多并不易淋失。一般黏质土的有效硼含量高于砂质土，植物缺硼多发生在砂质土上，即植物缺硼与土壤类型有很大关系。

（5）土壤对硼的吸附和解吸 土壤溶液中的硼和土壤固相部分所吸附的硼存在着平衡关系。当施肥使土壤溶液中的硼浓度提高时，土壤固相则将部分硼吸附固定；当植物根系从土壤溶液中吸收硼而引起其浓度下降时，土壤固相所吸附的硼又可解吸出来。所以，土壤对硼的吸附和解吸特性直接影响着土壤的供硼状况。

（6）气候条件 土壤水分、温度和光照均影响硼对植物的有效性，其中以土壤水分较为突出。我国长江流域种植油菜，如果春天（2 ～ 4 月）干旱，易爆发油菜缺硼；棉花和赣南纽荷尔脐橙在 6 月下旬至 7 月上中旬梅雨后遇伏旱，易爆发缺硼。上述作物或果树爆发缺硼与其生长发育旺盛期遭遇高温有关，但并非当年气温最高的时候。

7.2.1.3 我国缺硼土壤分布及硼肥施用的必要性

目前土壤有效硼的测量采取热水浸提法。当土壤有效硼含量＜ 0.25mg/kg 时，硼营养水平极低，大多数作物硼不足，需硼中等和需硼较多的作物出现严重缺硼症状。当土壤有效硼含量＞ 0.25 ～ 0.50mg/kg 时，硼营养水平低，需硼较少的作物硼能够满足生长，需硼中等和需硼较多的作物可能有缺硼症状。当土壤有效硼含量＞ 0.50 ～ 1.00mg/kg 时，硼营养水平适宜，能够满足多数作物生长。当土壤有效硼含量＞ 1.00 ～ 2.00mg/kg 时，硼营养水平丰富，能够满足大多数作物生长，不耐高硼的作物施硼肥可能出现硼毒害。当土壤有效硼含量＞ 2.00mg/kg 时，作物硼营养水平过量（表 7-20）。

表7-20 土壤有效硼（热水溶性硼）含量与作物硼营养水平[12,33]

作物硼营养水平	土壤热水溶性硼含量（B）/（mg/kg）
极低	＜ 0.20
低	0.20 ～ 0.50
适宜	＞ 0.50 ～ 1.00
丰富	＞ 1.00 ～ 2.00

我国西部内陆地区为富硼区，土壤供硼充足；南部或东南部为低硼或缺硼区；中部为过渡区，硼含量中等，供硼较充足。在土壤有效硼较低的地区，油菜不施硼“花而不实”，棉花不施硼“蕾而不花”，柑橘缺硼“叶片黄化”“木栓化”、落花落果。我国新疆地区土壤有效硼测定值高达 2 ～ 3mg/kg，但施硼仍能增产，与当地的土壤条件和气候环境有关。

7.2.2 土壤中锌的有效性及其影响因素

7.2.2.1 土壤中锌的形态

锌在自然界中分布较广，主要以硫化锌和锌氧化物存在。成土母质是土壤中锌的主要来源。我国土壤含锌量变化幅度很大，在 3 ～ 790mg/kg，平均 100mg/kg。不同土壤类型间差异很大，其中，紫色土最高，其锌含量可高达 53 ～ 116mg/kg，锌含量最低的是砖红壤，其含量范围在 2 ～ 77mg/kg。土壤中锌的形态包括水溶态锌、交换态锌、碳酸盐结合态锌、有机结合态锌、氧化锰结合态锌、氧化铁结合态锌和矿物中的锌（图 7-19）。各种形态锌的性质、含量和有效性有很大的差别。

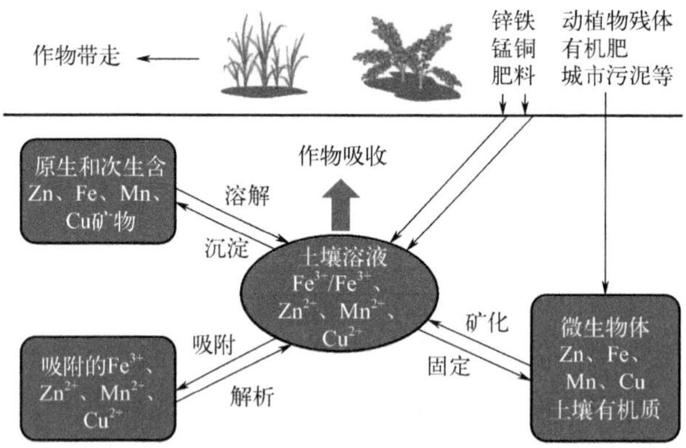

图 7-19　农田土壤中锌、铁、锰和铜的循环

（改自 Havlin, et al., 2013）

（1）水溶态锌　土壤中水溶态锌以 Zn^{2+}、$Zn(OH)^{+}$、Zn(OH)、$ZnCl^{+}$、$ZnNO_3^{+}$ 等形态存在于土壤溶液中，含量很少，一般在 0.1mg/kg 以下，在石灰性土壤中更少，这部分锌对作物直接有效。水溶态锌中有 28% ～ 97% 以配合态存在，并且受土壤 pH 值、Eh 值和其他离子浓度影响很大。

（2）有机态锌　指土壤中微生物活体、腐殖质、植物残体和土壤颗粒表面的有机胶体中的锌，这部分锌需微生物分解后才能释放出来，以有机配合物或无机物形态存在于土壤溶液中，对植物的有效性也较高。

（3）交换态锌　指黏粒矿物或腐殖质等土壤组分交换位上的锌，也叫非专性吸附态锌，这部分锌对作物有效，但其有效性远低于土壤溶液中的锌，因为它必须被其他阳离子替换出来，进入土壤溶液中才能被根系吸收。

（4）吸附态锌　吸附态锌分为两大类，一类是土壤中金属氧化物或氢氧化物，主要是铁、锰、铝氧化物吸附的锌，这部分锌的有效性很差，并且随着 pH 值升高，铁铝氧化物对锌的专性吸附作用增强；另一类是指被土壤黏粒和腐殖质所吸附的锌，占土壤全锌含量的 1% ～ 3%，在 pH 值＜ 5.0 的酸性土壤上较普遍，对植物的有效性也较差。

（5）矿物态锌　矿物态锌指存在于含锌矿物或其他矿物晶格内的锌，土壤中这部分锌的含量最高，但对植物无效，只有经过漫长的矿物风化后才能进入土壤有效锌库中，被植物利用。

不同形态的锌对植物的有效性不同。水溶态锌和交换态锌对植物有效，有机结合态锌则需经有机质分解后才能被植物利用，次生矿物和原生矿物中的锌一般对植物是无效的。原生和次生矿物分解产生的溶解在土壤溶液中的锌，首先被阳离子交换吸附，或者被微生物固定，或者与溶液中有机物络合。其中，络合态锌有利于土壤锌向根表面的运输和植物吸收。土壤锌的有效性主要决定于含锌矿物的溶解性、土壤有机质以及黏粒和有机质表面对锌的吸附。

7.2.2.2 影响锌肥肥效的因素

植物缺锌是由于锌的供应不足或吸收受到抑制，或体内养分不平衡等原因造成的，容易出现缺锌的原因有：土壤含锌量过低，有些土壤如砂土、石灰性土壤等土壤全锌量本身就很低，有效锌的含量就更低，植物不能从中获得足够的锌以满足其生长；土壤锌的有效性很低，在某些土壤上，全锌含量并不低，但由于其他土壤和环境因素的影响，锌的有效性很差，这些土壤常常是pH值较高，如石灰性土壤、过量施用石灰的土壤；长期渍水、淹水而使土壤ZnS含量增加、Fe和Mn氧化物对锌的吸附能力增强的土壤；根系获取锌的能力降低，由于根层土壤温度过低、干旱、大量施用磷肥、种植锌低效基因型植物等原因，使得根系摄取锌的能力降低，这样即使在有效锌含量高的土壤上也会出现缺锌；锌需求量增大，由于大量元素肥料的施用、高光照强度、高产品种等原因，作物对锌的需求量增大，土壤供应不上而导致缺锌[12,33]。

土壤中磷锌存在交互作用。磷诱导缺锌的可能原因主要有：①高磷降低了土壤中锌的溶解性；②高磷能够导致根部生长减缓，降低了丛枝菌根的侵染率，从而影响植物对锌的吸收；③高磷大大提高了植株地上部生长，从而使地上部锌浓度降低，造成缺锌；④地上部磷浓度的升高也影响锌在细胞间和长距离运输中的溶解性和移动性；⑤缺锌时施磷导致磷中毒。缺锌可以增强植物根系对磷的吸收以及磷从根向地上部的转运。缺锌还会导致根细胞膜透性增加，从而增加对PO_4^{3-}、Cl^-、$H_2BO_3^-$等阴离子的吸收[12]。

7.2.2.3 我国缺锌土壤分布及锌肥施用的必要性

测定土壤有效态锌，酸性土壤和中性土壤用0.1mol/L HCl提取，石灰性土壤用DTPA溶液（pH 7.3）提取（表7-21）。酸性和中性土壤有效锌临界值为1.5mg/kg，石灰性土壤有效锌临界值为0.5mg/kg。

表7-21 土壤有效锌含量与作物锌营养水平[12,33]

作物锌营养水平	0.1mol/L HCl提取（Zn）/（mg/kg）	DTPA提取（Zn）/（mg/kg）
很低	＜1.0	＜0.5
低	1.0～1.5	0.5～1.0
中等	＞1.5～3.0	＞1.0～2.0
高	＞3.0～5.0	＞2.0～5.0
很高	＞5.0	＞5.0
临界值	1.5	0.5

我国南方的酸性土壤有效锌含量较高，北方的石灰性土壤较低，缺锌土壤主要分布在北方。在土壤有效锌较低的地区，玉米出现“白苗病”或“白芽病”，水稻出现“矮缩病”，果树出现“小叶病”或“簇叶病”。

7.2.3 土壤中钼的有效性及其影响因素

7.2.3.1 土壤中的钼

世界土壤中钼含量为0.5 ～ 5.0mg/kg，平均为2mg/kg。温带和寒温带地区的土壤钼含量最低，常低于1mg/kg；干旱和半干旱地区土壤钼含量最高，平均含量是2 ～ 5mg/kg；热带和温润地区土壤的钼含量也较高。我国土壤全钼含量为0.1 ～ 6.0mg/kg，平均1.7mg/kg，大多数集中在2.0mg/kg左右。世界主要土壤有效钼含量范围为0.01 ～ 12.0mg/kg，相当于全钼含量的2% ～ 20%。酸性土壤中有效钼含量较低，所占全钼比例小，在石灰性土壤中则相反，特别是干旱地区土壤。土壤中钼的含量和分布与土壤形成过程的各个环节有关，影响最大的是生物积累、成土母质及淋失等。土壤中钼的形态包括矿物态钼、交换态钼、有机态钼和水溶态钼。钼有多种原子价，以Mo^{6+}和Mo^{4+}最为重要。虽然土壤溶液中钼是以阴离子形式存在，但上述各个钼的形态之间的关系与其他金属阳离子相似。

① 矿物态钼指原生矿物和次生矿物中的钼以及铁、锰结核中的钼。钼为亲硫元素，又是亲石元素。亲石元素（lithophile element）是指自然界中与氧亲和力强，主要以硅酸盐或其他含氧盐和氧化物集中于岩石圈中的元素。含钼矿物主要有硅酸盐矿物，如黑云母；硫化物，如辉钼矿；氧化物，如蓝钼矿；钼酸盐，如钼铅矿、钼钙矿、铁钼矿等。存在于原生矿物和次生矿物中的钼对植物有效性差，只有通过风化作用，变成钼酸盐以后才能被作物吸收，所以矿物态钼对植物基本是无效的。

② 交换态钼。土壤中的MoO_4^{2-}或$HMoO_4^-$离子可被土壤胶体尤其是黏粒矿物所吸附，而被其他阴离子如SO_4^{2-}、OH^-、PO_4^{3-}等所代换。土壤中交换态钼的数量也不多，一般只有全钼的10^{-6}% ～ 10^{-4}%，且随pH值上升而减少。当pH ＞ 7.5时，土壤基本上不再吸附钼酸阴离子。交换态钼一般是有效的，但能被其他阴离子代换出的MoO_4^{2-}或$HMoO_4^-$远较被吸附的钼少。

③ 有机态钼指来源于各种动、植物残体有机物中的钼。土壤微生物将动、植物残体分解使钼释放出来，参与土壤中的钼长期循环。这部分钼因动、植物残体含钼量不同的差异很大。土壤有机态钼在土壤全钼中占有一定比例，一般土壤含钼量与有机质含量呈正相关，如腐殖质积累量高的泥炭，含钼量可超过150mg/kg。土壤有机态钼对作物的有效性与其结合方式有关，钼与含有正羟基的有机化合物（酚、醇、羧酸等）能形成可溶性的络合物，这部分对植物有效。这些络合物与金属离子又可能形成不溶性化合物，变成无效态钼。

④ 水溶态钼指土壤溶液中游离的钼酸和钼酸根离子，也包括少量的MoO_3。MoO_3主要来源于土壤中固相钼酸盐矿物的溶解和阴离子对交换态钼的代换，以及有机态钼的分解释放。水溶态钼对植物直接有效。土壤中水溶态钼的数量很少，一般小于0.1mg/kg。土壤水溶

态钼受 pH 值影响很大，随着 pH 值升高，土壤水溶性钼含量增加。水溶态钼是一种有效钼，但其含量极低。

7.2.3.2 影响钼肥肥效的因素

土壤有效钼是指土壤中能供当季作物吸收利用的钼。水溶态钼是一种有效钼，但其含量极低。交换态钼一般是有效的，但能被其他阴离子代换出的 MoO_4^{2-} 或 $HMoO_4^-$ 远较被吸附的钼少。影响土壤钼有效性的因素主要包括土壤 pH 值、吸附作用和氧化还原等等。

① 土壤 pH 值。影响土壤钼的生物有效性最大亦即最重要的土壤因素是 pH。酸性土壤钼有效性低，碱性土壤钼有效性高，因此缺钼常发生在酸性土壤上。当土壤 $pH>5$ 时，pH 值上升一个单位，MoO_4^{2-} 浓度增加 100 倍。但当 $pH>8$ 时，石灰性土壤中 HCO_3^- 又会抑制钼的吸收。pH 值通过影响钼的形态、溶解度、代换作用和吸附作用等而影响其有效性。

② 吸附作用。钼酸根离子可被带正电荷的土壤胶体所吸附，主要是与黏土矿物和含水的铁铝锰氧化物的 OH^- 交换。一般认为土壤中钼的吸附有三种方式：阴离子交换吸附；铁铝锰等氧化物吸附；形成难溶性的铁钼酸盐和晶格内的固定。三种方式所吸附和固定的钼均与土壤中钼的有效性密切相关。

③ 氧化还原。土壤氧化还原电位也是影响土壤钼有效性的因素。在非积水土壤上，通气状况较好，六价钼所占比例较高，而在排水不良的还原条件下，有机质的分解缓慢而易于积累，有利于钼有效性提高。如果长期处于还原条件，Fe^{3+} 还原成 Fe^{2+}，氧化铁包蔽的钼被释放，MoO_4^{2-} 增多，使土壤有效钼含量和植物吸收的钼提高。同时，在还原条件下，Mo^{6+} 被还原成 Mo^{5+} 和 Mo^{4+} 的量增加，使钼有效性降低。因此，土壤氧化还原条件对土壤有效钼的影响还要根据土壤铁、钼及有机质的数量和比例等具体条件来确定。

7.2.3.3 我国缺钼土壤分布及钼肥施用的必要性

土壤中钼的形态包括水溶态钼、交换态钼、有机态钼和矿物态钼。虽然土壤溶液中钼是以阴离子形式存在，但上述各个钼的形态之间的关系与其他金属阳离子相似。水溶态钼是一种有效钼，但其含量极低。交换态钼一般是有效的，但能被其他阴离子代换出的 MoO_4^{2-} 或 $HMoO_4^-$ 远较被吸附的钼少。目前采取草酸-草酸铵提取土壤有效钼，结合作物生长情况，可将土壤有效钼含量分为 5 级（表 7-22）[12,33]。土壤有效钼含量很低（＜ 0.10mg/kg），对钼敏感的作物缺钼，可能有缺钼症状；土壤有效钼含量低（＞ 0.10 ～ 0.15mg/kg），对钼敏感的作物缺钼，但无缺钼症状；土壤有效钼含量中等（＞ 0.15 ～ 0.20mg/kg），对钼敏感的作物不缺钼，生长正常；在农田土壤钼有效钼含量即使很高，植物一般不会出现钼中毒的现象。

我国缺钼土壤分布范围较广泛，南北均有大量缺钼土壤 [12,33-34]。对缺钼敏感的作物有十字花科作物、豆科作物和豆科绿肥作物，其次是柑橘，以及蔬菜作物中的叶菜类和黄瓜、番茄等。在土壤有效钼较低的地区，小麦缺钼“黄化死苗”；甜瓜缺钼叶缘和脉间失绿焦枯；花椰菜和柑橘缺钼叶片出现“鞭尾病”和“黄斑病”[12]。

表7-22 土壤有效钼含量与作物钼营养水平[12,33]

作物钼营养水平	土壤有效钼含量（Mo）/（mg/kg）
很低	＜0.10
低	0.10～0.15
中等	＞0.15～0.20
高	＞0.20～0.30
很高	＞0.30

7.2.4 土壤中铁的有效性及其影响因素

7.2.4.1 土壤中的铁

土壤中含有大量铁元素，占1.05%～4.84%，远高于其他微量元素。但由于土壤pH值，土壤$CaCO_3$含量，土壤水分等因素，土壤中铁的有效性受到了严重影响。尤其是在我国北方的石灰性土壤上及通气不良的土壤上，作物缺铁现象更为明显。在我国耕地土壤中缺铁土壤甚至超过40%[34]。

土壤中的铁主要来源于成土母质，此外，施入土壤中的肥料、石灰、大气沉降、灌水等也是土壤中铁的来源之一。铁是地壳中的主要元素之一，仅次于氧、硅和铝，居第四位，其含量可高达5.0%。土壤中含铁量受许多因素影响，其中以成土母质影响最为显著。基性岩含量较高，如玄武岩含Fe_2O_3 10%左右；酸性岩含量较低，如花岗岩含Fe_2O_3 1%～3%。玄武岩发育的红壤含Fe_2O_3 20%，花岗岩发育的红壤含Fe_2O_3＜0.5%。此外，成土过程也显著影响土壤中铁的含量。以酸性和淋溶为主的灰化过程使大量的铁溶解，洗入层Fe_2O_3含量很低（＜1%），沉积层有较多Fe_2O_3存在。淹水的水稻土有铁的还原和漂移现象，在表层Fe_2O_3明显降低，沉积层有铁的累积。铁是土壤剖面层次划分的一个重要依据，但是含铁总量与土壤有效铁的供应关系并不十分明显。

土壤中铁以多种形态存在，主要有水溶态、交换态、配位吸附态、有机结合态、氧化物和碳酸盐结合态、矿物态等。不同形态的铁在土壤中的移动性和对植物的有效性均有所不同，直接有效的是水溶态。

① 水溶态 指土壤溶液中的铁，一般为无机、有机配合物或水解产物，如无机配合物有$FeCl^{2+}$、$FeSO_4^+$、$FeNO_3^{2+}$、$FeHPO_4^+$，可溶性有机配合物水解产物有$Fe(OH)^{2+}$、$FeOH^+$、$Fe(OH)^{2+}$、$Fe(OH)_4^-$、$(FeOH)_2^+$，而游离态的Fe^{2+}、Fe^{3+}所占的比例很小。水溶态铁对植物的有效性很高，但由于其含量很低，一般只有0.02～0.7mg/L，因此远远不能满足植物生长的需要。土壤pH值、氧化还原电位、水分含量、温度、肥料种类以及植物的吸收对土壤中水溶态铁的含量都有较大的影响。

② 交换态 指被矿质和有机胶体表面通过离子交换吸附方式保持的那部分铁。一般被吸附在亲和能力较强的部位，因此只有电解质浓度较高时才能代换下来，在中性和碱性土壤

上其含量不超过 1mg/kg, 随着土壤 pH 值降低，其含量有所升高。

③ 配位吸附态　指被土壤胶体紧密吸附，或与土壤中的有机螯合剂结合的那一部分铁，通常用强交换剂或螯合剂如 EDTA、DTPA 等浸提。

④ 有机结合态　指与土壤中难溶性有机物质结合的那部分铁，包括难溶性有机酸盐和螯合作用结合的，这部分铁在土壤中的数量较少，但分解后对植物的有效性较高。

⑤ 氧化物和碳酸盐结合态　指氧化物或碳酸盐表面吸附的铁。这部分铁的有效性很低，因为在土壤中它们可以不断被后来沉淀的氧化物或碳酸盐包被起来，成为闭蓄态；或者通过固相扩散作用，进入氧化物和碳酸盐内部，或者与其他元素一起发生氧化物或碳酸盐共沉淀。

⑥ 矿物态　主要指原生矿物和次生矿物、铁的硫化物、碳酸盐、氧化物或水化氧化物。与铁的硅酸盐和铝硅酸盐相比，这部分铁更容易浸出。

土壤固相中各种形态的铁元素都是植物潜在的铁养分，交换态的铁转化的速率较快，其有效化程度较高，但其含量较低，因此植物对固相中其他形态金属微量元素的转化，有较强的依赖性。而转化过程受到土壤环境、土壤固相铁含量和分布以及作物根系微生物等影响。土壤中的铁素一部分被植物吸收利用，一部分被土壤固定，还有一部分通过土壤侵蚀或地表径流等方式损失。收获的作物中的铁营养一部分流向生态系统中的消费者，一部分通过秸秆还田的形式回归土壤。

7.2.4.2　影响铁肥肥效的因素

植物缺铁往往是由于土壤中铁的有效性低所致。土壤中铁的含量虽然很高，但可被植物吸收利用的有效铁很少。土壤有效铁主要由土壤矿物和有机物决定。土壤中铁的形态主要包括有机态铁和无机态铁。其中，有机态铁＜ 1%。一般植物残体含铁 30 ～ 250mg/kg，土壤腐殖质中含铁 0.05% ～ 0.5%。土壤中的铁绝大多数为无机态铁，主要有矿物态铁、代换态铁和土壤溶液中的铁。与被土壤吸附的 Ca^{2+}、Mg^{2+}、K^{+} 和 Na^{+}（盐碱土）或 Al^{3+}（酸性土）相比，土壤代换态铁非常少，因此吸附态铁对土壤有效铁的贡献很小。土壤溶液中的铁能够被微生物固定或被土壤溶液中有机物螯合。

土壤 pH 低，Fe^{2+} 多，会产生铁、铝、锰等毒害；pH 高，铁多沉淀。当土壤 pH =5 时，可溶铁约为 20mg/kg；pH=6.5 时，可溶铁＜ 2mg/kg。植物缺铁症多出现在碱性土壤上。$CaCO_3$ 影响 pH，$CaCO_3$ 和 Fe 结合更难溶。重碳酸盐导致植物缺铁黄化。重碳酸盐除了提高土壤 pH 外，可能还阻碍铁在植物体的运输。酸性土有机质含量低，容易引发植物缺铁；石灰性土壤即使施用有机质也容易缺铁。好气条件下，铁主要以有效性较低的 Fe^{3+} 形式存在，淹水条件 Fe^{3+} 还原为 Fe^{2+}，有效性增加。土壤氧化还原电位（Eh）低时，Fe^{2+} 含量高；长期渍水水田水溶态铁浓度可达 300 ～ 700mg/kg，容易造成植物铁毒害。由于土壤铁的氧化还原变化很快，有效铁很难测定。因此，缺铁常通过叶片进行诊断。

7.2.4.3　我国缺铁土壤分布及铁肥施用的必要性

我国北方的石灰性土壤缺铁较为普遍，南方多年生林木也缺铁。有些土壤，如“白土层”，全铁和有效铁含量低，容易缺铁。缺铁会导致叶绿素的合成受阻，典型的可见症状是幼叶叶脉绿色、叶脉间失绿，严重缺乏时叶片变黄变白，如不及时纠正会导致叶片黄化死亡。

7.2.5 土壤中锰的有效性及其影响因素

7.2.5.1 土壤中的锰

锰是岩石圈中最丰富的元素之一，几乎所有的岩石中都含有锰。含锰矿物主要有硅酸盐矿物、火成岩矿物和沉积岩矿物。在这些矿物中，锰以多种原子价存在，其中硅酸盐矿物和火成岩矿物为 Mn^{2+}，沉积岩矿物为 Mn^{3+} 和 Mn^{4+}。土壤锰含量受气候、母质、有机质含量和成土过程等的影响。土壤中锰的形态复杂，主要包括有机态锰、矿物态锰及含锰无机盐、交换态锰和水溶态锰。各种形态的锰在土壤中保持动态平衡，如氧化锰的水化和脱水作用；pH 和 Eh 值控制着各种形态氧化锰的转化。

土壤中水溶态锰、交换态锰、有机态锰和矿物态锰决定着锰对植物的有效性（表 7-23）。土壤活性锰是水溶态锰、交换态锰和易还原态锰的总和。水溶态锰、交换态锰和易还原态锰的提取剂分别为水、1mol/L 醋酸铵以及 1mol/L 醋酸铵 +0.2% 的对苯二酚。影响土壤锰有效性的因素主要有土壤 pH 值、氧化还原电位、锰与有机物的络合反应、石灰性反应和土壤质地等。这些因素对土壤锰有效性的作用效应可基于以下动态平衡来判别：

$$Mn^{2+} + \frac{1}{2}O_2 + H_2O \leftrightarrow MnO_2(s) + 2H^+$$

平衡左边代表二价的有效锰，平衡右边代表高价的锰氧化物。土壤 pH 值降低时，H^+ 离子浓度增加，平衡向左移动，土壤锰有效性增加；据估算，土壤 pH 值每降低 1，土壤锰有效性可增加 100 倍，反之亦然。土壤含氧量增加时，动态平衡向右移动，锰有效性下降；据估算，稻田在淹水和非淹水状态下，土壤锰有效性可相差达 1000 倍 [32]。

表7-23 土壤有效锰含量与作物锰营养水平[12,33]

作物锰营养水平	土壤有效锰含量 /（mg/kg）
很低	＜ 50
低	＞ 50 ～ 100
中等	＞ 100 ～ 200
高	＞ 200 ～ 300
很高	＞ 300

7.2.5.2 影响锰肥肥效的因素

富含碳酸盐、pH ＞ 6.5 的石灰性土壤，特别是质地较轻的石灰性土壤，成土母质富含钙的冲积土和沼泽土容易发生缺锰；质地轻、有机质少的易淋溶土壤或富含有机质、排水不良的高 pH 土壤容易发生缺锰；酸性土壤施用石灰，pH ＞ 6.5，会诱发缺锰，尤其是缓冲能力较弱的砂质土；水旱轮作时，由于氧化还原电位的反复波动，淹水时锰溶解度增加，可溶性 Mn^{2+} 因渗漏而损失；旱作时土壤变干，锰又迅速氧化，容易造成缺锰。低温、弱光照和干燥的季节，容易缺锰，尤其是多年生的果树往往出现缺锰症状。富含铁、铜、锌的土壤由于拮抗作用也容易发生缺锰。

7.2.5.3 我国土壤活性锰的分布及锰肥施用的必要性

我国土壤含锰量总趋势是由南向北逐渐降低。虽然土壤中锰的含量较高，但植物有效性较低[12,33-34]。锰的有效性依赖于土壤pH和氧化还原电位。生长在锰浓度低的土壤、淋失程度较高的热带土壤，或者在含大量碳酸钙的、pH较高并且有机质含量也较高的土壤上的植物容易缺锰。如果完全展开叶锰浓度（以干重计）低于10～20mg/kg，就会表现出缺锰症状。作物缺锰，幼嫩叶片首先失绿发黄，但叶脉仍保持绿色；严重缺锰，叶面出现杂色斑点，并逐步扩大增多，散布于整个叶片。植物锰毒害症状主要表现为老叶边缘和叶尖出现许多棕褐色焦枯的小斑。锰中毒会诱发棉花和菜豆发生缺钙，引起皱叶病。

7.2.6 土壤中铜的有效性及其影响因素

7.2.6.1 土壤中的铜

铜是亲硫元素，含硫矿物往往含有铜。在普通矿物中，铁镁矿物和长石类矿物含铜较多，橄榄石，角闪石，辉石、黑云母和斜长石等均结合有一定的铜。土壤的含铜量主要受成土母质影响。母质不同，土壤含铜量不同。砂粒含铜量少，粉砂较高，黏粒最高。淋溶过程使铜洗出。沉积过程有黏粒Fe和Al化合物等沉积，常有铜富集。

原生和次生矿物分解产生的溶解在土壤溶液中的铜，被矿物和有机质表面吸附，或者被微生物固定，或者与溶液中有机物络合。土壤中的有机质存在着大量的配位基团，它们的结构中有相当多的含氧官能团，这些官能团与铜形成稳定的络合物。土壤中铜的形态可分为有机态和无机态。土壤无机铜包括矿物态铜、代换态的铜、土壤溶液中的铜以及有机和无机络合物溶解的铜。土壤溶液中铜的含量一般很低。土壤溶液中铜和土壤有效铜主要由土壤pH值、黏粒和有机质表面吸附的铜决定。

土壤中有效铜含量多少是衡量土壤供铜是否丰富的重要指标。土壤中有效铜仅占全铜的极少部分。当用0.1mol/L HCl或DTPA提取土壤有效铜时，分级标准如下（表7-24）。

表7-24 土壤有效铜含量与作物铜营养水平[12,33]

作物铜营养水平	0.1mol/L HCl提取（适用于酸性土壤）(Cu)/(mg/kg)	DTPA提取（适用于石灰性和中性土壤）(Cu)/(mg/kg)
很低	＜1.0	＜0.1
低	＞1.0～2.0	＞0.1～0.2
中等	＞2.0～4.0	＞0.2～1.0
高	＞4.0～6.0	＞1.0～1.8
很高	＞6.0	＞1.8

7.2.6.2 影响铜肥肥效的因素

土壤有机质多，易缺铜。含铜量低、有效铜少。石英砂粒多，有效铜少。黏粒多，有效铜多。土壤铜有效性随 pH 值上升而降低。N、P、Mo 和 Zn 多，易引起缺铜。铜多引起缺铁。

7.2.6.3 我国土壤有效铜的分布及铜肥施用的必要性

我国大部分土壤的有效铜较丰富；红色石灰土、黑色石灰土、碳酸盐紫色土、黄土发育的土壤、花岗岩发育的赤红壤，有效铜较低[12,33-34]。小麦缺铜，植株丛生，顶端逐渐发白，籽粒不饱满。番茄缺铜，叶片卷曲，呈簇状。苹果缺铜，顶梢上的叶片也呈簇状，果实开裂。

7.2.7 土壤中镍的有效性及其影响因素

7.2.7.1 土壤中的镍

土壤中的镍主要来自成土母质。成土母质类型的差异，很大程度上决定了土壤镍含量的多少，花岗岩、安山岩和砂岩发育的土壤镍含量较低，为 10 ～ 15mg/kg，由页岩和橄榄辉长岩发育的土壤，镍含量为 40 ～ 50mg/kg，由蛇纹岩发育的土壤具有最高的镍含量，范围为 700 ～ 7000mg/kg。此外，含镍微尘的地面沉降，废水和污泥的农业利用，化学肥料的过量施用等都携带了大量的镍进入土壤。

土壤中镍主要以残留态或硫化物态较稳定存在，可占总镍量的 87%。而可溶态和交换态镍含量则较少，一般只占总量的 1% 以下。

7.2.7.2 影响土壤中镍有效性的因素

pH 值较低时，镍主要以 Ni^{2+} 存在，有效性较高，当 pH 值升高后，土壤中镍可能会以 NiO_2、NiO_2 和 $Ni(OH)_2$ 等多种难溶性沉淀的形式存在，镍的有效性显著降低。在土壤 pH 值 ≥ 7 时，镍还可能与土壤中磷酸盐形成复杂的化合物，镍的有效性降低。施用石灰，镍的有效性降低。还原条件下，镍的可溶性增加，有效性增大。土壤有机质的含量和性质也影响镍的有效性。一般来说，一些水溶性的有机态镍大部分保持在土壤表层 10cm 土壤中，较易被植物吸收利用。此外，土壤的机械组成和吸附作用等因素也会影响镍的有效性。与铜和锌相比，土壤对镍的吸附能力较弱。

7.2.7.3 我国土壤中镍的分布

我国土壤中镍含量基本呈正态分布，土壤母质状况的差异决定了土壤镍含量的高低。此外，工农业生产活动都会使土壤中镍增多。污泥、污水、肥料中常含有相当数量的镍，燃料和飞灰也将镍带入土壤。

7.2.8 土壤中氯的有效性及其影响因素

7.2.8.1 土壤中的氯

土壤中几乎所有的氯离子都存在于土壤溶液中，矿物态的、吸附态的和有机态的氯很少。由于氯离子具有很高的溶解性和移动性，下雨和灌溉时，相当可观的氯离子被淋洗掉，远超过土壤水分蒸发蒸腾氯的损失。当降雨量高于蒸发量时，土壤氯离子向下移动；反之，降雨量低于蒸发量时，氯离子向上移动。

7.2.8.2 影响氯肥肥效的因素

成土母质、气候条件、海潮以及人类活动等均对土壤含氯量有明显影响。由于土壤中的氯离子易随水流动，往往是地势高的酸性淋溶土含氯量低，地势低洼处含氯量较高；干旱，尤其是盐渍土含氯量很高，甚至可累积到毒害水平；近海地区含氯量高，内陆地区雨水淋洗和植物吸收可能导致氯不足；施用含氯化肥和人粪肥可增加土壤氯的含量。另外，土壤的氯离子易随水分的蒸发而向土壤表层移动，造成耕层土壤含氯量增加。

我国大部分农田含氯量低于 100mg/kg，并且外界进入的氯离子不易被土壤胶体吸附，易通过降水、灌溉等脱氯，因此，在我国湿润和半湿润地区，施用含氯化肥对大多数作物来说是安全的；在半干旱及干旱地区的非灌溉地，因无淋溶条件，施用含氯化肥后，极易使氯离子残留于土体或滞留于耕层，造成危害。

一些棕榈科（椰子、油棕等）、藜科、百合科、猕猴桃等是喜氯作物，因此要根据土壤情况酌情施用含氯肥料。而大多数树木（云杉属）、柑橘、蔬菜、豆类和观赏植物对氯敏感，特别是苗期对氯敏感，如果土壤不缺氯，尽可能不施含氯肥料。

7.2.8.3 我国土壤中氯的分布

氯被认为是岩石圈中含量较少的组分，其平均浓度仅为 0.05%，但氯是地壳中首先和最易被移动的元素。在风化成土过程中氯最先被淋失，只有在海洋及沉积的岩盐中有大量的累积。火成岩、变质岩石的含氯量约为 0.05%，而石灰岩＜ 0.02%。土壤中氯含量的变动很大，在排水良好的非含盐农地中，土壤浸出物氯浓度一般在 0.5 ～ 35mg/kg，但在含盐土壤浸出物中可达 6000mg/kg。

我国土壤中氯的分布北方高于南方，沿海高于内地，盐渍化土壤高于非盐渍化土壤。主要农区耕层土壤氯含量大致分布趋势为：盐碱洼地＞西北地区＞华北地区＞长江以南、东北地区＞云、贵地区的黄壤 [12,33-34]。

各类土壤变化范围都较大。土壤中氯含量一般在 10 ～ 1000mg/kg，大多在 50mg/kg 左右。土壤中氯大部分都主要来自海洋。在盐碱地土壤中氯浓度可能高于 6000mg/kg；而非盐碱地地区的土壤氯浓度范围在 0.5 ～ 35mg/kg，土壤中的氯含量达到 10mg/kg 时便可满足植物的吸收利用。一般土壤中，氯含量低于 2mg/kg 时，就可能供氯不足，导致植物氯吸收缺乏。但在自然条件下很少发现作物的缺氯症状。农业土壤中的总氯浓度范围为 19 ～ 100mg/kg，草地土壤中的总氯浓度范围为 13 ～ 248mg/g，森林土壤中的氯浓度范围为 34 ～ 340mg/g。

大田中一般很少发现作物缺氯症状，氯过多反而是生产上的问题[12,33-34]。

我国土壤微量元素缺乏具有明显的区域性，因此在农业生产使用端，肥料养分的供应要匹配土壤和作物，减少肥料在土壤中的残留以及向水体的排放。

7.3 微量元素肥料创制与施用

长期以来，工业生产也主导着我国微量元素肥料产业的发展，基本为有什么产品用什么产品，产品是否匹配土壤和作物的需求没有受到重视。近二十年来，随着植物养分吸收利用机制和作物对微量缺乏适应性机制取得突破性进展，面向农业需求的中微肥产品创新取得了一些进展。然而，从整个产业来看，微量元素肥料产品匹配不同应用场景以及土壤、作物和气候方面并没有取得理论和技术上的根本性突破。

7.3.1 常用微量元素肥料

7.3.1.1 硼肥

硼肥主要有硼砂、硼酸、含硼的玻璃肥料、硼泥、硼矿石等。硼砂（$Na_2B_4O_7 \cdot 10H_2O$）含 B 10.8%，是目前应用最广泛的一种硼肥，可作基肥、种肥和叶面喷施。硼酸（H_3BO_3）含 B 16.8%，是常用硼肥之一，价格较昂贵，一般只用作根外追肥。含硼玻璃肥料含 B 10% ～ 17% 溶解度小，在土壤中缓慢释放出硼，不易被土壤吸附，也不易流失，施用一次可长期有效。硼矿石是自然界的含硼矿物，有硬硼钙石、白硼钙石和钠硼解石。硼矿石不溶于水，经粉碎后呈白色粉末，只适于作基肥，肥效稳长。由于其溶解度低，不容易淋失，常用在砂质土壤上。硼泥是生产硼砂的矿渣，每生产 1t 硼砂可得 4 ～ 5t 硼泥。硼泥 B_2O_3 含量 2% ～ 3%，可溶性硼 0.25%。硼泥呈碱性，pH 值 8 ～ 9，适用于南方酸性缺镁的土壤上作基肥。近 20 年，美国、土耳其、意大利等国生产的一批硼肥产品，如速乐硼（Solubor，含 B 20.9%）、持力硼（Granubor，含 B 15%）、车马硼（Fertibor，含 B 15%）、富利硼等进入我国，占领了我国大量市场，取得了显著的经济效益。其中速乐硼硼含量高，溶解性好，尤其适用于喷施。含硼的大量元素肥料是将适量的硼加入大量元素肥料中混合制成，如含硼的复混肥、油菜、柑橘等作物和果实专用肥等[12,15,23,32]。

7.3.1.2 锌肥

锌肥主要有氧化锌、硫酸锌、氯化锌、硝酸锌等。氧化锌（ZnO）含 Zn 78%，不溶于水，溶于酸、碱、氯化铵和氨水，在空气中能缓慢吸收 CO_2 和水而生成碳酸锌，宜作基肥、种肥，不宜作追肥。硫酸锌（$ZnSO_4 \cdot 7H_2O$）含 Zn 22.3%，$ZnSO_4 \cdot H_2O$ 含 Zn 35%，二者均溶于水，可作基肥、种肥、追肥，是最常用的锌肥，肥效快，不可与碱性肥料和磷肥混施。氯化锌（$ZnCl_2$）含 Zn 45%，易溶于水，有腐蚀性，可作基肥、种肥和追肥，不可与磷肥或草木灰等混施。硝酸锌 $Zn(NO_3)_2 \cdot 6H_2O$ 含 Zn 21.5%，易溶于水，可作基肥、种肥和追肥，不可与有机物、还原剂、酸类共储混运，应远离火种和热源。其他含锌肥料有：硫酸氧化锌（$ZnO \cdot ZnSO_4$），含 Zn 20% ～ 50%；Zn-EDTA，含 Zn 9% 或 12%；锌强化尿素（富锌尿素），含 Zn 2%、含 N 43%；氨化硫酸锌，含 Zn 10%；聚黄腐酸锌，含 Zn 5% ～ 10%。无机锌肥在土壤中有非常好的溶解性，因此，虽然螯合锌肥的用量逐年增加，硫酸锌仍然是常用的锌肥[12,15,23,32]。

7.3.1.3 钼肥

钼肥主要有钼酸铵、钼酸钠和三氧化钼。钼酸铵是无色或黄绿色结晶，易溶于水，其中正钼酸铵含 Mo 49%，仲钼酸铵含 Mo 54%。钼酸钠含 Mo 39%，是白色粉末，溶于水，可作为种肥和根外追肥。三氧化钼含 Mo 66.6%，是白色粉末，不溶于水，可作为基肥。含钼工业废渣最适宜于作基肥或种肥。通常将含钼工业废渣与普通过磷酸钙加工成含钼过磷酸钙使用，磷和钼对作物有吸收有相互促进作用，混合施用有利于提高钼肥的肥效[12,15,23,32]。

7.3.1.4 铁肥

铁肥主要分为无机铁肥和有机铁肥，近年来由于工艺的改进，出现了有机复合铁肥，缓释铁肥等。无机铁肥包括可溶解的铁盐，如七水硫酸亚铁、硫酸亚铁铵、尿素铁、不可溶解的铁化合物以及一些铁矿石和含铁的工业副产品。这类铁肥价格低廉，在国内较为常用。可溶解的无机铁肥可以作为叶面喷施肥料使用，能够减少土壤对铁的固定，增加植物对铁的吸收效率。有机铁肥能够适用于不同类型的土壤，且肥效高，可混合性强。有机铁肥主要包括：

① 二胺盐络合物，主要有 Fe-EDTA（乙二胺四乙酸铁）、Fe-DTPA（二乙酰三胺五醋酸铁）、HEDTA-Fe（羟乙基乙二胺三乙酸铁）、EDDHA-Fe（乙二胺二邻苯基乙酸铁）等。其中 Fe-EDTA 是我国目前常用的一种有机铁肥，但其稳定性不高，常做叶面喷施铁肥用。并且在田间条件下 EDTA 会转化成为持久性有机污染物在环境中积累。

② 羟基羧酸盐铁肥，包括柠檬酸铁和葡萄糖酸铁等。柠檬酸铁多用于土施，能够促进土壤对铁的溶解和植物对铁吸收，并提高土壤钙、磷、铁、锰、锌的释放，使铁的有效性提高。且柠檬酸铁成本较低，对作物较为安全。

③ 有机复合铁肥，包括木质素磺酸铁、葡萄糖酸铁、腐植酸铁、氨基酸铁等，是天然有机物通过与铁复合而形成的铁肥，是近年来农业上开始使用的新型铁肥。这类铁肥成本不高，容易降解，原料可以通过工业废料提纯得到。但缺点是，它们在土壤中不如其他有机铁肥稳定，容易在土壤中被吸附，降低肥效。因此，有机复合铁肥常被用于叶面喷施。缓释铁肥不溶于水，是通过直链磷酸盐聚合而成，磷酸盐链可以作为铁离子交换的骨架。这些磷酸盐可以被柠檬酸、DTPA 等对铁有高亲和力的有机物所溶解。并且缓释铁肥可以被根系分泌的羧化物溶解，从而提高了铁的生物有效性。多项试验结果表明缓释铁肥是一种高效的、有应用前景的肥料[12,15,23,32]。

7.3.1.5 锰肥

锰肥主要有含锰硫酸盐、含锰氯化盐、含锰螯合物和含锰废渣。含锰硫酸盐主要有 $MnSO_4 \cdot H_2O$、$MnSO_4 \cdot 2H_2O$、$MnSO_4 \cdot 3H_2O$ 和 $MnSO_4 \cdot 4H_2O$，Mn 含量分别为 31%、28%、26% 和 24%。它们是白色或淡红色结晶，易溶于水。其中，$MnSO_4 \cdot 4H_2O$ 是最常用的锰肥，可土施，也可喷施。含锰氯化盐主要有 $MnCl_2 \cdot 4H_2O$ 和农用 $MnCl_2$，锰含量分别为 27% 和 17%。$MnCl_2$ 为玫瑰红色小晶体，粒状或板状，易溶于水。$Na_2MnEDTA$ 含锰 5% ～ 12%，单宁酸锰含锰 5% ～ 7%，木质素磺酸锰含锰 5%。含锰炉渣、锰矿泥和含锰废水也可做锰肥。含锰废渣为迟效肥料，宜作基肥，但是必须注意防止重金属对土壤的污染[12,15,23,32]。

7.3.1.6 铜肥

常用铜肥有五水硫酸铜（$CuSO_4 \cdot 5H_2O$）和一水硫酸铜（$CuSO_4 \cdot H_2O$），含 Cu 分别为 24% ～ 25% 和 35%，均为蓝色结晶或粉末。螯合态铜肥（NaCuEDTA），含 Cu 13%。五水硫酸铜和螯合态铜肥都是水溶性铜肥。磷酸铵铜 [$Cu(NH_4)PO_4 \cdot H_2O$] 含铜 32%，溶解度较小，但是能够被悬浮用于土施或叶面喷施。氧化铜（CuO）含 Cu 75%，为黑色粉末；Cu_2O 含 Cu 84%，为棕红色粉末，它们均属难溶性铜肥。此外，还有含铜矿渣，又称硫铁矿渣，是炼铜工业废渣，含 Cu 约 1%，也是难溶性铜肥。厩肥也含有一定量的铜[12,15,23,32]。

7.3.1.7 含氯化肥

一般认为土壤、灌溉水和空气中都含有足量的氯化物，能满足植物的需要。因此，人们关心的常是，含氯化肥对农产品品质的不利影响，而忽视对氯的补充与氯肥的增产作用。含氯化肥主要有 NH_4Cl（含氯 66%）、$CaCl_2$（含氯 65%）、$MgCl_2$（含氯 74%）、KCl（含氯 47%）和 NaCl（含氯 60%）。此外，动物和社区废弃物含有有机氯，但含氯低[12,15,23,32]。

7.3.1.8 含微量元素水溶性肥料

根据大量元素水溶肥料标准 NY 1107—2010，大量元素水溶肥料中可添加适量中量元素和微量元素。其中，微量元素型微量元素含量，粉剂 0.2% ～ 3.0%，水剂 2 ～ 30g/L。在 2020 年修订的标准 NY/T 1107—2020 中，删除了微量元素含量指标，增加氯离子质量分数的技术指标要求，要求生产企业对产品标注的微量元素进行检验，保证所有产品符合标准要求。

根据微量元素水溶肥料标准 NY 1428—2010，微量元素含量，粉剂大于等于 10.0%，水剂大于等于 100g/L。该标准不适用于已有强制性国家或行业标准的肥料，如硫酸铜、硫酸锌和螯合态肥料，如 EDDHA-Fe。

根据含氨基酸水溶肥料标准 NY 1429—2010，氨基酸水溶性肥料可按适合植物生长所需比例，添加适量钙、镁中量元素或铜、铁、锰、锌、硼、钼等微量元素。其中，微量元素型微量元素含量，粉剂大于等于 2.0%，水剂大于等于 20g/L。中量元素型中量元素含量，粉剂大于等于 3.0%，水剂大于等于 30g/L。

根据含腐植酸水溶肥料标准 NY 1106—2010，含腐植酸水溶肥料可添加适量氮、磷、钾大量元素或铜、铁、锰、锌、硼、钼等微量元素。其中，大量元素型大量元素含量，粉剂大于等于 20%，水剂大于等于 200g/L。微量元素型微量元素含量，粉剂大于等于 6.0%，其中钼元素含量不高于 0.5%。

7.3.2　新型微量元素肥料创制思路

传统的无机盐类微肥容易被土壤固定或发生淋洗等损失，导致肥效短且利用率较低。而化学合成螯合剂类螯合微肥尽管提高了微量元素有效性，但由于价格高，加上螯合剂本身不易降解，对土壤存在潜在不良影响。因此，持续创新发展环境友好且高效的微肥产品，符合我国绿色肥料或绿色智能肥料发展的要求。包膜缓控释肥可以减少施肥次数、提高肥料利用率，但存在产品的养分供给与作物需求的匹配度不够等问题，未来应设计和开发具有超疏水性的新型可生物降解和可再生包膜材料，以使养分释放与作物对养分的需求同步。对具有缓释性能的材料，如天然高分子聚合物淀粉、纤维素和壳聚糖等，以及最近国内外研究较多的生物炭和层状双氢氧化物等进行筛选和改性，不断提升缓释微肥性能。关注纳米技术在微肥产品研发中的应用，如生物炭基纳米肥料、纳米微量元素长效叶面肥等，评估其对作物生长影响的同时也需要关注纳米颗粒的实际环境行为和生态毒性。水肥一体化是灌溉与施肥结合的最佳方式，也意味着研制能够应用于滴喷灌系统的全水溶微肥或兼容大量元素的微肥是未来农业发展的需要。除此之外，成本低、可生物降解、对环境友好的微肥增效载体也是未来的重点[1]。新型微肥的效果取决于外界环境条件与施用方式，因此还需要针对每一种新产品开展配套施用技术研究，同时研发与轻简化施肥技术相适应的微量元素肥料剂型及其施用技术体系，进行“智慧施肥”，不断推动农业生产“绿色增产增效提质”目标的实现[35]。

绿色智能微量肥料创新与产业化需要围绕提质增效、产业升级和绿色发展这一总体目标，通过理论基础研究的知识创新与工农融合支撑的产品创新。当前微量元素绿色智能肥料创制存在的主要问题有：①可降解、生物活性和螯合性强、促运输的中微量元素增效载体缺乏；②中微肥产品浓度低、易沉淀、复配性差；③增值中微量元素生产过程标准化缺乏；④增值中微量元素肥料碳足迹特征不清。因此，突破多元中微量元素共存技术，创制与区域土壤-作物-施用装备应用场景相匹配的系列增值中微量元素肥料新产品，满足水肥一体化、无人机叶面喷施、灌根、打点滴等现代农业应用场景的需求，成为绿色智能微量元素肥料创制的目标（图 7-20）。

（1）改变微量元素肥料的物理形态，提高了其吸收效率。如纳米氧化锌，改变了锌肥的物理形态，提高了其吸收效率。此外，利用蚯蚓粪的提取物合成绿色纳米钼肥（钼酸铵盐），利用柑橘果实、十字花科金莲叶提取物合成绿色纳米钼肥（氧化钼），提高了其吸收和利用效率，虽然目前尚未商用，但具有广阔的应用前景。硬硼钙石（$2CaO \cdot 3B_2O_3 \cdot 5H_2O$，自然界的含硼矿物），磨碎后作基肥，肥效稳长。不容易淋失，常用在砂质土壤上。

（2）改变微量元素肥料的化学性质，创制含量高、溶解度高、速溶微量元素肥料。如四水八硼酸钠（$Na_2B_8O_{13} \cdot 4H_2O$），含硼 21%，易溶于冷水中，是一种新型高效速溶性硼酸盐，适合喷施、滴灌和灌根，抑制害虫代谢，防止虫害。然而，硼磷肥（BPO_4）（硼酸 + 磷酸）（500℃或 800℃ 1h）具有缓释性，对幼苗生长安全[36]。

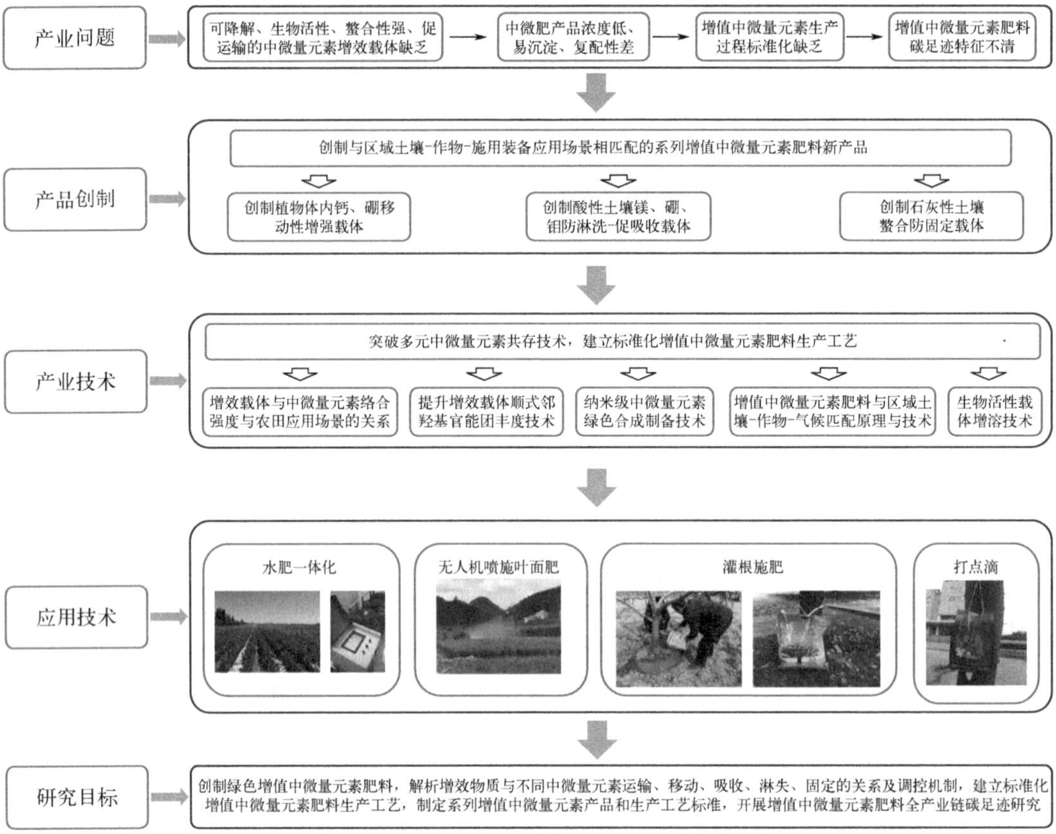

图 7-20　新型中微量元素肥料的创制思路

（3）利用增效载体，创制增值微量元素肥料。硼酸属于典型的路易斯酸，溶于水后电离出的 $B(OH)_4^-$ 能够与某些多羟基化合物（山梨醇、甘露醇、丙三醇等糖醇）发生酯化反应或络合反应。有机硼肥的产品一般能够较好地缓解作物的缺硼症状，且具有更加持久的肥效。缺点是绝大部分有机硼肥产品仅为无机硼与其他一些糖醇的简单的混合，不一定发生了络合或酯化反应，因此产品为混合物。相比无机硼，部分有机硼具有更大的水溶性，适合做成水溶性叶面硼肥；部分有机硼肥在植物韧皮部体内具有更强的移动性，可再利用；部分有机硼肥在较高浓度下，毒性更弱，植物具有更高的耐性；多羟基化合物存在，使硼肥在叶面的附着性更好，附着时间更长，有利于提高肥效。生物炭基钼肥是指将常规钼附着于碱性生物炭中，能够保证钼的有效性尤其是在酸性土壤上，增产提质效果良好。此外，锌强化尿素（富锌尿素）含 Zn 2%、含 N 43%。氨化硫酸锌含 Zn 10%，聚黄腐酸锌含 Zn 5% ～ 10%，通过螯合防止其在土壤中的固定和产生拮抗作用，增加了养分吸收。日本的科学家开发了一种天然 PS（synthetic-2′-deoxymugineic acid）类似物（proline-2′- deoxymugineic acid），能显著减轻碱性土壤上水稻及黄瓜的缺铁症状，与天然 PS 相比，其性质稳定不易分解，且成本降低至原来的 1/5000，具有广阔的应用前景[37-38]。最近，我国科学家和日本科学家合作研究发现，水溶性的木质素基材料（HSAL）可以通过提高其金属螯合能力从而提高不同植物的养分生物有效性，进而促进植物根系生长和植株生物量。水热反应不仅使 SAL（木质素）解聚，而且还强烈减少了甲氧基含量并增加了木质素的酚羟基含量，从而赋予 HSAL 具有高酚型芳香族高分子结构。这种结构特性的改变使 HSAL 成为一种高效的金属离子螯合剂。HSAL 通过螯合金属离子来提高水稻和拟南芥生长培养基和质外体空间中的铁、钙、锌等中微量营养素的生物有效性，从而促进植物生长 [39]。

（4）微生物增效载体。微生物在外界缺铁环境下能够分泌与 Fe^{3+} 具有高特异螯合能力的小分子化合物——微生物铁载体（siderophore）。这种化合物在分泌到土壤中能够活化土壤中的铁，并将多余的铁提供给植物；同时能够降低致病菌对铁元素的吸收，起到抗病作用 [40]。研究表明，接种分泌铁载体微生物能够有效促进植物对于土壤铁的吸收 [41-43]。

（5）含微量元素的复合肥和专用肥。根据区域微量元素缺乏情况，在复合肥中添加适量硼、锌、钼、铁等微量元素创制含微量元素的复合肥。但在生产中，如何高效实施中微量元素肥料的复合一直是肥料行业的难点之一。绿色智能复合肥通过优化工业设计，尤其是通过造粒工艺、螯合等技术创新，使中微量元素肥料在肥料颗粒中与水溶性磷肥实现分隔，使磷素与中微量元素共存，从而提高了肥料的整体利用效率。如，在磷铵的生产工艺中，添加螯合剂，能减小磷沉淀 / 固定，提高磷利用率及中微量元素活性，与工业磷酸一铵比较，除含有氮（11.45%）、磷（47.68%）外，还保留了中微量元素，包括硫（1.72%）、钙（0.16%）、镁（0.74%）、铁（1.52%）和锰（0.06%）等。此外，聚磷酸铵也可作为微量元素的增效剂，与柠檬酸和甘氨酸 / 蛋氨酸比，聚磷酸铵的成本低，氮和磷含量高，具有优良的水溶性和缓释性。油菜专用肥中微量元素主要是硼，柑橘专用肥中微量元素主要是硼和钼，水稻、小麦和玉米专用肥中微量元素主要是锌，北方果树和花生专用肥中微量元素主要是锌。粮食作物生产中，在优化氮磷钾配比的基础上，结合中微量元素添加，走资源全量化利用路线，不强调高浓度、全水溶的肥料，注重养分速效与缓效的协同。经济作物生产中通常采用水肥一体化技术，这种农业生产过程要求高端的水溶性绿色智能肥料，强调“高浓度、水溶性、均衡营养、配伍高稳定性”的工业生产要求，以及针对水肥一体化备的适用性 [35,44]。

7.3.3　微量元素肥料的施用

中微量元素肥料已经成为我国农业生产的限制因子，合理施用中微量元素肥料是作物增产和农民增收的重要保证之一。在生产实践中，施用微量元素肥料，一要调查确定后谨慎施用；二应配合复合肥提高肥效；三要防止过量。因此，微量元素肥料施肥原则是“少量多次、元素平衡和预防为主”。微量元素肥料可直接施入土壤，也可直接用于植物。土壤施用可作基肥或追肥，施用必须均匀，可与大量元素肥料或有机肥混合后施用，或者直接用含微量元素的大量元素肥料。拌种时用少量水溶解肥料，拌种，阴干，一般 0.5 ～ 1.5g/kg 种子。浸种时，种子浸泡于稀溶液中，使肥料进入种皮，晾干。一般浓度为 0.01% ～ 0.05%，浸种 12h。水稻或其他移栽作物可采用沾秧根的方法，即将适量微肥与少量肥沃土壤或优质有机肥制成稀糊状液体，移栽前，秧苗浸入数分钟。微量元素根外喷施浓度一般为 0.01% ～ 0.2%。微量元素还可以通过营养液滴灌进行补充。

7.3.3.1 单一微量元素肥料的施用

由于我国耕地微量元素肥料缺乏具有明显的区域性，根据土壤特性施用单一微量元素肥料非常普遍。当土壤有效硼含量＜ 0.25mg/kg 时，基施硼肥为主，酌情喷施硼肥，效果极显著。当土壤有效硼含量＞ 0.25 ～ 0.50mg/kg 时，酌情减基施硼肥的用量，或在作物生育旺盛期喷施硼肥 2 ～ 3 次，效果显著。当土壤有效硼含量＞ 0.50 ～ 1.00mg/kg 时，需硼中等和需硼较多的作物（或品种）在生育旺盛期硼不足，应喷施硼肥 2 ～ 3 次，或结合滴灌施硼肥，效果显著。当土壤有效硼含量＞ 1.00 ～ 2.00mg/kg 时，需硼中等和需硼较多的作物（或品种）在生育旺盛期硼不足，喷施硼肥 2 ～ 3 次，或结合滴灌施硼肥有效。当土壤热有效硼含量＞ 2.00mg/kg 时，作物硼营养水平过量，个别地区、个别作物在试验有效基础上，酌情喷硼或结合滴灌施硼肥有效，防止盲目施硼肥对作物产生毒害 [12,23,32]。

作物缺锌症状多在苗期出现，中后期逐渐缓和，甚至消失。因此，锌肥要早施。锌肥用量因作物、肥料种类、施用方法和土壤缺锌程度而异。一般情况下，播种或移栽时可按 $ZnSO_4 \cdot 7H_2O$ 15kg/hm^2 或者 ZnO 3kg/hm^2 进行基施。由于锌在土壤中的移动性较小，锌肥撒施能够增大锌与土壤和植物的接触面积，但条施可能效果更好，尤其在细粒土和低锌土壤上。条施时锌肥与酸性氮肥和硫肥配合能提高肥效。此外，锌要配合磷肥施用。锌肥有后效，可隔年施一次。叶面喷施是矫正苗期缺锌的快速方法。$ZnSO_4 \cdot 7H_2O$ 喷施时浓度为 0.2%。螯合锌喷施浓度根据锌含量和溶解度参照 $ZnSO_4 \cdot 7H_2O$ 喷施量确定用量 [12,23,32]。

钼肥可进行拌种或喷施。拌种时可按种子用量进行拌种，一般 2g/kg 种子，按钼酸铵计算，每公顷不超过 300g。喷施时一般用 0.01% ～ 0.05% 浓度溶液，宜早喷。根吸收过程中 SO_4^{2-} 和 MoO_4^{2-} 是一对竞争性较强的阴离子。因此，所有 SO_4^{2-} 的肥料如石膏和过磷酸钙均能抑制根系对钼的吸收。而重过磷酸钙由于不含 SO_4^{2-}，因此在施重过磷酸钙的处理中，花生的吸钼量和吸氮量远高于施过磷酸钙的处理。此外，Mn^{2+}、Cu^{2+}、Zn^{2+} 等金属离子都对钼有拮抗作用。由于钼在韧皮部中有较好的移动性，因此叶面喷施钼肥是矫正缺钼的较好方法。与土施钼肥相比，叶面喷施钼肥不仅能提高花生的产量，而且还能提高花生对氮的吸收及地上部和种子中钼的含量。豆科作物由于根瘤形成及固氮过程对钼的需求较大，在种植时采用拌种的方式施入钼肥较好。小麦钼肥施用有效的四个条件为土壤有效钼低、土壤 pH 值低、N 肥施用量高、越冬期低温。在酸性土壤上施石灰，对豆科作物生长有利。但如果将施钼肥和施石灰同时进行，容易导致钼中毒 [12,23,32]。

作物缺铁失绿是田间最难矫正的微量元素缺乏症。铁肥在施入土壤后往往会被土壤颗粒吸附固定，导致肥效降低。尤其在施用硫酸亚铁时，亚铁离子会很快在土壤中转化为不溶性的三价铁离子使铁的有效性降低，因此叶面喷施比土壤施用有效性更高。有机铁肥相对无机铁肥来说，其螯合效果更好，用量较少，缺点是价格较高，一般不用于根际施用。土壤施用铁肥以无机铁肥为主。土施又可分为干施和液施。干施包括撒施法、条施法、沟施法、穴施法、拌种法、蘸根法、盖施法等。液施是指将肥料用水稀释后进行施用，适用于较易溶解的肥料，配好后即溶即用。叶面喷施是指采用均匀喷雾的方法将含铁营养液喷施于叶面上。以 $FeSO_4$ 为例，喷施浓度一般为 0.2% ～ 1.0%，需多次喷施。硫酸亚铁溶液需要现用现配，以免因发生氧化沉淀而降低铁肥有效性，这种施用方法用量小，铁利用率高，效果较好，可明显改善作物缺铁症状。树干涂抹法是指 0.3% ～ 1.0% 的有机铁肥环状涂抹于 1 ～ 3 年生的幼树树干上。大树可将老皮剥去露出韧皮部后涂抹。输液法是将输液瓶，橡胶管和注射针头连接起来，然后将输液瓶倒挂在树干上，通过注射针头将 0.3% ～ 1.0% $FeSO_4$ 缓缓注入树内。钻孔置药法是指在茎秆较粗的树干上钻小孔将 1 ～ 2g 固体 $FeSO_4$ 直接埋藏于树干中。强力注射法是用专门机械将 4% $FeSO_4$ 溶液注入树干中，这种方法见效快且不会留下较大疤痕。浸根法是沿树干外围挖穴，深度以能见到树根为准，每棵树挖 8 ～ 10 个穴，每穴施入 4% $FeSO_4$ 溶液 7 ～ 8mL，待溶液自然渗入后覆盖土壤。对于易缺铁的作物或是在缺铁土壤上播种，用铁肥浸种可矫正缺铁症状。浓度控制在 0.01% ～ 0.1%，浸种时间在 12h 左右。此外，通过发展间作套种，利用禾本科作物分泌的麦根酸可以缓解双子叶作物缺铁 [12,23,32]。

无机锰肥和含锰螯合物一般不建议撒施。条施种肥一般为每公顷硫酸锰 15 ～ 30kg。浸种采用 0.1% 硫酸锰溶液，一般浸种 12 ～ 24h。拌种时 100kg 种子添加 200g 硫酸锰。喷施时采用 0.1% ～ 0.5% 的硫酸锰溶液 [12,23,32]。

植物正常含铜量常大于 10mg/kg，大多数土壤均可满足作物对铜的需要。因此一般情况下，作物不会缺铜。缺铜易发生在有机质丰富的土壤中。在腐殖质含量高的沼泽土和泥炭土上常常发生缺铜。对于大多数缺铜作物来讲，无论是无机铜肥，还是有机铜肥，也不管是土施、种子处理或是喷施，均有明显效果。铜肥土施较为常见，一般 $CuSO_4 \cdot 5H_2O$ 基肥用量为 20 ～ 30kg/hm^2，有 2 ～ 3 年后效；拌种时每 500g 种子 $CuSO_4$ 用量 150mg；喷施铜肥仅在出现明显缺铜症状时进行，一般 $CuSO_4 \cdot 5H_2O$ 浓度为 0.01% ～ 0.02%。如用浓度 0.1% 的 $CuSO_4 \cdot 5H_2O$ 溶液，则需加熟石灰，避免药害 [12,23,32]。

合理施用含氯化肥，一要考虑作物种类和品种对氯的敏感性。耐氯作物优先，忌氯作物不施氯或控制用量。二要考虑年降雨量的多少。年降雨量大和淋溶作用强的土壤、多雨地区或季节优先施用。容易积聚、盐渍化的土壤少用或不用。三要优先考虑缺氯的土壤。在肥力较低，缓冲力小的砂质土壤上，每次施用 NH_4Cl 的数量应酌情减少。四要重视施肥技术，NH_4Cl 和 KCl 可作基肥，也可作追肥。作基肥时至少在播种或移苗前一个星期施用，作追肥时应避开作物幼苗的氯敏感期。此外，含氯化肥施用量还要根据施用目的决定，如矫正作物缺氯症状、抑制作物病害、改善作物水分状况等 [12,23,32]。

7.3.3.2　含有微量元素的大量元素肥料的施用

含有微量元素的大量元素肥料主要有复合肥、作物专用肥、水溶性复合肥料等，一般主要作基肥施用。后期如有需要，可以通过灌根和喷施追施微量元素肥料。

化肥产业的绿色发展依赖于化肥产品的创新。新型微量元素肥料产品研发未来将向着施用简便化、肥料高效化、环境无害化方向发展，突出绿色和智能。从我国农业实际出发，今后需要加强以下几方面的工作：要协调微量元素与大量元素之间的均衡配比，建立适应“区域－土壤－作物”体系的微量元素养分综合管理体系；要持续研发环境友好且绿色智能的微肥产品及配套技术，研究与轻简化施肥技术相适应的微肥剂型及其施用技术体系；此外，做好微肥质量监管，在基层普及微肥的相关知识，提高对微肥重要性的认识，做到“产-学-研-管-用”一体化推进，促进我国微肥产业健康发展 [23,32]。

参考文献

[1] 刘桂东，姜存仓，石磊，等．我国微量元素肥料研究及应用的历程与展望．植物营养与肥料学报，2024, 30(9): 1794-1811.

[2] Gris E. Report concerning the action of soluble ferruginous compounds on plants. Compt Rend Acad Sci, 1843, 17: 679.

[3] McHargue J S. The role of manganese in plants. Journal of the American Chemistry Society, 1922, 44: 1592-1598.

[4] Warington K. The effects of boric acid and borate on the broad bean and certain other plants. Annals of Botany, 1923, 37: 629-672.

[5] Sommer A L, Lipman C B. Evidence for the indispensible nature of zinc and boron for higher green plants. Plant Physiology, 1923, 1:231-249.

[6] Lipman L B, MacKinney. Proof of the essential nature of copper for higher green plants. Plant Physiology, 1931, 6:593-599.

[7] Arnon D I, Stout P R. The essentiality of certain elements in minute quantities with special reference to copper. Plant Physiology, 1939, 14: 371-375.

[8] Arnon D I, Stout P R. Molybdenum as an essential element for higher plants. Plant Physiology, 1939, 14:599-602.

[9] Broyer T C, Carlton A B, Johnson C M, et al. Chlorine a micronutrient element for higher plants. Plant Physiology, 1954, 29:526-532.

[10] Brown P H, Welch R M, Cary E E. Nickel: a micronutrient essential for higher plants. Plant Physiology, 1987, 85:801-803.

[11] Rengel Z, Cakmak I, White P. Marschner's Mineral Nutrition of Higher Plants. 4th ed. New York: Academic Press, 2023.

[12] 刘武定．微量元素与微肥施用．北京：中国农业出版社，1995.

[13] O'Neill M A, Eberhard S, Albersheim P, et al. Requirement of borate cross -linking of cell wall rhamnogalacturonan Ⅱ for Arabidopsis growth. Science, 2021, 294 (5543):846-849.

[14] 王运华，徐芳森，鲁剑巍，等．中国农业中的硼．北京：中国农业出版社，2015.

[15] Barker A V, Pilbeam D J. Handbook of plant nutrition. Florida: CRC press, 2015.

[16] Buchanan B B, Gruissem W, Jones L R. Biochemistry & molecular biology of plants. 2nd ed. New Jersey: Wiley Blackwell, 2015.

[17] Mendel R R. Metabolism of molybdenum. Metallomics and the Cell, 2013, 503-528.

[18] Ayala M B, Sandmann G. The role of copper in respiration of pea plants and heterotrophically growing Scenedesmus cells. Zeitschrift Fur Naturforschung Section C, 1998, 43: 438-442.

[19] Adrees M, Ali S, Rizwan M, et al. The effect of excess copper on growth and physiology of important food crops: a review. Environment Science Pollution Research International, 2015, 22(11): 8148-8162.

[20] Krogmeier M J, McCarty G W, Shogren D R, et al. Effect of nickel deficiency in soybeans on the phytotoxicity of foliar-applied urea. Plant and Soil, 1991, 135(2): 283-286.

[21] Umena Y, Kawakami K, Shen J R, et al. Crystal structure of oxygen-evolving photosystem Ⅱ at a resolution of 1.9Å. Nature, 2011, 473 (7345): 55-60.

[22] Angeli D, Zhang J, Meyer S, et al. AtALMT9 is a malate-activated vacuolar chloride channel required for stomatal opening in Arabidopsis. Nature Communication, 2013, 4: 1804.

[23] Bell R W, Dell B. Micronutrients for sustainable food, feed, fibre and bioenergy production. International Fertilizer Industry Association, 2008.

[24] Brown P H, Shelp B J. Boron mobility in plants. Plant and Soil, 1997, 193: 85-101.

[25] Olsen L, Palmgren M. Many rivers to cross: the journey of zinc from soil to seed. Frontiers in Plant Science, 2014, 5:30.

[26] Jeong J, Merkovich A, Clyne M, et al Directing iron transport in dicots: regulation of iron acquisition and translocation. Current Opinion in Plant Biology, 2017, 39:106-113.

[27] Bashir K, Rasheed S, Kobayashi T, et al. Regulating subcellular metal homeostasis: The key to crop improvement. Frontiers in Plant Science, 2016, 7:1192.

[28] Rai S, Singh K P, Mankotia S, et al. Iron homeostasis in plants and its crosstalk with copper, zinc, and manganese. Plant Stress, 2021: 100008.

[29] Ishimaru Y, Suzuki M, Tsukamoto T, et al. Rice plants take up iron as an Fe31-phytosiderophore and as Fe. Plant Journal, 2006, 45: 335-346.

[30] Yamaji N, Sasaki A, Xia J X, et al. A node-based switch for preferential distribution of manganese in rice. Nature Communication, 2013, 4: 2442.

[31] Yusuf M, Fariduddin Q, Hayat S, et al. Nickel: an overview of uptake, essentiality and toxicity in plants. Bulletin of Environmental Contamination and Toxicology, 2011, 86: 1-17.

[32] Havlin J L, Tisdale S L. Soil fertility and fertilizers-An introduction to nutrient management. 8th ed. London: Pearson, 2014.

[33] 刘铮．微量元素的农业化学．北京：农业出版社，1991.

[34] Alloway J B. Micronutrient deficiencies in global crop production. Springer, 2007.

[35] 张福锁，申建波，危常州，等．绿色智能肥料：从原理创新到产业化实现．土壤学报，2022, 59(4)：873-887.

[36] Abat M, Degryse F, Baird R, et al. Boron phosphates (BPO_4) as a seedling-safe boron fertilizer source. Plant and Soil, 2015, 391: 153-160.

[37] Suzuki M, Urabe A, Sasaki S, et al. Development of a mugineic acid family phytosiderophore analog as an iron fertilizer. Nature Communications, 2021, 12(1): 1558.

[38] Ueno D, Ito Y, Ohnishi M, et al. A synthetic phytosiderophore analog, proline-2′-deoxymugineic acid, is efficiently utilized by dicots. Plant and Soil, 2021, 469: 123-134.

[39] Liu Q, Kawai T, Inukai Y, et al. A lignin-derived material improves plant nutrient bioavailability and growth through its metal chelating capacity. Nature Communications, 2023, 14:4866.

[40] Fatima N, Javaid K, Lahmo K, et al. Siderophore in fungal physiology and virulence. Journal of Pharmacognosy and Phytochemistry, 2017, 6: 1073-1080.

[41] Sharma M, Mishra V, Rau N, et al. Increased iron-stress resilience of maize through inoculation of siderophore -producing Arthrobacter

globiformis from mine. Journal of Basic Microbiology, 2016, 56(7): 719-735.
[42] Zhou C, Guo J, Zhu L, et al. Paenibacillus polymyxa BFKC01 enhances plant iron absorption via improved root systems and activated iron acquisition mechanisms. Plant Physiology and Biochemistry, 2016, 105: 162-173.
[43] Ueno D, Matsumoto K, Enami T, et al. Efficacy of an artificial microbial siderophore-Fe(Ⅲ) with high redox potential on correcting Fe chlorosis in rice. Soil Science and Plant Nutrition, 2019: 1-8.
[44] 申建波，白洋，韦中，等. 根际生命共同体：协调资源、环境和粮食安全的学术思路与交叉创新. 土壤学报，2021, 58(4): 805-813.

中国肥料研究与应用全书

Books of Fertilizer Research and Application in China

FERTILIZER

第8章

有益元素营养及其肥料创新

肥料在保障粮食安全、提升农产品品质和改善人类营养与健康等方面发挥了至关重要的作用，包括有益元素肥料在内的绿色智能肥料创制与制造，面临着“粮食安全、资源高效、环境友好、营养健康、绿色低碳”协同发展的巨大挑战。绿色智能肥料的产业化发展需要通过系统阐述“土壤-植物-微生物-肥料-环境”之间的协同原理，提出土壤、作物、气候及环境条件与肥料相匹配的绿色智能肥料创制新思路，解决绿色智能肥料创制与生产过程中的关键科学难题、关键核心技术瓶颈，找到其破解的途径与方法。新一代创新型有益元素肥料或调理剂的创制的目标就是在绿色智能肥料创制与制造过程中为达到“元素协同”“工艺增效”“精准配伍”“材料创新”目标，提供与大量元素肥料智能配伍的辅助材料、技术与方法，以实现绿色智能肥料增产增收、提质增效、绿色发展的可持续农业的最终目标。

8.1　硅营养及硅肥创新

硅（silicon，Si）是地壳与土壤中含量第二高的元素，仅次于氧。由于硅在土壤、水分、空气等植物生长环境中广泛存在，几乎所有的植物中都有一定含量的硅。但是，作为植物生长重要的营养元素，硅一直未受到充分的重视。随着相关研究的逐渐深入，硅已被证明具有改善植物生长、提高作物产量与品质、增强植物生物与非生物胁迫抗性等作用。因此，硅虽未被列入植物生长的必需元素，但已被国际植物营养组织划分为植物有益元素（beneficial element）。

8.1.1　硅在作物中的吸收与转运

植物以不带电的单硅酸（$H_4SiO_4^0$）的形式吸收生长环境中的硅[1-2]。植物物种间显著的硅含量的差异表明，在不同的植物中存在截然不同的硅吸收与转运机制[3]。高等植物中可能存在的三种硅吸收类型包括：主动吸收（active，比水分吸收速度更快），被动吸收（passive，与水分吸收速度接近）和外排（rejective，比水分吸收速度更慢）。植物通过硅的跨膜自由扩散和 / 或硅转运通道蛋白进行硅的主动或被动吸收。植物对于硅的被动吸收依赖于生长环境中硅的浓度，一般来讲，硅的被动吸收速率与生长环境中的硅浓度呈正相关。由于跨膜自由扩散机制在植物中的广泛存在，理论上来说所有的植物均能进行硅的被动吸收[4]。除此之外，硅的主动吸收广泛存在于硅高积累型和硅中等积累型植物中。硅的主动吸收和被动吸收对植物总的硅吸收的贡献主要取决于植物基因型和生长环境中的硅浓度[5]。

随着高等植物中硅吸收和转运的分子机制相关研究的逐步深入，Ma 等在水稻中克隆出了高等植物中第一个负责编码硅吸收转运相关蛋白的基因 *OsLsi1*[6]。截至目前，在高等植物中已发现了一大批具有不同特征的蛋白和编码基因，这些基因与蛋白共同负责了植物中硅的吸收、转运和分配。目前在植物中发现的硅转运相关的蛋白主要分为两类：一类是硅内流通道蛋白（influx channel，例如 OsLsi1、OsLsi6），另一类是硅外排转运载体蛋白（efflux transporter，例如 OsLsi2、OsLsi3）[7-8]。

在植物中，Lsi1 硅内流通道蛋白和 Lsi2 硅转运载体蛋白主要负责根系对硅的吸收与转运。虽然不同植物中的 Lsi1 和 Lsi2 蛋白具有很高的同源性，但 Lsi1 和 Lsi2 在不同植物的根内具有不同的定位。在水稻根中，OsLsi1 和 OsLsi2 主要定位在外皮层（exodermis）和内皮层（endodermis）细胞的细胞膜上，其中 OsLsi1 极性地定位在远中柱端（distal side），而 OsLsi2 极性地定位在近中柱端（proximal side）[6-7]。与水稻不同，大麦和玉米中的 Lsi1（HvLsi1/ZmLsi1）和 Lsi2（HvLsi2/ZmLsi2）蛋白定位于不同的细胞中，HvLsi1/ZmLsi1 极性地定位在表皮、外皮层和内皮层细胞膜的远中柱端，而 HvLsi2/ZmLsi2 则无极性地定位在内皮层细胞膜上 [9-10]。由于硅转运蛋白定位方式的差异，水稻和大麦 / 玉米根内硅吸收的方式也有所不同。在水稻根内，定位在外皮层远中柱端的 OsLsi1 介导了植物对单硅酸的吸收，定位在外皮层近中柱端的 OsLsi2 负责将单硅酸转运至栅栏组织细胞质外体中，然后硅经由 OsLsi1 和 OsLsi2 通过内皮层细胞，进而被转运至中柱维管组织。但在大麦和玉米根内，定位于表皮和外皮层远中柱端的 HvLsi1/ZmLsi1 负责了植物从外部溶液中对单硅酸的吸收，HvLsi2/ZmLsi2 将单硅酸经共质体途径转运至内皮层细胞，然后单硅酸再通过质外体途径被转运到中柱维管组织。

在植物中，硅在木质部的装载与转运由蒸腾拉力驱动，但在一些蒸腾速率较低的组织或器官中仍然会出现极高的硅积累（例如稻壳），这表明植物可以选择性地将根系吸收的硅进行再分配。研究表明，维管系统发育程度较高的茎节（node）是植物调节硅再分配的关键位置。在穗下方的第一节，有两种发育程度和功能存在较大差异的维管束组织：扩大维管束（enlarged vascular bundle，EVB）和弥散维管束（diffuse vascular bundle，DVB）。两种维管束之间的硅转运是植物调节硅在花序和旗叶之间进行分配的关键过程。在水稻中，定位在茎节的三个硅转运蛋白（OsLsi2、OsLsi3 和 OsLsi6）参与了水稻中不同维管束之间的硅转运。OsLsi2 极性地定位于扩大维管束周围的维管束鞘细胞（bundle sheath cell，BSC）层，紧邻 OsLsi6 定位的木质部转移细胞（xylem transfer cell，XTC）层，而 OsLsi3 无极性地定位于扩大维管束和弥散维管束之间的薄壁组织中 [11-12]。硅经 Lsi1 和 Lsi2 被转运到木质部导管后，会在蒸腾拉力的作用下被转运到地上部。超过 90% 植物从外界环境中吸收的硅会被转运并积累在植物的地上部，只有少量的硅沉积在根和木质部维管束的细胞壁中。在硅高积累植物的木质部汁液中，硅的浓度会比饱和溶液中硅的浓度（2mmol 左右）高出数倍，但仍不会发生脱水缩合沉淀，木质部汁液中硅的浓度也与植物的硅积累能力呈正相关。硅被转运到地上部后，Lsi6 负责将硅卸载至木质部薄壁组织细胞。在不同的植物中，Lsi6 均极性地定位在木质部薄壁细胞的细胞膜上。硅被卸载到叶片中后，随蒸腾作用的水分流失进一步浓缩聚合成无定形二氧化硅，进而沉积在叶片中 [8]。

8.1.2 硅对作物产量与品质的影响

硅作为重要的植物营养元素，在一定的条件下对于作物的生长与发育具有积极作用，特别是在增加作物产量、改善作物品质方面具有重要作用。截至目前，硅已被证明能够在包括水稻、小麦、玉米、甘蔗、茶叶、番茄、黄瓜、葡萄、柑橘等多种粮食作物、经济作物、蔬菜、水果中提高作物产量，改善农产品品质。

水稻是典型的硅积累作物，也是硅营养研究的模式植物，在水稻中二氧化硅的含量最高可达 20%（以干重计），而缺硅会导致水稻出现褐斑、植株机械强度较低等症状，影响水稻正常生长。据统计，在大田水稻生产中每生产 100kg 稻米需要 22kg 硅，是常见作物大量元素氮、磷、钾需求量总和的 4.4 倍。因此，连续的水稻种植每年会从土壤中带走大量的硅，而土壤供硅水平也逐渐成为水稻高产、稳产、优质的重要限制因素。水稻也是目前硅肥应用最早、应用面积最大的作物。最早的稻田硅肥使用可以追溯到 20 世纪 50 年代，日本开始在水稻生产中使用矿渣硅肥，后续中国、韩国、泰国等主要水稻生产国家也逐渐开始施用钢渣硅肥、硅钙肥等硅肥产品。

一般来说，在 0 ～ 120kg/hm^2 硅肥施用量范围，随着硅肥施用量的增加，水稻的产量逐渐增加，在 120 ～ 200kg/hm^2 硅肥施用量范围内，水稻产量反而随着硅肥施用量的增加略有下降。Tamai 利用水稻低吸硅突变体（*lsi1*）对比野生型水稻的研究结果表明，突变体水稻产量减少约 80%，但是突变体水稻的有效穗数与千粒重相较于野生型没有明显降低，而穗粒数显著下降，这表明硅对水稻籽粒的形成与水稻产量具有重要作用[13]。此外，硅肥施用对稻米品质也有一定的影响。研究表明，硅肥施用对于稻米糙米率、精米率、整精米率、垩白指标、蛋白质含量等均有一定的影响，硅肥施用量与精米率、整精米率呈现显著正相关。小麦是世界上栽培面积最大的粮食作物之一，同时是典型的喜硅植物。硅肥施用能够有效地提高小麦的产量与品质。硅肥施用能够改善土壤理化性质与肥料供给，提高了小麦地上部干重、穗数、产量等，同时对小麦中蛋白质、面筋含量具有提高作用，改善小麦面粉弹性与筋力。玉米是世界范围内最重要的作物之一，同样具有主动吸收硅的能力。施用硅肥能够有效地提高玉米的穗长、穗粒数、百粒重等产量组成指标，最终提高玉米产量。此外，施用硅肥后，玉米中氨基酸、淀粉、可溶性蛋白等均有一定的改善，玉米产品整体口感也有一定的提升。甘蔗同样是典型的硅积累作物，硅积累量略低于水稻。考虑到甘蔗种植在高风化热带土壤覆盖面积较大，而风化程度较高的土壤有效硅含量较低，因此显著影响了甘蔗高产与稳产。硅肥施用对甘蔗生产十分重要。除了上述作物以外，硅肥对于多种其他作物产量也具有显著的改善作用（表 8-1），同时对于瓜果类、蔬菜类作物可溶性糖、维生素 C、氨基酸等营养品质指标具有明显的提升作用；对于茶叶茶多酚含量、烟草烟碱含量等经济作物的特殊有效成分也有一定的调控作用。

表8-1　硅钾肥施用对不同作物产量的影响[14]

单位：%

作物	增产幅度	作物	增产幅度
小麦	13.8	辣椒	8.4
玉米	7.3	南瓜	11.7
马铃薯	12.3	桃	18.1
花生	6.7	香蕉	4.8
萝卜	11.2	柑橘	12.3
大豆	5.1	龙眼	10.7
菜豆	6.0	茶	11.0
甜菜	4.7	人参	3.2

续表

作物	增产幅度	作物	增产幅度
番茄	8.8	木瓜	9.7
大白菜	15.2	葡萄	6.5

8.1.3　硅对作物生物胁迫抗性的影响

8.1.3.1　硅对作物虫害抗性的影响

施用硅肥可以增加植物的含硅量，从而增强对昆虫的抵抗作用，硅对植食性昆虫取食有阻碍作用，能延缓昆虫的发育，降低昆虫的体重，提高作物对于虫害的抗性[15-16]。长期以来认为硅调节植物抗虫性的机制是硅在叶下表皮细胞中堆积，组成物理屏障来防御昆虫的危害。近年来，随着研究的深入，发现硅增强植物抗虫性主要有两方面，分别为组成型防御和诱导型防御。组成型防御指施硅可以使叶片的粗糙度提高，叶表层细胞壁加厚，成为抵御昆虫的坚固屏障，从而减轻植物的受害程度。诱导型防御指植物在遭到昆虫危害或其他因素诱导后，改变自身的生理生化反应，启动防御信号转导途径，使信号物质的含量迅速提高，通过激活相应的保护酶等物质，诱导植物产生对昆虫有拒食或毒杀作用的化合物；也有研究指出，施硅后植物的防御酶活性被诱导提高，表明硅在诱导型防御中具有重要作用[17-18]。

8.1.3.2　硅对作物病害抗性的影响

虽然，硅是否为所有高等植物必需元素尚无定论，但硅能提高植物的抗病性已是不争的事实。早在 1927 年，人们就发现病菌难入侵或不能侵入角质层较厚的植株，而这些植株的细胞壁中含有大量硅元素。欧洲在硅对植物抗病性影响方面的研究开展较早，Germar 最早报道了施用硅的小麦可抗白粉病[19]。此后，有关硅与植物抗病害性的研究便不断深入，如加硅能使黄瓜叶片上的白粉病斑的数目、面积及分生孢子的萌发数显著减少，用硅酸钾代替硅酸钠对病害的抑制作用相同。此外，硅在减轻西瓜、甜瓜、西葫芦以及葡萄叶面白粉病害有良好效果。硅也被证明在提高水稻纹枯病、稻瘟病等病害的抗性方面具有良好的效果[20]。在施硅处理的水稻植株中，茎叶的厚壁组织、维管束鞘的细胞壁中肉桂乙醇脱氢酶抗血清的免疫反应较低，酚酸的含量也较低；在次生木质部导管细胞的细胞壁中也有相同的情况[21]。此外，也有观点认为，硅能提高植物抗病能力的原因主要是因为寄主细胞中硅的聚集形成一道致密的机械障碍，从而使真菌孢子萌发、菌丝生长以及吸器形成都受到了有效的限制[22]。

8.1.4　硅对作物非生物胁迫抗性的影响

8.1.4.1　硅对植物盐胁迫抗性的影响

盐胁迫是世界上对作物生产影响最大的非生物胁迫之一，是农业生产中作物高产、稳产的主要限制因素，直接威胁粮食安全。盐胁迫对于植物的伤害主要包括渗透胁迫、离子胁迫（主要是钠离子和氯离子）与氧化伤害等[23]。目前的研究表明，硅在植物中可以通过调控光合作用、水分平衡、钠钾离子平衡与抗氧化系统等缓解盐胁迫。

硅被植物吸收后会在植物组织中沉积，在叶片和茎秆中硅的沉积可以提高植物组织的机械强度和直立性，使植物具有更好的受光姿态和更大的受光面积。此外，硅可以维持盐胁迫下植物叶绿素含量、提高气孔透性、增加 CO_2 同化效率、叶绿体膜结构稳定性等改善植物光合效率，缓解盐胁迫对水稻光合系统的影响[24]。在盐胁迫下，植物维持自身水分状况的策略主要包括提高根系水分吸收和减少水分流失。植物根系对水分的吸收主要取决于根系-水分接触面积、根系导水度和根系水分吸收驱动力三个因素。研究表明，硅一方面可以改善盐胁迫下植物根系的生长与形态，增加根系-水分接触面积，另一方面可以调控根部水通道蛋白（aquaporin）活性增加根系导水度，同时可以调控植物渗透调节物质（如可溶性糖、脯氨酸等）的代谢，改变组织汁液的渗透势，从而改善盐胁迫下植物的水分吸收[25]。硅在盐胁迫下对植物渗透调节物质的代谢与转运的调控作用，一方面可以为地下部的生长提供能量，促进地下部在盐胁迫条件下的生长；另一方面有助于地下部渗透势的调节，改善植物在盐胁迫下的水分吸收。盐胁迫下会导致植物产生过多的活性氧，从而在植物中造成膜脂质过氧化伤害，破坏生物膜结构与功能。盐胁迫下，硅能够通过调控抗氧化系统的活性，改善植物活性氧（ROS）平衡，缓解盐胁迫下的氧化伤害[24]。硅对抗氧化系统活性的调控与生物膜系统的保护，有助于维持生物膜水分吸收、离子转运等功能的稳定，对盐胁迫下植物对水分、养分等的吸收等具有重要意义。

盐胁迫中主要的盐离子是钠离子，在高浓度的盐离子影响下，硅可以调控植物对钠离子的吸收、增强对钠离子的区隔、影响钾离子的吸收与营养功能，提高钾 / 钠含量比。硅在细胞壁中的矿化可以使细胞壁作为阻隔层调控植株对钠离子的吸收。此外，硅在水稻根内的沉积可以在水稻中减少盐胁迫下钠离子的质外体途径转运，同时提高钾离子含量以维持植物较高的钾 / 钠含量比，缓解离子胁迫[26]。硅可以通过调控多胺的代谢从而在高粱中降低钠离子的吸收与转运。盐离子的区隔化主要是植物将盐离子转运并留存至植物液泡中，减少细胞质盐离子对代谢活动的影响，在大麦中硅可以提高液泡膜上 H^+-ATPase 和 H^+-PPase 活性[27]。

8.1.4.2 硅对植物（重）金属胁迫抗性的影响

① 硅对锰毒性的影响。锰（Mn）是植物生长所必需的重要微量元素之一，但当生长介质中的有效锰浓度超过一定范围时，会对植物造成胁迫作用。一般来说，锰毒性会因植物种类和植物对锰的敏感性不同而有所差异，这主要取决于物种、基因型、环境条件（如温度、湿度、pH 值、光照和氮源）等，不同植物锰中毒症状不同，一般表现为深褐色斑点、坏死病变、叶尖和叶缘褪绿、叶片皱折，主叶脉和次叶脉附近的老叶褐斑被褪绿带包围是典型的植物锰中毒症状。硅可以缓解锰的毒性。早在 1957 年，Williams 和 Vlamis 发现硅处理对大麦叶片中的锰含量没有影响，但硅处理使锰的分布更加均匀，而不是集中在坏死组织，从而降低了锰的毒性[28]。Iwasaki 等对锰中毒症状研究表明，在豇豆接受 50mmol 锰后，黑褐色斑点是第一个可见的锰中毒症状，在添加硅的植物中，这种症状在整个实验过程中完全消失[29]。

② 硅对铁毒性的影响。铁（Fe）是植物生长所需的另一种重要微量元素，铁毒性主要是植物在高度退化条件下（如渍水的低地土壤，排水不良、压实或通气不良的土壤）或热带

和亚热带地区高度风化的酸性土壤中生长所面临的问题。最常见的铁中毒症状之一是叶子坏死生斑；其他症状包括叶片深绿色，顶部和根部生长迟缓，以及叶片青铜化，尤其是水稻，导致叶片上出现深褐色到紫色斑点。据报道，硅可以显著减轻水稻的铁中毒症状，缓解根表皮细胞胞质细胞器和细胞核的破坏[30]。

③ 硅对铝毒性的影响。铝（Al）不仅是大多数矿质土壤的主要成分，也是 pH 值为 3.5 ～ 4.5 时植物生长的主要限制因素。在全球热带和亚热带地区高度风化的酸性土壤上，铝过量会严重抑制根系生长和养分吸收，限制作物产量。铝中毒的一个典型症状是根系生长受到抑制，在土壤中添加硅酸可以抑制植物对铝的吸收。当硅作为预处理和暴露于过量的铝时，硅对铝诱导的根伸长抑制（12h 后）有明显的缓解作用，但当硅仅作为预处理时，基本上没有观察到这种影响[31]。

④ 硅对镉毒性的影响。镉（Cd）是一种非必需的有毒重金属，在环境中具有高度的流动性。即使是微量的镉暴露也会对微生物、植物和动物造成严重的问题，并通过在食物链中的生物积累对人类具有高度毒性。镉一旦被过量吸收、运输和积累到植物组织中，就会以多种方式干扰植物的代谢。许多研究表明，植物组织中积累的过量镉不仅导致铁、镁、钙缺乏，降低叶绿素含量，还能抑制植物的生长和呼吸，破坏细胞核、叶绿体、线粒体等植物细胞的超微结构，改变参与多种代谢途径的关键酶的活性和数量。硅能显著减轻镉的毒性症状，促进高等植物的生长发育。在镉胁迫下，玉米叶片出现典型的褪绿、卷叶和发育不良等镉中毒症状（图 8-1）[32]，添加硅显著缓解了镉毒性对光合作用、水分利用效率和光能利用效率的抑制作用[33]。

图 8-1　硅对 0mg/kg（CK）、20mg/kg 和 40mg/kg 镉胁迫下玉米的影响
（梁永超摄）

⑤ 硅对砷毒性的影响。砷（As）是一种非必需的高毒性氧化阴离子类金属，自然存在于所有土壤中。人类暴露于过量的 As 将对健康造成重大风险，导致各种健康问题，包括皮肤、呼吸系统、肺部、心血管和神经系统疾病等。污染事件在世界各地被频繁报道，特别是重复使用含砷农药和肥料、燃烧化石燃料、处理工业和动物废物以及采矿活动造成的大气沉降都可能导致土壤和水的污染。当植物根系暴露于砷时，类金属抑制根的伸长和增长。砷酸盐［As(Ⅴ)］一旦被摄取并运输到细胞内，就很容易转化为亚砷酸盐［As(Ⅲ)］。研究表明，两种形式的砷［As(Ⅴ) 和 As(Ⅲ)］都能扰乱植物的代谢，严重抑制植物的营养生长和生殖生长，从而导致育性和产量损失。Guo 等研究了硅酸盐对水培水稻幼苗生长和砷酸盐吸收的影响，发现随着培养

液中外源硅浓度的增加，水稻幼苗的干重增加。在培养液中添加 0.5mmol、1.0mmol 和 2.8mmol 硅分别增加了 24%、37% 和 33% 的地上部干重，但对地下部干重影响不大[34]。大田试验中，施用硅肥尽管对砷胁迫水稻的产量影响差异不显著，但降低了籽粒中砷的含量。

⑥ 硅对铬毒性的影响。铬（Cr）是另一种剧毒的氧化阴离子类金属。由于采矿或工业活动以及农业重复使用富金属化肥、农药、污水污泥和污水灌溉等类活动，铬污染已成为严重的环境问题，引起了人们越来越多的关注。三种铬［Cr(Ⅲ)、Cr(Ⅳ) 和 Cr(Ⅵ)］都具有高度的植物毒性，而 Cr(Ⅵ) 对所有生物都有毒性。对植物而言，过量的铬会抑制种子萌发和植物生长，导致养分和水分失衡，光合色素降解，线粒体电子传递失活，抗氧化防御酶活性受到抑制。有报道称硅可以有效缓解水稻、大麦和小白菜中铬的毒性，降低铬积累量、根-茎间铬转运量和 MDA 水平来缓解铬毒害，促进植物生长。

⑦ 硅对铅毒性的影响。铅（Pb）也是一种非必需但毒性极强的重金属，其对土壤和沉积物中的矿物有很强的吸附作用，易在环境中积累。农业和工业活动引起的土壤、水和沉积物中的铅污染是一个世界性的环境问题。接触过量的铅会造成严重的健康风险。在植物组织中，过量的铅会影响膜结构，抑制光合作用，导致营养、水分和植物激素失衡。典型的铅毒性症状包括：生长迟缓、褪绿和根变黑。据报道，硅可以有效地减轻铅在植物中的毒性，缓解铅对植物生长的抑制作用。

⑧ 硅对锌和铜毒性的影响。锌（Zn）和铜（Cu）都是植物生长所必需的微量元素，具有许多重要的代谢功能。然而，接触过量的锌或铜会引起严重的植物毒性。锌中毒的常见症状包括老叶上出现深色斑点或斑点，特别是叶柄、叶片边缘和叶脉周围。在更严重的情况下，导致植株生长缓慢和根系发育不良，通常伴有明显的褪绿病。已经证明添加硅可以减轻玉米和水稻中锌的毒性，在拟南芥、百日草和水稻中添加硅可以减轻铜的毒性。

8.1.5 硅肥创新进展与思路

8.1.5.1 硅肥研究进展

硅用于农业用途的来源包括化学产品、天然矿物质和钢铁工业的副产品。所有这些产品都被证明能有效地提高作物的生长和产量。钢渣硅酸盐肥料具有较高的经济效益，但不锈钢渣中所含的重金属（镍和铬）可能带来的环境风险值得关注。可溶性硅酸钾或硅酸钠是完全水溶性的，可以作为叶面肥料，但对土壤施用来说过于昂贵。以长石为原料生产的含钾或富钾缓释硅酸盐不仅具有经济效益和农业效益，而且对环境也很友好。最近十几年来发展起来的纳米硅肥、微纳米硅（钙）肥在硅吸收、转运机理、肥效及施用方法上与传统的硅肥不尽相同，今后应重点研究其作物吸收、转运与利用的机理、智慧创新制作工艺及其与大量元素肥料绿色智能配伍、复合及工业化生产的技术与大田施用推广应用的途径。

（1）矿渣硅肥

矿渣硅肥肥料是指利用钢铁工业加工过程中的炉渣、副产物或者工业废料加工而成的硅酸钙肥料。尽管从中世纪（5 ～ 15 世纪）起，欧洲的修道院就开始广泛使用炼铁和炼钢工业产生的炉渣，但它们通常被当作石灰或含磷的添加剂，因为硅尚未被认为是植物生长的必要元素。美国 Zippicotte 于 1881 年获得了第一个使用硅渣作为肥料的专利。基于炉渣对水稻和退化水稻土壤在二战后进行的田间试验中明显的有益农艺效应，1955 年炉渣首次被日本农业、林业和渔业部正式批准为硅酸盐肥料，并在市场上出售。对植物含有足够数量的硅，但没有有毒成分的矿渣被认定为“硅酸盐肥料”，并建立了硅酸盐肥料的官方标准[34]。

用于处理硅酸盐肥料的炉渣包括高炉炉渣、硅锰炉渣、镍铁炉渣、不锈钢炉渣、碳素钢炉渣、锰炉渣和转炉炉渣；另一个常见的来源是电炉生产的磷元素，如磷渣。

炉渣是在高炉或电弧炉中高温（例如 1300℃）条件下用石灰石和焦炭熔炼矿石生产金属或合金钢的副产品，然后（用空气或水）冷却浮在表面的材料。在冶炼过程中，矿石中的硅酸盐组分与石灰石发生反应，矿石中所含的硅往往从紧密结合的状态中释放出来，导致硅酸钙的分离，从而增加了硅化合物的溶解度。同时，矿石中的铁和其他金属被还原和分离，炉渣作为副产物保留下来。炉渣主要成分为硅酸钙、镁（Mg）、铝（Al）、铁（Fe），含微量锰（Mn）、镍（Ni）、铬（Cr）等。根据 1955 年在日本成立的硅酸盐肥料的官方标准，炉渣中植物可利用硅含量（0.5mol/L HCl 可溶性 SiO_2）和碱组分（主要是 CaO）含量应分别超过 20% 和 35%, 有毒成分镍、钛（Ti）的最大允许限制分别为 0.4% 和 1.5%。本标准于 1987 年修订：含 10% 以上可溶性 SiO_2（0.5mol/L HCl 可溶性 SiO_2）的炉渣也被认定为硅酸盐肥料。表 8-2 列出的是日本用作硅酸钙肥料的 10 个矿渣的组成。可以清楚地看到，由于铁和合金工业的制造工艺的不同，硅的溶解度、植物可用硅含量和副产物的价值与使用的炉渣来源有很大的不同[35]。

表8-2 用于硅酸钙肥料的炉渣组成

单位：%

炉渣	CaO	SiO_2	MgO	MnO	Al_2O_3	Fe_2O_3
生铁渣	35 ~ 45	30 ~ 41	3 ~ 7	0.3 ~ 1.7	12 ~ 20	0.3 ~ 1.7
钢渣	37 ~ 65	9 ~ 22	0.6 ~ 1.5	0.5 ~ 10.0	0.1 ~ 7.5	1.5 ~ 3.5
不锈钢	43 ~ 48	23 ~ 28	10 ~ 15	0.5 ~ 1.0	1 ~ 4	0.5 ~ 1.2
锰铁渣	33 ~ 37	25 ~ 30	4 ~ 7	5 ~ 14	4 ~ 7	0.5 ~ 1.0
锰硅渣	30 ~ 45	30 ~ 40	1 ~ 4	6 ~ 10	3 ~ 12	3 ~ 10
镍铁渣	8 ~ 12	40 ~ 50	20 ~ 26	—	4 ~ 6	4 ~ 5
镍渣	17 ~ 20	40 ~ 45	20 ~ 25	—	2.5 ~ 4	14 ~ 20
铬铁渣	47 ~ 53	27 ~ 32	9 ~ 12	—	9 ~ 12	0.2 ~ 0.5
镁渣	50 ~ 55	29 ~ 33	8 ~ 12	0.1 ~ 0.3	1 ~ 3	2 ~ 4
脱磷渣	48 ~ 50	40 ~ 45	0.2 ~ 0.4	—	1 ~ 4	0.1 ~ 0.3

资料来源：Ma，Takahashi，2002。

（2）钙镁磷肥

20 世纪 50 年代，日本生产了含磷、镁、钙、硅的钙镁磷肥。该含硅肥料是将磷矿和蛇纹岩熔融，然后快速冷却和粉碎而成。熔融的磷酸镁以炉磷肥的形式出现，但含有

16% ～ 26% 的可溶性 SiO_2。酸溶性 SiO_2 含量超过 20% 的肥料被认定为硅酸盐肥料。

（3）缓释硅酸钾肥

硅酸钾作为缓释钾肥在日本出现于 1978 年，在中国出现于 20 世纪 90 年代。在日本，燃煤电厂的粉煤灰与碳酸钾或氢氧化钾、氢氧化镁一起在炉中约 900℃煅烧。主要矿物为 $K_2O(Al, Fe)O_3SiO_2$ 和 $K_2OMgOSiO_2$。根据日本商用肥料的官方标准，肥料中柠檬酸溶性钾（K_2O）、0.5mol 盐酸溶性硅酸盐（SiO_2）和柠檬酸溶性镁（MgO）的含量必须分别大于 20%、25% 和 3%，非活性水溶性钾（K_2O）的含量必须小于 3%。硅酸钾肥料中的钾是缓释的。2000 年左右，这种肥料的年需求量达到 5 万吨，其中 90% 以上用于日本的水稻生产。在我国，缓释硅酸钾肥料也已商品化。而缓释硅酸盐钾肥是一种以钾长石或富钾矿物为原料，在 130 ～ 250℃下煅烧或水热化学反应法制备的产品，水热化学反应技术采用硼镁矿粉或微烧硼镁矿粉组成的添加剂。这种缓释硅酸钾含有 22% ～ 25% 的柠檬酸溶 SiO_2，5.0% ～ 7.0% 的柠檬酸溶 K_2O，35% ～ 40% 的柠檬酸溶 CaO，1.5% 的柠檬酸溶 MgO，而水溶性 SiO_2 和水溶性 K_2O 分别为 0.8% 和 5.3%。长期田间试验表明，这种缓释硅酸钾的施用平均能使许多作物品种的产量平均提高 10%。

（4）熔融硅酸钾镁

熔融硅酸钾镁是我国 2000 年左右出现的一种缓释硅酸钾镁肥料。它是由长石等富含钾元素的矿物和硫酸镁在 900 ～ 1300℃的熔炉中熔化而成，然后冷却、研磨和 / 或造粒。柠檬酸可萃取 SiO_2、CaO、K_2O 和 MgO 的含量分别为 25% ～ 30%、27% ～ 32%、4% 和 5%。这种硅酸钾镁被注册为土壤改良剂或土壤改良剂。中国各地的田间试验结果表明，这种土壤改良剂有效地提高了水稻、小麦、玉米、甘蔗、花生、大豆等作物的产量。

（5）多孔水合硅酸钙

多孔水合硅酸钙（托贝莫来石）或水合硅酸钙是用于建筑中的轻质墙体材料，是在 180℃、1013.25kPa 压力下与石灰、石英和水泥发生化学反应而制成。由于墙体材料的严格标准，非标准化产品的比例很高，成为建筑行业的废物副产品。这种废料的硅溶解度大于铁厂和合金厂的矿渣，在日本被用作肥料。1993 年，“轻质多孔水泥粉体肥料”被认定为新型硅酸盐肥料，并制定了新的标准。0.5mol/L 盐酸可溶性 SiO_2 的含量必须大于 15%，碱基组分的含量必须大于 15%。

（6）可溶性硅酸盐肥料

只有硅酸钠和硅酸钾能溶于水。1840 年，李比希首次提出硅酸钠作为硅肥料，并作为甜菜温室试验硅的第一来源。一项从 1856 年开始在英国洛桑研究所进行的长期田间试验表明，硅酸钠能有效地提高草的产量。硅酸钾在刺激植物生长和生产力方面更有效，因为它含有碳酸钾。但考虑到成本因素，硅酸钾和硅酸钠的价格较高，这可能限制了它们在某些现实应用中的使用。这些可溶硅酸盐在商业上是可以得到的，但在大多数情况下，出于经济和效率的考虑，它们在相对较低的浓度下用作叶面肥料。据报道，水玻璃（硅酸钠）在土壤应用和作为叶面喷剂可以有效地提高作物产量和对病虫害的抗性。钾硅酸盐也过于昂贵，不适合土壤应用。20 世纪 80 年代末，水玻璃在中国成功地被用于制造粉末状偏硅酸钠和二硅酸钠的混合物。水溶性 SiO_2 含量为 50% ～ 55%，水溶性钾含量为 3% ～ 5%；但是，就推荐的土壤施用率而言，其并不具有成本效益。它是完全水溶性的，因此可以用作液体肥料或滴灌肥料，但仍不能达到成本效益的浓度。据报道，低剂量（如 90 ～ 105kg/hm^2）施用这种可溶性硅肥，可显著提高水稻、甘蔗和小麦的产量，并提供抗倒伏和抗病能力。

（7）硅胶

硅胶，通常在工业中作为一种干燥剂，是通过中和水玻璃，然后凝胶、脱水来制造的。水稻在苗期需要硅，但日本市面上出售的硅酸盐肥料（主要是矿渣基硅肥料）不适合在苗圃中使用，因为它们过于碱性（pH 值 10 ～ 12），会提高 pH 值。1999 年，日本发现硅胶是一种适合用于水稻苗圃的硅源。由于硅胶不溶于盐酸，按照日本官方标准，硅胶中 0.5mol 氢氧化钠可萃取 SiO_2 的含量应不低于 80%。

（8）其他来源

除了以上硅源外，一些天然含硅矿物，如硅灰石和橄榄石（$MgSiO_3$）被粉碎和 / 或造粒后用作农用硅肥的来源。此外，一些公司还将硅藻土作为硅肥料的商业来源。然而，需要研究澄清硅藻土中所含的硅在作物生长季节经机械粉碎后是否可以被植物利用以及显现的农艺效应是由硅引起的，而不是由硅藻土中所含的其他营养物质引起的。

8.1.5.2　硅肥的施用技术与标准

硅肥的施用技术：根据土壤中含硅量的丰缺状况确定是否施用硅肥。根据土壤分析化验来确定当地土壤含硅量是否在临界值以下，通常土壤有效硅含量在 127 ～ 181mg/kg 范围内属缺硅土壤，施用硅肥有明显增产效果。

施用方法：①适宜作基肥，不宜作种肥。可单独施用，也可与农家肥混施。②可作追肥，应早施、深施。水稻可以在耙地后插秧前撒施，也可在插秧后撒施，保持潜水层，旱田追肥可穴施或沟施，施后覆土、浇水。果树在秋冬、早春单独用有机肥开沟注入法施肥，一般每株施 5 ～ 10kg。

硅肥的施用量：应根据不同地块土壤有效硅的含量与硅肥水溶态硅的含量确定硅肥施用量。严重缺硅的土壤可适量多施，而轻度缺硅的土壤应少施。有效硅含量达到 50% ～ 60% 的水溶态硅肥，每亩（1 亩≈667m^2）可施用 6 ～ 10kg；有效硅含量为 30% ～ 40% 的钢渣硅肥，每公顷可施用 450 ～ 750kg，有效硅含量低于 30% 的，每公顷可施用 750 ～ 1500kg。

硅肥的施用注意事项：①必须与其他肥料配合施用。硅肥不能代替氮、磷、钾肥，氮、磷、钾、硅肥科学配合施用，才能获得良好的效果。②硅肥不能与碳酸氢铵混合或同时施用。硅肥会使碳酸氢铵中的铵挥发，降低氮肥的利用率，造成不必要的浪费。

现有的硅肥行业标准有：硅肥标准 NY/T 797—2004，硅肥的要求应符合表 8-3 的规定。

表8-3　硅肥的要求

项目	合格品指标
有效硅（以 SiO_2 计）含量 /%	≥ 20.0
水分含量 /%	≤ 3.0
细度（50μm 标准筛）/%	≥ 80.0

注：硅肥还应符合国家标准《肥料中砷、镉、铅、铬、汞限量的测定》（GB/T 23349—2020）。

目前硅肥主要有水溶性硅肥、纳米活性硅肥和枸溶性硅肥。水溶性硅肥的原料多采用硅酸盐原料，是采用高温化学合成工艺生产，具体是采用配料-预热-喷雾干燥-筛分-造粒-包装-成品工艺制造高效硅肥，目前采用的主要技术创新，主要体现在：①用钾替代“高效硅肥”中的钠，实现了原有技术的重大突破；②氮磷钾硅复合肥的成功研制，使硅第一次实现了与氮磷钾的复合。生产工艺最大的特点是优化原料配方使产品中有效二氧化硅含量最大化。生产工艺主要特点是采用低碳方法生产硅酸原料达到节能减排；配料过程中添加 K_2CO_3 以平衡硅（SiO_2），实现减少钠离子对土壤危害的目的；对原料预加热增加其流动性；最后制作成粉状硅肥和粒状硅肥。与一般硅肥相比，水溶性硅肥克服了传统硅肥不易溶解、作物难吸收的缺点，吸收效果是普通硅肥的 80 倍以上，具有含硅量高、水溶性好、速溶速效、用量少、效果高、储存方便、运输费用低等特点，进行叶面喷施、冲施、滴灌、基施、追施均可。

纳米活性硅肥，是采用纳米技术生产，外观为白色、灰白色超细粉末或无色透明液体，有效硅含量为 20% ～ 99%，粒径小、悬浮率高，对作物安全性好，吸收利用率高，进行叶面喷施、冲施、滴灌、基施、追施均可。纳米活性硅肥是肥料制造技术领域的一种新型纳米硅肥，其生产方法为将高炉水淬渣和二氧化硅放入到熔炼炉内高温熔炼，通过凹凸棒粉减少硅肥的养分的流失，增强了肥效，并通过凹凸棒强大的离子交换能力，大量离子在凹凸棒内外进行离子交换，刺激了植物对养分的吸收，从而极大地发挥肥料的效用。凹凸棒粉作为黏结剂，能够提高硅肥的造粒速度，保障硅肥的颗粒均匀，不结块，光泽度好，减少了返料，节约成本。通过凹凸棒粉的黏结性能在普通颗粒肥表面进行包裹，纳米硅肥能在颗粒肥表面均匀分布，且附着紧密不脱落，不会造成粉尘，同时避免浪费和环境污染。

枸溶性硅肥是指不溶于水而溶于酸后可以被植物吸收的硅肥，采用高温煅烧工艺生产，外观为白色、灰色、黄色细粉末，一般含有硅、钙、镁等元素，含量为二氧化硅 40% ～ 50%，钙 35% ～ 45%，镁 3% ～ 5%。有效硅是指溶于酸后可以被植物吸收的那部分硅，宜用作基肥，也可作追肥，可用于生产硅钙肥、硅钙镁钾肥、含硅复合肥、含硅有机肥等含硅肥料。

枸溶性硅肥多为炼钢厂的废钢渣、粉煤灰、矿石经高温煅烧工艺等加工而成，适合用于土壤基施，施用量较大，有效硅含量低。而且钢渣，尤其是不锈钢渣中同时含有少量的重金属元素，如铬（Cr）、镉（Cd）、铅（Pb）、铜（Cu）、锌（Zn）、镍（Ni）、汞（Hg）、砷（As）等。但大多研究表明枸溶性硅肥可以增加土壤 pH 值，从而提高酸性土壤的 pH 值。

事实上，我国硅肥没有统一的国家标准，上述硅肥行业标准（NY/T 797—2004）也没有执行与应用。其原因主要是：硅肥的来源多，种类多，pH 值不同，性质各异，没有通用的有效硅测定方法与统一的硅肥有效性的评价方法与标准。日本通用的 0.5mol HCl 浸提法（我国行业标准也基于此方法）能溶解、提取以钢铁渣等碱性材料为原料的硅肥中的“有效”硅，但提取出来的硅是否能衡量硅的生物有效性存疑，这在国内外的文献中已有较多报道。而且这种提取剂对于硅胶类、无定型类以及硅藻土等中性或酸性（pH 值＜ 7）硅肥中溶解性极低甚至不溶解的硅，无法评价其有效性。因此，在国家层面上亟须系统研究这些硅肥有效硅提取、测定方法，提出统一的或硅肥分类有效硅测定方法、建立硅肥有效性评价与鉴定的国家标准，从而推进我国硅肥的规模化推广应用，为实现我国粮食优质、增产、增效、粮食安全作贡献。

8.2 硒营养及硒肥创新

8.2.1 自然界硒的分布

硒是一种重要的微量元素，在自然界中分布不均，土壤中的硒含量、形态和地理分布主要受地质、土壤类型、风化淋失等自然因素以及人类活动的影响。全球土壤中的硒含量大多介于 0.1 ～ 2.0mg/kg 之间，平均含量为 0.2mg/kg，呈现明显的地带性差异[36]。低硒地区的土壤含硒量约为 0.1mg/kg，而高硒地区的土壤含硒量可达 30 ～ 324mg/kg。高硒区通常呈板块状分布，低硒区多呈带状分布，南北半球分别有低硒带[37]。全球 42 个国家或地区存在缺硒现象，包括中国、蒙古国、俄罗斯等。我国约 72% 的地区属于缺硒区，土壤硒含量一般为 0.2 ～ 3.0mg/kg，严重缺硒地区如四川紫色土区，土壤硒含量仅为 0.06 ～ 0.18μg/g[38]。硒富集的地区，如陕西紫阳和湖北恩施，土壤硒含量可高达 45.5μg/g（部分地区土壤中硒含量见表 8-4）。我国的土壤硒含量按标准分为极低硒（＜ 0.05mg/kg）、低硒（0.05 ～ 0.2mg/kg）、中硒（＞ 0.2 ～ 0.4mg/kg）、高硒（＞ 0.4 ～ 3.0mg/kg）、极高硒（＞ 3.0mg/kg），其中，当土壤中硒含量大于 0.4mg/kg 时即为富硒土壤[39]。

表8-4 中国部分地区土壤中硒的含量

地区	范围 /（mg/kg）	平均值 /（mg/kg）	地区	范围 /（mg/kg）	平均值 /（mg/kg）
辽宁	0.031 ～ 1.940	0.199	青海	0.038 ～ 0.600	0.170
黑龙江	0.037 ～ 0.550	0.195	西藏	0.035 ～ 0.710	0.157
吉林	0.020 ～ 0.430	0.200	安徽	0.061 ～ 0.840	0.234
内蒙古	0.006 ～ 8.050	0.103	江苏	0.008 ～ 0840	0.222
天津	0.066 ～ 0.547	0.176	浙江	0.050 ～ 0.970	0.435
湖南	0.010 ～ 7.010	0.329	山东	0.060 ～ 0.400	0.130
湖北	0.027 ～ 2.000	0.275	上海	0.120 ～ 1.144	0.298
四川	0.023 ～ 0.270	0.095	广西	0.052 ～ 2.670	0.770
贵州	0.060 ～ 1.020	0.373	广东	0.025 ～ 1.240	0.288
云南	0.046 ～ 2.210	0.423	福建	0.048 ～ 1.140	0.548

在土壤中，硒的形态主要包括可溶态、可交换态、酸溶态、与有机物结合态和残渣态，其中可溶态和可交换态硒对植物吸收具有较高的生物有效性。硒的形态受土壤 pH 值、Eh 值、有机质、微生物及其他土壤环境因素的影响。土壤中硒的四种价态包括 Se^{2-}（硒化物、有机硒）、Se^{0}（元素态硒）、Se^{4+}（亚硒酸盐）和 Se^{6+}（硒酸盐）[40]。其中，硒酸盐和亚硒酸盐具有较高的水溶性和毒性，常在酸性土壤中存在，而硒化物和元素硒主要分布于有机硒和

低氧环境中[41]。硒在土壤中的转化与植物的吸收和利用密切相关，土壤中不同价态或形态的硒可以在众多土壤环境因素的作用下相互转化，不仅可以通过吸附、沉淀和络合反应固定在土壤中，也可以通过解吸、浸出、溶解和挥发作用从土壤中除去，因植物吸收而流失的硒可以由与土壤结合的硒转化补充（图 8-2）。此外，环境因素如土壤类型、湿度、温度等可促使硒在土壤中不同形态间的转化[42]。

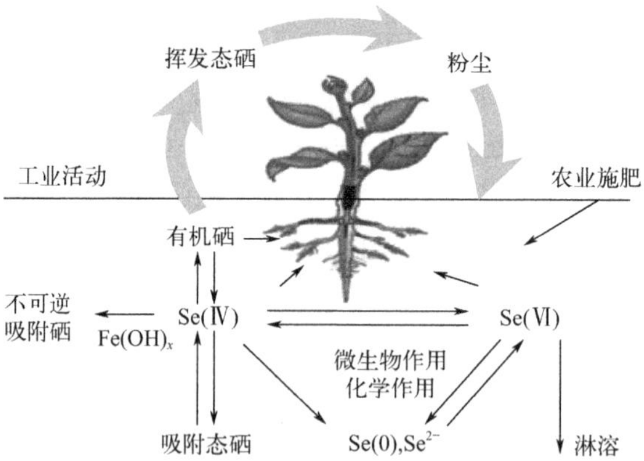

图 8-2　土壤硒转化过程

在植物体内，硒的含量受到植物种类、器官、部位以及生长阶段的影响[43]。不同植物对硒的吸收和积累能力差异较大，富硒植物的硒含量可达到几千 mg/kg，而一般植物的硒含量则在 0.05 ～ 1.5mg/kg[44]。不同植物的各个器官对硒的积累程度也不同，通常根、茎、叶和籽粒的含硒量依次递减，尤其在富硒植物中，根部通常含硒最多[45]。不同的作物中，根茎类作物往往富硒能力最强，大田作物次之，蔬菜类作物较少。

食物中的硒主要来源于肉类、海鲜、谷物等，而蔬菜和水果中硒含量较低。鱼类中的含硒量在 0.1 ～ 5.0mg/kg，谷物中的含硒量在 100 ～ 800μg/kg，蚕豆、豌豆、玉米和甘薯的含硒量均低于 50μg/kg；蔬菜中，大蒜的含硒量最高，可达 300μg/kg，然而其他蔬菜如番茄、甜菜等的含硒量则相对较低[46-47]。我国供销合作行业标准 GH/T 1135—2017《富硒农产品》规定，富硒谷物类为 0.10 ～ 0.50mg/kg，富硒豆类、富硒薯类（干重）、富硒蔬菜类（干重）为 0.10 ～ 1.00mg/kg，富硒食用菌类（干重）为 0.10 ～ 5.00mg/kg，富硒肉类、富硒蛋类为 0.15 ～ 0.50mg/kg，富硒茶叶为 0.25 ～ 4.00mg/kg[48]。不同食物中的硒含量取决于土壤中的有效硒含量，下表列举了我国部分地区植物性食物中的硒含量（表 8-5）。

表8-5　我国部分地区植物性食物中的硒含量　　单位：μg/kg

食物种类	硒含量	地区	食物种类	硒含量	地区
玉米	13.0	四川	稻谷	43.0	浙江
	6.20	四川冕宁		195	新疆
	4.10	云南南华		26.1	四川

续表

食物种类	硒含量	地区	食物种类	硒含量	地区
玉米	5.03	陕西黄龙	稻谷	11.5	黑龙江
	40.3	陕西		26.3	江苏
	897	陕西紫阳		86.5	新疆疏附
	35.0	甘肃敦煌	黄豆	20.0	四川
	53.6	北京大兴		33.2	江苏
米糠	35.2	四川		60.8	浙江
	7.02	四川冕宁		23.1	黑龙江
	119	新疆		19.5	北京
	36.9	江苏	土豆	8.32×10^3	湖北恩施
	42.0	浙江		107	陕西紫阳
	15.7	四川	苜蓿	6.08	新疆
红薯干	690	云南江川		76.3	江苏
	9.01	浙江	高粱	11.6	黑龙江
	8.05	江苏		91.0	新疆
小米	13.0	黑龙江		14.2	四川

硒是人体的必需微量元素，环境中的硒含量与人体健康密切相关。人体缺硒可引起某些重要器官的功能失调，导致许多严重疾病发生。因此，适量补硒具有一定的健康调理作用，还具有延缓衰老的特殊功能[49-51]。

据调查，我国成人平均硒摄入量为26μg/d，远低于国际营养协会推荐的每人每天硒摄入量不得低于55μg的要求[52]。由于直接食用无机硒可能会对人体产生毒副作用，膳食是人体吸收硒最主要的方式，其中植物性食物是主要来源。然而，在我国，约有70%的地区属低硒或缺硒土壤，土壤硒缺乏进而造成植物性食物中硒含量普遍较低。除土壤中硒分布不均外，其他一些因素如地理环境、农业生产技术、饮食习惯、经济状况等也会影响人们对硒的摄入量。因此，在我国缺硒且分布不均、群众硒摄入量普遍偏低的情况下，生产富硒农产品，发展富硒农业，从而改善人体缺硒状况，对提高人体健康水平具有重要意义[53]。

8.2.2　植物对硒的吸收、转运、转化与积累特征

8.2.2.1　植物对硒的吸收及影响因素

植物通过根系和叶片吸收生物有效态的硒，包括硒酸盐、亚硒酸盐和有机硒化物，其中根系吸收的硒是主要来源[54]。植物对不同形态硒的吸收速率和能力有所不同，表现为有机硒＞亚硒酸盐＞硒酸盐。植物对有机硒的吸收效率较高，可能与氨基酸渗透酶的作用有关，

但具体机制尚需进一步验证[55]。硒酸盐通过硫酸盐转运系统进入植物，且不同硫酸盐转运子对硒酸盐和硫酸盐的选择性不同，受植物种类和环境营养水平的影响。亚硒酸盐的吸收研究较少，但已有研究表明，水稻的磷酸盐转运子OsPT2和硅转运蛋白OsNIP2；1在吸收亚硒酸盐中起重要作用[56-57]。植物对硒的吸收受植物种类、生长阶段、土壤pH值、土壤类型及硒含量等因素的影响[58-59]。根据硒的吸收积累能力，植物可分为三类：超富硒植物、亚富硒植物和非富硒植物[60-62]。

8.2.2.2 植物体内硒的转运与转化特征

（1）亚硒酸盐在植物体内的转运与转化特征

亚硒酸盐被根系吸收后，在根部迅速代谢转化为硒酸盐和有机硒化合物，如硒代蛋氨酸和硒甲基半胱氨酸等，部分硒化物转运至叶片并再次转化为有机硒[63]。亚硒酸盐通过与谷胱甘肽反应生成硒-二谷胱甘肽复合物，经过还原和酶促作用转化为硒代半胱氨酸（SeCys），进而转化为硒代蛋氨酸或元素硒[64-67]（图8-3）。

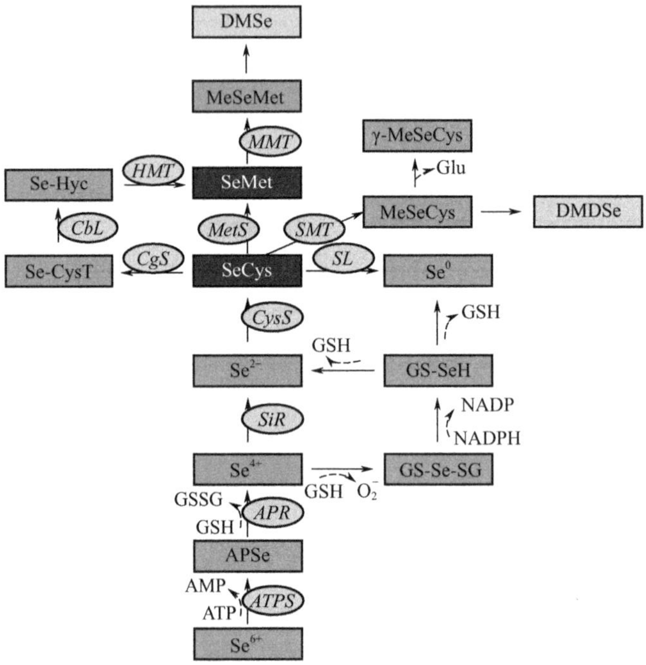

图8-3 植物体内硒的代谢途径

（2）硒酸盐在植物体内的转运与转化特征

植物吸收的硒酸盐很容易通过共质体和质外体途径进入木质部，再进入导管，通过导管转移到地上部，且硒酸盐在输送过程中不会发生形态转化，然后在叶绿体中在酶的催化作用下还原为亚硒酸盐，再进一步还原为有机态硒，最后再分配到植物的其他组织中[66]。

硒酸盐在ATP硫酸化酶存在条件下，通过硫酸盐代谢途径被活化为腺苷-5′-磷硒酸盐（APSe），而APSe不仅可以通过腺苷-5′-磷硫酸盐还原酶（APS）还原为亚硒酸盐，还可以与还原型谷胱甘肽（GSH）结合转化为GS-Se（Ⅳ）。当硒酸盐被转化为亚硒酸盐后，后期的代谢途径与亚硒酸盐的代谢途径一致[65]。

8.2.2.3　植物体内硒的积累形态特征

植物吸收的硒在体内以无机态、有机态和挥发态为主要形态积累。无机硒大多为硒酸盐，少量为亚硒酸盐和元素硒，占植物全硒的10%～15%。有机硒包括小分子硒代氨基酸（如硒代半胱氨酸、硒代蛋氨酸）和大分子硒蛋白（如谷胱甘肽过氧化物酶），其中硒蛋白是主要形态[68-70]。挥发态硒化物（如二甲基二硒化物、二甲基硒化物）所占比例较小，但在富硒植物中占比较大，非富硒植物中占比较小[65]。

8.2.3　硒营养与逆境胁迫/营养健康

8.2.3.1　硒对植物产量与品质的影响

硒在促进植物生长发育及改善农作物品质方面具有重要作用，但具有剂量效应。适量硒可以促进植物的生长发育，提高作物的产量及改善作物的品质。

（1）硒促进植物生长发育

硒能通过影响叶绿素合成、调节光合作用和呼吸作用的电子传递，进而调节植物生长。硒还参与水稻的蛋白质代谢、能量代谢和抗氧化过程，促进其生长[71]。低浓度的硒能促进种子萌发和植物生长，提高结实率和营养成分含量；但高浓度的硒则对植物有毒害作用，导致生长迟缓或萎黄[72]。适量硒的施用能显著提高植物产量，尤其在叶菜类蔬菜中的效果最为显著，最佳施硒浓度为200mg/kg；对果菜类和根菜类则为250mg/kg。低浓度硒（0.05～0.1μg/g）可促进茶树生长，而高浓度硒（5μg/g）则对茶树有毒[73]。

（2）硒改善植物品质

硒改善植物品质主要通过改变体内有机化合物的水平，如苯丙氨酸、赖氨酸、蛋白质、可溶性糖、维生素C、氨基酸等[74]。硒通过替代硫元素形成硒代氨基酸参与蛋白质合成，有助于改善植物品质。茶树施硒研究表明，硒促进碳同化产物向根系运转，增强多糖、蛋白质的合成[75]。硒对不同植物品质的影响各异，施硒能改变作物体内可溶性糖、还原糖、蛋白质、叶绿素等含量；对水果（如葡萄、猕猴桃、苹果）而言，硒处理可提高果实单重、维生素C和可溶性糖含量，改善外观和品质；对蔬菜而言，硒则能提高维生素C、还原糖含量，并减少亚硝酸盐[76]。

此外，外源硒还可通过促进矿质元素（如氮、磷、钾等）的吸收和转运，进一步促进植物生长和提高作物品质与产量[77]。例如，在琯溪蜜柚种植过程中施硒肥能显著提高与氮素吸收相关的基因丰度，优化品质并提升产量[78]。

8.2.3.2　硒对植物环境胁迫抗性的影响

硒的抗氧化作用是植物增强抗逆性的重要机制之一。作为GSH-Px的催化活性中心，硒对其活性至关重要[79]。GSH-Px通过参与体内活性氧代谢，清除脂质过氧化物，减少过氧化伤害，从而增强植物的抗氧化能力，提升对环境胁迫的抵抗力。过氧化物酶（POD）和多酚氧化酶（PPO）也是活性氧防御酶，其活性受硒浓度影响，低浓度的亚硒酸钠能激活这些酶[49]。硒通过清除过量的活性氧（ROS）并提高植物的抗氧化能力，有助于抵消盐、干旱、重金属及生物胁迫等对植物的不利影响[80]。

（1）盐胁迫

在高盐度土壤中，植物受到高渗透压的影响，导致渗透胁迫，进而损伤叶绿体超微结构，限制呼吸气孔的开放，减少光合作用和呼吸作用的速率[81]。适量的外源硒具有显著抗氧化和渗透调节作用，能够提升植物的耐盐性。Kong 等通过生理分析与超薄组织切片结合的方式研究了外源硒对 100mmol/L NaCl 胁迫下山梨幼苗的影响，结果表明，在低浓度（1 ～ 5μmol/L）下，硒促进植物生长，增强超氧化物歧化酶和过氧化物酶活性，促进水溶性糖的积累；而在较高浓度（10 ～ 30μmol/L）时，硒的促进作用减弱，植株的生长和酶活性受抑制。5μmol/L 硒处理效果最佳，可有效保护叶绿体、线粒体等细胞器膜系统的完整性[82-83]。

（2）干旱胁迫

干旱可导致植物光合作用和呼吸作用减弱，新陈代谢缓慢，严重时导致枯萎甚至死亡。长期干旱状态下，植物体内的活性氧代谢紊乱，活性氧含量增加，过量的自由基引起膜脂过氧化，生成丙二醛（MDA），损伤植物细胞膜[84]。施用硒有助于缓解干旱胁迫。研究发现，在黄瓜干旱模拟实验中，施加 20mL/L 蛋氨酸硒显著降低了叶片的丙二醛含量、超氧阴离子生成速率和过氧化氢含量，同时增加了渗透调节物质（如游离脯氨酸和可溶性糖）的含量，提升了抗氧化酶（SOD、POD、APX）活性及抗氧化物质（GSH、ASA）的含量，有效缓解了干旱胁迫的伤害，但硒的浓度需在适宜范围内[54]。在葡萄幼苗的叶面喷硒实验中，施用 1.0mg/L 亚硒酸钠溶液能有效缓解干旱，但过高的硒浓度会抑制 POD 和 CAT 的酶活性，降低抗旱能力[85]。

（3）重金属胁迫

硒对重金属的作用主要体现在多个方面：通过改变根系形态、调节土壤环境、改变根际微生物群落等方式抑制植物对重金属的吸收；同时，硒还可通过改善植物超微结构、增强细胞内重金属的螯合化及区室化、调控细胞微环境稳定性来缓解重金属毒害[86]。

硒缓解重金属胁迫的机制主要包括以下七个方面：①通过提升抗氧化物质合成和抗氧化酶活性，清除自由基，防止膜脂过氧化，缓解氧化胁迫；②通过调控植物重金属吸收转运基因的表达，改善根系形态，与重金属离子竞争离子转运通道，减少重金属吸收；③调控重金属在植物体内的转运和分布，增强螯合肽合成、增加重金属硫蛋白含量，增强螯合作用，通过增加细胞壁成分的合成，增强细胞壁固定作用，通过上调液泡膜的重金属转运基因表达，增强区室化作用；④硒与部分重金属在植物体内形成难溶性复合物；⑤修复损伤的亚细胞超微结构，恢复细胞膜和线粒体功能，减少由重金属引起的细胞凋亡；⑥提升光合作用，调节营养元素吸收，改善植物生长状况；⑦调节土壤酶活性、根际微生物群落结构及多样性，增强植物耐性[87-89]。

此外，硒能与重金属发生直接反应，形成难溶性复合物，从而减少植物对重金属的吸收。在水稻土中或根系表面，硒与汞反应生成 HgSe 难溶物，降低汞的有效性；在还原性条件下，硒可与镉结合形成难溶性复合物，从而降低小白菜对镉的吸收；砷也可与硒反应生成 As2Se 沉淀[90]。

（4）生物胁迫

硒能够抑制植物病原菌的生长，起到防控植物病害的作用。适量的硒能直接抑制病原菌生长，包括黑斑病的芸薹生链格孢菌（*Alternaria brassicicola*）、枯萎病的镰孢菌（*Fusarium*）

及菌核病的核盘菌（*Sclerotinia sclerotiorum*）等。离体研究表明，硒通过损伤膜系统、增加能量消耗、影响生理生化指标（SOD、CAT、H_2O_2、O_2^-）等，抑制菌核的萌发和菌丝生长，并显著降低菌丝对油菜叶片的致病性[91-92]。

在土壤-植物系统中，硒不仅能保持植物细胞结构的完整性，还能提高抗氧化酶活性，减少发病率，增强植物抗病性。田间研究表明，施硒肥或叶面喷施硒溶液可显著降低苹果和梨树的腐烂病、轮斑病、根腐病等发病率；土壤施用 0.1 ～ 0.5mg/kg 硒有助于提高油菜对菌核病的抗性；硒还可有效降低马铃薯晚疫病、番茄早疫病等发病率[93]。

此外，硒还能促进植物根系分泌抗生素类物质并吸引有益微生物群落，从而保护植物根际微生态环境。Liu 等研究表明，相比低硒地区，高硒地区的土壤微生物多样性和丰富度增加，且通过提高有益微生物的丰度、降低病原菌的相对丰度，改善了土壤微生态环境[94]。

8.3　硒肥创新进展与思路

8.3.1　硒肥发展现状

我国土壤硒资源匮乏，为了高效稳定地生产富硒农产品，通常需要外源补硒，也就是施用硒肥。目前，国内还没有规模化的硒肥产品和品牌。主要是各单位自己开发的一些研究性硒肥，产量有限，而且销售渠道也未打开。

和大多数肥料一样，根据硒的存在形态可分为无机硒肥和有机硒肥；按硒肥物料状态可分为固体硒肥和液体硒肥；按照施用方式可以分为基施硒肥和叶面硒肥。在这些大的分类下又可以具体细分为多种硒肥（图 8-4）。土壤施用的硒肥主要是以硒矿作原料生产的固体硒肥，截至 2018 年年底，我国硒资源储量为 18429t，其中基础储量 110t。我国硒资源广泛分布在 18 个省份，但主要集中在以下 3 省，分别是甘肃 5831t、江西 2124t、新疆 2443t，以上 3 省份拥有的硒资源储量占全国总量的 57%[95]。

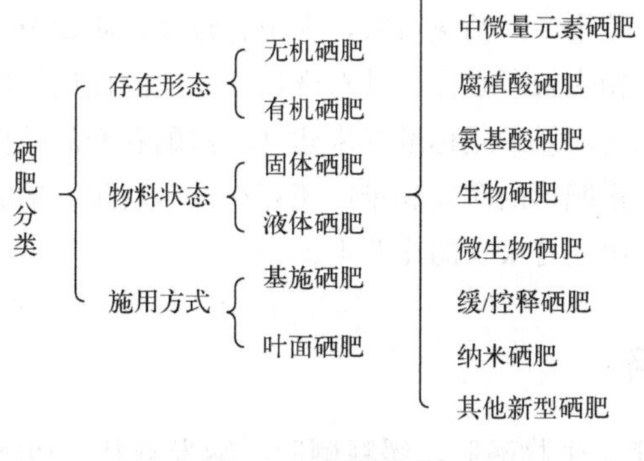

图 8-4　硒肥分类

当前，也有一些富硒农产品生产商将亚硒酸盐或硒酸盐喷在复合肥表面基施，抑或溶在液体肥料中灌根施用。相比硒矿粉，亚硒酸盐和硒酸盐是一种高效硒源[96]。但也表现出一些问题，如土施含亚硒酸盐肥料，硒容易被土壤中铁铝的氧化物或氢氧化物所吸附固定，而且亚硒酸盐的吸附方式是通过内圈表面络合，类似于对磷的吸附。多个研究发现土施亚硒酸盐，一个月后就会有 80% 以上被土壤吸附或固定，转变为低效或无效态硒，导致其用量大，利用效率低，效果不稳定；对于土施含硒酸盐肥料，硒容易受雨水或灌溉淋失，而且土壤中硫酸盐会对硒酸盐产生强烈的拮抗作用，从而降低硒酸盐肥效[97]。

叶面喷施亚硒酸盐或硒酸盐已被大量研究证实是一种非常高效的植物硒营养强化措施，也是目前大多数研究机构向企业推荐的富硒农产品最优生产方法。喷施硒酸盐肥料，效果多为土施的 2 倍以上，而喷施亚硒酸盐肥料，效果可达土施的数十倍[98]。之前的研究发现中稻收获前一个月每公顷喷施纯硒 75g（亚硒酸钠或硒酸钠为硒源），水稻籽粒硒含量可达 1.29mg/kg 或 2.71mg/kg，为富硒稻谷标准上限（GB/T 22499—2008，0.3mg/kg）的 4 ～ 9 倍，并且籽粒中有机硒占比均达 80% 以上。农产品中硒的营养价值与其存在形态紧密相关，相比无机硒，安全高效的有机硒对人体健康更为有利[99]。虽然硒在植物体内多以有机态存在，但外源硒的施用量及种类也可能会影响植物体内硒的存在形态。在马铃薯生长的不同阶段喷施硒酸盐，块茎中无机硒的占比均为 30% 以上，而喷施亚硒酸盐，无机硒占比不到 2%，导致这一现象的原因可能是硒酸盐处理下植物体内硒含量过高，超过了植物本身对其的同化能力[100]。

值得注意的是，亚硒酸盐和硒酸盐均属于剧毒物质，购买不方便，使用时对操作人员的安全防护设施要求较高，其施用量、最佳施用时期不易掌握，施用不当容易使作物硒含量超标，甚至对作物产生毒害，同时也会造成环境污染风险。因此，将其应用于肥料进行二次加工，并配套一系列施用说明，才能真正发挥其高效硒肥肥源的作用。

目前富硒农产品的生产开发主要集中在一些富硒区域，而这些富硒区域多存在“土壤富硒作物不富硒的现象”，主要原因是硒的非种植区域分布特征及土壤中有效硒的占比过低。因此，当地的种植企业利用地域优势，通常会采取外源补硒来提高作物硒含量，而外源补硒的方式多为叶面喷施亚硒酸钠或硒酸钠。放眼全国，叶面施肥或与之效果相近的水肥一体化在北方成熟度更高，而且更具有推广优势，因此，生产出适合喷施或滴灌的可溶性硒肥可以更高效稳定并且规模化地生产富硒农产品。

富硒农产品的市场需求和销售利润直接决定硒肥市场发展，硒对人体健康的重要作用在学术界已达成共识，但大众对硒的认识仍处在起步阶段。农产品“富硒”常被作为一些商品的宣传热点，但其价格参差不齐，销量有限，观望者较多，质疑声不绝于耳。造成目前困境的主要原因是：①硒非植物生长所必需，其对产量和品质的促进作用有限；②缺乏大企业的研发、推广及技术服务配套；③硒肥标准尚未建立，富硒农产品的标准还需要不断完善。目前，植物所必需中微量元素肥料的研发和推广还存在许多瓶颈，硒肥发展难度可想而知，因此硒肥的研究、推广及应用还有很长的路要走。

8.3.2 硒肥创新思路

液体硒肥、有机硒肥、生物硒肥、缓释硒肥、纳米硒肥、功能性硒肥等都属于新型硒肥，虽然这些新型硒肥的制作及施用效果多处在实验室研究阶段，但根据文献中的报道，可为硒肥的创新发展提供思路。

规模化生产硒肥，首先要考虑成本，市场上的工业亚硒酸盐和硒酸盐价格较高，用其作为硒肥原料会降低市场的接受度，因此，需要先从合理利用硒矿资源入手。中国土壤缺硒面积广泛，但同时又是世界上主要的硒资源国家之一，硒蕴藏量占全球硒资源量的三分之一以上，保有工业储量居世界第四位。因此，合理开发利用硒矿资源，如何将硒矿中的硒转化有效性较高的四价或六价硒，需要化工行业和肥料行业共同努力。将转化的硒矿与大量元素肥料混合造粒，或者将制成的硒肥造粒后与大量元素肥料掺混，这样就可以较为快速地进入市场，因为复混肥和土壤施用目前仍是我国农业生产中的主要肥料种类和施用方式。

亚硒酸盐容易被土壤固定及硒酸盐容易被淋失，要提高硒肥的利用率并且降低环境风险，必须得生产出适应水肥一体化施肥方式的肥料种类。将无机硒与其他大中微量元素一起，制成可溶性固体硒肥或液体硒肥可以很好地满足这一需求，但是施肥时应注意磷酸盐与亚硒酸盐、硫酸盐与硒酸盐可能存在的拮抗作用。

植物硒营养强化主要是服务于人体健康，而过量硒也会对植物产生毒害作用。因此，植物补硒不能用量过多，完全可以依赖于根外营养，也就是叶面喷施。将无机硒与农药混合，制成乳剂、粉剂、悬浮剂等不同剂型也可以成为一个重点发展方向，实现利用无人机等多种方式将打药补硒一体化。

缓/控释硒肥能提高硒肥的利用率，避免硒浓度过高对作物产生毒害作用，还能减少因硒淋失而引起的生态环境风险，具有广阔的发展前景。有研究表明采用聚乙烯亚胺改性的中空纳米碳球制备阴离子响应纳米系统以制备缓/控释硒肥，负载硒酸盐可达389mg/g，能有效调节硒酸盐的释放，且植物吸收后成功转化为有机硒，转化效率高达93.2%[101]。但缓/控释硒肥的包衣成本较高，如何降低包衣价格进而使缓/控释硒肥价格下降是其打开肥料市场并推广应用的关键。此外，针对不同作物营养阶段的需肥和富硒特性生产相应的专用缓/控释硒肥也是新型硒肥发展的重要方向。

有机富硒肥的种类较多，有富硒污泥、富硒藻类制成的有机肥，还有氨基酸硒肥、腐植酸硒肥、甲壳素硒肥等。在富硒农产品的生产过程中势必会产生大量含硒废弃物，其中主要废料就包含富硒秸秆、含硒粪便及其他含硒有机物，因此如何在制作硒肥时将这些含硒废弃物中的硒转变为小分子植物易吸收的硒，而非简单地在有机肥发酵过程添加亚硒酸盐或硒酸盐，是硒肥创新的一项有效举措。秸秆在植物生长过程中可以吸收大量的硒并转变为有机硒，含硒粪便含有微生物生长代谢所需要的碳源和氮源，二者结合用于生物发酵制备富硒生物有机肥，从而降低生产成本，简化工艺流程。

矿业开采及工业生产中会产生含硒废水，如炼油废水中硒浓度通常为170～4900μg/L，金矿开采废水中硒浓度为200～33000μg/L，天然富硒地区的排灌水硒浓度也可高达300μg/L，而传统化学沉淀法去除水中的硒成本较高，通过微生物的生命活动可将环境中的无机硒转化为低毒害易吸收的纳米硒或有机硒，绿色高效且成本低[102]。多项研究表明细菌、真菌等微生物可将水中的硒同化至细胞内或转化为低毒的元素态纳米硒，纳米硒是一种新型的硒肥原料，具有活性强、生物利用度高、毒性小、颗粒分散性好、比表面积大等特点，易被植物吸收，且安全性高，具有良好的应用前景[103]。将获得的富硒细菌或生物纳米硒施用于植物可提高其含硒量[104]，用于生产微生物富硒肥或纳米硒肥是可行的硒肥创新方式。

工业领域中的许多电子产品都有硒的应用，如硒鼓，红外光导材料、半导体器材、激光器件中的高纯硒，半导体材料中的硒化镓，钠硒电池，太阳电池原料中的铜铟镓硒薄膜、硒化碲，镁离子电池原材料中的二硒化钼纳米球，染料敏化太阳能电池、电容器原材料中的镍钴硒化物等等，如果能将这些废旧电子产品中的硒进行回收再利用，采用简单可行的方法转化为硒肥资源，也是硒肥创新的又一思路。

传统肥料增效乏力，如何让硒肥搭上肥料创新、肥料改革之路，就要与当今一些新概念、新物质结合，如可以在硒肥中添加一些功能菌及其代谢产物（光合菌剂、土壤修复菌剂、有机物腐熟菌剂），动植物蛋白水解物（小分子活性多肽、聚合氨基酸），海藻类、寡糖类物质，化肥稳定剂（脲酶抑制剂、硝化抑制剂等）来使硒肥增值增效。

新型硒肥有多个方向可以发展，但富硒肥料的研发和推广不可操之过急，我们首先要明确并非所有的作物都适合开发成为富硒农产品。如油菜富硒能力强，但菜籽中 99% 以上的硒均位于菜粕当中，菜籽油基本不含硒。这是因为硒在植物体内主要是取代硫的位置存在于蛋白质中，所以富硒肥料的推广应用先可针对一些需硫量较大、蛋白质含量较高并且日常消费较多的作物，如豆科作物（大豆等）、禾本科作物（小麦、水稻等）、十字花科蔬菜（白菜、芥菜等）等。水果等作物硒吸收能力差，暂时可不作为富硒农产品发展重点。我们分别于不同时期在梨子、猕猴桃和蓝莓等果树上喷施 3 ～ 14g 纯硒（亚硒酸钠或硒酸钠为硒源），各水果果实硒含量均不超过 0.1mg/kg，并且纯硒喷施量每亩分别大于 7g 和 14g 时，梨子和猕猴桃叶片表现出了明显毒害症状。这就说明选择适宜的农产品对象可以让硒肥效果事半功倍。

总之，硒肥创新的前提是富硒农产品市场的迫切需求及政府的支持与鼓励。目前，我们国家功能农业才刚刚起步，人民刚从吃得饱转向吃得好，要实现吃得健康还需要科学工作者不断研究及政府的大力宣传，让大众清清楚楚地了解硒在人体中的作用及功效，这样才能提高企业研发、生产和推广硒肥的积极性。

参考文献

[1] Epstein E. Silicon. Annual Review of Plant Physiology and Plant Molecular Biology, 1999, 50: 641-664.

[2] Epstein E. The anomaly of silicon in plant biology. Proceedings of the National Academy of Sciences, 1994, 91(1): 11-17.

[3] Hodson M J, White P J, Mead A, et al. Phylogenetic variation in the silicon composition of plants. Annals of Botany, 2005, 96(6): 1027-1046.

[4] Raven J A. The transport and function of silicon in plants. Biological Reviews of the Cambridge Philosophical Society, 1983, 58(2): 179-207.

[5] Liang Y C, Hua H X, Zhu Y G, et al. Importance of plant species and external silicon concentration to active silicon uptake and transport. New Phytologist, 2006, 172(1): 63-72.

[6] Ma J F, Tamai K, Yamaji N, et al. A silicon transporter in rice. Nature, 2006, 440: 688-691.

[7] Ma JF, Yamaji N, Mitani N, et al. An efflux transporter of silicon in rice. Nature, 2007, 448(7150): 209-212.

[8] Ma J F, Yamaji N. A cooperative system of silicon transport in plants. Trends in Plant Science, 2015, 20(7): 435-442.

[9] Mitani N, Chiba Y, Yamaji N, et al. Identification and characterization of maize and barley Lsi2-like silicon efflux transporters reveals a distinct silicon uptake system from that in rice. Plant Cell, 2009, 21(7): 2133-2142.

[10] Mitani N, Yamaji N, Ma J F. Identification of maize silicon influx transporters. Plant and Cell Physiology 2009, 50(1): 5-12.

[11] Yamaji N, Ma J F. A transporter at the node responsible for intervascular transfer of silicon in rice. Plant Cell, 2009, 21(9): 2878-2883.

[12] Yamaji N, Sakurai G, Mitani-Ueno N, et al. Orchestration of three transporters and distinct vascular structures in node for intervascular transfer of silicon in rice. Proceedings of the National Academy of Sciences, 2015, 112(36): 11401-11406.

[13] Tamai K, Ma J F. Reexamination of silicon effects on rice growth and production under field conditions using a low silicon mutant. Plant and Soil, 2008, 307(1/2): 21-27.

[14] Liu J M, Han C, Sheng X B, et al. Potassium-containing silicate fertilizer: its manufacturing technology and agronomic effects. Oral

presentation at 5th International Conference on Si Agriculature (Beijing), 2011.

[15] Keeping M G, Meyer J H. Silicon-mediated resistance of sugarcane to Eldana saccharina Walker (*Lepidoptera Pyralidae*): effects of silicon source and cultivar. Journal of Applied Entomology, 2006, 130: 410-420.

[16] Correa Rogerio S B, Moraes J C, et al. Silicon and acibenzolar-S-methyl as resistance inducers in cucumber, against the whitefly Bemisia tabaci biotype B. Neotropical Entomology, 2005, 34(3): 429-433.

[17] Schnee C, Tobias G, Kollner H M, et al. The product of a singlemaize sesquiterpene synthase form a volatile defense signal that attracts natural enemies of maize herbivores. Proceedings of the National Academy of Sciences, 2006, 103(4): 1129-1134.

[18] Cai K, Gao D, Luo S, et al. Physiological and cytological mechanisms of silicon-induced resistance in rice against blast disease. Physiologia Plantarum, 2010, 134(2): 324-333.

[19] Germar B. Some functions of silicic acid in cereals with special reference to resistance to Mildew. Bodenk, 1934, 35: 102-115.

[20] Datnoff L E, Deren C W, Snyder G H. Silicon fertilization for disease management of rice in Florida. Crop Protection, 1997, 16: 525-531.

[21] Goto M, Ehara H, Karita S, et al. Protective effect of silicon on phenolic biosynthesis and ultraviolet spectral stress in rice crop. Plant Science, 2003, 164: 349-356.

[22] Rodrigues FÁ, Benhamou N, Datnoff L E, et al. Ultrastructural and cytochemical aspects of silicon-mediated rice blast resistance. Phytopathology, 2003, 93: 535-546.

[23] Munns R, Tester M. Mechanisms of salinity tolerance. Annual Review of Plant Biology, 2008, 59651-59681.

[24] Liang Y C, Sun W C, Zhu Y G, et al. Mechanisms of silicon-mediated alleviation of abiotic stresses in higher plants: a review. Environmental Pollution, 2007, 147(2): 422-428.

[25] Chen D Q, Wang S W, Yin L, et al. How does silicon mediate plant water uptake and loss under water deficiency?. Frontiers in Plant Science, 2018, 9: 281.

[26] Gong H J, Randall D P, Flowers T J. Silicon deposition in the root reduces sodium uptake in rice (*Oryza sativa* L.) seedlings by reducing bypass flow. Plant Cell and Environment, 2006, 29(10): 1970-1979.

[27] Liang Y C, Zhang W H, Chen Q, et al. Effects of silicon on H^+-ATPase and H^+-PPase activity, fatty acid composition and fluidity of tonoplast vesicles from roots of salt-stressed barley (*Hordeum vulgare* L.). Environmental and Experimental Botany, 2005, 53(1): 29-37.

[28] Williams D E, Vlamis J. The effect of silicon on yield and manganese-54 uptake and distribution in the leaves of barley plants grown in culture solutions. Plant Physiology, 1957, 32: 404-409.

[29] Iwasaki K, Maier P, Fecht M, et al. Leaf apoplastic silicon enhances manganese tolerance of cowpea (*Vigna unguiculata*). Journal of Plant Physiology, 2002, 159: 167-173.

[30] Fu Y Q, Shen H, Wu D M, et al. Silicon-mediated amelioration of Fe^{2+} toxicity in rice (*Oryza sativa* L.) roots. Pedosphere, 2012, 22: 795-802.

[31] Wang Y X, Stass A, Horst W J. Apoplastic binding of aluminum is involved in silicon-induced amelioration of aluminum toxicity in maize. Plant Physiology, 2004, 136: 3762-3770.

[32] Nwugo C C, Huerta A J. Effects of silicon nutrition on cadmium uptake, growth and photosynthesis of rice plants exposed to low-level cadmium. Plant and Soil, 2008, 311: 73-86.

[33] Liang Y C, Nikolic M, Bélanger R, et al. Silicon in Agriculture: From Theory to Practice. Dordrecht: Springer, 2015.

[34] Guo W, Hou Y L, Wang S G, et al. Effect of silicate on the growth and arsenate uptake by rice (*Oryza sativa* L.) seedlings in solution culture. Plant and Soil, 2005, 272: 173-181.

[35] Ma J F, Takahashi E. Soil, fertilizer, and plant silicon research in Japan. Amsterdam: Elsevier, 2002.

[36] 刘培．硒资源及其综合开发利用．北京：中国科学技术出版社，1993, 94-104.

[37] 赵少华，宇万太，张璐，等．环境中硒的生物地球化学循环和营养调控及分异成因．生态学杂志，2005(10): 1197-1203.

[38] 王锐，余涛，曾庆良，等．我国主要农耕区土壤硒含量分布特征、来源及影响因素．生物技术进展，2017, 7(5): 359-366.

[39] 侯晨晖，冯彩霞，赵慧博．土壤硒和重金属元素分布规律及污染评价——以陕西紫阳为例．西北大学学报（自然科学版），2022, 52(5): 834-843.

[40] Supriatin S, Weng L, Comans R N J. Selenium-rich dissolved organic matter determines selenium uptake in wheat grown on low-selenium arable land soils. Plant and Soil, 2016, 405(1/2): 25-35.

[41] Li Z, Liang D, Peng Q, et al. Interaction between selenium and soil organic matter and its impact on soil selenium bioavailability: A review. Geoderma, 2017, 295: 69-79.

[42] Weng L, Vega F A, Supriatin S, et al. Speciation of Se and DOC in soil solution and their relation to Se bioavailability. Environ Sci Technol, 2011, 45(7): 2621-2627.

[43] Bolandnazar S, Nahandi F Z. The effects of selenium on some physiological traits and K, Na concentration of garlic (*Allium sativum* L.) under NaCl stress. Inf Process Agric, 2018, 5(2): 140-150.

[44] Mabeyo P E, Manoko M L K, Gruhonjic A, et al. Selenium accumulating leafy vegetables are a potential source of functional foods. Int J Food Sci, 2015: 549676.

[45] González-Morales S, Pérez-Labrada F. Selenium and sulfur to produce Allium functional crops. Molecules, 2017, 22(4): 558.

[46] Pérez M B, Lipinski V M, Filippini M F. Selenium biofortification on garlic growth and other nutrients accumulation. Hortic Bras, 2019, 37(1): 83-91.

[47] Ren X, Wang Y, Sun J, et al. Legal standards for selenium-enriched foods and agricultural products: Domestic and international perspectives. Nutrients, 2024, 16(21): 3659.

[48] Zhang L, Song H, Guo Y, et al. Benefit-risk assessment of dietary selenium and its associated metals intake in China (2017—2019): Is current selenium-rich agro-food safe enough?. J Hazard Mater, 2020, 397: 122-133.

[49] Flores-Mateo G, Navas-Acien A, et al. Selenium and coronary heart disease: a meta-analysis. Am J Clin Nutr, 2006, 84(4): 762-772.

[50] Rayman M P. The importance of selenium to human health. Lancet, 2000, 356(9225): 233-241.
[51] Navarro-Alarcon M, López-Martínez M C. Essentiality of selenium in the human body: relationship with different diseases. Sci Total Environ, 2000, 249(1/3): 347-371.
[52] Ren X, Wang Y, Sun J, et al. Legal standards for selenium-enriched foods and agricultural products: Domestic and international perspectives. Nutrients, 2024, 16(21): 3659.
[53] Yang J, Li K, Gao J, et al. Integrated assessment and agricultural planning in selenium-rich hilly soils: A case study on land use, heavy metal contamination, and nutrient element. Land, 2024, 13(11): 1798.
[54] Zhang L, Chu C. Selenium uptake, transport, metabolism, reutilization, and biofortification in rice. Rice, 2022, 15(1): 72.
[55] Liang Y, Su Y, Li L, et al. Quick selenium accumulation in the selenium-rich rice and its physiological responses in changing selenium environments. BMC Plant Biol, 2019, 19: 163.
[56] Zhou X, Yang J, Kronzucker H J, et al. Selenium biofortification and interaction with other elements in plants: a review. Front Plant Sci, 2020, 11: 586421.
[57] Hossain A, Islam T. Silicon and selenium transporters in plants under abiotic stresses. Metal and Nutrient Transporters in Abiotic Stress, 2021: 97-110.
[58] Wang Q, Kong L, Huang Q, et al. Uptake and translocation mechanisms of different forms of organic selenium in rice (*Oryza sativa* L.). Front Plant Sci, 2022, 13: 970480.
[59] Dhillon K S, Bañuelos G S. Overview and prospects of selenium phytoremediation approaches. Selenium in Plants: Molecular, Physiological, Ecological and Evolutionary Aspects, 2017: 407-428.
[60] Chetri B K. Phytoremediation: Role of Mycorrhiza in Plant Responses to Stress. Restoration of Wetland Ecosystem, 2020: 135-154.
[61] Bañuelos G S, Dhillon K S. Developing a sustainable phytomanagement strategy for excessive selenium in western United States and India. International Journal of Phytoremediation, 2011, 13(4): 208-221.
[62] Riaz M, Kamran M, Fang Y, et al. Arbuscular mycorrhizal fungi-induced mitigation of heavy metal phytotoxicity in metal-contaminated soils: A critical review. Journal of Hazardous Materials, 2021, 402: 123456.
[63] Brooks R R, Malaisse F. The heavy metal tolerant flora of Southcentral Africa. The Selenium Flora of the Western United States, 1985.
[64] Trippe R C, Pilon-Smits E A H. Selenium transport and metabolism in plants: Phytoremediation and biofortification implications. J Hazard Mater, 2021, 416: 125869.
[65] Guignardi Z, Schiavon M. Biochemistry of plant selenium uptake and metabolism. Springer International Publishing, 2017.
[66] Jiang H, Lin W, Jiao H, et al. Uptake, transport, and metabolism of selenium and its protective effects against toxic metals in plants: A review. Metallomics, 2021, 13(7): mfab040.
[67] Szőllősi R, MolnárÁ, Oláh D, et al. Uptake and metabolism of selenium in plants: recent progress and future perspectives. Selenium and Nano Selenium in Plants, 2022: 85-110.
[68] Yrzynska K, Sentkowska A. Liquid chromatographic analysis of selenium species in plant materials. TrAC Trends Anal Chem, 2019, 113: 166-178.
[69] Winkel LHE, Vriens B, Jones GD, et al. Selenium cycling across soil-plant-atmosphere interfaces: A critical review. Nutrients, 2015, 7(6): 4199-4239.
[70] Zayed AM, Terry N. Selenium in higher plants. Annu Rev Plant Physiol Plant Mol Biol, 2000, 51: 401-432.
[71] Germ M, Stibilj V, Kreft I. Metabolic importance of selenium for plants. Eur J Plant Sci Biotechnol, 2007: 191-197.
[72] Jiang C, Zu C, Shen J, et al. Effects of selenium on the growth and photosynthetic characteristics of flue-cured tobacco (*Nicotiana tabacum* L.). Acta Soc Bot Pol, 2015: 101-109.
[73] Zhang M, Tang S, Huang X, et al. Selenium uptake, dynamic changes in selenium content and its influence on photosynthesis and chlorophyll fluorescence in rice (*Oryza sativa* L.). Environ Exp Bot, 2014, 107: 59-68.
[74] El-Hamady M M, Baddour A G, Sobh M M, et al. Influence of mineral fertilization in combination with K-humate, amino acids, and sodium selenite on growth, chemical composition, yield, and fruit quality of sweet pepper plants. Middle East J Agric Res, 2017: 145-152.
[75] He R, Gao M, Shi R, et al. The combination of selenium and LED light quality affects growth and nutritional properties of broccoli sprouts. Molecules, 2020, 25(20): 4788.
[76] Hu W, Su Y, Yang R, et al. Effect of foliar application of silicon and selenium on the growth, yield, and fruit quality of tomato in the field. Horticulturae, 2023, 9(10): 1126.
[77] Xu J, Zhang Y, Wei X, et al. Effects of foliar selenium application on Se accumulation, elements uptake, nutrition quality, sensory quality, and antioxidant response in summer-autumn tea. Food Res Int, 2024, 175: 112834.
[78] Zhan T, Hu C, Kong Q, et al. Chitin combined with selenium reduced nitrogen loss in soil and improved nitrogen uptake efficiency in Guanxi pomelo orchard. Science of the Total Environment, 2021, 799: 149414.
[79] Kamran M, Parveen A, Ahmar S, et al. An overview of hazardous impacts of soil salinity in crops, tolerance mechanisms, and amelioration through selenium supplementation. Int J Mol Sci, 2019, 21(1): 148.
[80] Xu J, Zhang Y, Wei X, et al. Effects of foliar selenium application on Se accumulation, elements uptake, nutrition quality, sensory quality and antioxidant response in summer-autumn tea. Food Res Int, 2024, 175: 112834.
[81] Subramanyam K, Laing G D. Sodium selenate treatment using a combination of seed priming and foliar spray alleviates salinity stress in rice. Front Plant Sci, 2019, 10: 116.
[82] Kong L G, Wang M, Bi D L. Selenium modulates the activities of antioxidant enzymes, osmotic homeostasis and promotes the growth of sorrel seedlings under salt stress. Plant Growth Regulation, 2005, 45: 155-163.
[83] Cheng Q, Xu J, Hu C, et al. Selenium as a potential fungicide could protect oilseed rape leaves from Sclerotinia sclerotiorum infection. Environ Pollut, 2020, 263: 114613.

[84] Rady M O A, Semida W M, El-Mageed T A A, et al. Foliage applied selenium improves photosynthetic efficiency, antioxidant potential, and wheat productivity under drought stress. Research Gate, 2020.
[85] Song J, Xin L, Gao F, et al. Effects of foliar selenium application on oxidative damage and photosynthetic properties of greenhouse tomato under drought stress. Plants, 2024, 13(2): 302.
[86] Pei G, Li Y, Li H. Impacts of selenium supplementation on soil mercury speciation, soil properties and mercury-resistant microorganisms and resistant genes. Agronomy, 2024, 14(9): 1928.
[87] Singh A D, Kour J, Dhiman S, et al. Critical review on biogeochemical dynamics of mercury (Hg) and its abatement strategies. Chemosphere, 2023, 329: 138555.
[88] Ralston N V C, Raymond L J. Mercury's neurotoxicity is characterized by its disruption of selenium biochemistry. Biochim Biophys Acta (BBA), 2018, 1862(3): 240-251.
[89] Rizwan M, Ali S, Rehman M Z U, et al. Effects of selenium on the uptake of toxic trace elements by crop plants: A review. Crit Rev Environ Sci Technol, 2021, 51(5): 488-517.
[90] Jiao L, Zhang L, Wang R, et al. Transcriptome analysis provides new insight into the distribution and transport of selenium and its associated metals in selenium-rich rice. Environmental Pollution, 2022, 307: 119651.
[91] Cheng Q, Han C, Du X, et al. Selenium in soil enhances resistance of oilseed rape to Sclerotinia sclerotiorum by optimizing the plant microbiome. Journal of Experimental Botany, 2024.
[92] Jia W, Hu C, Ming J, et al. Action of selenium against Sclerotinia sclerotiorum: damaging membrane system and interfering with metabolism. Pesticide Biochemistry and Physiology, 2018, 150: 60-67.
[93] Xu J, Hu C, Nie M, et al. Selenium as a potential fungicide could protect oilseed rape leaves from Sclerotinia sclerotiorum infection. Environmental Pollution, 2020, 263: 114613.
[94] Liu K, Cai M M, Hu C X. Selenium (Se) reduces Sclerotinia stem rot disease incidence of oilseed rape by increasing plant Se concentration and shifting soil microbial community and functional profiles. Environmental Pollution, 2019, 254: 113051.
[95] 陈炳翰，丁建华，叶会寿，等. 中国硒矿成矿规律概要. 矿床地质，2020, 39: 1063-1077.
[96] Mrština T, Praus L, SzákováJ, et al. Foliar biofortification of maize (*Zea mays* L.) with selenium: Effects of compound type, application rate, and growth stage. Agriculture, 2024, 14(12): 2105.
[97] Ramkissoon C, Degryse F, da Silva R C, et al. Improving the efficacy of selenium fertilizers for wheat biofortification. Scientific Reports, 2019, 9: 55914.
[98] VinkovićT, Ravnjak B, LončarićZ, et al. Agronomic biofortification of significant cereal crops with selenium—A review. Agronomy, 2021, 11(5): 1015.
[99] Boldrin P F, Faquin V, Ramos S J, et al. Soil and foliar application of selenium in rice biofortification. Journal of Food Composition and Analysis, 2013, 30: 60-66.
[100] Smoleń S, Rakoczy-Lelek R, Grzanka M, et al. Effectiveness of foliar biofortification of carrot with iodine and selenium in field conditions. Frontiers in Plant Science, 2021, 12: 656283.
[101] Zhang G, Zhou L, Cai D, et al. Anion-responsive carbon nanosystem for controlling selenium fertilizer release and improving selenium utilization efficiency in vegetables. Carbon, 2018, 129: 711-719.
[102] Won S, Ha M G, Nguyen D D, et al. Biological selenite removal and recovery of selenium nanoparticles by haloalkaliphilic bacteria isolated from the Nakdong River. Environmental Pollution, 2021, 280: 117001.
[103] Kumar A, Prasad K S. Role of nano-selenium in health and environment. Journal of Biotechnology, 2020, 325: 152-163.
[104] Acuña J J, Jorquera M A, Barra P J, et al. Selenobacteria selected from the rhizosphere as a potential tool for Se biofortification of wheat crops. Biology and Fertility of Soils, 2012, 49(2): 175-185.

中国肥料研究与应用全书

Books of Fertilizer Research and Application in China

FERTILIZER

第9章

我国施肥技术发展概况

在我国悠久的农业文明中，施肥技术的发展历史源远流长。早在先秦至北宋时期，农业施肥主要依靠传统的农技，以土调料、粪肥为主，饱含智慧，有些做法延续至今。近几十年来，我国的施肥技术经历了从传统施肥到现代化、精准化的巨大转变，不断适应着农业发展的需求，为提高农作物产量和品质，保护农业生态环境作出了重要贡献。然而，如何协同粮食安全、资源高效和环境保护仍然是我国乃至全球农业可持续发展面临的重大挑战，养分资源高效利用则是破解这一重大难题的突破口，先进的施肥技术与装备是核心与关键。尽管随着肥料产品与施肥技术的不断进步，我国三大粮食作物化肥利用率由原来的27%增加到2022年的41.3%。然而，欧美发达国家化肥利用率普遍达到50%～65%，比我国高10～25个百分点。施肥不合理、施肥技术与装备水平低是关键制约因素之一。我国农业生产形式多样，小农户施肥总量难控制，不同区域不同作物体系施肥量变异大，过量施肥现象普遍，往往超过作物养分需求1～2倍；施肥养分不均衡，忽视有机肥养分和中微量元素协同增效效果，与作物需求匹配度低；缺乏精准施肥机械装备配套，种肥位置不合理、追肥难等问题突出。因此，亟须革新精准施肥技术，破解轻简高效养分管理技术与施肥装备。本章简要回顾和概述了我国古代、近代和新中国成立初期施肥技术发展与演变，并重点总结了新时期我国施肥技术的转型与发展情况，以期为精准高效施肥技术和绿色智能肥料产品创制提供参考和实践指导。

9.1 我国古代施肥技术

早在我国西周时期，《诗·周颂·良耜》已有记载“荼蓼朽止，黍稷茂止”，人们已经意识到田间杂草腐烂后有促进庄稼生长的效果；汉代《氾胜之书》记载“务粪、务泽”，意思是重视施用农家肥等来增加土壤的肥力和适时适量地进行灌溉，确保作物有充足的水分供应。其中已有基肥和追肥的详细叙述，并强调施足基肥。南宋陈旉《陈旉农书》强调了合理施肥的重要性；元代的王祯在《农书》中写到要观察土壤性质，选择适宜的肥料，施肥要适时和适量，因地制宜确定肥料种类和用量，体现了古代农民对于土壤管理的一种科学态度。

《氾胜之书》记载“垫底、接力”指的是在播种之前，为了改善土壤结构和提高地力而将一些有机物质（如秸秆、稻草、枯枝落叶等）铺垫在土壤表层之下，然后在其上进行耕作。这些方法不仅适用于古代，对于当今推广可持续农业和生态农业也有很大的借鉴意义。

9.2 我国近代施肥技术

我国近代时期是传统科技与西方科技交融的时期。1840年德国化学家李比希出版了《化学在农业及生理学上的应用》，为化肥的普及与应用奠定了基础。我国化学肥料的使用始于

1901 年，我国台湾从日本引进了肥田粉（即氮肥硫酸铵）用于甘蔗田里。化肥凭借着见效快、养分足、施用方便等优势以及肥料经销商的大力销售，使得化肥在我国的销售量一直增长。据郭文滔和曹隆恭《中国近代农业科技史》测算，从 1904 年至 1925 年，每年消费化肥只有 2 万吨，但到 1930 年底，化肥施用量增加到 18.5 万吨，5 年的时间里其用量增加了 9 倍[1]，从化肥试验推广的进展来看，20 世纪 20 年代，各农业科教单位侧重于肥料成分化验及其有效性的试验研究，30 年代，地力测定和化肥施用的田间试验研究形成一定规模，出现不少对合理施肥具有重要指导价值的研究成果。20 世纪 30 年代成立的中央农业实验所有土壤肥料系，其主要任务就是在全面开展土壤肥力调查的基础上，对人造肥料在中国的使用推广进行试验研究。为探求各种土壤中氮、磷、钾三要素的富和缺情况以及各种作物对三要素的需要程度，自 1935 年起至 1943 年的八年时间里，中央农业实验所土壤肥料系与相关地方农事机关合作，对江苏等 14 个省 68 个试验点的土壤进行了“地力测定”，得出各地土壤中氮素养分最为缺乏，长江上游、淮河流域和长江以南的许多地方缺乏磷素养分，钾素在各地土壤中均不缺乏的结论[2]。

根据多年的土壤肥力调查和化肥施用实验研究结果，20 世纪 30 ～ 40 年代，人们对化肥施用问题已基本达成共识，并提出了“三为主”施肥方针：有机肥为主，化肥为辅；化肥中以硫酸铵为主，其他化肥为辅；作物施肥中以水稻为主。这样的认识基本符合当时的中国国情和农业实际[3]。

9.3　新中国成立初期施肥技术

9.3.1　新中国成立初期施肥技术的发展历程概述

新中国成立以来，党和国家高度重视科学施肥工作，1950 年在北京召开了全国土壤肥料工作会议，商讨土壤与肥料工作大计，提出了我国中低产田的分区与整治对策，对我国耕地后备资源进行了评估，将科学施肥作为发展粮食生产的重要措施之一，随后重点推广了氮肥，加强了有机肥料建设。1957 年成立全国化肥试验网，开展了氮肥、磷肥肥效试验研究。1958—1962 年组织开展了第一次全国土壤普查和第二次全国氮、磷、钾三要素肥效试验，在继续推广氮肥的同时，注重磷肥的推广和绿肥生产，为促进粮食生产发展发挥了重要作用。

9.3.2　氮磷钾化肥的肥效试验研究

1957 年全国化肥试验网成立，开展了氮肥、磷肥肥效试验研究，重点关注氮、磷、钾化肥的肥效以及肥效提升技术。1958—1962 年在十余种主要作物上，进行了氮、磷、钾化肥的肥效试验，进行了氮肥和磷肥品种的比较试验，研究主要作物的氮肥适宜施用时期和方法。20 世纪 60 年代在磷肥的合理施用上作了较多的工作，明确了磷肥肥效与土壤条件、作物种类、施用技术的关系，提出了一套施用磷肥的措施。20 世纪 70 年代在全国开展了中低品位磷矿粉直接施用的试验和示范，进行了氮肥深施提高肥效的研究和示范推广，并以南方 14 个省、自治区和直辖市为主，开展了钾肥在提高作物产量和改善产品质量方面的试验。新中国成立初期取得的结果如下：20 世纪 50 年代末至 60 年代初的氮磷钾肥试验，明确了氮肥的增产作用最为显著，为我国最为迫切需要的化肥种类。1957 年前后我国化肥施用平均每亩带入养分约 1kg，农田化肥投入明显不足。

9.3.3 氮肥的应用研究

1958 年以后肥效试验从粮食作物扩大到油料、烟草、果树、蔬菜等作物上。氮肥在各类作物上均有显著的增产效果，施用每千克氮素可增产粮食 10 ～ 30kg；磷肥增产效果为每千克磷肥增产粮食 5 ～ 10kg；钾肥增产效果则较低。与 20 世纪 30 年代后期相比，总的趋势仍是氮肥的增产效益最高，磷肥次之，钾肥较低。其中，以尿素和硫酸铵的增产效果比较稳定。氯化铵在水田施用最合适，而硝态氮肥在水田施用效果较差，碳酸氢铵和氨水在水田施用效果较好。此外，探索了氮肥施用时期的影响，水稻作穗肥、小麦作基肥、玉米作抽雄肥、棉花作蕾期肥和花期肥的增产效果最好。

9.3.4 磷肥的应用研究

20 世纪 60 年代对磷肥施用技术的研究取得了较大进展。我国南方某些低产稻田施氮肥稻苗发生的“坐秋”“僵苗”是一种严重的缺磷症，氮磷化肥配合施用后水稻大幅度增产。此后大量试验结果证实，磷肥肥效和土壤速效磷含量密切相关。例如土壤速效磷含量＜ 5mg/kg 时，施磷肥增产显著；5 ～ 10mg/kg 为中度缺磷，配合施用氮肥也有增产效果；＞ 10mg/kg 时，施磷增产效益较低。

明确了作物种类与施磷肥的关系，在豆科作物、油菜等作物上施磷效果最为突出，冬小麦施磷效果也较好，夏玉米和水稻施磷效果较前几种作物稍弱。同时，形成了低产田施磷、豆科作物以磷增氮、禾本科作物氮磷配合以及磷肥作基肥或种肥集中施用、水稻蘸秧根等一系列经济有效的磷肥施用技术，磷肥应用由南往北迅速推广。

9.3.5 钾肥的应用研究

自 20 世纪 50 年代以来的化肥肥效试验，明显反映出钾肥由无效到有效，由肥效低到肥效逐步提高的过程。在 20 世纪 60 年代中期到 70 年代初期，钾肥开始在长江以南显效，到 20 世纪 70 年代中期以后，施用钾肥的增产幅度增大。钾肥对当季作物肥效的高低主要取决于土壤中速效钾的含量，同时也受土壤缓效钾含量及其释放程度的影响。并且明确了氮肥的施用水平和氮、磷、钾的合理搭配以及是否施用有机肥料，也是影响钾肥肥效的主要因素。单施钾肥往往不增产，随着氮肥用量的增加，钾肥的肥效也有逐步提高的趋势；氮磷钾肥配合施用增产幅度大，逐步向养分均衡施用等技术发展。

9.3.6 复合肥料的应用研究

我国从20世纪60年代以后，进行了复合肥料品种、肥效和应用技术的研究。1963—1965年全国化肥试验网组织21个省（自治区、直辖市）有关部门，在18种作物上进行磷铵肥效试验，结果表明，在谷类作物上，其肥效高于等养分的单质化肥，但在经济作物上，其肥效则相当或略低于等养分的单质化肥。

9.4 新时期我国施肥技术的转型与发展

1978年以后，随着化肥施用，有机肥施用大幅下降，农田中有机肥投入养分占比由1978年的65%下降到1998年的30%。针对有机肥投入下降的状况，开始大力推广秸秆还田、高留茬、秸秆覆盖等技术，充分挖掘有机来源养分的应用潜力。

1980年，湖北省在全国率先提出因土、因作物实行平衡施肥，应用面积逐年增加；1992年湖北全省平衡施肥面积达到413万公顷。通过平衡施肥等实践，科学施肥指标体系不断完善，技术推广模式进一步创新，发展到因土、因地块、因作物的定量化施肥，建立了“化验室测土、计算机配方、工厂化生产、定点企业供肥、专业指导施用”等全链条养分管理方法。

9.4.1 测土配方施肥

2005年起，我国开始开展测土配方施肥工作。测土配方施肥技术是制定田间养分管理基础方案的依据。测土配方施肥技术即通过土壤测试及时掌握土壤肥力状况按不同作物的需肥特征，对有机肥来源的养分和氮磷钾化肥、中微量元素肥料等适量配比平衡施用以提高肥料的利用率。测土配方施肥技术的核心是调节和解决作物需肥与土壤供肥之间的矛盾，以土壤测试和肥料田间试验为基础，根据作物需肥规律、土壤供肥性能和肥料效应，在合理施用有机肥料的基础上，提出氮、磷、钾及中微量元素等肥料的施用数量、施肥时期和施用方法，有针对性地补充作物所需的营养元素，实现养分平衡供应，达到减少肥料用量，提高肥料利用率和作物产量，改善农产品品质，节支增收的目的[4]。

测土配方施肥是以养分归还学说、最小养分律、同等重要律、不可代替律、肥料效应报酬递减律和因子综合作用律等为理论依据，以确定养分的施肥总量和配比为主要内容，为了发挥肥料的最大增产效益，施肥必须综合考虑良种、肥水管理、种植密度、耕作制度和气候变化等诸多因素，而形成的一套完整的施肥技术体系。

9.4.2 国际“4R”施肥技术

国际植物营养研究所于2009年提出了“4R”养分管理的概念，即选择正确的肥料品种（right source）、采用正确的肥料用量（right rate）、在正确的时期（right time）将肥料施用在正确的位置上（right place）。“4R”理论是对科学施肥原理的高度概括和总结（表 9-1），对指导合理施肥具有重要意义，强调了施肥过程中的合适肥料品种和用量以及具体的肥料分配时间和施肥方法。

表9-1　肥料最佳管理实践的框架[5]

原理与措施	肥料品种	肥料用量	施肥时间	施肥位置
主要科学原理	养分需求	评价植物需求	确定作物吸收养分规律	植物根系类型
	土壤条件	评价土壤供应	确定土壤养分供应动态	土壤化学反应
	肥料运输	评价养分来源	了解土壤养分损失动态	耕作制度
	环境风险	考虑土壤肥力	考虑田间管理措施	养分空间变异
	产品价格	考虑施肥效益		水分管理
	经济条件			
	施肥设备			
一些具体措施	化学肥料	测定土壤养分	播前	撒施
	畜禽粪肥	NE 养分专家系统	播种期	条施
	堆肥	计算经济效益	开花期	穴施
	作物秸秆	平衡作物移走量	结实期	注射施
				变量施肥

9.4.3　磷钾肥恒量监控技术

1994 年，王兴仁提出磷肥施用量应主要由肥料长期定位试验确定和监控，并且可以在一定施肥范围和施肥时期内保持相对稳定，而不必过分计较一时一地的土壤养分得失，后将其定名为“恒量监控施肥法”。2000 年，张福锁等明确提出养分资源概念，并强调按不同养分的资源特征进行施肥决策。2006 年，陈新平等在其基础上扩展并创建了根层养分调控的农田氮肥实时监控技术体系、磷钾肥恒量监控技术体系和中微量元素因缺补缺矫正施肥体系。

磷钾恒量监控是通过对土壤有效磷、钾含量和变化趋势的定期监测和施肥调控，将土壤有效磷、钾含量持续稳定在一定范围内，使其不成为实现目标产量的限制因子。例如，当土壤有效磷水平处在中等偏上时，可以将目标产量的养分需求量（只包括带出田块的收获物）的 100% ～ 110% 作为当季磷肥用量；随着有效磷含量的增加，需要减少磷肥用量，直至不施；随着有效磷的降低，则需要适当增加磷肥用量，在极缺磷的土壤中，可以施到需要量的1.5～2倍；在2～3年后再次测土时，根据土壤有效磷和产量的变化再对磷肥用量进行适当调整。钾肥首先需要确定施用钾肥是否有效，再参照上面方法确定钾肥用量，但需要考虑有机肥和秸秆还田带入的钾量。

国内大量的定位试验证明，在连续种植条件下，存在一个用肥节省，既能获得连续高产，又能维持或提高土壤有效磷水平的合理施磷量。20 世纪 80 至 90 年代，北京、天津、河南、河北等地的多点田间试验证明，在双季施 N 240kg/hm^2 条件下，每年施磷 P_2O_5 105kg/

hm^2，可普遍获得高产并维持或提高速效磷水平。而河北曲周的冬小麦-夏玉米轮作肥料试验进一步证明，每年施用磷肥135kg/hm^2，可获得双季“吨粮”的高产，这一施肥量较之前用肥料效应函数法提出的推荐施肥量（222kg/hm^2）减少了近40%[6]。

9.4.4 根层养分调控技术

随着作物生长发育，根系不断下扎，根层范围在不断扩展，养分的生物有效性、空间有效性有所改善，根层养分管理应运而生。适宜的根层养分浓度能够促进根系的生长，促进养分吸收，因此，通过根层养分调控发挥作物生物学潜力是提高养分生物有效性的重要途径，具有“四两拨千斤”的效果。传统施肥技术强调充分供应氮肥，导致农田土壤氮素大量盈余，多施的氮肥不仅不能被吸收，反而会抑制根系发育，抑制根系养分吸收的生物学潜力；同时，造成大量养分流失到环境中。因此，根层养分调控是提高养分生物有效性，保证作物高产、降低环境风险的关键。

以根层养分调控技术为核心，我国学者于2011年建立了土壤-作物系统综合管理技术，基本原理为最大化利用地上资源（光照、温度）和地下资源（根层养分）以及土壤和环境中养分投入与作物需求的动态匹配[7]。技术途径主要包括两个方面：一是基于作物生态生理模型和多年气象资料，从品种、密度和播期等角度对作物生产体系进行优化设计，以最大限度利用光温资源，提高作物产量（图9-1）；二是基于根层养分实时调控原理，合理施肥满足高产群体的养分需求，实现数量匹配、时间同步、空间耦合，避免不合理施肥造成的资源浪费和环境污染。该综合管理技术包括作物品种、种植密度及时期、施肥及耕作方法等一系列田间管理措施，以最大限度地利用光、热、水等自然资源，提升土壤肥力，从而实现作物的高产稳产和资源高效，被认为是一种能够维持土壤-作物系统可持续性和促进农业可持续发展的有效途径[8]。

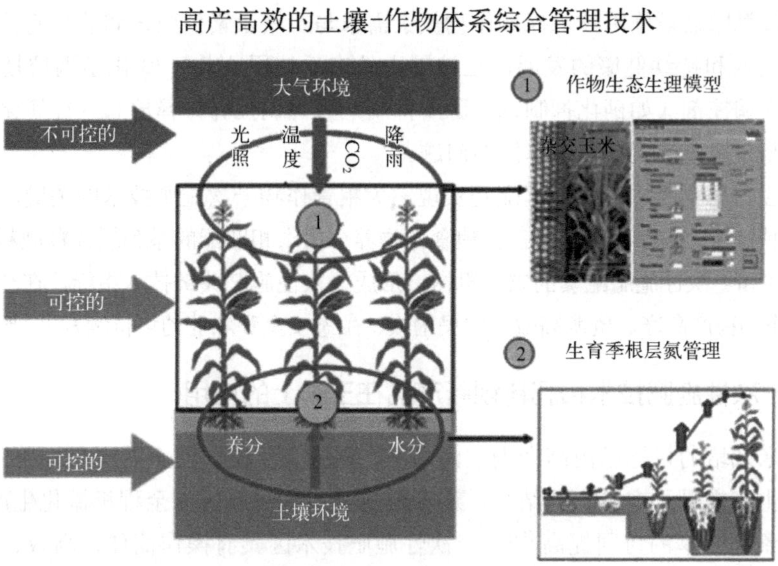

图9-1 高产高效的土壤-作物系统综合管理技术

（引自Chen et al., 2011）[8]

9.5 施肥技术推动肥料创新

近年来施肥技术与养分资源管理和肥料创新是现代农业发展中的重要环节，它们对于提高作物产量、提升土壤肥力、保护环境等方面具有重要作用。以下是对不同施肥技术对肥料创新的要求、存在的挑战和困难，以及不同肥料搭配不同施肥技术取得的实际应用效果。

9.5.1 一次性施肥技术发展与肥料创新

保障当前和未来粮食安全同时减少粮食生产带来的巨大环境影响成为农业可持续发展的必然要求，科学施肥是保证高产高效及减少环境污染的重要措施之一。作物高产与养分高效的本质是养分供应的时空有效性与作物的需求同步[9-11]，即供肥必须与作物的养分吸收规律相吻合实现根层养分供应与高产作物需求在数量上匹配、时间上同步、空间上一致，这就要求在作物生产中必须进行多次施肥，这与我国当前农村劳动力短缺的现实是相矛盾的。已有的科学施肥技术因劳动力不足很难在我国大面积粮食生产中发挥作用，三大粮食作物施肥轻简化和机械作业已成为我国农业可持续生产的迫切需求。一次性施肥技术是以作物专用缓控释氮肥为载体，根据作物养分需求特征和土壤肥力情况确定最佳施肥量，在播种或整地时将作物专用缓控释氮肥配合磷、钾肥一次性基施，整个作物生育期内不再进行追肥的方法，不仅能满足作物整个生育期的养分需求，而且能简化操作和减少环境污染，具有重要的环境效益和经济效益[12-13]。

我国粮食主产区可实现一次性施肥技术的农业生产方式主要包括以下三类：①一次性基施控释氮肥，将控释氮肥与配套农机相结合，通过专用控释肥实现作物全生育期的养分需求，不仅省工省力、简化操作，而且还能提高肥料利用率、减少环境污染[12-13]；②氮肥减施技术，通过氮肥减量施用技术探寻作物氮素需求与土壤氮素供应之间的平衡关系，以实现农业高产、高效和持续健康的发展，已被国内外广泛使用[14-15]；③化学调控技术，施肥时通过添加化学调控剂（如硝化抑制剂、脲酶抑制剂等）调控养分释放和进行简化操作，以解决普通肥料肥效短以及肥料利用率低的问题。

养分供应与作物需求的时空匹配是实现三大粮食作物一次施肥技术的关键，针对不同作物、土壤类型和气候条件，研发与三大粮食作物养分需求相匹配的系列缓控释肥料，研制适宜当地种植条件和一次性施肥配套的农业机械，形成一次性施肥关键技术指标，在全国主要粮食主产区实现作物稳产高产、资源高效、农民增收、生态安全和农业的可持续发展[16]（图 9-2）。

9.5.1.1 一次性施肥技术和肥料创新产品在玉米上的应用

我国玉米栽培的目标已由高产为主向高产、高效、生态、安全等多目标协同发展转变，近年来玉米生产立足于农机农艺结合，逐渐形成了不同主产区的全程机械化生产技术规范，并且实现产量和效率的协同提高[17]。一次性施肥技术因具有操作简便、高效、生态、节肥和省工等特点而被广泛应用于农业生产，并在提高作物产量、氮肥利用率、培肥地力以及降低环境污染等方面取得了明显的效果[18]。对一次性基施缓 / 控释肥在我国玉米主产区上的应用效果进行了系统总结，全国大范围的试验结果表明与农民传统施肥相比，一次性基施缓/控释肥可使玉米产量、氮肥利用率平均提高 8.3%、37.5%，使氨挥发、N_2O 排放、氮淋溶和氮径流平均降低 58.6%、24.5%、25.7% 和 22.4%[19]。同时控释氮肥减施 20% 较优化施肥（尿素）处理相比可使玉米增产 2.7%，氮肥利用率增加 5.0%，同时减少氮素表观损失 76.6%，可降低纯氮用量 60kg/hm^2，增收 346 元 /hm^2。上述研究表明一次性基施缓/控释肥不仅协同提高了玉米产量和氮肥利用率，而且还减少了活性氮的损失，改善了农田环境，实现了玉米生产的节本增效[20]。

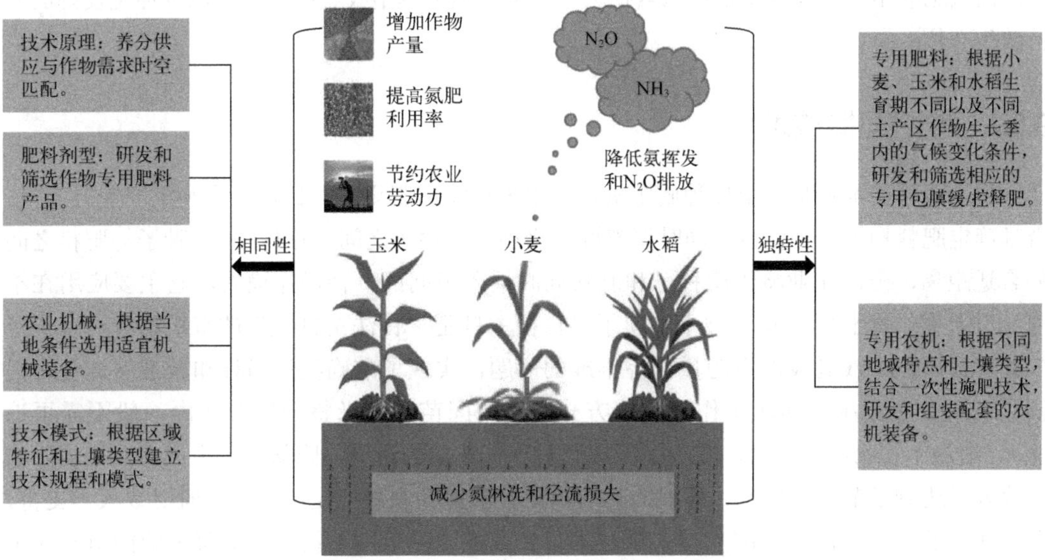

图 9-2 三大粮食作物一次性施肥技术[16]

9.5.1.2 一次性施肥技术和肥料创新产品在小麦上的应用

综合产量、效益、养分效率和生态环境等方面，控释氮肥减量施用技术在小麦上可以实现一次性施肥，具有简化生产环节、节本增收、提高养分利用和减少环境污染等优势[16]。具体表现在一次性基施缓/控释肥在我国小麦主产区的应用效果，一次性基施缓/控释肥较农民习惯施肥相比可使小麦的产量、氮肥利用率分别提高 6.4% 和 30.2%，使 NH_3、N_2O 排放分别减少 33.8% 和 34.9%，但对麦田氮素淋溶和径流的影响并不显著[19]。进一步研究还发现，与农民习惯施氮相比，在优化施氮的基础上缓/控释肥减氮 20% 能够保证小麦稳产，其氮素回收率、氮肥偏生产力分别提高 19.7% 和 34.3%。表明氮肥减量施用技术可实现小麦节本、稳产、增效以及环境友好的目标，与传统施肥方式相比具有较大的优势，有望在我国冬麦区全面推广应用[21]。

9.5.1.3 一次性施肥技术和肥料创新产品在水稻上的应用

我国水稻种植区域跨度大，研发适合我国区域生产条件的一次性施肥技术，同时提高水稻生产机械化水平是实现水稻高产高效的重要途径，也是解决劳动力短缺、提高劳动生产率的关键。我国水稻机械化以机械插秧和机械直播为主，针对目前我国水稻生产中面临的问题，水稻一次性施肥技术不断发展，并在大面积应用上取得了较好的应用效果。通过整合分析的方法对一次性基施缓 / 控释肥在我国水稻主产区的应用效果进行了总结，与传统施肥方式相比，一次性基施缓 / 控释肥水稻的产量和氮肥利用率提高了 9.3% 和 36.6%；NH_3、N_2O 排放、氮素淋溶和径流分别降低 69.1%、48.9%、15.3% 和 43.2%[19]。进一步研究还发现，一次性施用水稻控释肥较常规施肥相比在纯氮、磷分别减少 22.1% 和 21.8% 的情况下，仍能实现增产 8.2%。控释氮肥减量施用可以在维持水稻产量不降低的情况下平均节氮 20%，同时提高氮肥利用率以及减少稻田氮素损失，实现水稻节本增收、稳产高效以及环境友好的可持续生产[22]。

9.5.2 种肥同播技术

种肥同播技术就是利用播种施肥机械，根据作物需肥规律、目标产量和土壤养分含量，合理确定肥料种类与施肥量，同时调整好作物种子与种子之间（行株距）、种子与肥料之间的合适距离，一次作业将优质种子和肥料同时播入田间的一种操作模式，它主要应用在小麦、玉米等作物上[23]。该项技术实现了“良种 + 良肥 + 良法 + 良机”的有机结合，解决了农民习惯撒施、浅施及对用肥量把握不准的问题，实现了准确精量播种和精准深施肥，提高了肥料的利用率，简化了作物栽培方式（不用间苗，玉米整个生育期内一般不需再追肥），增加了作物种植密度，减少了因施肥对环境造成的污染，降低了生产成本，增加了农民收入，达到了节能、生态、环保的目的，是一项得到农民广泛认可、政府财政大力支持，并被快速复制、广泛推广的一项主推技术。实践证明：运用该技术后，每公顷能节省人工 30 ～ 60 人，节约肥料投入 20% ～ 40%，提高肥料利用率 30% ～ 40%，玉米平均单产增加 10% 以上，新增纯收益 2250 ～ 4500 元[23-24]。

9.5.3 叶面肥

叶面肥在农业应用中有悠久的历史，它是将作物所需要的营养直接喷施于叶面（图 9-3），通过叶面吸收而发挥其功能的一种肥料，具有针对性强、营养吸收快和养分利用效率高的特点[25-26]。与常规根部施肥相比，叶面施肥具有快速、高效、操作简单和经济等特点，因而通过合理施用叶面肥提高水稻产量和品质具有重要意义。通过整合分析的方法对施用叶面肥在我国粮食作物上的应用效果进行了总结，施用叶面肥穗粒数比对照增加 18.0 粒，结实率增加 4.6%，穗秕粒数下降 4.3 粒，均达显著水平[27]。叶面肥可以降低籽粒垩白粒率与垩白度，提高精米率与糙米率，还可以提升直链淀粉和蛋白质含量等，可以提高大米氮、磷、钾、钙、镁、铁、锰、锌和铜等矿质营养元素含量[28]。还有研究表明，无机硅经叶面吸收后，在减少叶片中铅富集的同时减少了根系对土壤铅的吸收，将经根系吸收的铅富集于茎和稻壳中；而在减少叶片中 Cd 富集的同时并未减少根系对 Cd 的吸收，而是将经根系吸收的 Cd 富集于根和茎中[29]。

图 9-3　无人机喷洒叶面肥

（图片来源：叶松林拍摄）

9.5.4　肥水协同高效

水肥一体化技术指灌溉与施肥融为一体的农业新技术。水肥一体化技术借助压力系统（或地形自然落差），将可溶性固体或液体肥料，按土壤养分含量和作物种类的需肥规律和特点，配兑成的肥液与灌溉水一起，通过可控管道系统供水、供肥，使水肥相融后，通过管道和滴头形成滴灌，均匀、定时、定量浸润作物根系发育生长区域，使主要根系土壤始终保持疏松和适宜的含水量（图 9-4）；同时根据不同的作物的需肥特点，土壤环境和养分含量状况，作物不同生育时期需水、需肥规律情况进行不同生育时期的需求设计，把水分、养分定时定量，按比例直接提供给作物。与传统方式相比，水肥一体化可以减少肥料挥发、固定以及淋洗带来的损失，肥料利用率可达 30% ～ 50%，氮肥利用率可达 75% ～ 80%，水分利用效率可提高 40% ～ 50%。我国水肥一体化技术主要有滴灌水肥一体化技术、微喷灌水肥一体化技术、膜下滴灌水肥一体化技术等模式[30]。

图 9-4　水肥一体化系统和田间灌溉图

（图片来源：蔡东玉和冯小杰拍摄）

9.5.5 精准变量施肥

精准施肥技术是精准农业中的重要组成部分。变量施肥技术是精准施肥的一部分，是以不同空间单元的产量数据与土壤理化性质、病虫草害、气候等多层数据的叠合分析为依据，以作物生长模型、作物营养专家系统为支持，以高产、优质、环保为目的的变量处方施肥理论和技术。精准变量施肥提倡根据种植的作物和土壤情况，进行氮、磷、钾和有机肥的合理配方，使得施肥变得针对性强，从根本上改变了传统农业大面积、大样本平均投入的资源浪费的做法，对作物栽培管理实施定位，按需变量投入（图 9-5）。不仅大大提高了肥料的利用率，降低生产成本，增加了农民收入，而且减少了多余肥料对环境的不良影响。

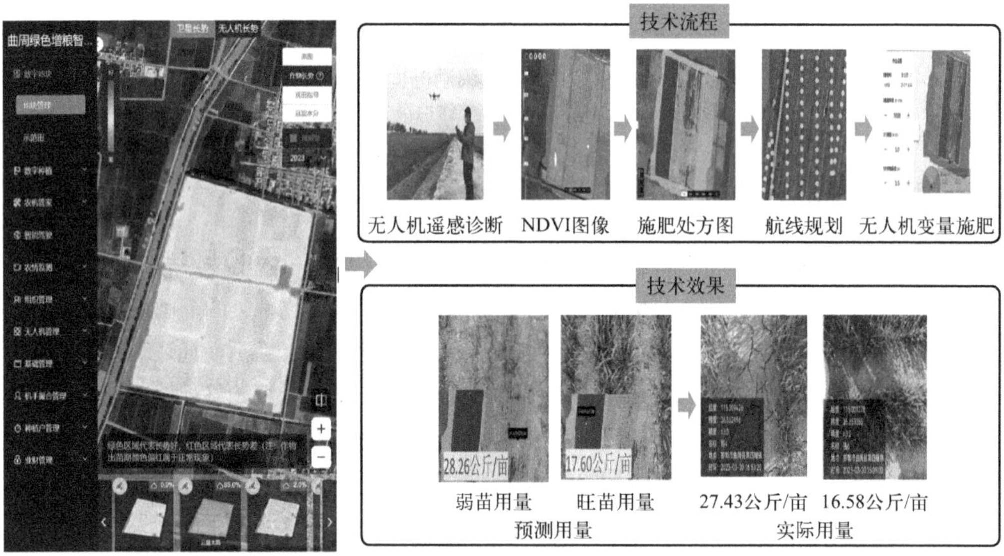

图 9-5　无人机遥感诊断 + 精准施肥示范田

（图片来源：张哲提供）

在 2000 年以后，我国也开始进行基于 GIS 的施肥技术的探索，黄绍文等分别建立了县域及更大范围的施肥模型。近年来随着无人机行业的兴起，其广泛应用于植保、施肥、播种、巡田等环节，国内外针对无人机遥感氮素诊断和施肥决策的研究也越来越多。杨欣等基于无人机高光谱遥感影像利用 XGBoost 算法反演出了拔节期的冬小麦的全氮含量，模型具有较高的精度，R^2=0.76，RMSE=2.68[31]。Yu 等利用特征波段和遥感技术确定了土壤施肥量，处方图变量施肥方法减少了 23.21% 的氮肥用量。李克亮采用地面遥感与无人机遥感数据相互验证的方法，开展了不同施氮水平下水稻地面遥感及无人机遥感信息解析研究，建立了标准种植比值法的无人机遥感水稻氮素营养诊断模型与施氮决策模型研究[32]。无人机施肥具有高效、精准的特点，在水稻、小麦返青分蘖时撒肥，用无人机施肥可大大缩短施肥时间，可降低对秧苗的踩踏损伤；通过卫星定位操控，还可以实现精准高效作业，避免重喷漏喷、无效喷撒；通过无人机遥感观测水稻长势情况，对水稻营养诊断，结合施肥决策模型，输出针对性施肥处方图，可对每个地块进行精准（变量）施肥作业，既节省肥料、保护环境，又能促进作物减肥增产增效。

肥料颗粒的物理特性对于无人机进行变量施肥至关重要。研究表明，颗粒的质量、球形度、摩擦系数、空气动力阻力以及粒度和粒度分布对颗粒的扩散和沉积模式有着显著的影响。有研究表明颗粒的最大和最小长度和直径与扩散速度的相关性最强，其他因素则相对较弱[33]。当颗粒粒度分布较为均匀时，质量较大的颗粒能够扩散得更远；而在粒度分布不均匀的情况下，单个颗粒的物理特性对分布模式的影响更为显著。肥料的硬度与粒度之间存在正相关关系[34]，随着粒度的增加，颗粒的硬度也随之增加，这使得颗粒在受到碰撞时损伤较小，能够更好地保持其原始的均匀状态。

颗粒粒度和粒度分布对沉积分布的影响较为复杂。研究结果表明，较小粒度的颗粒倾向于在中心线附近沉积，形成较高的横向沉积峰值。如果小粒度颗粒的比重较大，将影响整个横向沉积曲线的均匀性，导致变异系数增加。较大的颗粒肥直径差异会增加变异系数，但有助于获得更有规律且稳定的沉积分布模式。通过实验验证，研究者建议颗粒肥的平均粒度偏差不应超过10%[35]。因此，具有较高硬度和均匀粒度的肥料更适合无人机撒肥作业。

9.6 展望

目前，我国农田施肥技术虽取得了很大的进展，但和国外一些发达国家相比仍有很大差距，养分利用效率低10%～15%。农业装备的发展基本实现了播种、耕作、收获等生产环节的机械化，但不合理施肥如过量施肥带来的问题依然严峻，如水体污染、土壤酸化、农业源温室气体排放加剧等问题亟待解决。在农业现代化水平不断提高的情况下，机械化和土地规模化是必然趋势，农业经营主体逐渐由小农户到种植大户、合作社的转变，未来精准、智能、低成本施肥技术必然会逐步发挥更大的作用。例如，遥感与施肥技术结合而成的无人机变量施肥技术可以改变传统的广施肥的粗犷作业方式，达到精准作业的目的。但我国的变量施肥机械和变量施肥控制系统研发程度还尚浅，应逐步完成从传统施肥向精准施肥方向的绿色转型。

参考文献

[1] 郭文韬，曹隆恭．中国近代农业科技史．北京：中国农业科技出版社，1989.

[2] 中央农业试验所土壤肥料系．十年来土壤肥料系工作简报．农报，1943, 44(4): 110-114.

[3] 过慈明，惠富平．近代江南地区化肥和有机肥使用变化研究．中国农史，2012, 31(1): 55-64.

[4] 张福锁．测土配方施肥技术．北京：中国农业大学出版社，2011.

[5] Fixen P E. A brief account of the genesis of 4R nutrient stewardship. Agronomy Journal, 2020, 112(5): 4511-4518.

[6] 王兴仁，曹一平，张福锁，等．磷肥恒量监控施肥法在农业中应用探讨．植物营养与肥料学报，1995, 1(3/4): 43-48.

[7] Chen X, Cui Z, Vitousek P M, et al. Integrated soil-crop system management for food security. Proceedings of the National Academy of Sciences, 2011, 108(16): 6399-6404.

[8] Chen X, Cui Z, Fan M, et al. Producing more grain with lower environmental costs. Nature, 2014,514(7523):486.

[9] Kalkuhl M, von Braun, Torero M. Food price volatility and its implications for food security and policy. Switzerland: Springer Cham, 2016.

[10] Zhang F, Shen J, Zhang J, et al. Rhizosphere processes and management for improving nutrient use efficiency and crop productivity: implications for China. Advances in agronomy, 2010, 107: 1-32.

[11] Shen J, Cui Z, Miao Y, et al. Transforming agriculture in China: From solely high yield to both high yield and high resource use

efficiency. Global Food Security, 2013, 2(1): 1-8.

[12] Yang Y, Zhang M, Li Y C, et al. Controlled release urea improved nitrogen use efficiency, activities of leaf enzymes, and rice yield. Soil Science Society of America Journal, 2012, 76(6): 2307-2317.

[13] Geng J, Ma Q, Zhang M, et al. Synchronized relationships between nitrogen release of controlled release nitrogen fertilizers and nitrogen requirements of cotton. Field Crops Research, 2015, 184: 9-16.

[14] Qiao J, Yang L, Yan T, et al. Nitrogen fertilizer reduction in rice production for two consecutive years in the Taihu Lake area. Agriculture, Ecosystems & Environment, 2012, 146(1): 103-112.

[15] 刘兆辉，薄录吉，李彦，等. 氮肥减量施用技术及其对作物产量和生态环境的影响综述. 中国土壤与肥料，2016, 4: 1-8.

[16] 刘兆辉，吴小宾，谭德水，等. 一次性施肥在我国主要粮食作物中的应用与环境效应. 中国农业科学，2018, 51(20): 3827-3839.

[17] 李少昆，赵久然，董树亭，等. 中国玉米栽培研究进展与展望. 中国农业科学，2017, 50(11): 1941-1959.

[18] GB/T 37088—2018. 玉米一次性施肥技术指南. 北京：中国标准出版社，2018.

[19] Xia L, Lam S K, Chen D, et al. Can knowledge-based N management produce more staple grain with lower greenhouse gas emission and reactive nitrogen pollution? A meta-analysis. Global Change Biology, 2017, 23(5): 1917-1925.

[20] 林海涛，李慧，余晔，等. 氮肥与新型增效剂配施对夏玉米生长及产量的影响. 山东农业科学，2015, 11: 68-71.

[21] 谭德水，江丽华，房灵涛，等. 控释氮肥一次施用对小麦群体调控及养分利用的影响. 麦类作物学报，2016, 36(11): 1523-1531.

[22] 陈建生，徐培智，唐拴虎，等. 一次基施水稻控释肥技术的养分利用率及增产效果. 应用生态学报，2005, 16(10): 1868-1871.

[23] 孔慧，孔琳，孔淑兰，等. 种肥同播技术推广现状、存在问题及对策. 中国种业，2018, 5: 35-37.

[24] 于金宝，孔琳，张凤昌. 当前玉米种肥同播技术推广中存在的主要问题及其应对措施. 科学种养，2017, 6: 7-8.

[25] 郝展宏，叶松林，蔡东玉，等. 冬小麦-夏玉米周年“四密一稀”浅埋滴灌水肥药一体化绿色生产技术. 中国农学通报，2024, 29: 59-64.

[26] 秦猛，刘丽华，郑桂萍，等. 不同叶面肥及施用时期对水稻穗部性状及产量、品质的影响. 河南农业科学，2020, 49(9): 20-26.

[27] 樊俊，郑诗樟，胡红青，等. 不同专用叶面肥对水稻和柑橘品质影响的初步研究. 湖北农业科学，2010, 49(3): 553-557.

[28] 孔令国，汪永辉，韩晓东，等. 禾稼春叶面肥对不同氮素水平下水稻生长及大米品质的影响. 江苏农业学报，2018, 34(4): 790-798.

[29] 张宇鹏，谭笑潇，陈晓远，等. 无机硅叶面肥及土壤调理剂对水稻铅、镉吸收的影响. 生态环境学报，2020, 29(2): 388-393.

[30] 孙晓，姚海燕，仲晓琳，等. 水肥一体化技术应用与系统研究. 农业工程技术，2023, 43(13): 43-46.

[31] 杨欣，袁自然，叶寅，等. 基于无人机高光谱遥感的冬小麦全氮含量反演. 光谱学与光谱分析，2022, 42(10): 3269-3274.

[32] Yu F, Bai J, Jin Z, et al. Research on precise fertilization method of rice tillering stage based on UAV hyperspectral remote sensing prescription map. Agronomy, 2022, 12(11): 2893.

[33] Biocca M, Gallo P, Menesatti P. Aerodynamic properties of six organo-mineral fertiliser particles. Journal of Agricultural Engineering, 2013, 47(s1): e83.

[34] Walker G M, Moursy H E M N, Holland C R, et al. Effect of process parameters on the crush strength of granular fertiliser. Powder Technology, 2003, 132: 81-84.

[35] Hofstee J W, Huisman W. Handling and spreading of fertilizers part 1: Physical properties of fertilizer in relation to particle motion. Journal of Agricultural Engineering Research, 1990, 47: 213-234.

中国肥料研究与应用全书

Books of Fertilizer Research and Application in China

FERTILIZER

第10章

绿色智能肥料原理创新及产业化实现

化肥是粮食的“粮食”，是支撑粮食生产与食物安全、绿色生态与环境、人类营养与健康，提升人民生活质量和幸福指数的战略物资，是养活全球78亿人的基本保障[1]。进入新时代，绿色发展成为国家发展的主旋律，坚持绿色发展是发展观的一场深刻革命，迫切需要在推动经济社会发展的同时保护生态环境，实现资源高效利用和绿色低碳环保，使以往片面追求高投入、高产出、高消耗、高排放的传统发展方式走向绿色转型[2-3]。当前，我国提出了2030年实现“碳达峰”、2060年实现“碳中和”的战略目标，化肥生产与使用走向绿色低碳势在必行。

化肥产业支撑了农业生产，但同时也是资源消耗大户，对环境可持续性影响较大[4]。据统计，化肥产业消耗了2%的煤炭、3%的天然气、80%的磷矿以及60%的硫资源[5]；不合理使用化肥对农业源氮、磷排放的贡献分别达到36%和51%，对水体污染的贡献为24%[6]。此外，我国肥料产业还涉及科研、服务、流通、管理等领域近240万人就业及数亿终端用户——农民的生计，年产值达9870亿元，间接带动农业初级产品增值8万亿元、农产品深加工20万亿元和农业生产性服务2000亿元[4]。由此可见，化肥产业涉及粮食安全、资源安全、环境安全、社会稳定等国计民生等重大领域，是一个关乎“粮食-资源-能源-环境”绿色可持续的万亿级巨大产业。面对国家发展新形势，变革延续40余年的传统化肥产业中工农脱节、高耗高排、市场单一驱动的生产与发展方式，转型为工农融合、全产业链绿色发展模式，从根本上实现我国化肥产业的“绿色革命”，创新面向农业绿色发展需求，与土壤、作物和气候相匹配的新一代绿色智能肥料，对于加强化肥工业与农业的有效融合，实现农产品优质高产、资源高效、生态环境健康多目标协同的农业绿色发展具有重大理论与实践意义[4, 7, 9-11]。由此可见，发展绿色智能肥料已成为肥料化工领域绿色转型与产业变革的重大需求和引领性方向[9]。

本章通过对植物营养学、肥料科学及其化工工艺相关领域新进展的总结和分析，系统剖析了基于土壤-植物-微生物-肥料-环境协同的绿色智能肥料创制的新学术思路，提出了多学科交叉创新研究的核心领域——绿色智能肥料的基本概念、理论框架、关键科学问题、研发路径、未来技术研究与突破的重点，以期引发对多学科交叉创新、工农融合全产业链解决方案的思考与讨论，推动化肥产业绿色转型升级，促进相关学科的交叉融合与发展，为我国农业现代化建设和第二个百年奋斗目标的实现提供科技战略支撑。

10.1 创新绿色智能肥料的必要性

过去40年来，我国化肥总量保持快速增长，氮肥和磷肥的产能、产量及消费量均居世界首位，实现了自给有余；钾肥生产跃居世界第四，自给率大幅提升。我国化肥产业在满足国内需求的前提下，为全球化肥供应做出了巨大贡献，提升了我国在化肥生产领域的国际地位。然而，在新形势下，我国化肥产业绿色转型迟缓、发展相对滞后，与农业需求匹配度低，已无法满足“碳达峰、碳中和”和绿色发展的新需求。

10.1.1 从历史演变的角度看，创新绿色智能肥料成为必然选择

传统化肥产业模式难以保障粮食安全与绿色发展的协同。化肥是粮食安全的压舱石，对粮食产量的贡献率达 50% ～ 55%。长期以来，发展化肥产业一直作为实现粮食安全的重要国策，促进了我国化肥产业发展，化肥生产量与消费量分别占到世界的 30% 和 25%。目前，我国化肥产能过剩，主要以合成氨工艺为主生产高浓度化学氮肥，而农业施用不合理，导致氮素总输入量是作物需求的 2.1 倍，年盈余量达 1900 万吨，致使肥料养分在土壤中过度积累，粮食产量与养分效率仅实现了最大潜力的 50%。高浓度氮肥的过量施用，导致 1980—2000 年间农田土壤 pH 值平均下降 0.5 个单位 [12]，酸化面积增加了 1.2 亿亩，总计达 2.9 亿亩；导致每年农田活性氮损失达 892 万吨 / 年，约占化学氮肥投入的 1/3，其中氨排放贡献了大气 $PM_{2.5}$ 的 10% ～ 18%。每年活性氮损失相关的环境及人类健康损害成本高达 2800 亿元。与此同时，气象灾害、疫情突发、市场波动、粮食安全与化肥产业脆弱性等问题凸显。由于受到全球大宗商品价格上涨的带动，同时异常气候频发致使农业消费增加，2020 年 10 月以来化肥价格快速上涨，到 2022 年年初，尿素价格同比上涨近 1 倍，磷酸一铵价格增长 91%，氯化钾价格增长 190%，为此，中央财政 2022 年再次为种粮农民发放一次性补贴资金 200 亿元。尽管如此，农民的总收益难以得到维持，出现了显著下降的趋势。因此，传统化肥产业以生产高浓度养分化学肥料产品的发展模式，已经难以保障粮食安全和绿色发展的协同实现。

化肥产业高耗高排、难以满足“碳达峰、碳中和”和“绿色发展”的新需求。化肥产业的自身属性决定了它是重要的“碳排放”源，在诸多产业中排名前五。化肥产业资源消耗大，由于我国天然气严重不足，是全球唯一依赖于煤炭为原料的主要化肥生产国，其碳排放因子比天然气高出 50%。而我国的氮磷化肥农业当季利用效率在全球仍处较低水平，每年氮、磷资源仅有 14%、22% 最终被消费利用。我国化肥生产与运输、农业生产及养殖等多个环节产生了大量的碳排放，年碳排放总量达 15.2 亿吨，占全国温室气体排放总量的 15%，远高于年土壤碳固定的 2.3 亿吨，实现“双碳”目标，任务艰巨。

由此可见，传统化肥产业模式难以保障粮食安全与绿色发展的协同，创新绿色智能肥料成为必然选择 [9]。

10.1.2 从产业发展的角度看，亟须工农融合创新化肥产业体系

缺乏工农融合的化肥产业创新体系，难以支撑化肥产业“绿色革命”。我国化肥产业创新能力不足，研发投入和动力缺乏，产业集中度低，虽然拥有 3000 多家生产企业，但关键技术装备创新、研发合作平台、创新引领人才等普遍缺乏，在全球及全国能达到引领性的企业数量极少。行业过度竞争，全行业利润率长年低于 5%，企业亏损面长期高达 30% 以上，很多化肥企业依靠化工产品支撑，化肥变成了“副业”，如当前锂电池领域磷酸铁锂产业的快速发展，使得高品质磷资源的需求和消耗不断增长，在一定程度上挤压了磷复肥产业的发展空间，使磷复肥的生产工艺也发生了改变，企业不得不考虑使用较低品质的磷资源进行肥料生产，使高浓度、高水溶性磷复肥产品生产受到影响。由于专业的工农融合队伍很少，农

民购肥及如何施肥基本由肥料销售者基于利润最大原则进行推荐，而忽视了知识密集型的肥料创新本身，极易出现施肥量大、肥料与农业需求不匹配的现象。另外，我国肥料管理缺乏法律法规约束，主要依托农业农村部相关部门开展有限的管理工作，其力度和效果受到很大局限。而工业部门主导的肥料标准、行政许可法规等成为管理主体，严重弱化了肥料的农业和环境资源属性，是导致产品匹配度差、应用效率低、环境风险大的关键因素。因此，亟须打造适应绿色发展要求、工农高度融合的化肥产业创新体系。

10.1.3 创新绿色智能肥料是破解化肥产业绿色发展瓶颈的突破口

化肥产业的绿色发展依赖于化肥产品的创新。长期以来，工业生产主导着我国化肥产业的发展，化肥产品是否匹配农业需求被忽视。近年来，我国化肥工业开始转型，如云南云天化股份有限公司与中国农业大学合作，2015 年成立了云天化植物营养学院、云天化国际植物营养研究院和云天化农业研究中心，工农融合极大推动了面向农业需求的化肥生产，并且农业需求开始推动化肥产品创新，提出了主要作物种植区的肥料大配方，推动了作物专用肥生产与应用。此外，生长刺激素、肥料增效剂等产品开始应用于化肥工业和农业生产[13-17]。然而，从整个产业来看，在资源全量化利用和化肥产品匹配土壤、作物和气候方面并没有取得理论和技术上的根本性突破。在资源利用和工业生产端，仍然以追求高浓度氮磷钾养分为主要目标，忽视了中微量元素和枸溶性磷等养分形态的全量化利用，造成大量工业废渣排放；在产品应用端，多是以水溶、大量元素等肥料为主，产品功能单一，强调给土壤和作物提供养分，没有主动利用各种养分调节植物生长发育的潜力，忽视了作物本身对养分的主动应答、吸收和反馈作用，在养分靶向精准调控方面缺乏创新。产品创新原理和技术的不足，严重制约了化肥产业和农业绿色发展。近年来，随着植物营养和材料科学等相关学科的快速发展，绿色、智能、资源高效、低碳环保等逐渐成为化肥领域的研究热点。因此，创新绿色智能肥料有望成为破解化肥产业绿色发展瓶颈的突破口。

10.2 绿色智能肥料的概念与原理创新

10.2.1 绿色智能肥料的概念与内涵

绿色智能肥料是指根据作物-土壤-环境相匹配的植物营养调控原理，采用大数据智能算法进行有针对性地定向匹配设计，应用先进绿色制造工艺生产的具有作物根际效应激发[18-23]、养分精准匹配和矿产资源全量利用的一类新型高品质肥料，具有养分高效、低碳环保、低排无废、资源全量利用的绿色特点；施用后具有能高效挖掘作物的生物学潜力[24]，与根系“对话”激发根际效应，响应气候和土壤条件，精准匹配作物需求的智能特点。绿色智能肥料改变传统给土施肥的方式，注重调节和调动根系生长的能力，强调根际生命共同体养分高效的应答与生物互作级联放大效应[18, 23-24]，能最大化作物生物学潜力的新型绿色肥料，绿色智能复合肥是其产业化的高端物化产品。绿色智能肥料不仅具有更好增产提质和培肥土壤作用，而且是引领工农全链条融合与化肥产业绿色转型的重要切入点。

绿色智能肥料包括五大内涵（图 10-1）。

（1）作物：生物感知，根肥互馈

作物根系或土壤微生物可以强烈感知养分的供应，作物根系、根际效应与肥料能产生互馈增效作用，并通过根际生命共同体的级联放大效应最大化肥料的功能[18-19, 21, 24, 26]。例如硝态氮能促进根系伸长，而铵态氮可促进根系分支，提高侧根数量和增生能力，从而大幅度提高作物生长[27-29]。改变复合肥中的铵硝比可有效调控作物的地上部与地下根系生长。磷肥中速效与缓效磷的匹配可显著影响植物的根系生长，如澳洲坚果拥有一种特殊的根系——排根[30-31]，排根是低磷诱导形成的、像毛刷子一样由大量有限生长的小侧根形成的根簇，可分泌大量柠檬酸高效活化根际土壤中的难溶性磷，提高植物对土壤磷资源的活化、吸收利用效率，而供应过量的水溶性磷，会显著抑制澳洲坚果排根形成与柠檬酸分泌，甚至产生磷的奢侈吸收，造成植株磷毒害[31]。农民施用过量的水溶性磷肥，不仅浪费严重，还造成澳洲坚果排根生长受到抑制，影响植株的正常生长，进而降低果实的产量和品质。依据澳洲坚果自身的特点，在磷肥供应中，可以使用部分难溶性磷或枸溶性磷，优化氮肥形态，激发根系生长，强化根际效应，提高地上部对养分资源的利用效率，形成智能养分促根，根系生长强化根土界面效应，根际效应激活土壤养分，形成根肥互馈，提高作物的产量和品质[30]。

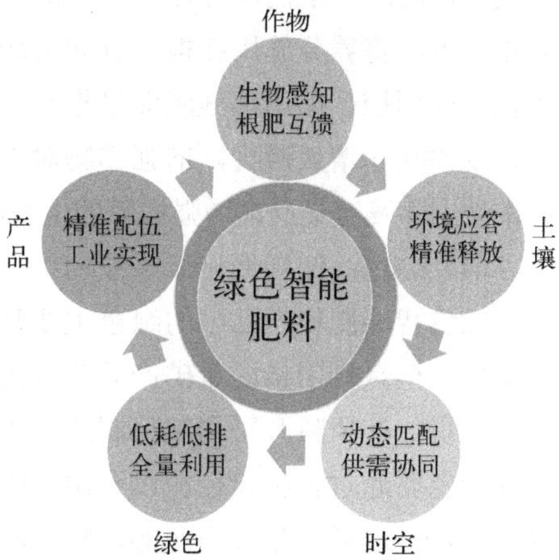

图 10-1　绿色智能肥料的主要构成因素与五大内涵

（2）土壤：环境应答，精准释放

作物生命活动受环境条件的显著制约。低温条件下作物的生长发育速度显著降低，其养分吸收量和吸收速度都显著下降；土壤的含水量显著影响根系发育以及养分迁移，几乎所有养分的有效性都受到土壤含水量的影响，对于硝态氮、磷、钾尤其如此。绿色智能肥料可根据环境条件的变化，自主调节养分释放的强度，以便与作物营养需求相匹配。既注重考虑对土壤障碍因素的调控，更注重根际微域的智能响应和反应。如采用分子亲水材料制作包膜，肥料只有在土壤含水量达到一定的阈值时才能充分吸水崩裂从而释放养分[32-33]。除了水分以外，土壤 pH 值也是影响养分有效性的重要因素，绿色智能肥料的养分释放也可依赖于土壤 pH 值的变化[34]，甚至对根分泌物中的有机酸、土壤环境温度做出反应，通过对环境应答的控制与调节，实现养分的精准释放。

（3）时空：动态匹配，供需协同

绿色智能肥料需要从时间与空间上实现与作物需求的高度匹配。由于作物生长发育速率以及不同发育时期（营养生长与生殖生长）的动态变化，不同时期的养分需求差异很大，而肥料产品施入土壤后，养分释放规律也随着施肥时间和空间位置的变化而改变。因此，为了实现养分利用效率的最大化，需要考虑新型肥料产品的养分供应与根系发育、作物需求在时间、空间尺度上的动态匹配，同时也需要考虑土壤环境对养分转化、损失与植物生长速率的影响。养分主要通过根系被作物吸收，但随着作物不断生长，其根系在土壤内的分布不断发生变化，同时，不同养分在土壤中的移动特征存在很大差异。肥料施用需要结合机械化精准施用装备，将养分施用在根系分布区域，提高其空间有效性。作物根系也可通过优化养分施用被定向调控，如局部施肥促进根系增生和根际的强烈酸化，提高根系与肥料养分的接触范围，发挥互作增效潜力，增强作物对根层养分的活化吸收与利用效率，促进地上部生长，良好的地上部发育又反馈增强根系的生长，实现在时空上的动态匹配，供需协同[24]。

（4）绿色：低耗低排，全量利用

绿色智能肥料产品中的绿色主要是从产品全生命周期中资源利用和环境排放两个维度来考量的。全量利用指的是矿产养分资源的利用强度和效率，强调尽量保留原料中各种养分并高效利用；在原料开采和肥料制造过程中要求主要养分损失少，利用率高，其他养分如中微量元素也要通过各种途径加以利用，既可以直接将矿产资源中各种养分一次性保留在肥料产品中，也可以通过延长产业链，将各种副产品中养分资源通过二次或多次加工制成新的肥料产品，提高养分资源利用效率。低耗低排是指肥料产品全生命周期中能源消耗和环境排放要低，首先在原料开采和产品制造过程中能耗低，温室气体和各种废弃物排放要少；同时在肥料施用后养分利用效率要高，有利于作物对养分的高效利用，土壤残存少，环境负效应低。最终实现绿色低碳、全量利用。

（5）产品：精准配伍，工业实现

作物对养分的偏好已被诸多研究证实，但由于精准配伍的难度及工业制造上的复杂性，有关理论在肥料科学领域的应用非常少。硝酸盐对多数作物而言既是一种良好的氮源，同时也是营养信号物质，在调节地上、地下部发育及激素响应方面发挥着重要作用。因此对很多作物而言，采用铵硝搭配往往优于单一氮素形态的肥料效果。由于磷酸根离子与钙、镁等金属离子易发生沉淀反应，从而降低养分的有效性和肥料的水溶性，因此，在复合肥生产中，如何高效实施中微量元素肥料的复合一直是肥料行业的难点之一。在某些情况下，肥料的生产加工过程也可能会使初始养分配伍发生漂移，改变肥料产品中的养分配方。绿色智能肥料通过优化工业设计，特别是通过造粒工艺、螯合等技术创新，使中量元素肥料在肥料颗粒中与水溶性磷肥实现分隔，使磷素与中量元素共存，从而提高钙镁缺乏地区（通常是酸性土壤）肥料的整体利用效率。如通过原位螯合中微量元素实现磷与中微量元素的协同，创制含中微量元素低 pH 值的水溶性磷酸一铵，从而适应北方硬水条件下的碱性缺素土壤，提高磷与中微量元素的利用率。通过创新绿色生产工艺，实现肥料产品中养分形态的精准配伍和高稳定性。

10.2.2 绿色智能肥料的创新原理

绿色智能肥料的创新在于“绿色”与“智能”。因此，绿色智能肥料要求在工业产品生产端尽量利用原料中对植物有益的各种养分，最大限度地减少能源消耗和工业三废排放，实现绿色工业制造。在农业生产使用端，肥料养分的供应要匹配土壤和作物，符合植物营养需求规律，提供多种营养元素，并能提高肥料所含各种养分的吸收利用效率，减少肥料在土壤中的残留以及向水体、大气的排放。

绿色智能肥料的创新有赖于对植物营养生物学规律、肥料在土壤中转化和迁移规律的深入理解和创造性应用等知识创新，实现理论突破；也取决于工农融合肥料制造工艺和新材料的发明、发现与应用，实现产品创新。主要创新途径有：①养分分隔与共存。在复合肥料生产中，集成钙镁与大量营养元素，避免发生沉淀反应，采用“物理隔离”原理是破解这一难题的重要途径，在复合肥料颗粒中水溶性磷与钙镁成分实现空间隔离、稳定共存。按照这一原理设计的复合肥料既能“智能地”避免肥料成分之间的不利反应，又能均衡地释放作物需要的养分，满足这些设计目标需要肥料制造工艺的不断创新。②纳米微粒与稳定悬浮。研究表明，MgO、CaO 等材料制成纳米颗粒后，不仅能避免其与大量元素的化学反应，而且能在使用时形成稳定的悬浮液，不需要采用络合等手段保持其稳定性，纳米级的 MgO、CaO 还可以实现跨膜吸收[35-36]。③敏感材料与靶向调控。当前，工业制造与学术界在努力探索 pH 值敏感、温度敏感、特定物质（根分泌物如黄酮、类黄酮）敏感的包覆材料[37-40]。一旦这些材料成果应用于肥料制造领域，可实现在特定环境条件下肥料养分的智能释放，使绿色智能肥料技术达到分子调控水平。

绿色智能肥料的创新设计需要与土壤特性和作物需求有机结合，通过根层调控技术充分发挥其功效，促进植物根系生长，强化根际养分活化能力，大幅度提高植物根系对养分的利用效率，在时空上满足高产群体不同阶段的养分需求。土壤是绿色智能肥料发挥最大作用效力的场所，设计的绿色智能肥料应当与特定的土壤理化性质相匹配，在此基础上，通过各种其他农学管理措施，如施用土壤调理剂、微生物制剂、生物刺激素等，优化土壤结构-养分供应-生物过程之间的关系，强化肥沃根层、蓄水保肥、生物活力，增强土壤健康与整个系统的弹性，实现根层养分供应与高产群体的匹配，提高系统的可持续生产能力（图 10-2）。

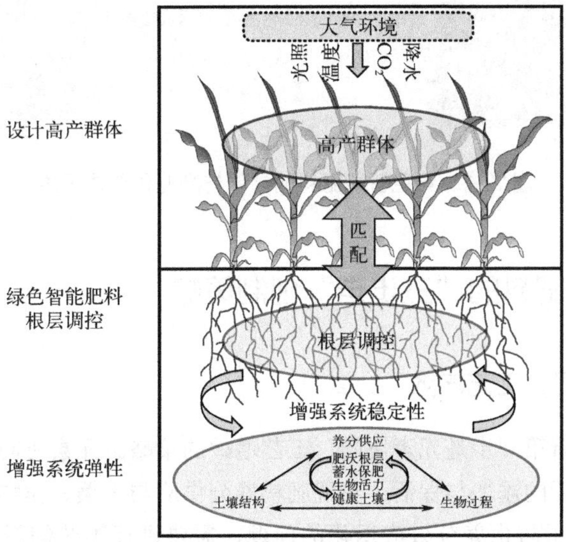

图 10-2　绿色智能肥料在土壤-植物系统综合管理中的作用示意图

10.3　绿色智能肥料的创新与产业化思路

10.3.1　总体思路

绿色智能肥料创新与产业化需要围绕提质增效、产业升级和绿色发展这一总体目标，通过理论基础研究的知识创新与工农融合支撑的产品创新两大抓手，绿色智能肥料产品的创制要按照“元素协同工艺增效”“精准配伍材料创新”和“生物互作级联放大”三步走策略，产业化中重点做好“四个匹配”，首先是工业生产过程与作物生产过程的匹配，其次是肥料产品特性与作物根系响应的匹配，然后是肥料产品与根际生命共同体系统提升的匹配，最后是工农融合与全链条绿色发展的匹配（图 10-3）。

图 10-3　绿色智能肥料的创新与产业化总体思路

10.3.2　绿色智能肥料的“三步走”创制策略

10.3.2.1　元素协同，工艺增效

绿色智能肥料创新第一步是元素协同、工艺增效的策略。元素协同指的是通过大量元素适宜配比和中微量元素的添加与保活，实现肥料养分供应与土壤、作物和气候的匹配，而在这种养分配比中，为了防止养分效应退化的问题，需要进行工艺创新，实现养分增效。目前，在农业生产中，随着氮磷钾肥料的大量施用，中微量元素缺乏和养分失衡问题日渐突

出，已成为影响肥料效果的重要限制因素，也是肥料产品研发的重点攻关方向，“十三五”减肥专项对此也开展了大量研究，取得了重要进展，为绿色智能肥料的进一步创新奠定了基础。

10.3.2.2 精准配伍，材料创新

我国农业已走过了仅凭单一元素化肥、氮磷钾复合肥施用即可实现增产的阶段，进入了要求营养元素协同供应、提质增效、绿色发展的新时代。这对复合肥料创新提出了更高要求。我国土壤和作物分布区域变异大，南方大量酸性土壤地区果树、蔬菜甚至大田作物都亟须补充钙镁营养，北方石灰性土壤通常缺乏微量元素铁和锌[41-43]。虽然在酸性土壤上可以施用石灰、钙镁磷肥调整土壤酸碱度、补充钙镁等，但是施用环节复杂，易产生副作用，采用复合肥料添加钙镁是更为可行的途径。这要求对复合肥料的配方进行精准配伍，使其更符合土壤和作物营养需求，并采用物理隔离、纳米材料等新型工艺方法制造智能型肥料[44-45]。肥料成分的复杂化可能会导致肥料在制造、储存过程中不同营养元素之间发生不良的化学反应，创新与研发新材料是解决这些关键问题的重要途径。目前国内外已经取得一定进展，如某些纳米材料和包膜材料能自主感知环境的变化、控制养分的释放[38]，但总体而言，智能型包膜材料创新仍然处于探索中，产品的产业化应用尚待时日。

10.3.2.3 生物互作，级联放大

绿色智能肥料的合理施用不仅能定向调控根系扩展空间、强化根际效应提升活化能力，而且还可以激发根际生物互作增效、级联放大的功能，高效活化利用土壤养分（图 10-4）。研究发现，植物可通过根系形态改变、根分泌物释放、菌根系统高效活化利用土壤养分，它们之间存在明显的权衡机制[25-26]。根层养分供应与根系、根际养分效率呈“倒 U 形”规律：相对于根层养分盈余，优化根层养分供应能够增强根系密度与长度、提高根际分泌物释放与酶活性、促进菌根效应及菌丝生长，最大化根系高效活化利用养分的生物学潜力。局部养分供应不仅能为根系提供矿质营养，还能定向调控能提升根层微域增效功能：局部供应的养分可作为信号促进根系生长（包括根系长度、根系密度、菌根菌丝长度等），增强根际酸化和分泌物作用[18-46]，进一步激发根系-微生物、微生物-微生物互作，从而形成养分调控的级联放大效应，系统提升作物养分利用效率[21, 23-24, 47]。研究表明，局部氮、磷供应能刺激玉米根系增生[48-49]，促进质子分泌降低根际 pH 值，增强磷酸酶活性[18, 48, 50]。利用根际少量磷的起爆效应，调控菌丝分泌物信号促进解磷细菌与菌根真菌的协同互作[22-23]，土壤养分活化效率提升 30%。因此，调控作物根层的养分形态与精准供应能有效耦合根系、根际、生物互作等过程，逐级放大效能，实现养分高效利用。

10.3.3 绿色智能肥料工业生产与农业需求的匹配原则

① 工业生产过程与农业生产需求的匹配。现代肥料的工业生产与农业需求脱节的弊端日益凸显。现代农业生产追求的目标是“提质增效、绿色发展”，在注重绿色增产增效的同时，要提高农产品的营养品质，实现农业高质量发展；而且我国经过半个世纪的发展，土壤

养分肥力快速提升，许多地区土壤出现“富营养化”，加剧了环境污染的风险。而传统的肥料工业生产仍然在追求“高纯度、高浓度”，忽视了矿产资源养分的全量利用、高浓度单一化的产品不能与土壤和作物需求相匹配，难以满足绿色增产增效、营养健康、高质量发展的新需求。绿色智能肥料要求工业生产过程与农业生产过程匹配，针对不同作物生产方式，需要考虑以下技术路线：

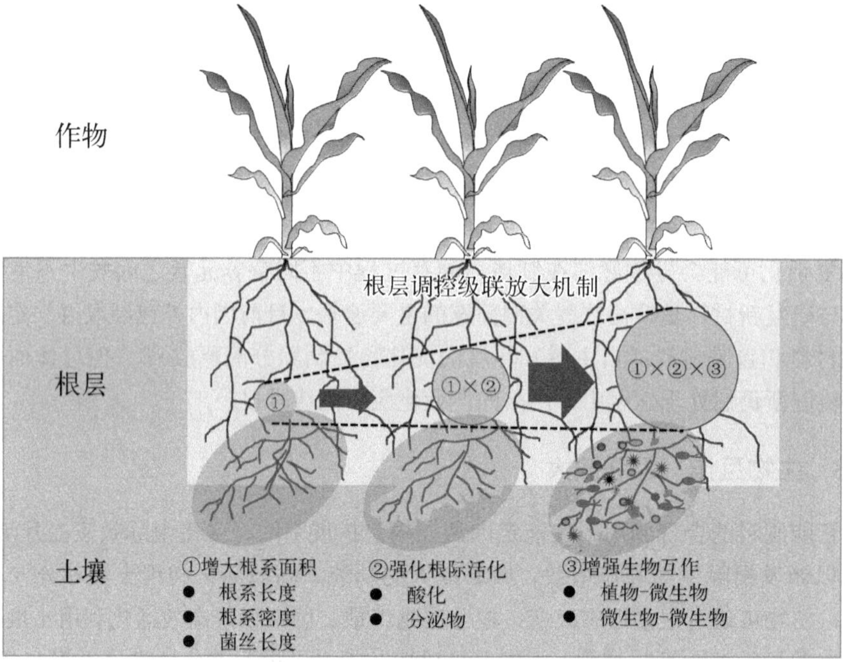

图 10-4　根层生物互作、级联放大示意图

a. 粮食作物生产。在优化 NPK 配比的基础上，结合中微量元素添加，走资源全量化利用路线，不强调高浓度、全水溶的肥料，注重养分速效与缓效的协同；在我国东北特定条件下，玉米生产以一次性施肥为主，迫切需要研发非水溶性、多养分元素共存、控释增效、养分供需匹配、适用于机械化施肥装备的新型制造工艺和造粒技术。

b. 经济作物生产。通常采用水肥一体化技术，这种农业生产过程要求高端的水溶性绿色智能肥料，强调“高浓度、水溶性、均衡营养、配伍高稳定性”的工业生产要求，以及针对水肥一体化设备的适用性。可见，化肥工业生产需要研究农业生产过程的新需求，及时调整研发思路和革新生产工艺，农业生产过程需要为化工生产提出新的课题，二者相互促进与融合，实现工业生产过程与农业生产过程的匹配。

② 肥料产品特性与作物根系响应的匹配。肥料产品中的养分总量、元素形态对作物根系的生长均具有深刻影响，应依据根层养分供应强度与根系根际效率的关系原理，解决高投入体系中生物学潜力不能充分发挥的难题。利用定向设计的肥料产品，优化根层养分供应强度能最大化根系与根际高效活化利用养分的生物学潜力，适宜的根层养分强度调控可使玉米根长增加40%，菌根养分吸收贡献率提高3倍。利用根系对养分的觅食（root foraging）原理，

根层局部养分供应能提升根系与根际微域的增效功能，并通过级联放大效应激发根际互作潜能，如局部硝酸盐信号可以诱导玉米侧根增长 1 ～ 1.5 倍，氮吸收效率提高 25% [51]；局部铵磷供应能刺激玉米根系增生 30%，促进质子分泌导致根际 pH 值下降 1 ～ 2 单位 [48]，磷酸酶活性增强 50%[18]。因此为了最大化发挥根系响应的效果，需要根据不同作物根系生物学特征，设计与之相匹配的智能型专用肥料产品。

③ 肥料产品与根际生命共同体系统提升的匹配。作物对养分的高效利用是一个从土壤到作物、从微生物到农业生产多界面互作的系统过程。任何单一过程的研究都无法破解整个系统的运行机制，也就难以从整体上大幅度提高作物养分利用效率。“根际生命共同体”是将“植物-根系-根际-菌丝际-土体及其微生物”连接在一起的自上而下能量流与自下而上养分流形成的一个闭环系统 [52]。根系作为植物吸收养分的主要器官，把地上和地下连为一体；根际则是控制植物-土壤互作界面物质、能量流动和信息交换的枢纽；菌丝际及其他微生物进一步拓展了植物吸收利用土壤养分的范围与功能。在“根际生命共同体”系统中，植物将光合产物输送到地下，驱动了地下多样化生命过程的运转。光合产物一部分用于支撑根系生长及其生理活动，另一部分以根分泌物的形式释放到根际环境中，显著地改变根际土壤的物理、化学和生物学性质，招募和供养微生物，使根际成为植物-微生物、微生物-微生物互作最活跃的热点区域，成倍提升植物对土壤养分的活化与利用效率。根外菌丝和其他土壤微生物又将根际范围扩展上百倍，并能从距离根系很远的土体，以及根系难以进入的微团聚体内把养分捕获并传输给植物。由此可见，控制养分高效利用的是根际生命共同体系统，绿色智能肥料的研发应着眼于对整个共同体系统的改善与优化，而不是仅仅单一地促进根系或者微生物生长，肥料产品的多靶向性协同调控、优化根际生命共同体系统将是未来绿色智能肥料创新与产业化的重要引领性方向。

④ 工农融合与全链条绿色发展的匹配。绿色智能肥料产品的研发和产业化，需要工农全链条与绿色发展的融合与匹配。首先，需要工业和农业在产品设计上的深度融合，农业方面根据作物、土壤和气候等提出对肥料产品养分配比、形态和特性的需求，并通过大数据智能算法进行产品定向设计；其次，工业方通过工艺创新最大程度实现精准配伍并达到智能化释放，再进一步反馈给农业方进行修正和效果验证；同时工业方提供各种矿产原料、副产品及废弃物资源等给农业方进行养分资源特征研究，工业方进行肥料产品物料的选配创新，实现养分的全量高效利用；再次，双方同时从全产业链进行系统分析，找到降耗减排、绿色增效的卡口，通过关键技术突破，优选绿色智能肥料产品实现的技术途径；最后，共同根据工业生产条件进行绿色智能肥料的产业化。

10.3.4 绿色智能肥料的工艺革新

绿色智能肥料从制造和产品工艺而言，可以分成两部分：绿色智能肥料材料创制与绿色智能肥料产品制造。

10.3.4.1 绿色智能肥料材料创制

绿色智能肥料材料创制是肥料产品创新的关键，其材料可以是撬动根际生命共同体、强化生物互作的信号物质或微生物，也可以是智能响应土壤环境条件的敏感型材料，还可以是来自自然界或工农业生产中产生的低成本具有绿色环境属性的物质或资源。

（1）生物信号物质或微生物制剂

绿色智能肥料的创新原理本质在于深入理解根际生命共同体互作过程中的物质产生与合成、微生物的生命活动规律，以及这些物质或微生物在作物生长过程中所起到的核心调控作用[52]。因此，有必要利用现代生物合成学、新材料合成、生物源材料提取等手段，在系统理解根际生命共同体调控原理与技术的基础上，创新合成技术与有效降低合成成本，制备新型高效生物信号物质，或者重组土壤微生物群落[53]，将理论与技术以产品的方式落地应用。

（2）环境响应敏感型材料

土壤是植物生长与肥料养分传输的介质，土壤的特性及养分在土壤中的转化是影响肥料利用效率的关键点之一，肥料养分对土壤环境变化具有高敏感性，如土壤 pH 值、温度、湿度等。制备环境响应敏感型材料是目前新材料科学的前沿，有大量研究证明了新材料的潜在应用价值，尤其是绿色、低成本、可生物降解的材料[54]。针对植物对养分需求特性，设计合成能够精准控制温度、pH 值响应型高分子材料、高吸水性 / 纳米多孔道材料（SA、MOF、分子筛、层状氢氧化物），将这些具有环境敏感特性的材料通过官能团自组织、靶向敲除等手段，进行表面物理化学性质的改性，强化材料对温度、湿度、pH 值的敏感性[55-59]，从而具有更强的养分保持和释放的能力，成为智能型肥料的主要载体[39-40, 60]。但目前尚无成熟的工艺，有关产品的研发与创新亟待加强。

（3）绿色环境属性的物质或资源

目前许多化肥特别是以磷钾为主的肥料的生产高度依赖于不可再生矿产资源，需要在用好矿产资源的同时，充分挖掘来自自然界或工农业生产中产生的大量低成本的伴生或副产物资源，如磷矿开采与磷肥生产、农产品生产与加工过程中产生的副产物，这些副产物对于土壤而言是良好的养分资源，甚至含有调控植物生长的有益物质。在纳米材料方面，可以将难溶性原料纳米化，与水溶性 $H_2PO_4^-$ 的反应活性显著下降，实现多元素共存保活。纳米粒子可以实现跨膜运输，提高根系的吸收能力。纳米材料作为包膜材料制成的肥料具有很高的胶体稳定性和优良吸附性能，肥料施入土壤后，在一定程度上能感知土壤中的湿度和通气状况，有效地控制肥料的释放，从而达到蓄肥、保肥的目的，在关键作物生长时期，肥料养分供得上、保得住。近年来，能感应作物根际信号的包膜材料也在快速发展中，韩国学者发现一种以木质素和水化铁磷灰石对根系释放的有机酸敏感，在根际酸度增强时包膜分解并释放养分，可以显著提高肥料的利用率[61]，智能型包膜材料创新以及产品的产业化应用亟待加强。

10.3.4.2 绿色智能肥料制造工艺

绿色智能肥料是连接化肥工业革命与农业绿色发展的纽带，也是工农融合绿色发展的抓手，其制造工艺要在现代化工业革命与农业生产新需求的基础上不断变革与发展，面向“双碳”和农业现代化发展目标，闯出一条绿色化、高效化、智能化的发展之路，绿色智能肥料产品的创制与产业化，迫切需要颠覆性的肥料生产工艺创新与技术突破。

（1）原料共伴生资源全量化利用工艺

绿色智能肥料产品创制强调生产原料的绿色低碳生产、高效活化和全量利用技术，大幅提升矿产资源的肥料化效率。例如，磷矿原料中富含磷、钙、镁、硅等多种营养元素，但多为难溶性或低活性养分，基于不同土壤-气候-作物需求，需要创新磷矿产资源中养分绿色、高效、智能活化与半活化生产技术[62]，并通过新的工艺技术手段，如作物信号调控物质的协同增效，来强化作物自主活化、吸收养分的能力，实现磷矿资源养分的高效、全量利用，突破当前磷化工发展的瓶颈。研究表明，采用螯合、聚合和生物质活化/半活化原位调控技术可以实现磷与中微量元素[63]、多种磷素形态以及有机碳与磷的协同利用与增效，或采用高温活化技术综合利用尾矿和渣酸，实现钙、镁、硅、磷等的协同利用，形成磷矿养分全量化利用原位技术体系，创制含中微量元素的水溶性磷酸一铵、“原位二铵”、肥料级聚磷酸铵、聚磷酸钙镁、有机磷铵等绿色增效肥料产品。在此基础上，进一步通过原位活化工艺创新实现养分与作物信号调控物质协同是未来的重要方向。

（2）氮肥低碳生产合成与增效工艺

氮是作物所需矿质营养中，唯一通过化学合成形成肥料产品的元素。常规的合成氨工艺能耗很大，而在常温常压下或利用清洁能源（风能、太阳能等）产生的“绿氨”创新工艺被认为是传统 Haber-Bosch 合成氨工艺的替代方案，如常温常压下的电化学合成、高效催化剂等，这类方法关键在于新型催化剂的研发以及工艺技术优化[64-66]。合成氨主要用来生产主要的氮肥产品——尿素，目前虽有硝化抑制剂、脲酶抑制剂和硫包衣等包膜材料可以一定程度实现尿素中氮养分的缓/控释放[67-68]，但仍缺乏更高效、环保、价廉的新材料或助剂，实现肥料产品对环境条件的智能响应、氮素养分的精准释放，动态匹配作物氮素需求，进一步创新更价廉、更高效、更安全的双抑制剂等氮肥增效剂，以及相应的保护剂研制与生产工艺创新，这些仍是未来氮肥产品创制的重要方向。

（3）绿色低碳（环保）的复合肥生产工艺

目前复合肥料生产工艺技术，如料浆法、高塔造粒、熔体造粒法、团粒法等工艺技术，均是基于高浓度、造粒特性较好的 NPK 肥料原料（如磷铵）等进行产品的二次加工生产，较少涉及中微量元素及助剂的添加，造粒相对容易实现工业连续化，但存在能耗高、损失大、资源浪费严重、配方与农业需求匹配度低等制约绿色可持续发展的关键问题；绿色智能复合肥料产品的产业化生产需通过技术创新，突破传统的用原料肥进行二次加工思路，转向以矿产原料直接活化加工和造粒，实现养分有效化、加工低碳化及产品可商业化的有机结合，兼顾养分精准配伍、增效物质或助剂添加，结合新材料应用，实现低废低排低耗的智能化肥料加工和生产等关键技术。如将容易发生化学反应导致失活的肥料原料分层造粒，实现不同元素在肥料颗粒中相对空间隔离，是现阶段绿色智能肥料新途径，如“肥包肥”技术将钙、镁、锌以多层喷布的方式造粒，实现单一颗粒中磷、钾与中量元素的共存[69]。尽管如此，在某些条件限制的情况下，绿色智能肥料生产工艺也需借鉴现有复合肥料的生产工艺，坚持绿色低碳发展，加强技术创新，注重资源综合利用，保证安全和环保生产，提高成品率，有效减少返料循环，避免肥料成分不均匀、物性差等问题，分阶段实现智能化复合肥料的升级换代。

10.4 绿色智能肥料创新与产业化发展前景

绿色智能肥料创新和产业化必将成为化肥产业发展的新方向，是工农融合全产业链绿色发展的总抓手与未来化肥产品创新的重点，也是协助肥料产业减少生产过程的碳排放，实现产品使用过程的碳中和的重要手段之一。因此围绕绿色智能肥料创新和产业化，在“双碳”战略和“绿色发展”新的形势下，借助人工智能技术来实现从资源端到产品端再到应用端的绿色生产、智能制造、智能调控与低碳应用，未来还需要抓好以下重点研究内容（图 10-5）。

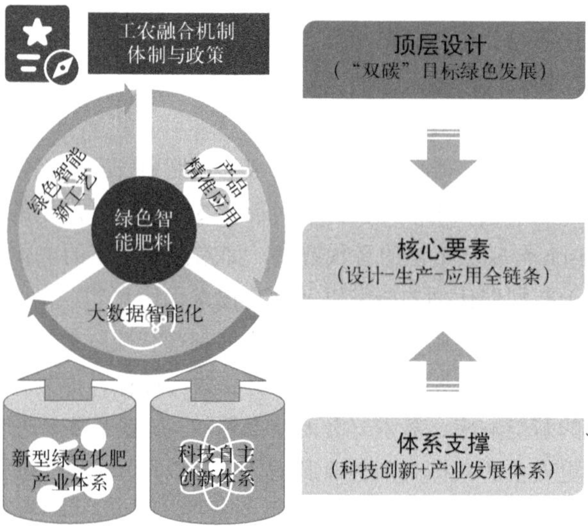

图 10-5　绿色智能肥料创新与产业化发展蓝图

（1）大数据智能化

建立基于我国区域数字土壤、数字作物与数字环境相匹配的大数据智能系统，为区域绿色智能肥料大配方提供支撑。将大数据、物联网、云计算等新一代数字技术应用在智能肥料创制、精准应用与产业发展等方面，构建集智能监控、数据采集、远程传输、智能分析和自动化控制于一体的绿色智能肥料大数据支撑平台，将绿色智能肥料参数在动态变化条件下自动更新并实时建模，创新数据驱动的绿色智能肥料技术体系，实现区域标准化与精准化，使来自土壤、肥料和环境的动态养分供应与高产作物养分需求在数量上匹配、在时间上同步、在空间上耦合，既满足作物养分需求，又不会造成养分过量累积而向环境中迁移，为区域绿色智能肥料大配方提供支撑。结合自动控制、传感器、农机装备等，构建区域场景方案自动决策系统，利用数据赋能作业装备，使农业生产向标准化、机械化、智能化方向发展，实现从传统要素驱动为主向科技创新驱动为主的转变。

（2）绿色智能新工艺

加快绿色矿山建设和低碳零排制造工艺与信息智能技术的融合，推动绿色智能肥料制造工艺创新与产业化发展。重构化肥生产工艺技术体系，探索从原料直接合成肥料产品的新技术新工艺，减少资源损失与能源消耗；大力发展绿色低碳清洁生产技术，如常温常压合成氨、磷资源全量低耗利用等；破解化肥工艺生产与农业需求不匹配的难题，建立低碳绿色高效新工艺，实现养分配比与形态配伍精准工业生产，强调中微量养分、生物活性物质等的功能及其活性高效保持，匹配区域气候-土壤-作物系统和现代农业生产条件对绿色智能肥料产品的需求。

（3）绿色智能产品精准应用

结合现代农业智能化数字技术，科学合理布局产品适宜生态区域与土壤-作物系统，实现产品时空动态决策分配与智能管理；着重创新现代化肥料施用机械与装备（如农业大机械、水肥一体化设备、无人机等）、作物根际 / 根层生物高效调控相配套的绿色高效施用技术；建立绿色智能肥料产品评价标准体系与施用技术体系，指导产品落地应用。

（4）新型绿色化肥产业体系

建立面向农业绿色发展的化肥生产、技术服务和人才培养的新型绿色化肥产业体系。重构农业需求导向-适用产品革新-制造工艺革新-销售服务革新的全产业链模式，利用“绿色原料”、采用“绿色工艺”、生产“绿色产品”。建立我国自主研发、设计、制造、运营和管理的绿色产业体系。融合数字、信息与智能技术，建立绿色智能新型化肥的技术创新与支撑体系。

（5）科技自主创新体系

根据农业绿色发展新需求，全面改革化肥工业技术体系，实现工业和农业全链条的充分融合，通过科技自主创新，突破制约产业绿色转型升级的关键技术，制定战略规划与实施方案，促进工农融合、绿色转型相关的方案落地。

（6）工农融合机制

建立与绿色发展相适应的新型肥料产业的技术与产品标准，制定工艺准入、产品准入、市场准入、服务准入标准，销售人员具有专业资质要求。制定相关法律法规，完善环境保护、节能减排约束性指标管理，全面实行排污许可制，建立健全风险管控机制。建立我国肥料管理立法体系，实行农田肥料投入的环境限制、提升区域管理规范，推动化肥产业转型升级，制定激励措施或管理政策。促进现代化肥产业稳定健康发展，为我国乃至全球农业现代化建设提供支撑。

参考文献

[1] Scientific panel on responsible plant nutrition. A new paradigm for plant nutrition, 2020.

[2] Jiao X, Lyu Y, Wu X,et al. Grain production versus resource and environmental costs: Towards increasing sustainability of nutrient use in china. Journal of Experimental Botany, 2016, 67(17): 4935-4949.

[3] Shen J, Zhu Q, Jiao X, et al. Agriculture green development: A model for china and the world. Frontiers of Agricultural Science and Engineering, 2020, 7(1): 5-13.

[4] 张福锁，黄成东，张卫峰．科学认识化肥：粮食的“粮食”．北京：中国农业大学出版社，2021.

[5] 张卫峰，易俊杰，张福锁．中国肥料发展研究报告 2016．北京：中国农业大学出版社，2017.

[6] 生态环境部，国家统计局，农业农村部．第二次全国污染源普查公报 . 2020.

[7] Calabi-Floody M, Medina J, Rumpel C, et al. Smart fertilizers as a strategy for sustainable agriculture. Advances in Agronomy, 2018, 147: 119-157.

[8] 侯翠红，许秀成，王好斌，等．绿色肥料产业体系构建及其科学问题．科学通报，2015, 60(35): 3535-3542.

[9] 张福锁．革新肥料产业，开启绿色智能肥料新时代．第 22 届国产高浓度磷复肥产销会系列论坛，2021.

[10] 赵玉芬，尹应武．我国肥料使用中存在的问题及对策．科学通报，2015, 60(36): 3527-3534

[11] 赵玉芬，赵秉强，侯翠红，等．适应农业新需求，构建我国肥料领域创新体系——中国科学院学部咨询报告．植物营养与肥料

学报，2018, 24(2): 561-568
[12] Guo J, Liu X, Zhang Y, et al. Significant acidification in major chinese croplands. Science, 2010, 327(5968): 1008-1010.
[13] Jardin P. Plant biostimulants: Definition, concept, main categories and regulation. Scientia Horticulturae, 2015, 196: 3-14.
[14] Lu S, Feng C, Gao C, et al. Multifunctional environmental smart fertilizer based on l-aspartic acid for sustained nutrient release. Journal of Agricultural and Food Chemistry, 2016, 64(24): 4965-4974.
[15] Tang Y, Yang Y, Cheng D, et al. Multifunctional slow-release fertilizer prepared from lignite activated by a 3d-molybdate-sulfur hierarchical hollow nanosphere catalyst. ACS Sustainable Chemistry & Engineering, 2019, 7(12): 10533-10543.
[16] Wang X, Yang Y, Gao B, et al. Slow-released bio-organic-chemical fertilizer improved tomato growth: Synthesis and pot evaluations. Journal of Soils and Sediments, 2021, 21(1): 319-327.
[17] Yakhin O, Lubyanov A, Yakhin I, et al. Biostimulants in plant science: A global perspective. Frontiers in Plant Science, 2017, 7: 2049.
[18] Jing J, Gao W, Cheng L, et al. Harnessing root-foraging capacity to improve nutrient-use efficiency for sustainable maize production. Field Crops Research, 2022, 279.
[19] Zhang D, Lyu Y, Li H, et al. Neighbouring plants modify maize root foraging for phosphorus: Coupling nutrients and neighbours for improved nutrient-use efficiency. New Phytologist, 2020, 226(1): 244-253.
[20] Zhang D, Zhang C, Tang X, et al. Increased soil phosphorus availability induced by faba bean root exudation stimulates root growth and phosphorus uptake in neighbouring maize. New Phytologist, 2016, 209(2): 823-831.
[21] Zhang L, Feng G, Declerck S. Signal beyond nutrient, fructose, exuded by an arbuscular mycorrhizal fungus triggers phytate mineralization by a phosphate solubilizing bacterium. The ISME Journal, 2018, 12(10): 2339-2351.
[22] Zhang L, Xu M, Liu Y, et al. Carbon and phosphorus exchange may enable cooperation between an arbuscular mycorrhizal fungus and a phosphate-solubilizing bacterium. New Phytologist, 2016, 210(3): 1022-1032.
[23] Zhang L, Zhou J, George T, et al. Arbuscular mycorrhizal fungi conducting the hyphosphere bacterial orchestra. Trends in Plant Science, 2021, 27(4): 402-411.
[24] Wang X, Whalley W, Miller A, et al. Sustainable cropping requires adaptation to a heterogeneous rhizosphere. Trends in Plant Science, 2020, 25(12): 1194-1202.
[25] Wen Z, Li H, Shen Q, et al. Tradeoffs among root morphology, exudation and mycorrhizal symbioses for phosphorus-acquisition strategies of 16 crop species. New Phytologist, 2019, 223(2): 882-895.
[26] Wen Z, White P, Shen J, et al. Linking root exudation to belowground economic traits for resource acquisition. New Phytologist, 2022, 233(4): 1620-1635.
[27] Giehl R, von Wiren N. Root nutrient foraging. Plant Physiology, 2014, 166(2): 509-517.
[28] Meier M, Liu Y, Lay-Pruitt K, et al. Auxin-mediated root branching is determined by the form of available nitrogen. Nature Plants, 2020, 6(9): 1136-1145.
[29] Remans T, Nacry P, Pervent M, et al. The Arabidopsis NRT1.1 transporter participates in the signaling pathway triggering root colonization of nitrate-rich patches. Proceedings of the National Academy of Sciences of the United States of America, 2006, 103(50): 19206-19211.
[30] Zhao X, Dong Q, Ni S, et al. Rhizosphere processes and nutrient management for improving nutrient-use efficiency in Macadamia production. HortScience, 2019, 54(4): 603-608.
[31] Zhao X, Lyu Y, Jin K, et al. Leaf phosphorus concentration regulates the development of cluster roots and exudation of carboxylates in *Macadamia Integrifolia*. Frontiers in Plant Science. 2021, 11: 2236.
[32] Tian H, Liu Z, Zhang M, et al. Biobased polyurethane, epoxy resin, and polyolefin wax composite coating for controlled-release fertilizer. ACS Applied Materials & Interfaces, 2019, 11(5): 5380-5392.
[33] Xie J, Yang Y, Gao B, et al. Magnetic-sensitive nanoparticle self-assembled superhydrophobic biopolymer-coated slow-release fertilizer: Fabrication, enhanced performance, and mechanism. ACS Nano, 2019, 13(3): 3320-3333.
[34] Heuchan S, Fan B, Kowalski J, et al. Development of fertilizer coatings from polyglyoxylate-polyester blends responsive to root-driven pH change. Journal of Agricultural and Food Chemistry, 2019, 67(46): 12720-12729.
[35] Hu P, An J, Faulkner M, et al. Nanoparticle charge and size control foliar delivery efficiency to plant cells and organelles. ACS Nano, 2020, 14(7): 7970-7986.
[36] Liao Y, Huang Y, Carvalho R, et al. Magnesium oxide nanomaterial, an alternative for commercial copper bactericides: Field-scale tomato bacterial spot disease management and total and bioavailable metal accumulation in soil. Environmental Science & Technology, 2021, 55(20): 13561-13570.
[37] Mastronardi E, Cyr K, Monreal C, et al. Selection of DNA aptamers for root exudate l-serine using multiple selection strategies. Journal of Agricultural and Food Chemistry, 2021, 69(14): 4294-4306.
[38] Mastronardi E, Tsae P, Zhang X, et al. Preparation and characterization of aptamer-polyelectrolyte films and microcapsules for biosensing and delivery applications. Methods, 2016, 97: 75-87.
[39] 管士强，王好斌，侯翠红，等. 智能新型肥料研究进展. 现代化工，2022, 42(1): 46-50
[40] 李涛，吕少瑜，陈姣，等. 高分子基环境响应性肥料的研究进展. 高分子学报，2018, 3: 336-348.
[41] Wang Z, Hassan M, Nadeem F, et al. Magnesium fertilization improves crop yield in most production systems: A meta-analysis. Frontiers in Plant Science, 2020, 10: 1727.
[42] 刘铮. 我国土壤中锌含量的分布规律. 中国农业科学，1994, 27(1): 30-37
[43] 王正. 镁肥对我国经济作物提质增效的效果评价. 北京：中国农业大学，2020.
[44] DeRosa M, Monreal C, Schnitzer M, et al. Nanotechnology in fertilizers. Nature Nanotechnology, 2010, 5(2): 91-91.
[45] Raliya R, Saharan V, Dimkpa C, et al. Nanofertilizer for precision and sustainable agriculture: Current state and future perspectives.

Journal of Agricultural Food Chemistry, 2017, 66(26): 6487-6503.
[46] Jin K, Li H, Li X, et al. Rhizosphere bacteria containing ACC deaminase decrease root ethylene emission and improve maize root growth with localized nutrient supply. Food Energy Security, 2021, 10(2): 275-284.
[47] Shen J, Li C, Mi G, et al. Maximizing root/rhizosphere efficiency to improve crop productivity and nutrient use efficiency in intensive agriculture of china. Journal of Experimental Botany, 2013, 64(5): 1181-1192.
[48] Jing J, Rui Y, Zhang F, et al. Localized application of phosphorus and ammonium improves growth of maize seedlings by stimulating root proliferation and rhizosphere acidification. Field Crops Research, 2010, 119(2/3): 355-364.
[49] Ma Q, Zhang F, Rengel Z, et al. Localized application of NH_4^+-N plus p at the seedling and later growth stages enhances nutrient uptake and maize yield by inducing lateral root proliferation. Plant and Soil, 2013, 372(1/2): 65-80.
[50] Jing J, Zhang F, Rengel Z, et al. Localized fertilization with P plus N elicits an ammonium-dependent enhancement of maize root growth and nutrient uptake. Field Crops Research, 2012, 133: 176-185.
[51] 李雪莲. 异质性氮素调控玉米根系形态与基因表达的研究. 北京：中国农业大学，2016.
[52] 申建波，白洋，韦中，等. 根际生命共同体：协调资源，环境和粮食安全的学术思路与交叉创新. 土壤学报，2021, 58(4): 805-813.
[53] Wen A, Havens K, Bloch S, et al. Enabling biological nitrogen fixation for cereal crops in fertilized fields. ACS Synthetic Biology, 2021, 10(12): 3264-3277.
[54] Zhang S, Fu X, Tong Z, et al. Lignin-clay nanohybrid biocomposite-based double-layer coating materials for controllable-release fertilizer. ACS Sustainable Chemistry & Engineering, 2020, 8(51): 18957-18965.
[55] Feng C, Lü S, Gao C, et al. "Smart" fertilizer with temperature-and ph-responsive behavior via surface-initiated polymerization for controlled release of nutrients. ACS Sustainable Chemistry & Engineering, 2015, 3(12): 3157-3166.
[56] Habibagahi A, Mébarki Y, Sultan Y, et al. Water-based oxygen-sensor films. ACS Applied Materials & Interfaces, 2009, 1(8): 1785-1792.
[57] Li T, Lü S, Yan J, et al. An environment-friendly fertilizer prepared by layer-by-layer self-assembly for pH-responsive nutrient release. ACS Applied Materials & Interfaces, 2019, 11(11): 10941-10950.
[58] Mastronardi E, Monreal C, DeRosa M, et al. Personalized medicine for crops? Opportunities for the application of molecular recognition in agriculture. Journal of Agricultural Food Chemistry, 2017, 66(26): 6457-6461.
[59] Zhang G, Zhou L, Cai D, et al. Anion-responsive carbon nanosystem for controlling selenium fertilizer release and improving selenium utilization efficiency in vegetables. Carbon, 2018, 129: 711-719.
[60] Bindra P, Kaur K, Rawat A, et al. Nano-hives for plant stimuli controlled targeted iron fertilizer application. Chemical Engineering Journal, 2019, 375: 121995.
[61] Yoon H, Phong N, Joe E, et al. Crop root exudate composition-dependent disassembly of lignin-Fe-hydroxyapatite supramolecular structures: A better rhizosphere sensing platform for smart fertilizer development. Advanced Sustainable Systems, 2021, 5(8): 2100113.
[62] Benício L, Constantino V, Pinto F, et al. Layered double hydroxides: New technology in phosphate fertilizers based on nanostructured materials. ACS Sustainable Chemistry & Engineering, 2017, 5(1): 399-409.
[63] Case D, Gonzalez R, Zubieta J, et al. Synthesis, characterization, and cellular uptake of a glycylglycine chelate of magnesium. ACS Omega, 2021, 6(49): 33454-33461.
[64] Ashida Y, Arashiba K, Nakajima K, et al. Molybdenum-catalysed ammonia production with samarium diiodide and alcohols or water. Nature, 2019, 568(7753): 536-540.
[65] Muzammil I, Kim Y, Kang H, et al. Plasma catalyst-integrated system for ammonia production from H_2O and N_2 at atmospheric pressure. ACS Energy Letters, 2021, 6(8): 3004-3010.
[66] Zhao R, Xie H, Chang L, et al. Recent progress in the electrochemical ammonia synthesis under ambient conditions. EnergyChem, 2019, 1(2): 100011.
[67] Casali L, Mazzei L, Shemchuk O, et al. Novel dual-action plant fertilizer and urease inhibitor: Urea-catechol cocrystal. Characterization and environmental reactivity. ACS Sustainable Chemistry & Engineering, 2018, 7(2): 2852-2859.
[68] Woodward E, Edwards T, Givens C, et al. Widespread use of the nitrification inhibitor nitrapyrin: Assessing benefits and costs to agriculture, ecosystems, and environmental health. Environmental Science & Technology, 2021, 55(3): 1345-1353.
[69] 王好斌，侯翠红，王艳语，等. 无机包裹型缓释复合肥料及其产业化应用. 武汉工程大学学报，2017, 39(6): 557-564.